U0650921

2016—2020 年
中国生态环境质量报告

中华人民共和国生态环境部　编

中国环境出版集团·北京

图书在版编目（CIP）数据

2016—2020 年中国生态环境质量报告/中华人民共
和国生态环境部编. —北京：中国环境出版集团，2022.8
　　ISBN 978-7-5111-4997-8

　　Ⅰ．①2⋯　Ⅱ．①中⋯　Ⅲ．①环境生态评价—
研究报告—中国—2016—2020　Ⅳ．①X826

中国版本图书馆 CIP 数据核字（2021）第 261410 号

审图号：GS（2022）4 号

出 版 人　武德凯
责任编辑　董蓓蓓
责任校对　薄军霞
封面设计　彭　杉

出版发行　**中国环境出版集团**
　　　　　（100062　北京市东城区广渠门内大街 16 号）
　　　　　网　　　址：http://www.cesp.com.cn
　　　　　电子邮箱：bjgl@cesp.com.cn
　　　　　联系电话：010-67112765（编辑管理部）
　　　　　发行热线：010-67125803，010-67113405（传真）
印　　刷　北京中科印刷有限公司
经　　销　各地新华书店
版　　次　2022 年 8 月第 1 版
印　　次　2022 年 8 月第 1 次印刷
开　　本　787×1092　1/16
印　　张　20.75
字　　数　450 千字
定　　价　139.00 元

【版权所有。未经许可请勿翻印、转载，侵权必究】
如有缺页、破损、倒装等印装质量问题，请寄回本集团更换

中国环境出版集团郑重承诺：
中国环境出版集团合作的印刷单位、材料单位均具有中国环境标志产品认证。

《2016—2020 年中国生态环境质量报告》编委会

主　任　叶　民

副主任　柏仇勇　陈善荣

编　委（以姓氏笔画为序）

马广文　王　东　王　鑫　王业耀　王江飞　王军霞
王步英　王锷一　方德昆　毋振海　付　强　吕　卓
吕怡兵　刘　方　刘　冰　刘廷良　刘海江　孙宗光
李　曼　李一龙　李文攀　李名升　李健军　杨　凯
肖建军　吴季友　何立环　汪太明　汪志国　张　震
张凤英　张建辉　张殷俊　陈传忠　陈远航　陈金融
林兰钰　罗海江　周　密　郑皓皓　孟晓艳　赵文江
赵银慧　姚志鹏　贺　鹏　袁　懋　夏　新　唐桂刚
康晓风　董广霞　敬　红　景立新　嵇晓燕　温香彩

主　编　陈善荣　吴季友

副主编　陈金融　刘廷良　景立新　肖建军　王锷一　张建辉
王业耀　李健军　付　强　杨　凯　温香彩　何立环
马广文

编　辑（中国环境监测总站　以姓氏笔画为序）

丁　页　刀　谞　于　洋　王　帅　王启蒙　王明翠
王晓彦　王晓斐　田志仁　白　雪　白　煜　吕天峰
刘　允　刘　京　刘喜惠　许秀艳　孙　康　孙　聪
阴　琨　杜　丽　李　亮　李　罂　李宗超　李宪同
李晓明　李婧妍　杨　婧　杨　楠　吴晓凤　汪　巍
张　迪　张　显　张　霞　张守斌　陈　平　陈　鑫
陈文鹏　陈亚男　陈敏敏　金小伟　周　同　周笑白
封　雪　赵　月　赵　菲　胡天洋　侯玉婧　姜明岑
柴文轩　倪鹏程　彭福利　董贵华　程麟钧　鲁　宁
温倩倩　解　鑫　裴晓龙

（生态环境部卫星环境应用中心、生态环境部南京环境科学研究所、国家海洋环境监测中心、生态环境部辐射环境监测技术中心　以姓氏笔画为序）

马方舟　王　玉　王　晨　王　蕾　王中挺　　王孝程

王晓萌　卢晓强　白志杰　冯爱萍　朱南华诺娃　刘　亮

刘慧明　杜金秋　李　飞　李佳琦　杨文超　　吴　强

吴艳婷　张丽娟　张晓刚　陈　辉　周春艳　　郑国栋

赵　乾　赵　焕　赵少华　赵爱梅　胡飞龙　　翁国庆

黄　莉　梁　斌　寇姝静　鲍晨光　檀　畅

（其他部委）

李东法　（自然资源部综合司）

李　威　（住房和城乡建设部计划财务与外事司）

廖四辉　（水利部水资源管理司）

蔺文亭　（国家统计局能源统计司）

叶晓东　（中国气象局应急减灾和公共服务司）

李俊恺　（国家林业和草原局规划财务司）

（地方（生态）环境监测中心/站　以行政区划代码为序）

孙瑞雯　（北京市生态环境监测中心）

王秋莲　（天津市生态环境监测中心）

张　玮　（河北省生态环境监测中心）

郝晓杰　［山西省生态环境监测和应急保障中心（山西省生态环境科学研究院）］

团　良　（内蒙古自治区环境监测总站）

周丹卉　（辽宁省生态环境监测中心）

秦　杨　（吉林省生态环境监测中心）

李　博　（黑龙江省生态环境监测中心）

胡雄星　（上海市环境监测中心）

刘　雷　（江苏省环境监测中心）

俞　洁　（浙江省生态环境监测中心）

王　欢　（安徽省生态环境监测中心）

林云杉　（福建省环境监测中心站）

罗　勇　（江西省生态环境监测中心）

金玲仁　（山东省生态环境监测中心）

邢　昱　（河南省生态环境监测中心）

程继雄　（湖北省生态环境监测中心站）

高雯媛　（湖南省生态环境监测中心）

岳玎利　（广东省生态环境监测中心）

黄　增　（广西壮族自治区生态环境监测中心）

符诗雨　（海南省生态环境监测中心）

赵　洁　（重庆市生态环境监测中心）

周　淼　（四川省生态环境监测总站）

曾昭婵　（贵州省生态环境监测中心）

邱　飞　（云南省生态环境监测中心）

袁德惠　（西藏自治区生态环境监测中心）

李　飞　（陕西省环境监测中心站）

常　毅　（甘肃省环境监测中心站）

李淑敏　（青海省生态环境监测中心）

董亚萍　（宁夏回族自治区生态环境监测中心）

郭宇宏　（新疆维吾尔自治区生态环境监测总站）

孙宇颖　（新疆生产建设兵团生态环境第一监测站）

前　言

党的十八大以来，在习近平新时代中国特色社会主义思想指引下，我国生态文明建设从认识到实践都发生了历史性、转折性、全局性变化，"绿水青山就是金山银山"的理念已经成为全社会的共识和行动指南。"十三五"时期各地、各部门以习近平生态文明思想为指引，坚决贯彻落实党中央、国务院决策部署，扎实推进生态文明建设和生态环境保护，坚决打好污染防治攻坚战，"十三五"规划纲要确定的生态环境9项约束性指标均圆满完成，污染防治攻坚战阶段性目标任务高质量完成，生态环境质量持续改善。蓝天、碧水、净土保卫战，七大标志性战役均取得阶段性胜利，生态环境部量化调度的54项任务指标全面完成。城市环境空气质量持续改善，酸雨污染逐年减轻，地表水环境质量明显改善，海洋生态环境状况稳中向好，农用地土壤环境风险得到基本管控，城市声环境质量基本稳定，生态系统质量和稳定性提升，农村人居环境整治成效明显，核与辐射安全得到有效保障，资源能源效率显著提升。人民群众身边的蓝天白云、清水绿岸明显增多，生态环境质量显著提升，美丽中国建设迈出坚实步伐。

为全面反映"十三五"时期全国生态环境质量状况，根据《环境监测报告制度》《环境质量报告书编写技术规范》（HJ 641—2012），结合有关规定和新的要求，在生态环境部组织领导下，中国环境监测总站（以下简称总站）牵头编制了《2016—2020年中国生态环境质量报告》（以下简称《报告》）。《报告》以国家环境监测网生态环境质量监测数据为依据，结合相关部门环境状况内容，对2016—2020年全国生态环境质量进行了全面梳理和分析，总结了"十三五"时期生态环境质量总体情况和主要环境问题，提出了对策建议，客观、准确地反映了我国生态环境质量状况及变化，为生态环境保护和生态文明建设提供技术支撑和科学依据。

《报告》共分四篇。第一篇为生态环境监测和评价方法，简述了各生态环境要素监测情况和分析评价依据的标准、方法、规范等；第二篇为生态环境质量状况，从全国、重点区域、流域等多空间分析了 2016—2020 年生态环境各要素质量变化状况，开展不同时序对比和趋势分析；第三篇为污染源排放状况，阐述了 2016 年以来全国及各地区和各行业污染源排放状况；第四篇为总结和对策建议，总结了 2016—2020 年全国生态环境质量和变化情况，分析存在的主要环境问题，并提出对策建议。

《报告》中监测数据除有特殊说明外，均未包括香港特别行政区、澳门特别行政区和台湾省数据。《报告》在编制过程中得到了有关单位（部门）的大力支持和帮助，在此表示衷心感谢。

目　录

第一篇　生态环境监测和评价方法

第二篇　生态环境质量状况

第三篇　污染源排放状况

第四篇　总结和对策建议

第一篇

生态环境监测和评价方法

第一章　环境空气

第一节　监测情况

一、城市环境空气

2016—2020 年，依托国家环境空气质量监测网[①]（包括 337 个地级及以上城市[②]1 436 个环境空气质量监测国控点位）开展城市环境空气质量监测。监测指标为二氧化硫（SO_2）、二氧化氮（NO_2）、可吸入颗粒物（PM_{10}）、细颗粒物（$PM_{2.5}$）、一氧化碳（CO）和臭氧（O_3）等六项污染物。监测方法为 24 h 连续自动监测。

图 1-1-1　国家环境空气质量监测网国控点位分布示意

[①] 2019 年起城市环境空气质量评价采用实况（参比状态）数据，2018 年前数据已做相应调整，下同。

[②] 地级及以上城市：含直辖市、地级市、地区、自治州和盟。2019 年 1 月起因莱芜市并入济南市，城市数量由 338 个变为 337 个。

二、背景站和区域站

2016—2020 年，全国 16 个国家背景环境空气质量监测站（以下简称背景站）开展环境空气质量背景监测，监测指标为 SO_2、NO_2、PM_{10}、$PM_{2.5}$、CO 和 O_3。全国 61 个区域（农村）环境空气质量监测站（以下简称区域站）开展环境空气质量监测，监测指标为 SO_2、NO_2、PM_{10}、$PM_{2.5}$、CO 和 O_3。监测方法为 24 h 连续自动监测，以背景站的平均值代表背景地区污染物浓度水平、区域站平均值代表区域污染物浓度水平。

三、沙尘

（一）遥感监测

2016—2020 年，全国沙尘遥感监测采用 TERRA 和 AQUA 卫星搭载的 MODIS 传感器数据（以下简称 MODIS 数据），卫星数据空间分辨率为 250 m～1 km，传感器覆盖紫外、可见、红外等谱段，光谱范围为 0.4～14 μm，监测频次为 2 次/d。

（二）地面监测

2016—2020 年，全国沙尘地面监测依托覆盖北方地区的沙尘天气影响城市环境空气质量监测网 78 个监测站，并以国家环境空气质量监测网为补充开展监测。监测指标为总悬浮颗粒物（TSP）和 PM_{10}。沙尘天气发生期间，传输沙尘监测的小时数据或日报数据。大范围沙尘天气发生时，国家环境空气质量监测网作为沙尘监测网的补充，共同反映沙尘天气对城市环境空气质量的影响，监测方法为 24 h 连续自动监测。

四、降尘

根据《"2+26"城市县（市、区）环境空气降尘监测方案》《汾渭平原、长三角地区城市环境空气降尘监测方案》，2019 年起，在京津冀及周边"2+26"城市[①]（以下简称"2+26"城市）、汾渭平原[②]和长三角地区[③]全面开展降尘监测工作。依据《环境空气 降尘的测定 重量法》（GB/T 15265—1994），降尘监测采用手工监测方法，采样周期为 1 个月。

五、颗粒物组分

国家大气颗粒物组分监测网在"十三五"期间建设运行。2020 年，在京津冀及周边地

[①] 京津冀及周边"2+26"城市统计范围包含北京，天津，河北省石家庄、唐山、邯郸、邢台、保定、沧州、廊坊、衡水，山西省太原、阳泉、长治、晋城，山东省济南、淄博、济宁、德州、聊城、滨州、菏泽，河南省郑州、开封、安阳、鹤壁、新乡、焦作、濮阳，简称"2+26"城市。

[②] 汾渭平原统计范围包含山西省晋中、运城、临汾、吕梁，河南省洛阳、三门峡，陕西省西安、铜川、宝鸡、咸阳、渭南。

[③] 长三角地区包含上海和江苏、浙江、安徽的所有地级市。

区 31 个城市和汾渭平原 11 个城市开展国家大气颗粒物组分监测。共布设手工监测点位 49 个，其中北京 5 个、天津 4 个、其他城市各 1 个。手工监测频次在 1—4 月和 10—12 月均为 1 次/d，在 5—9 月为 1 次/3 d。

手工监测必测指标 36 项：

（1）$PM_{2.5}$ 质量浓度；

（2）水溶性离子 9 项，包括硫酸根离子（SO_4^{2-}）、硝酸根离子（NO_3^-）、氟离子（F^-）、氯离子（Cl^-）、钠离子（Na^+）、铵根离子（NH_4^+）、钾离子（K^+）、镁离子（Mg^{2+}）、钙离子（Ca^{2+}）；

（3）无机元素 24 项，包括钒（V）、铁（Fe）、锌（Zn）、镉（Cd）、铬（Cr）、钴（Co）、砷（As）、铝（Al）、锡（Sn）、锰（Mn）、镍（Ni）、硒（Se）、硅（Si）、钛（Ti）、钡（Ba）、铜（Cu）、铅（Pb）、钙（Ca）、镁（Mg）、钠（Na）、硫（S）、氯（Cl）、钾（K）、锑（Sb）；

（4）碳组分 2 项，包括元素碳（EC）、有机碳（OC）。

手工监测由中国环境监测总站委托社会化检测机构开展采样及测试工作，相关机构根据统一的监测方法及质控要求开展监测。此外，长三角、成渝、长江中下游、东北、西北、粤闽等地区逐步启动了手工监测工作，由地方省级生态环境监测站组织开展监测，监测指标、方法等要求与国家运行点位相同。

表 1-1-1　国家大气颗粒物组分手工监测方法

分析项目	方法	方法依据
$PM_{2.5}$ 质量浓度	重量法	《环境空气　PM_{10} 和 $PM_{2.5}$ 的测定　重量法》（HJ 618—2011）
阳离子	离子色谱法	《环境空气　颗粒物中水溶性阳离子（Li^+、Na^+、NH_4^+、K^+、Ca^{2+}、Mg^{2+}）的测定　离子色谱法》（HJ 800—2016）
阴离子	离子色谱法	《环境空气　颗粒物中水溶性阴离子（F^-、Cl^-、Br^-、NO_2^-、NO_3^-、PO_4^{3-}、SO_3^{2-}、SO_4^{2-}）的测定　离子色谱法》（HJ 799—2016）
碳组分	热光法	《环境空气颗粒物来源解析监测技术方法指南》（第二版）
无机元素	XRF 法、ICP 法、ICP-MS 法	《环境空气　颗粒物中无机元素的测定　波长色散 X 射线荧光光谱法》（HJ 830—2017）、《环境空气　颗粒物中无机元素的测定　能量色散 X 射线荧光光谱法》（HJ 829—2017）、《空气和废气　颗粒物中金属元素的测定　电感耦合等离子体发射光谱法》（HJ 777—2015）、《空气和废气　颗粒物中铅等金属元素的测定　电感耦合等离子体质谱法》（HJ 657—2013）

六、挥发性有机物

国家大气光化学监测网在"十三五"期间启动建设运行。光化学监测采用手工和自动监测方式，主要依据《环境空气质量手工监测技术规范》（HJ/T 194—2017）、《环境空气　挥发性有机物的测定　罐采样/气相色谱-质谱法》（HJ 759—2015）、《环境空气挥发性有机物气相色谱连续监测系统技术要求及检测方法》（HJ 1010—2018）、《环境空气臭氧前体有机物手工监测技术要求（试行）》（环办监测函〔2018〕240 号）以及《国家环境空气监测网环境空气挥发性有机物连续自动监测质量控制技术规定（试行）》（总站气函〔2019〕785 号）等相关标准和技术规范要求。手工监测项目包括光化学反应活性较强或可能影响人类健康的挥发性有机物（VOCs），包括烷烃、烯烃、芳香烃、含氧挥发性有机物（OVOCs）、卤代烃、非甲烷碳氢化物（NMHC）等，共计 118 种物质；自动监测项目为除甲醛外的其他 117 种物质。

光化学监测自 2019 年起覆盖全国 337 个城市。2020 年，重点区域 107 个城市手工监测时间段为 4 月 1 日—10 月 31 日，采样频次为 1 次/6 d，自动监测时间段为全年。其中，京津冀及周边区域 7 个城市站点（北京、天津、石家庄、济南、太原、雄安新区、郑州）手工监测采样频次为 1 次/d，共获取 183 天 1 281 组数据。

表 1-1-2　京津冀及周边区域光化学监测点位

序号	城市	采样点位
1	北京	北京市朝阳区安外大羊坊 8 号院（乙）中国环境监测总站楼顶
2	济南	济南市历下区山大路 183 号济南市环境监测中心站顶层
3	石家庄	河北经贸大学校内
4	天津	天津市河北区中山北路 1 号北宁公园北宁文化创意中心地面
5	太原	太原市晋源区景明南路 9 号太原市环保局晋源分局楼顶
6	雄安新区	河北省保定市安新县育才路白洋淀文化广场
7	郑州	郑州四十七中楼顶

七、细颗粒物和秸秆焚烧火点遥感监测

细颗粒物遥感监测依据《卫星遥感细颗粒物（$PM_{2.5}$）监测技术指南》，采用 MODIS 数据，传感器覆盖紫外、可见、红外等谱段，光谱范围为 0.4～14 μm，监测数据空间分辨率为 1 km，监测频次为 2 次/d。

秸秆焚烧遥感监测依据《卫星遥感秸秆焚烧监测技术规范》（HJ 1008—2018），采用 MODIS 数据，监测数据空间分辨率为 1 km，监测频次为 2 次/d。

第二节　评价方法

一、城市环境空气

城市环境空气质量评价依据《环境空气质量标准》（GB 3095—2012）及修改单、《环

境空气质量评价技术规范（试行）》（HJ 663—2013）、《环境空气质量指数（AQI）技术规定（试行）》（HJ 633—2012）、《受沙尘天气过程影响城市空气质量评价补充规定》（环办监测〔2016〕120 号）和《关于沙尘天气过程影响扣除有关问题的函》（环测便函〔2019〕417 号），达标情况评价指标为 SO_2、NO_2、PM_{10}、$PM_{2.5}$、CO 和 O_3，6 项指标全部达标为城市环境空气质量达标。空气质量综合指数计算依据《城市环境空气质量排名技术规定》（环办监测〔2018〕19 号）。

按照《环境空气质量标准》（GB 3095—2012）修改单要求，自 2018 年 9 月 1 日起，国家城市站 1 436 个点位气态污染物按照参比状态（298 K、101.325 kPa）、颗粒物按照实际监测时的大气温度和压力开展监测。2016—2020 年，环境空气质量评价数据均采用实况数据。其中，SO_2、NO_2、PM_{10} 和 $PM_{2.5}$ 年度达标情况由该项污染物年均值[①]对照年平均标准确定；CO 年度达标情况由 CO 日均值第 95 百分位数浓度对照 24 h 平均标准确定；O_3 年度达标情况由 O_3 日最大 8 h 平均值第 90 百分位数浓度对照 8 h 平均标准确定；达到或好于环境空气质量二级标准为达标，超过二级标准为超标。

表 1-1-3 　《环境空气质量标准》（GB 3095—2012）及修改单

污染物名称	取值时间	浓度单位	浓度限值	
			一级标准	二级标准
SO_2	年平均	μg/m³	20	60
NO_2	年平均	μg/m³	40	40
PM_{10}	年平均	μg/m³	40	70
$PM_{2.5}$	年平均	μg/m³	15	35
CO	24 h 平均	mg/m³	4.0	4.0
O_3	8 h 平均	μg/m³	100	160

二、背景站和区域站

依据《环境空气质量标准》（GB 3095—2012）及修改单、《环境空气质量评价技术规范（试行）》（HJ 663—2013），分别对 SO_2、NO_2、PM_{10} 和 $PM_{2.5}$ 浓度年均值，CO 日均值第 95 百分位数浓度和 O_3 日最大 8 h 平均值第 90 百分位数浓度的达标情况进行评价。背景站因污染物浓度较低，仪器为痕量级设备，除 CO 浓度保留 3 位小数外，其他污染物浓度保留 1 位小数。

16 个背景站的平均值代表背景地区污染物浓度水平，61 个区域站的平均值代表所属区域污染物浓度水平。

---

① 计算 $PM_{2.5}$、PM_{10} 年均值时扣除沙尘影响。

三、沙尘

（一）遥感监测

沙尘遥感监测依据《沙尘天气分级技术规定（试行）》（总站生字〔2004〕31 号）、《沙尘暴天气预警》（GB/T 28593—2012）、《卫星遥感沙尘暴天气监测技术导则》（QX/T 141—2011）、《沙尘暴观测数据归档格式》（QX/T 134—2011）、《沙尘暴天气监测规范》（GB/T 20479—2006）和《沙尘暴天气等级》（GB/T 20480—2006）等标准，基于沙尘气溶胶光谱辐射特性和卫星遥感监测原理，采用热红外双通道差值方法监测沙尘分布及强度，评价指标为沙尘分布面积和等级。

（二）地面监测

沙尘天气发生期间地面监测空气中颗粒物污染状况评价依据《沙尘天气分级技术规定（试行）》（总站生字〔2004〕31 号），同时参考《沙尘暴天气预警》（GB/T 28593—2012）、《卫星遥感沙尘暴天气监测技术导则》（QX/T 141—2011）、《沙尘暴观测数据归档格式》（QX/T 134—2011）、《沙尘暴天气监测规范》（GB/T 20479—2006）、《沙尘暴天气等级》（GB/T 20480—2006）、《受沙尘天气过程影响城市空气质量评价补充规定》（环办监测〔2016〕120 号）及《关于沙尘天气过程影响扣除有关问题的函》（环测便函〔2019〕417 号）。

四、降尘

降尘监测点位布设 A、B 两个降尘缸，采样周期为（30±2）d/月。原则上要求 A、B 缸降尘量相对偏差不超过 100%情况下，优先使用 A 缸数据；如超出，则当月该点位降尘监测数据无效。若出现缸体破碎等不可控因素导致 A 缸缺测时，选用 B 缸数据。

降尘量数据统计按照《数值修约规则与极限数值的表示和判定》（GB/T 8170—2008）中的规则进行修约，单位为每月每平方千米面积上沉降的颗粒物的吨数，即 $t/(km^2 \cdot 30\ d)$，保留一位小数。

根据区县降尘月均值、城市降尘月均值，实施重点区域降尘考核，要求京津冀及周边地区、汾渭平原、长三角地区各城市平均降尘量不得高于 $9.0\ t/(km^2 \cdot 30\ d)$。

五、颗粒物组分

大气颗粒物中包含水溶性离子组分、碳组分、无机元素组分等多种类型的化学组分，其中 OC、NO_3^-、NH_4^+、SO_4^{2-} 既来源于一次排放，也有二次生成，其余组分主要来源于一次排放。颗粒物组分监测结果均为实况监测结果，目前尚未针对该类监测数据建立标准的分析评价方法，组分监测结果的分析评价参考《环境空气质量标准》（GB 3095—2012）、《环境空气质量评价技术规范（试行）》（HJ 663—2013）、《环境空气质量指数（AQI）技术规定（试行）》（HJ 633—2012）中对 $PM_{2.5}$ 的相关评价规定。

此外，综合运用多种分析方法对大气颗粒物组分监测数据进行评价，可参考的颗粒物组分特征分析方法包括常见的比值法（如 OC/EC、NO_3^-/SO_4^{2-} 等）、阴阳离子平衡法等，以获得颗粒物组分的关键特征并对数据有效性进行校验。

六、挥发性有机物

VOCs 的大气反应活性是指 VOCs 中的组分参与大气化学反应的能力，大气 VOCs 的种类繁多，各物种化学结构迥异，参与大气化学反应的活性差异也非常大，可以采用多种方法评价大气 VOCs 中不同物种的化学反应活性，如 OH 自由基（·OH）反应活性（L_{OH}）、臭氧生成潜势（Ozone Formation Potential，OFP）、等效丙烯浓度等。这些物种参与大气化学反应的能力各异，从而生成臭氧的潜势也不尽相同，目前常用 VOCs 的 OFP 和 L_{OH} 两种方法定量估算各类 VOCs 物种对臭氧生成的相对贡献。

OFP 为某 VOCs 化合物环境浓度与该 VOCs 的最大增量反应（Maximum Incremental Reactivity，MIR）系数的乘积，不仅考虑了不同 VOCs 的动力学活性，还考虑了不同 $VOCs/NO_x$ 比例下同一种 VOC 对臭氧生成的贡献不同，即考虑了激励活性。计算公式为：

$$OFP_i = MIR_i \times [VOC]_i$$

式中，$[VOC]_i$——实际观测中的某 VOCs 大气环境浓度，$\mu g/m^3$；

　　　MIR_i——某 VOCs 在臭氧最大增量反应中的臭氧生成系数。

七、细颗粒物和秸秆焚烧火点

细颗粒物卫星遥感监测评价依据《环境空气质量标准》（GB 3095—2012），利用地理加权方法从卫星遥感气溶胶光学厚度中反演获取近地面 $PM_{2.5}$ 浓度，评价指标为 $PM_{2.5}$ 年均浓度超标面积、超标面积比例和变化（上升或下降）面积比例等。其中，$PM_{2.5}$ 年均浓度超标面积为卫星遥感监测 $PM_{2.5}$ 年均浓度大于《环境空气质量标准》（GB 3095—2012）中 $PM_{2.5}$ 年均浓度二级限值（35 $\mu g/m^3$）的所有像元的面积之和，超标面积比例为 $PM_{2.5}$ 年均浓度超标面积占目标行政区划总面积的百分比，$PM_{2.5}$ 年均浓度变化面积比例为 $PM_{2.5}$ 年均浓度较上年上升或下降的所有像元面积之和占目标行政区划总面积的百分比。

依据《卫星遥感秸秆焚烧监测技术规范》（HJ 1008—2018），基于秸秆焚烧疑似火点像元与背景常温像元在中红外和热红外波段亮度温度的差异，结合土地分类数据，对全国 31 个省份范围的秸秆焚烧火点进行遥感监测和数量统计。

第二章　降　水

第一节　监测情况

2016—2020 年，全国每年有 463～474 个城市（区、县）报送降水监测数据，包括降水量、pH、电导率；其中 409 个城市开展 SO_4^{2-}、NO_3^-、F^-、Cl^-、NH_4^+、Ca^{2+}、Mg^{2+}、Na^+ 和 K^+ 等 9 种离子成分监测。

第二节　评价方法

采用降水 pH 作为酸雨判据，降水 pH 低于 5.6 为酸雨，pH 低于 5.0 为较重酸雨，pH 低于 4.5 为重酸雨。采用降水 pH 年均值和酸雨出现的频率评价年度酸雨状况。酸雨城市指降水 pH 年均值低于 5.6 的城市，较重酸雨城市指降水 pH 年均值低于 5.0 的城市，重酸雨城市指降水 pH 年均值低于 4.5 的城市。

第三章　淡　水

第一节　监测情况

一、地表水

2016—2020 年,按照《"十三五"国家地表水环境质量监测网设置方案》(环监测〔2016〕30 号)和《关于做好国家地表水环境质量监测事权上收工作的通知》(环办监测〔2017〕70 号)》,国家地表水环境质量监测、评价和考核断面(以下简称国考断面)共 1 940 个,从 2017 年 10 月起实施采测分离手工监测模式,监测指标为《地表水环境质量标准》(GB 3838—2002)表 1 规定的 24 项,湖库增测透明度和叶绿素 a 等指标。监测频次为 1 次/月。

二、饮用水水源地

按照《全国集中式生活饮用水水源地水质监测实施方案》(环办函〔2012〕1266 号),对 31 个省份的 336[①]个地级及以上城市 902 个在用集中式生活饮用水水源地开展水质常规监测,每个水源地布设 1 个监测断面(点位),每月上旬采样监测 1 次。

其中,地表水水源地监测指标为《地表水环境质量标准》(GB 3838—2002)表 1 的 23 项基本指标(化学需氧量除外)、表 2 的 5 项补充指标和表 3 的优选特定指标(33 项),共 61 项指标,并统计取水量;地下水水源地监测指标为《地下水质量标准》(GB/T 14848—2017)中表 1 的 39 项常规指标[②],并统计取水量。

三、水生生物

水生生物试点监测在黑龙江、吉林和内蒙古三省(区)的 13 个监测站点开展,涉及松花江流域 14 条河流和 7 个湖泊(水库),共布设 60 个断面(共 77 个采样点位)。监测内容包括生境、着生藻类、浮游植物(湖库)、底栖动物以及鱼类组织残留等。按水期确定监测时间与频次,每年 6 月、9 月开展生物群落监测,采样 2 次;每年 5—6 月开展鱼类

---

① 甘肃省陇南市、新疆维吾尔自治区博尔塔拉蒙古自治州原在用水源因规划调整,变更为备用水源,未纳入 2020 年度地级及以上城市在用水源统计清单;海南省三沙市无集中式饮用水水源地。

② 《地下水质量标准》(GB/T 14848—2017)替代 GB/T 14848—1993,于 2018 年 5 月 1 日起实施。2019 年起,地下水型集中式饮用水水源地水质监测项目执行《地下水质量标准》(GB/T 14848—2017),每月监测项目由原来的 23 项调整为 39 项。

生物残留监测，采样 1 次。

四、湖库水华

2016—2020 年，湖库水华监测范围包括太湖、巢湖和滇池（以下简称"三湖"）湖体、太湖饮用水水源地和三峡库区长江主要支流（38 条）。太湖湖体监测点位 20 个，饮用水水源地监测点位 3 个。巢湖湖体监测点位 12 个，其中东、西半湖各 6 个。滇池湖体监测点位 10 个，其中外海 8 个、草海 2 个。三峡库区长江主要支流监测断面 77 个。

"三湖"湖体监测指标为水温、透明度、pH、溶解氧、氨氮、高锰酸盐指数、总氮、总磷、叶绿素 a 和藻类密度，监测时间为 4—10 月，监测频次为 1 次/周。三峡库区长江主要支流监测指标为《地表水环境质量标准》（GB 3838—2002）表 1 的基本项目（24 项）以及叶绿素 a、透明度、悬浮物、硝酸盐、亚硝酸盐、电导率、流速和藻类密度（鉴别优势种），监测频次为 1 次/月。

太湖、巢湖蓝藻水华遥感监测采用 MODIS 数据，空间分辨率为 250 m，监测频次为 1 次/d。滇池蓝藻水华遥感监测采用"高分一号"和"高分六号"卫星搭载的宽视场相机数据（以下简称 GF1-WFV、GF6-WFV 数据），空间分辨率为 16 m，监测频次为 1 次/周。监测指标为水华发生面积、水华发生次数、累计水华面积、平均水华面积、最大水华面积、最大水华面积发生日期、水华最早发生日期、水华最晚发生日期等。

第二节　评价方法

一、地表水

根据《地表水环境质量评价办法（试行）》（环办〔2011〕22 号），地表水水质评价指标为《地表水环境质量标准》（GB 3838—2002）表 1 中除水温、总氮和粪大肠菌群以外的 21 项，即 pH 值、溶解氧、高锰酸盐指数、化学需氧量、五日生化需氧量、氨氮、总磷、铜、锌、氟化物、硒、砷、汞、镉、铬（六价）、铅、氰化物、挥发酚、石油类、阴离子表面活性剂和硫化物，按Ⅰ～劣Ⅴ类六个类别进行评价。总氮作为参考指标单独评价（河流总氮除外）。湖库营养状态评价指标为叶绿素 a、总磷、总氮、透明度和高锰酸盐指数共 5 项，按贫营养～重度富营养五个级别进行评价。2020 年，根据《地表水环境质量监测数据统计技术规定（试行）》（环办监测函〔2020〕82 号），采用自动监测和采测分离手工监测融合数据开展地表水环境质量评价。

1. 河流

（1）断面水质评价

河流断面水质类别评价采用单因子评价法，即根据评价时段内该断面参评的指标中类别最高的一项来确定。描述断面的水质类别时，使用"符合"或"劣于"等词语。

表 1-3-1　断面水质定性评价

水质类别	水质状况	表征颜色	水质功能
Ⅰ、Ⅱ类	优	蓝色	饮用水源一级保护区、珍稀水生生物栖息地、鱼虾类产卵场、仔稚幼鱼的索饵场等
Ⅲ类	良好	绿色	饮用水源二级保护区、鱼虾类越冬场、洄游通道、水产养殖区、游泳区
Ⅳ类	轻度污染	黄色	一般工业用水和人体非直接接触的娱乐用水
Ⅴ类	中度污染	橙色	农业用水及一般景观用水
劣Ⅴ类	重度污染	红色	除调节局部气候外，使用功能较差

（2）河流、流域（水系）水质评价

当河流、流域（水系）的断面总数少于 5 个时，分别计算各断面各项评价指标的浓度算术平均值，然后按照上述"（1）断面水质评价"方法评价，并按表 1-3-1 指出每个断面的水质类别和水质状况。

当河流、流域（水系）的断面总数在 5 个（含 5 个）以上时，采用断面水质类别比例法评价，即根据河流、流域（水系）中各水质类别的断面数占河流、流域（水系）所有评价断面总数的百分比来评价其水质状况，不做平均水质类别的评价。

表 1-3-2　河流、流域（水系）水质定性评价

水质类别比例	水质状况	表征颜色
Ⅰ～Ⅲ类水质比例≥90%	优	蓝色
75%≤Ⅰ～Ⅲ类水质比例<90%	良好	绿色
Ⅰ～Ⅲ类水质比例<75%，且劣Ⅴ类比例<20%	轻度污染	黄色
Ⅰ～Ⅲ类水质比例<75%，且 20%≤劣Ⅴ类比例<40%	中度污染	橙色
Ⅰ～Ⅲ类水质比例<60%，且劣Ⅴ类比例≥40%	重度污染	红色

（3）地表水主要污染指标的确定方法

a. 断面主要污染指标的确定方法

评价时段内，断面水质为"优"或"良好"时，不评价主要污染指标。断面水质劣于Ⅲ类标准时，先按照不同指标对应水质类别的优劣，选择水质类别最差的前 3 项指标作为主要污染指标；当不同指标对应的水质类别相同时计算超标倍数，将超标指标按其超标倍数大小排列，取超标倍数最大的前 3 项为主要污染指标。当氰化物或铅、铬等重金属超标时，应优先作为主要污染指标列入。

确定了主要污染指标的同时，应在指标后标注该指标浓度超过Ⅲ类水质标准的倍数，即超标倍数。水温、pH 值和溶解氧等指标不计算超标倍数。超标倍数保留小数点后 1 位

有效数字。

$$超标倍数 = \frac{某指标的浓度值 - 该指标的III类水质标准值}{该指标的III类水质标准值}$$

b. 河流、流域（水系）主要污染指标的确定方法

当河流、流域（水系）的断面总数在 5 个（含 5 个）以上时，将水质劣于III类标准的指标按其断面超标率大小排列，取断面超标率最大的前三项为主要污染指标；断面超标率相同时，按照超标倍数大小排列确定。当河流、流域（水系）的断面总数少于 5 个时，按"a.断面主要污染指标的确定方法"确定每个断面的主要污染指标。超标倍数保留小数点后 1 位有效数字。

$$断面超标率 = \frac{超标断面数}{断面总数} \times 100\%$$

2. 湖库

（1）水质评价

a. 湖库单个点位的水质评价按照"1. 河流（1）断面水质评价"方法进行。

b. 当一个湖库有多个监测点位时，先分别计算所有点位各项评价指标浓度的算术平均值，然后按照"1. 河流（1）断面水质评价"方法评价。

c. 湖库多次监测结果的水质评价，先按时间序列计算湖库各个点位各项评价指标浓度的算术平均值，再按空间序列计算湖库所有点位各项评价指标浓度的算术平均值，然后按照"1. 河流（1）断面水质评价"方法评价。

d. 对于大型湖库，亦可分不同的湖库区进行水质评价。

e. 河流型湖库按照河流水质评价方法进行。

（2）营养状态评价

a. 评价方法

采用综合营养状态指数法[TLI(Σ)]。

b. 营养状态分级

采用 0～100 的一系列连续数字对湖库营养状态进行分级：

TLI(Σ)＜30	贫营养
30≤TLI(Σ)≤50	中营养
TLI(Σ)＞50	富营养
50＜TLI(Σ)≤60	轻度富营养
60＜TLI(Σ)≤70	中度富营养
TLI(Σ)＞70	重度富营养

c. 综合营养状态指数

综合营养状态指数计算公式如下：

$$TLI(\Sigma) = \sum_{j=1}^{m} W_j \cdot TLI(j)$$

式中，TLI(Σ)——综合营养状态指数；

　　　　W_j——第 j 种参数的营养状态指数的相关权重；

　　　　TLI(j)——第 j 种参数的营养状态指数。

以叶绿素 a（chla）作为基准参数，则第 j 种参数的归一化的相关权重计算公式为：

$$W_j = \frac{r_{ij}^{2}}{\sum_{j=1}^{m} r_{ij}^{2}}$$

式中，r_{ij}——第 j 种参数与基准参数 chla 的相关系数；

　　　　m——评价参数的个数。

表 1-3-3　湖库部分参数与 chla 的相关关系 r_{ij} 及 r_{ij}^{2} 值

参数	叶绿素 a（chla）	总磷（TP）	总氮（TN）	透明度（SD）	高锰酸盐指数（COD$_{Mn}$）
r_{ij}	1	0.84	0.82	−0.83	0.83
r_{ij}^{2}	1	0.705 6	0.672 4	0.688 9	0.688 9

各项参数营养状态指数计算公式如下：

TLI（chla）=10（2.5+1.086 ln chla）

TLI（TP）=10（9.436+1.624 ln TP）

TLI（TN）=10（5.453+1.694 ln TN）

TLI（SD）=10（5.118−1.94 ln SD）

TLI（COD$_{Mn}$）=10（0.109+2.661 ln COD$_{Mn}$）

式中，chla 单位为 mg/m^3，SD 单位为 m，其他指标单位均为 mg/L。

二、饮用水水源地

根据《地表水环境质量评价办法（试行）》（环办〔2011〕22 号），地表水饮用水水源水质评价执行《地表水环境质量标准》（GB 3838—2002）Ⅲ类标准或对应的标准限值，地下水饮用水水源水质评价执行《地下水质量标准》（GB/T 14848—2017）Ⅲ类标准。

水源单月水质评价采用单因子评价法，分为达标、不达标两类。若水源单月所有评价指标均达到或优于Ⅲ类标准或相应标准限值，则该水源当月为达标水源，当月取水量为达标取水量；若有一项评价指标超过Ⅲ类标准或相应标准限值，则该水源当月为不达标水源，当月取水量为不达标取水量。

采用年内各月累计评价结果加和评价水源年度水质。水源年内各月均达标，则年度评价为达标水源。采用水量达标率和水源达标率评价全国及区域水源年度水质。其中，水量达标率为评价区域内统计时段的水源达标取水量之和与水源取水总量的百分比，水源达标率为评价区域内统计时段的达标水源数量之和与水源总数量的百分比。

《地下水质量标准》（GB/T 14848—2017）代替 GB/T 14848—1993，于 2018 年 5 月 1 日起实施，自实施之日起，地下水型集中式饮用水水源地水质评价执行新标准表 1 常规指标标准限值。

三、水生生物

（一）生境状况

生境状况评价对象为监测断面。评价指标为六项参数，优先级设置为水体功能（3 项，包括水质感官状况和河流/湖库栖境 2 项）＞人为干扰程度（2 项）＞自然因素（1 项）。采用赋分法对六项参数逐项进行赋分，从优到劣各赋分 10、7、4、1 四个等级，每个监测断面生境总分由六项参数分值累加计算。

（二）藻类植物

采用 Shannon-Wienner 多样性指数和 Pielou 均匀度指数评价藻类植物群落多样性。

（三）底栖动物

采用 Trent 指数、BMWP 记分系统、每科平均记分值（ASPT）、生物学污染指数（BPI）、Chandler 生物指数（CBI）、Margalef 丰富度指数和 FBI 指数等 7 种生物学指数评价底栖动物特征，反映水生态状况。同时，在单个指数评价基础上，按照极清洁、清洁、轻污染、中污染和重污染及以下五个等级对各个指数逐一赋分，据此综合评价水生态状况。

表 1-3-4　底栖动物综合评价等级赋分表

评价等级分值		极清洁（9）	清洁（7）	轻污染（5）	中污染（3）	重污染及以下（1）
Trent 指数		X	Ⅷ～Ⅸ	Ⅵ～Ⅶ	Ⅲ～Ⅴ	Ⅰ～Ⅱ
BMWP 记分系统	溪流	＞100	71～100	41～70	11～40	0～10
	平原河流	＞81	51～80	25～50	10～24	0～9
ASPT	溪流	＞4.5	3.6～4.4	3.1～3.5	2.1～3.0	0～2.0
	平原河流	＞4.1	3.6～4.0	3.1～3.5	2.1～3.0	0～2.0
Chandler 生物指数（CBI）		＞300☆	45～300△		0～45	0
生物学污染指数（BPI）		＜0.1	0.1～0.5	0.5～1.5	1.5～5	＞5
Margalef 丰富度指数		＞3☆			3～1	＜1
FBI 指数		0～3.50	3.51～5.00	5.01～5.75	5.76～7.25	7.26～10

注：☆以 9 分赋分，△以 6 分赋分。

四、湖库水华

湖库水华评价执行《水华遥感与地面监测评价技术规范（试行）》（HJ 1098—2020），采用藻密度和水华面积比例评价水华程度。

表 1-3-5 基于藻密度评价的水华程度分级标准

水华程度级别	藻密度 D /（个/L）	水华特征
I	$0 \leq D < 2.0 \times 10^6$	无水华
II	$2.0 \times 10^6 \leq D < 1.0 \times 10^7$	无明显水华
III	$1.0 \times 10^7 \leq D < 5.0 \times 10^7$	轻度水华
IV	$5.0 \times 10^7 \leq D < 1.0 \times 10^8$	中度水华
V	$D \geq 1.0 \times 10^8$	重度水华

表 1-3-6 基于水华面积比例评价的水华程度分级标准

水华程度级别	水华面积比例 P/%	水华特征
I	0	无水华
II	$0 < P < 10$	无明显水华
III	$10 \leq P < 30$	轻度水华
IV	$30 \leq P < 60$	中度水华
V	$60 \leq P \leq 100$	重度水华

1. 不同时段定量比较

不同时段定量比较是对同一监测点位或监测水域某一时段的水华状况与前一时段、上年同期或其他时段的水华状况进行定量比较和变化分析，比较内容包括藻密度、水华面积、水华程度、不同级别水华程度的频次比例（百分比）等。

2. 水华程度变化评价

基于相同监测点位或监测水域，评价不同时段水华程度变化幅度和方向。将水华程度变化幅度和方向分为三类，分别是无明显变化、有所变化（加重或减轻）、明显变化（加重或减轻）。具体评价方法如下：

a. 按水华程度等级变化评价：

a）当水华程度等级不变时，则评价为无明显变化；

b）当水华程度等级发生 1 个级别变化时，则评价为有所变化（加重或减轻）；

c）当水华程度等级发生 2 个级别以上（含 2 个级别）变化时，则评价为明显变化（加重或减轻）。

b. 按水华程度组合类别比例评价：

设 ΔG 为后时段与前时段"无明显水华～轻度水华"出现频次比例百分点之差；ΔD 为后时段与前时段"中度水华～重度水华"频次比例百分点之差。

a）当（$\Delta G - \Delta D$）<-10%时，则评价为明显加重；

b）当-10%≤（$\Delta G - \Delta D$）<-5%时，则评价为有所加重；

c）当-5%≤（$\Delta G - \Delta D$）<5%时，则评价为无明显变化（加重或减轻）；

d）当 5%≤（$\Delta G - \Delta D$）<10%时，则评价为有所减轻；

e）当（$\Delta G - \Delta D$）≥10%时，则评价为明显减轻。

第四章　海　洋

第一节　监测情况

一、海洋环境质量

（一）海水水质

2016—2020 年，每年开展海水水质监测。2016—2018 年，海水水质监测由环境保护部和国家海洋局按分工组织开展，2018 年机构改革后生态环境部开始履行统一监测职能，组织开展海水水质监测。2020 年，海水水质监测国控点位 1 350 个，包括近岸海域点位 1 172 个和近海海域点位 178 个，其中渤海海区开展 4 期监测，其他海区近岸海域开展 3 期监测、近海海域开展 1 期监测。

海水水质监测指标包括基础指标和化学指标。其中，基础指标包括风速、风向、海况、天气现象、水深、水温、水色、盐度、透明度、叶绿素 a 等，化学指标包括 pH 值、溶解氧、化学需氧量、氨氮、硝酸盐氮、亚硝酸盐氮、活性磷酸盐、石油类、悬浮物质、总氮、总磷、铜、锌、总铬、汞、镉、铅、砷等。开展 1 期《海水水质标准》（GB 3097—1997）全项目监测（放射性核素、病原体除外）。

（二）海洋沉积物

"十三五"期间，管辖海域沉积物质量监测在 2017 年夏季和 2020 年夏季开展，监测点位分别为 536 个和 540 个，每年开展 1 期监测。监测指标包括粒度、有机碳、硫化物、汞、镉、铅、砷、铜、锌、铬、滴滴涕、石油类、多氯联苯等。

二、海洋生态状况

2016—2020 年，每年开展典型海洋生态系统健康状况监测，各年监测的海洋生态系统分别为 21 个、20 个、21 个、18 个和 24 个，包括近岸河口、海湾、滩涂湿地、珊瑚礁、红树林和海草床等海洋生态系统。监测内容包括水环境质量、沉积物质量、生物残毒、栖息地、生物群落等五个方面。每年开展 1 期监测。

三、主要入海污染源状况

2016—2020 年，按照《"十三五"国家地表水环境质量监测网设置方案》（环监测〔2016〕30 号），对 195 个国控入海控制断面开展水质监测，对 419～448 个日排污水量大于 100 m³ 的直排海工业污染源、生活污染源、综合排污口开展污染源监测，2020 年监测直排海排污口 442 个。

四、海洋倾倒区和油气区环境状况

2016—2020 年，通过监督性监测与企业自行监测相结合的方式开展海洋倾倒监测，倾倒区监测数量分别为 60 个、69 个、66 个、32 个和 49 个，分别布设 443 个、586 个、553 个、198 个和 325 个监测点位。监测内容包括水深、地形、海水水质、沉积物质量和生物质量，每年开展 1～2 期监测。

开展海洋油气区环境状况监测。2016—2018 年，对 21 个油气区（群）（渤海 15 个，东海 3 个，南海 3 个）开展监测，布设 313 个监测点位，每年开展 1 期监测，监测内容包括海水水质、沉积物质量、生物质量和底栖生物状况。2019—2020 年，对渤海 15 个油气区（群）开展监测，布设 114 个监测点位，每年开展 1 期监测；布设 62 个沉积物点位，每年开展 1 期海洋沉积物质量监测。

五、海洋渔业水域水质

2016—2020 年，每年开展海洋渔业水域水质监测。各年监测的重要渔业水域分别为 40 个、41 个、48 个、41 个和 39 个，包括重要渔业资源产卵场、索饵场、洄游通道、水产增养殖区、水生生物自然保护区、水产种质资源保护区等重要渔业水域。监测指标包括水体中无机氮、活性磷酸盐、石油类、化学需氧量和沉积物中石油类、铜、锌、铅、镉、汞、砷、铬等。每年开展 1 期监测。

第二节　评价方法

一、海洋环境质量

（一）海水水质

海水水质评价依据《海水水质标准》（GB 3097—1997）、《海水质量状况评价技术规程（试行）》（海环字〔2015〕25 号）。管辖海域水质评价采用夏季管辖海域国控监测点位数据，评价指标包括无机氮（亚硝酸盐、硝酸盐、氨氮）、活性磷酸盐、石油类、化学需氧量、pH 值。近岸海域水质评价采用春、夏、秋三个季节近岸海域国控监测点位数据，评价指标包括 pH 值、溶解氧、化学需氧量、无机氮、活性磷酸盐、石油类、铜、汞、镉、铅。

（二）海洋沉积物质量

海洋沉积物质量评价依据《海洋沉积物质量》（GB 18668—2002）、《海洋沉积物质量综合评价技术规程（试行）》（海环字〔2015〕26 号），采用夏季管辖海域国控监测点位数据，评价指标包括硫化物、石油类、有机碳、汞、镉、铅、砷、铜、锌、铬、滴滴涕、多氯联苯等必测指标和六六六选测指标。

（三）海洋环境放射性水平

海洋环境放射性水平评价采用近岸海域、核设施周边海域和西太平洋海域监测数据，评价指标包括：海水中的铀、钍、镭-226、氚、锶-90、铯-137 和 γ 能谱分析（包括铯-134、锰-54、锆-95 等人工放射性核素）；海洋生物中的钾-40、镭-226、氚、碳-14、锶-90、铯-137 和 γ 能谱分析（包括铯-134、锰-54、锆-95 等人工放射性核素）；海底沉积物和潮间带土壤中的锶-90 和 γ 能谱分析（包括铯-134、锰-54、锆-95 等人工放射性核素）。评价依据《海水水质标准》（GB 3097—1997），采用比较分析方法进行。

二、海洋生态状况

典型海洋生态系统健康评价采用河口、海湾、滩涂湿地、珊瑚礁、红树林和海草床海洋生态系统监测数据。在水环境、沉积物环境、生物残毒、栖息地和生物群落五个方面建立相应评价指标体系。评价依据《海洋调查规范》（GB/T 12763—2007）、《海洋监测规范》（GB 17378—2007）和《近岸海洋生态健康评价指南》（HY/T 087—2005）。

三、主要入海污染源状况

（一）入海河流

入海河流水质评价方法和依据标准与淡水—河流水质评价相同。

表 1-4-1　入海河流水质状况分级

水质类别面积比例	水质状况
Ⅰ～Ⅲ类水质比例≥90%	优
75%≤Ⅰ～Ⅲ类水质比例<90%	良好
Ⅰ～Ⅲ类水质比例<75%，且劣Ⅴ类水质比例<20%	轻度污染
Ⅰ～Ⅲ类水质比例<75%，且 20%≤劣Ⅴ类水质比例<40%	中度污染
Ⅰ～Ⅲ类水质比例<60%，且劣Ⅴ类水质比例≥40%	重度污染

（二）直排海污染源

污染物入海总量计算方法如下：

a. 污染物浓度和污水流量实行同步监测的排污口

$$污染物入海量（t/a）＝污染物平均浓度（mg/L）×污水平均流量（m^3/h）×$$
$$污水排放时间（h/a）×10^{-6}$$

b. 未进行污染物浓度和污水流量同步监测的排污河（沟、渠）

$$污染物入海量（t/a）＝污染物平均浓度（mg/L）×污水入海量（10^{-4} t/a）×10^{-2}$$

监测浓度和加权平均浓度低于检出限的项目，浓度按 1/2 计算，不计总量。

四、海洋倾倒区和油气区环境状况

海洋倾倒区环境状况评价依据《海水水质标准》（GB 3097—1997）、《海洋沉积物质量》（GB 18668—2002）、《全国海洋功能区划（2011—2020 年）》、《海洋功能区划技术导则》（GB/T 17108—2006）和《海洋倾倒区监测技术规程》，评价项目包括水深、水质、沉积物质量和底栖生物。

海洋油气区环境状况评价依据《海洋工程环境影响评价技术导则》（GB/T 19485—2014）、《全国海洋功能区划（2011—2020 年）》、《海洋功能区划技术导则》（GB/T 17108—2006）、《海水水质标准》（GB 3097—1997）和《海洋沉积物质量》（GB 18668—2002），评价指标为：海水环境中石油类、化学需氧量、汞和镉；沉积物中有机碳、石油类、汞和镉。

五、海洋渔业水域水质

海洋渔业水域水质评价参照《渔业水质标准》（GB 11607—1989），其中未包含的项目参照《海水水质标准》（GB 3097—1997），海水鱼虾类产卵场、索饵场及水生生物自然保护区和水产种质资源保护区参照一类标准，其他区域参照二类标准。评价指标包括石油类、非离子氨、挥发性酚、铜、锌、铅、镉、汞和砷。

第五章　声环境

第一节　监测情况

全国城市声环境质量常规监测包括城市功能区、城市区域和城市道路交通声环境质量监测。

一、功能区声环境

2016—2020 年，每年开展 4 次城市功能区声环境质量监测。与 2016 年相比，2020 年全国城市功能区声环境质量监测城市增加 2 个，监测点次增加 961 个，其中 1 类至 4b 类功能区声环境质量监测点次均有所增多，0 类功能区监测点次有所减少。

表 1-5-1　2016—2020 年功能区监测点次

年度 \ 类别	0 类		1 类		2 类		3 类		4a 类		4b 类		监测点次	城市
	昼	夜	昼	夜	昼	夜	昼	夜	昼	夜	昼	夜		
2016	103	103	2 508	2 508	3 537	3 537	2 093	2 093	2 485	2 485	86	86	10 812	309
2017	103	103	2 516	2 516	3 619	3 619	2 102	2 102	2 491	2 491	88	88	10 919	311
2018	103	103	2 509	2 509	3 658	3 658	2 103	2 103	2 491	2 491	88	88	10 952	311
2019	100	100	2 624	2 624	3 720	3 720	2 143	2 143	2 536	2 536	96	96	11 219	311
2020	94	94	2 766	2 766	3 969	3 969	2 275	2 275	2 552	2 552	117	117	11 773	311

二、城市区域声环境

2016—2020 年，每年开展城市区域声环境质量昼间监测，2018 年开展夜间监测。与 2016 年相比，2020 年全国城市区域声环境质量昼间监测城市增加 2 个，监测点位增加 467 个。

表 1-5-2　2016—2020 年全国城市区域声环境监测城市和点位数

年度	监测城市/个	监测点位/个	覆盖面积/km²
2016 昼间	322	55 449	27 671.0
2017 昼间	323	55 823	28 028.0
2018 昼间	323	55 904	27 960.0
2018 夜间	319	55 176	27 816.0
2019 昼间	321	55 220	28 623.0
2020 昼间	324	55 916	30 547.7

三、道路交通噪声

2016—2020 年，每年开展城市道路交通噪声昼间监测，2018 年开展夜间监测。与 2016 年相比，2020 年全国城市道路交通噪声昼间监测城市增加 4 个，监测点位增加 346 个。

表 1-5-3　2016—2020 年道路交通噪声监测城市和点位数

年度	监测城市/个	监测点位/个	覆盖道路长度/km
2016 昼间	320	20 981	35 216.0
2017 昼间	324	21 115	35 813.8
2018 昼间	324	21 094	35 855.2
2018 夜间	321	20 967	35 629.4
2019 昼间	322	21 039	36 492.6
2020 昼间	324	21 327	38 949.8

第二节　评价方法

一、功能区声环境

城市功能区声环境质量监测与评价依据《声环境质量标准》（GB 3096—2008）。评价指标为昼间、夜间监测点次的达标率。

其中，0 类声环境功能区：指康复疗养区等特别需要安静的区域。1 类声环境功能区：指以居民住宅、医疗卫生、文化教育、科研设计、行政办公为主要功能，需要保持安静的区域。2 类声环境功能区：指以商业金融、集市贸易为主要功能，或者居住、商业、工业混杂，需要维护住宅安静的区域。3 类声环境功能区：指以工业生产、仓储物流为主要功能，需要防止工业噪声对周围环境产生严重影响的区域。4 类声环境功能区：指交通干线两侧一定距离之内，需要防止交通噪声对周围环境产生严重影响的区域，包括 4a 类和 4b 类两种类型。4a 类为高速公路、一级公路、二级公路、城市快速路、城市主干路、城市次干路、城市轨道交通（地面段）、内河航道两侧区域；4b 类为铁路干线两侧区域。

表 1-5-4　各类功能区环境噪声限值

单位：dB（A）

功能区	0 类	1 类	2 类	3 类	4a 类	4b 类
昼间	≤50	≤55	≤60	≤65	≤70	≤70
夜间	≤40	≤45	≤50	≤55	≤55	≤60

二、城市区域声环境

城市区域声环境质量监测与评价依据《环境噪声监测技术规范　城市声环境常规监测》（HJ 640—2012）。评价指标为昼间平均等效声级和夜间平均等效声级，代表该城市昼间和夜间的环境噪声总体水平。城市区域环境噪声总体水平等级"一级"至"五级"可分别对应评价为"好"、"较好"、"一般"、"较差"和"差"。

表 1-5-5　城市区域环境噪声总体水平等级划分

单位：dB（A）

质量等级	一级	二级	三级	四级	五级
昼间平均等效声级	≤50.0	50.1～55.0	55.1～60.0	60.1～65.0	>65.0
夜间平均等效声级	≤40.0	40.1～45.0	45.1～50.0	50.1～55.0	>55.0

三、道路交通噪声

城市道路交通噪声监测与评价依据《环境噪声监测技术规范　城市声环境常规监测》（HJ 640—2012）。评价指标为昼间平均等效声级和夜间平均等效声级，反映城市道路交通噪声源的噪声强度。道路交通噪声强度等级按表 1-5-6 进行评价。道路交通噪声强度等级"一级"至"五级"可分别对应评价为"好"、"较好"、"一般"、"较差"和"差"。

表 1-5-6　道路交通噪声强度等级划分

单位：dB（A）

等级	一级	二级	三级	四级	五级
昼间平均等效声级	≤68.0	68.1～70.0	70.1～72.0	72.1～74.0	>74.0
夜间平均等效声级	≤58.0	58.1～60.0	60.1～62.0	62.1～64.0	>64.0

第六章 生 态

第一节 监测情况

一、全国

根据《生态环境状况评价技术规范》（HJ 192—2015），中国环境监测总站组织全国 31 个省级环境监测中心站开展全国生态监测与评价工作，对生态质量现状及变化趋势进行分析。数据来源主要以 GF-1/2、ZY-3、Landsat 8 OLI、MODIS 250 m NDVI 等多源卫星遥感影像为基础，按照《全国生态环境监测与评价技术方案》（总站生字〔2015〕163 号）和《2017 年全国生态环境监测和评价补充方案》（总站生字〔2017〕350 号）等文件技术要求，针对全国除港、澳、台外陆域范围的林地、草地、耕地、湿地、建设用地、未利用地等类型，与环境统计、水资源、基础地理信息、土壤侵蚀等数据相结合综合分析全国、省域、县域的生态质量状况。

二、国家重点生态功能区

2016—2020 年，国家重点生态功能区转移支付县域数量由 512 个增加到 817 个，但近几年部分省份由于县级行政区划调整，县域数量有所减少，截止到 2020 年，县域数量为 810 个，分布在除上海、江苏以外的 29 个省份及新疆生产建设兵团（以下简称兵团）。按照生态功能类型，防风固沙类型有 82 个，水土保持类型有 195 个，水源涵养类型有 350 个，生物多样性维护类型有 183 个。

国家重点生态功能区县域生态环境质量监测包括自然生态质量监测、地表水水质监测、集中式饮用水水源地水质监测、空气质量监测和污染源监测。其中自然生态质量采用遥感手段监测，以国产高分影像为主要数据源，解译县域范围林地、草地、水域湿地、耕地、建设用地等各类生态类型。地表水、集中式饮用水水源地、空气质量和污染源监测均采用手工监测方式，其中地表水监测点位 1 740 个，按月监测；集中式饮用水水源地监测点位 1 052 个，地表水水源地按季度监测，地下水水源地每半年监测 1 次；空气质量监测点位 1 003 个，其中自动监测点位 964 个；废水、废气污染源及污水处理厂约 2 837 个，按季度监测。

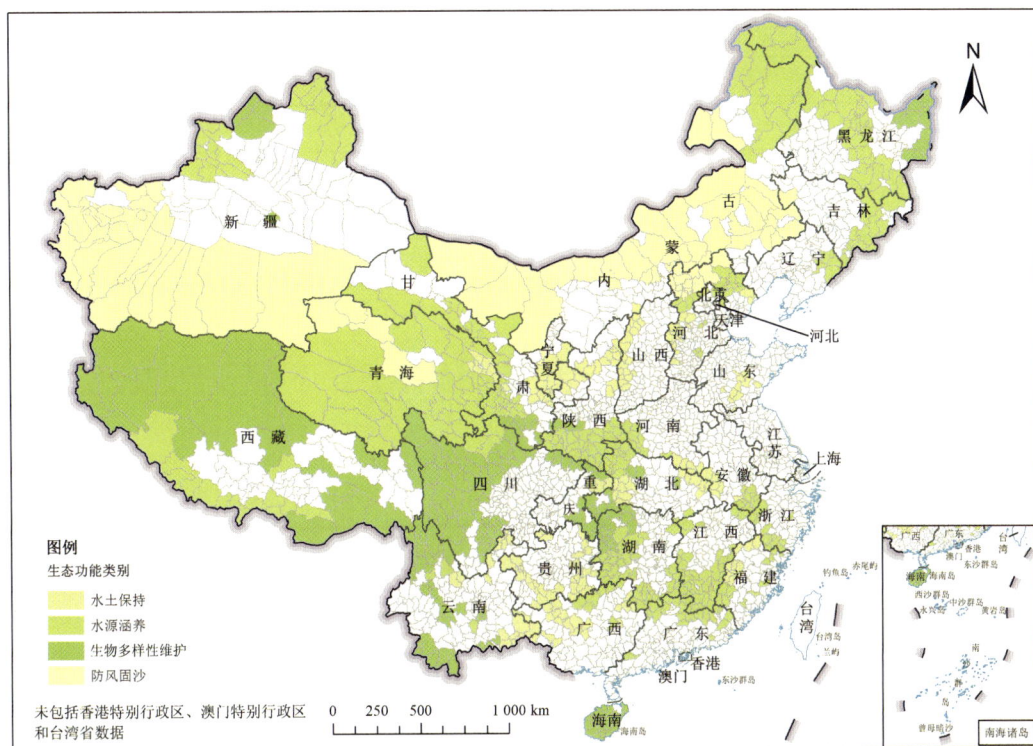

图 1-6-1　国家重点生态功能区县域分布

三、典型生态系统

中国环境监测总站自 2010 年开始筹建生态地面监测站，2011 年选择 6 个省份进行试点监测。2012 年开始联合各生态地面监测站每年编制《生态环境地面监测报告》；2013 年江苏等 10 个省级环境监测站加挂"中国环境监测总站生态地面监测重点站"的牌匾，明确重点站承担单位的主要任务和网络职责；开展生态地面监测与评价方法的研究工作，制定了《湿地生态环境健康评价方法（暂行）》（总站生字〔2014〕130 号），作为湿地生态系统评价技术导则。生态地面监测重点站逐年增加，截至 2020 年，生态地面监测工作已覆盖 16 个省份，监测范围涵盖森林、草地、湿地、荒漠、城市等生态系统，监测站位 40 个。

表 1-6-1　生态地面监测要素的监测时间及频次要求

监测要素		监测时间	监测频次
生物	陆地生物群落	7—8 月	1 次/a
	水域生物群落	4—10 月	1~2 次/a

监测要素	监测时间	监测频次
土壤或湖泊底泥	与生物要素同步采样	1 次/3 a
水环境	每季度监测 1 次	4 次/a
空气环境	每季度监测 1 次	4 次/a
气象	在 6—9 月监测降雨，逢雨必测；其他要素利用自动气象站监测	自动监测
景观指标	与生物要素同步调查	1 次/a

第二节　评价方法

一、全国

生态质量评价依据《生态环境状况评价技术规范》（HJ 192—2015）。根据生态状况指数，将生态质量状况分为 5 级，即优、良、一般、较差和差。根据生态状况指数与基准值的变化情况，将生态质量变化幅度分为 4 级，即无明显变化、略微变化（好或差）、明显变化（好或差）、显著变化（好或差）。各分指数变化分级评价方法可参考生态质量变化度分级。

表 1-6-2　生态质量状况分级

级别	优	良	一般	较差	差
指数	EI≥75	55≤EI<75	35≤EI<55	20≤EI<35	EI<20
描述	植被覆盖度高，生物多样性丰富，生态系统稳定	植被覆盖度较高，生物多样性较丰富，适合人类生活	植被覆盖度中等，生物多样性一般水平，较适合人类生活，但有不适合人类生活的制约性因子出现	植被覆盖较差，严重干旱少雨，物种较少，存在着明显限制人类生活的因素	条件较恶劣，人类生活受到限制

表 1-6-3　生态质量变化度分级

级别	无明显变化	略微变化	明显变化	显著变化
变化值	|ΔEI|<1	1≤|ΔEI|<3	3≤|ΔEI|<8	|ΔEI|≥8
描述	生态环境质量无明显变化	如果 1≤ΔEI<3，则生态环境质量略微变好；如果-1≥ΔEI>-3，则生态环境质量略微变差	如果 3≤ΔEI<8，则生态环境质量明显变好；如果-3≥ΔEI>-8，则生态环境质量明显变差；如果生态环境状况类型发生改变，则生态环境质量明显变化	如果 ΔEI≥8，则生态环境质量显著变好；如果 ΔEI≤-8，则生态环境质量显著变差

二、国家重点生态功能区

生态功能区评价依据《生态环境状况评价技术规范》（HJ 192—2015）中"6.1 生态功能区生态功能评价"的方法和分级标准。

三、典型生态系统

根据生态系统物种多样性、群落结构、生产力以及地表水、空气和土壤环境质量数据，对典型区域森林、草地及荒漠、湿地、城市生态系统的生态环境状况进行分析，同时开展湿地生态环境健康评估。

湖泊湿地生态环境健康采用《湿地生态环境健康评价方法（暂行）》（总站生字〔2014〕130 号），从压力、环境、生物、景观和响应 5 个方面，计算湿地生态环境健康指数（WHI），分级进行综合评价，共涉及 16 个二级指标。

表 1-6-4　评价指标体系及权重

一级指标	权重	二级指标	分权重
压力指标	0.2	人口密度	0.3
		土地利用强度	0.4
		水生生境干扰	0.3
环境指标	0.3	地表水水质状况	0.3
		综合营养状态指数	0.1
		枯水期径流量占年均径流量比例	0.2
		土壤综合污染指数	0.1
		生态环境状况指数	0.3
生物指标	0.3	水生生物香农多样性指数	0.4
		底栖动物耐污指数	0.2
		鸟类种群指数	0.4
景观指标	0.1	景观均匀度指数	0.5
		森林覆盖度	0.5
响应指标	0.1	环保投入占 GDP 比重	0.2
		污染物减排完成情况	0.5
		湿地退化指数	0.3

表 1-6-5　湿地生态环境健康状况分级

级别	WHI	描述
极健康	≥4	湿地生态系统结构十分合理、功能极为完善、环境质量极好、生物多样性丰富、格局完美、外界压力较小、生态系统极稳定、处于可持续状态
健康	(4，3]	湿地生态系统结构比较合理、功能较完善、环境质量较好、生物多样性较丰富、格局尚完美、外界压力较小、生态系统稳定、处于可持续状态
亚健康	(3，2]	湿地生态系统结构尚完整、功能基本具备、环境质量一般、生物多样性一般、斑块破碎明显、外界压力显现、生态系统尚稳定、接近湿地生态阈值、处于可维持状态
较差	(2，1]	湿地生态系统结构出现缺陷、功能不能满足维持生态系统需要、环境质量较差、生物多样性较差、斑块破碎化较严重、外界压力大、生态系统稳定性差、已开始退化
差	<1	湿地生态系统结构不合理、功能丧失、环境质量差、生物多样性贫乏、斑块破碎化严重、外界压力极大、生态系统不稳定、处于已恶化状态

表 1-6-6　湿地生态环境健康变化幅度分级

级别	无明显变化	略有变化	明显变化
变化值	$\|\Delta WHI\| \leq 0.5$	$0.5 < \|\Delta WHI\| < 1$	$\|\Delta WHI\| \geq 1$
描述	生态系统健康无明显变化	如果 $0.5 < \Delta WHI < 1$，则生态系统健康略微变好；如果 $-0.5 > \Delta WHI > -1$，则生态系统健康略微变差	如果 $\Delta WHI \geq 1$，则生态系统健康明显变好；如果 $\Delta WHI \leq -1$，则生态系统健康明显变差

生物多样性指数采用香农-威纳多样性指数〔Shannon-Wiener's index of diversity (*H*′)〕来综合反映群落的物种多少、个体在群落中所占比例及比例的均匀程度。

$$H' = \sum_{i=1}^{S} P_i \log_2 P_i$$

式中，H'——生物多样性指数；

　　　S——总物种数；

　　　P_i——样品中属于第 i 种的个体的比例。

生物完整性指数（BI）是基于湿地生态系统中污染指示种和其出现频率的水质评价指数。

$$BI = \sum_{i=1}^{S} n_i \cdot a_i / N$$

式中，n_i——第 i 分类单元（属或种）的个体数；

　　　a_i——第 i 分类单元（属或种）的耐污值；

　　　N——分类单元（属或种）的个体总数；

　　　S——种类数。

第七章　农　村

第一节　监测情况

2020 年，农村环境空气质量共监测 31 个省份及兵团的 3 565 个村庄，与上年相比，增加 58 个，与 2016 年相比，增加 1 517 个；农村地表水水质状况共监测 31 个省份及兵团的 3 081 个断面，与上年相比，增加 219 个，与 2016 年相比，增加 1 349 个。

2020 年，农村饮用水水源地水质共监测 31 个省份及兵团的 3 544 个村庄 3 785 个断面/点位，其中地表水饮用水水源地监测断面 2 068 个，地下水饮用水水源地监测点位 1 717 个。与上年相比，增加 91 个村庄的 113 个断面/点位，其中地表水增加 172 个、地下水减少 59 个。与 2016 年相比，增加 1 494 个村庄的 1 575 个断面/点位，其中地表水增加 1 049 个、地下水增加 526 个。

2019 年起，农村环境质量监测任务新增千吨万人饮用水水源地水质监测。2020 年共监测 12 815 个断面/点位，其中地表水饮用水水源地监测断面 6 836 个，地下水饮用水水源地监测点位 5 979 个，与上年相比，增加 3 513 个断面/点位，其中地表水增加 1 556 个，地下水增加 1 957 个。

表 1-7-1　2016—2020 年农村各监测项目数量变化

单位：个

年度	空气	地表水	饮用水水源地			土壤	生态	千吨万人饮用水水源地		
			地表水	地下水	总数			地表水	地下水	总数
2016	2 048	1 732	1 019	1 191	2 210	1 364	742	—	—	—
2017	2 150	1 946	1 139	1 100	2 239	1 580	776	—	—	—
2018	2 146	2 026	1 155	1 094	2 249	1 667	823	—	—	—
2019	3 507	2 862	1 896	1 776	3 672	2 823	2 764	5 280	4 022	9 302
2020	3 565	3 081	2 068	1 717	3 785	2 901	1 585	6 836	5 979	12 815

第二节　评价方法

一、环境空气

根据《全国农村环境质量试点监测技术方案》（环发〔2014〕125 号）要求，农村环境空气质量评价依据《环境空气质量标准》（GB 3095—2012），评价指标为 SO_2、NO_2、PM_{10}、$PM_{2.5}$、O_3 和 CO。

二、地表水

根据《全国农村环境质量试点监测技术方案》（环发〔2014〕125 号）要求，农村地表水环境质量评价依据《地表水环境质量标准》（GB 3838—2002）和《地表水环境质量评价办法（试行）》（环办〔2011〕22 号），评价指标为《地表水环境质量标准》（GB 3838—2002）表 1 中 24 项指标，按照采测分离方式开展监测的监测断面可不报送粪大肠菌群。

三、饮用水水源地

饮用水水源地水质评价依据《地表水环境质量标准》（GB 3838—2002）Ⅲ类标准和《地下水质量标准》（GB/T 14848—2017）Ⅲ类标准或相应标准值，采用单因子评价法，评价结果分为达标和不达标两类。依据《全国农村环境质量试点监测技术方案》（环发〔2014〕125 号），地表水饮用水水源地评价指标为《地表水环境质量标准》（GB 3838—2002）表 1 的 23 项基本项目（化学需氧量除外，河流总氮除外）、表 2 的补充项目（5 项），共 28 项；地下水饮用水水源地评价指标为《地下水质量标准》（GB/T 14848—2017）表 1 中 39 项常规指标，2018 年之前地下水饮用水水源地评价依据《地下水质量标准》（GB/T 14848—93），评价指标为《地下水质量标准》（GB/T 14848—93）中的 23 项。千吨万人饮用水水源地同此标准，各地可根据当地污染实际情况，适当增加区域特征污染物。

四、农业面源污染

2016—2020 年，全国农业面源污染遥感监测采用 MODIS 数据产品和多源地面数据。MODIS 数据产品包括植被指数产品（MOD13A2）和地表反射率产品（MOD09GA）；地面数据（公开发表的统计、调查和试验数据）包括农业统计数据、污染普查数据、降水空间插值数据和坡度坡长空间数据等。监测对象包括农村生活、畜禽养殖和农田种植（包含水土流失）等人类活动型面源污染，监测数据空间分辨率为 1 km，监测频次为 1 次/a。

　　目前，全国农业面源污染监测评估采用 DPeRS（Diffuse Pollution estimation with Remote Sensing）遥感面源污染估算模型，对溶解态和颗粒态的总氮、总磷因子排放负荷和入河负荷进行估算，评价指标为总氮排放负荷和入河负荷、总磷排放负荷和入河负荷。

第八章 土 壤

第一节 监测情况

2016—2020 年，对国家土壤环境监测网中 20 006 个土壤环境质量基础点开展了一轮监测，共获得 166 万条数据。监测项目为《土壤环境质量 农用地土壤污染风险管控标准（试行）》（GB 15618—2018）的全部 12 项指标，包括镉、汞、砷、铅、铬、铜、锌和镍等 8 项重金属，六六六总量、滴滴涕总量和苯并[a]芘等 3 项有机污染物以及 pH 值。

第二节 评价方法

依据《土壤环境质量 农用地土壤污染风险管控标准（试行）》（GB 15618—2018），对土地利用类型为农用地（耕地、园地和草地）的基础点进行土壤污染风险筛查。

表 1-8-1 农用地土壤污染风险筛选值（基本项目）

单位：mg/kg

序号	污染物项目①②		风险筛选值（S_i）			
			pH≤5.5	5.5＜pH≤6.5	6.5＜pH≤7.5	pH＞7.5
1	镉	水田	0.3	0.4	0.6	0.8
		其他	0.3	0.3	0.3	0.6
2	汞	水田	0.5	0.5	0.6	1.0
		其他	1.3	1.8	2.4	3.4
3	砷	水田	30	30	25	20
		其他	40	40	30	25
4	铅	水田	80	100	140	240
		其他	70	90	120	170
5	铬	水田	250	250	300	350
		其他	150	150	200	250
6	铜	果园	150	150	200	200
		其他	50	50	100	100

序号	污染物项目[①②]	风险筛选值（S_i）			
		pH≤5.5	5.5＜pH≤6.5	6.5＜pH≤7.5	pH＞7.5
7	镍	60	70	100	190
8	锌	200	200	250	300

注：①重金属和类金属砷均按元素总量计；②对于水旱轮作地，采用其中较严格的风险筛选值。

表 1-8-2　农用地土壤污染风险筛选值（其他项目）

单位：mg/kg

序号	污染物项目	风险筛选值（S_i）
1	六六六总量[①]	0.10
2	滴滴涕总量[②]	0.10
3	苯并[a]芘	0.55

注：①六六六总量为 α-六六六、β-六六六、γ-六六六、δ-六六六 4 种异构体的含量总和；②滴滴涕总量为 p,p'-滴滴伊、p,p'-滴滴滴、o,p'-滴滴涕、p,p'-滴滴涕 4 种衍生物的含量总和。

表 1-8-3　农用地土壤污染风险管制值

单位：mg/kg

序号	污染物项目	风险管制值（G_i）			
		pH≤5.5	5.5＜pH≤6.5	6.5＜pH≤7.5	pH＞7.5
1	镉	1.5	2.0	3.0	4.0
2	汞	2.0	2.5	4.0	6.0
3	砷	200	150	120	100
4	铅	400	500	700	1 000
5	铬	800	850	1 000	1 300

第九章 辐 射

第一节 监测情况

2020 年，根据《全国辐射环境监测方案》，197 个地级及以上城市开展空气吸收剂量率实时连续监测，236 个地级及以上城市开展累积剂量监测；189 个地级及以上城市开展气溶胶监测，135 个地级及以上城市开展沉降物和气态放射性碘同位素监测，直辖市和省会城市开展空气（水蒸气）和降水监测；长江、黄河、珠江、松花江、淮河、海河、辽河七大流域和浙闽片河流、西北诸河、西南诸河及重要湖泊（水库）开展地表水监测，336 个地级及以上城市开展集中式饮用水水源地水监测，31 个城市开展地下水监测，沿海 11 个省份近岸海域开展海水和海洋生物监测；337 个城市开展土壤监测；直辖市和省会城市开展电磁辐射监测。

2016—2020 年，开展空气吸收剂量率实时连续监测的点位从 104 个地级以上城市的 151 个增至 197 个地级及以上城市的 263 个。开展气溶胶监测的点位从 93 个地级以上城市的 100 个增至 189 个地级及以上城市的 225 个；开展沉降物和气态放射性碘同位素监测的点位从直辖市和省会城市的 32 个增至 135 个地级及以上城市的 157 个。自 2016 年起，气溶胶和沉降物的监测项目新增铯-137 分析。

开展地表水监测的点位从 99 个增至 102 个，其中，主要江河流域增加 2 个断面，湖泊增加 1 个点位；开展饮用水水源地水监测的点位从 327 个地级及以上城市的 295 个增至 336 个地级及以上城市的 344 个；开展海水监测的点位从 47 个增至 48 个。优化调整海洋生物监测，监测点位由 37 个调整为 34 个。

开展土壤监测的点位从 331 个地级及以上城市的 316 个增至 337 个地级及以上城市的 362 个。自 2019 年起，土壤的监测项目新增锶-90 分析。

第二节 评价方法

辐射环境质量监测结果评价依据《生活饮用水卫生标准》（GB 5749—2006）、《海水水质标准》（GB 3097—1997），采用对比分析法，依据历年监测值和全国环境天然放射性水平调查值进行本底水平评价。

第十章　污染源

第一节　监测情况

2016—2020 年，每年开展重点排污单位监督性监测、固定污染源自动监测设备考核评价、排污单位自行监测检查评估等。

累计对 120 825 家重点排污单位污染排放状况开展监督性监测，其中废水重点排污单位 50 532 家、城镇污水处理厂 19 813 家、废气重点排污单位 50 480 家；对重点地区、重点行业的 2 096 家固定污染源（排污单位）开展专项抽测，对 3 218 台（套）自动监测设备开展质控样考核、手工同步比对监测。监测项目按照排放标准、环评及批复和排污许可证等要求确定。监测频次由生态环境部门根据管理需求，结合"双随机、一公开"确定。

一、重点排污单位监督性监测

2020 年，除西藏外，30 个省份和兵团废水排放监督性监测重点排污单位 16 677 家。其中，837 家废水重点排污单位超标，超标比例为 5.0%，除湖北、山东达标外，其他 28 个省份及兵团均存在超标。废气排放监督性监测重点排污单位 19 222 家。其中，521 家废气重点排污单位超标，超标比例为 2.7%，除北京、天津、湖北外，其他 27 个省份及兵团均存在超标。

二、固定污染源废气 VOCs 监测

2018 年，生态环境部印发实施《关于加强固定污染源废气挥发性有机物监测工作的通知》（环办监测函〔2018〕123 号），启动了全国固定污染源废气挥发性有机物监测工作。经过近几年的努力，各地 VOCs 监测能力不断提升，开展"双随机"抽测并进行达标评价的企业总数呈逐年递增趋势，其中，河北、海南、山西、江苏等 4 个省份开展监测并报送数据的企业数所占比例较高。2018—2020 年，全国废气 VOCs 监测评价企业数逐年增加。

2020 年，30 个省份开展固定污染源废气 VOCs 监督性监测。有组织监测企业共 2 856 家，纳入评价的 2 760 家（因少数企业的监测指标无管控要求，故不评价）。无组织监测企业共 1 334 家，全部纳入评价。

三、生活垃圾焚烧厂二噁英监测

自 2017 年下半年开始，中国环境监测总站组织生态环境部国家环境分析测试中心、

生态环境部华南环境科学研究所等 14 家生态环境系统内的监测科研单位，按季度对全国完成"装树联"的生活垃圾焚烧厂二噁英排放开展监督性监测。到 2020 年年底累计 13 个季度，监测生活垃圾焚烧厂 3 298 家次，编制 4 份监测方案和 18 份监测报告。自 2018 年起中国环境监测总站组织开展二噁英自动采样试点，5 台（套）设备已累计连续运行近 3 000 h。

2020 年，全国完成"装树联"的生活垃圾焚烧厂达 494 家，与上年相比新增 89 家，累计开展生活垃圾焚烧厂废气中二噁英排放监测 682 家次，按照《生活垃圾焚烧污染控制标准》（GB 18485—2014）中二噁英排放标准限值（0.1 ngTEQ/m^3）进行评价。

四、长江经济带入河排污口监督性监测

2020 年，长江经济带上海、江苏、浙江、安徽、江西、湖北、湖南、重庆、四川、贵州、云南 11 个省份共监测入河排污口 5 695 个。与上年相比，监测的省份增加云南和贵州，监测的入河排污口数量增加 238 个。监测指标主要包括 pH、水温、色度、化学需氧量、五日生化需氧量、氨氮、总氮、总磷、重金属、有机物等 48 项。

五、排污单位自行监测质量专项检查评估与抽测

2016—2017 年，废水、废气污染源监督性监测质控情况现场检查对象是 122 个省市级环境监测中心（站）。2018—2020 年，接受自行监测质量专项检查评估的排污单位分别有 559 家、540 家、432 家。

2020 年，全国 30 个省份及兵团生态环境部门对 2019 年 12 月 31 日前已取得排污许可证的 13 836 家排污单位开展自行监测检查评估；对 7 925 家排污单位开展现场抽测，其中废水、废气排污单位分别为 3 716 家、4 209 家；对 3 631 套自动监测设备开展质控样考核，其中废水、废气自动监测设备分别为 3 018 套、613 套；对 6 455 套自动监测设备开展比对监测，其中废水、废气自动监测设备分别为 3 743 套、2 712 套。

第二节　评价方法

一、排污单位监督性监测

按照排污单位所执行的污染物排放（控制）标准限值进行废水、废气污染物排放情况达标评价。对排污单位的一次监测中，任一排污口排放的单项污染物浓度达到排放标准限值要求，则该单项污染物本次监测达标，否则为不达标；任一排污口排放的任一污染物不达标，则该排污单位本次监测为不达标。

二、固定污染源自动监测设备考核评价

按照《水污染源在线监测系统（COD_{Cr}、NH_3-N 等）运行技术规范》（HJ 355—2019）、《固定污染源烟气排放连续监测技术规范》（HJ 75—2017）对固定污染源废水、废气自动监测设备进行质控样考核、手工同步比对监测评价。

三、排污单位自行监测检查评估

根据《排污单位自行监测技术指南　总则》、行业排污单位自行监测技术指南及《排污单位自行监测现场评估细则》，对排污单位的自行监测方案制订、自行监测开展情况和信息公开情况等进行检查评估，重点评估排污许可证中载明的自行监测方案与相关自行监测技术指南的一致性、排污单位自行监测开展情况与自行监测方案的一致性、自行监测行为与相关监测技术规范要求的符合性、自行监测结果信息公开的及时性和规范性。

第二篇

生态环境质量状况

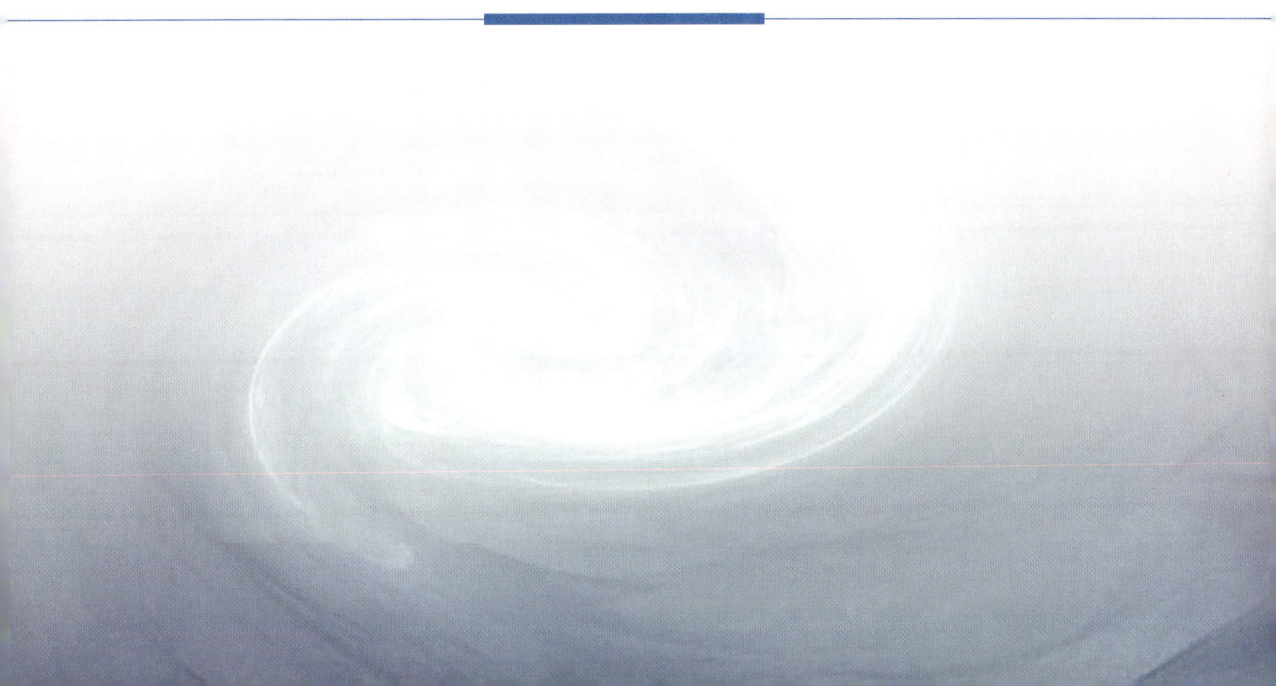

第一章　环境空气

第一节　地级及以上城市

一、现状

（一）总体情况

2020 年，全国 337 个城市中有 202 个城市环境空气质量达标，比上年增加 45 个，占 59.9%[①]。135 个城市超标，占 40.1%，其中 125 个城市 $PM_{2.5}$ 超标，占 37.1%；78 个城市 PM_{10} 超标，占 23.1%；6 个城市 NO_2 超标，占 1.8%；56 个城市 O_3 超标，占 16.6%；无 CO、SO_2 超标城市。从污染物超标项数来看，1 项超标的城市有 51 个，2 项超标的城市有 42 个，3 项超标的城市有 38 个，4 项超标的城市有 4 个。

若不扣除沙尘天气过程影响，337 个城市中有 191 个城市环境空气质量达标，占 56.7%。146 个城市超标，占 43.3%，其中 132 个城市 $PM_{2.5}$ 超标，占 39.2%；89 个城市 PM_{10} 超标，占 26.4%。

表 2-1-1　2020 年各省份地级及以上城市环境空气质量状况

省份	城市数量/个		超标城市比例/%	省份	城市数量/个		超标城市比例/%
	达标	超标			达标	超标	
北京	0	1	100.0	湖北	5	8	61.5
天津	0	1	100.0	湖南	7	7	50.0
河北	2	9	81.8	广东	20	1	4.8
山西	1	10	90.9	广西	14	0	0.0
内蒙古	9	3	25.0	海南	2	0	0.0
辽宁	5	9	64.3	重庆	1	0	0.0
吉林	6	3	33.3	四川	14	7	33.3
黑龙江	11	2	15.4	贵州	9	0	0.0

[①]　本报告中所有类别、级别比例计算，均为某项目的数量除以总数，结果按照《数值修约规则与极限数值的表示和判定》（GB/T 8170—2008）进行数值修约，故可能出现两个或两个以上类别的综合比例不等于各项类别比例加和的情况，也可能出现所有类别比例加和不等于 100% 的情况。下同。

省份	城市数量/个		超标城市比例/%	省份	城市数量/个		超标城市比例/%
	达标	超标			达标	超标	
上海	1	0	0.0	云南	16	0	0.0
江苏	2	11	84.6	西藏	7	0	0.0
浙江	11	0	0.0	陕西	4	6	60.0
安徽	5	11	68.8	甘肃	13	1	7.1
福建	9	0	0.0	青海	7	1	12.5
江西	10	1	9.1	宁夏	3	2	40.0
山东	3	13	81.3	新疆	5	11	68.8
河南	0	17	100.0	总计	202	135	40.1

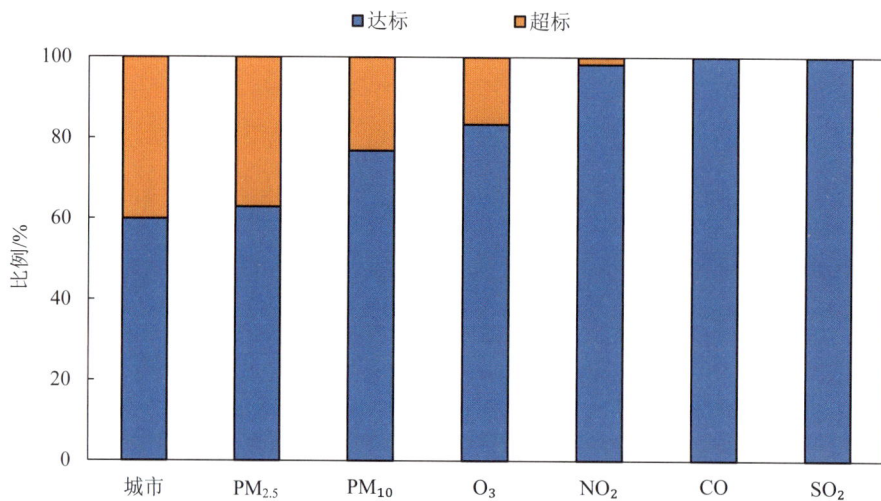

图 2-1-1　2020 年 337 个城市环境空气质量状况

（二）各省份情况

2020 年，河南、天津、山东等 12 个省份 $PM_{2.5}$ 年均浓度超过二级标准，河南、山西、山东等 5 个省份 PM_{10} 年均浓度超过二级标准，天津、河北、北京等 7 个省份 O_3 日最大 8 h 平均值第 90 百分位数浓度超过二级标准，各省份 SO_2 年均浓度、NO_2 年均浓度和 CO 日均值第 95 百分位数浓度均达到二级标准。

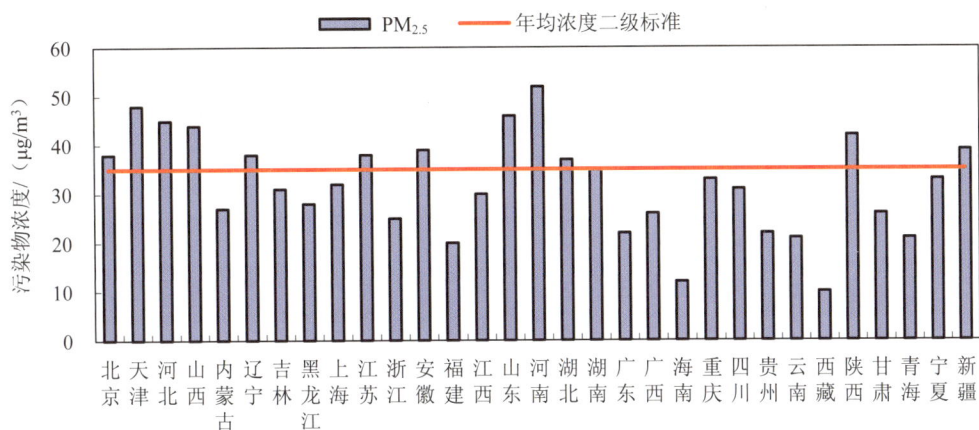

图 2-1-2　2020 年各省份 PM2.5 浓度比较

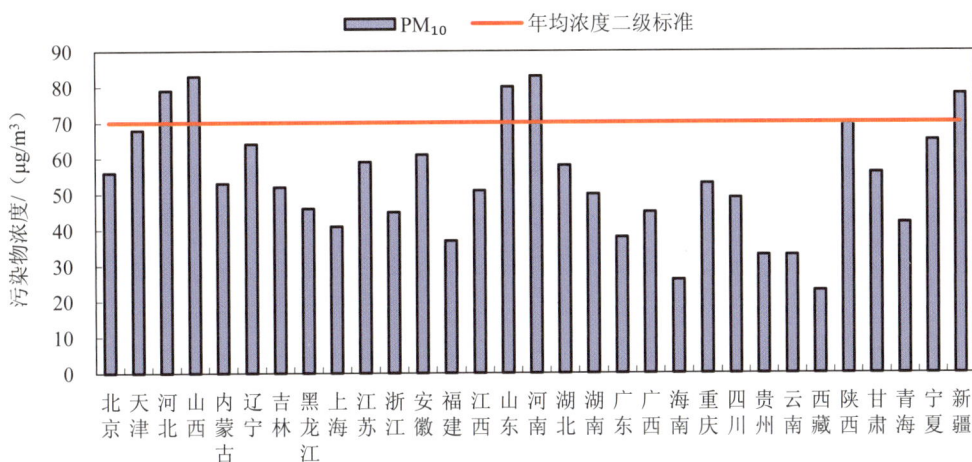

图 2-1-3　2020 年各省份 PM10 浓度比较

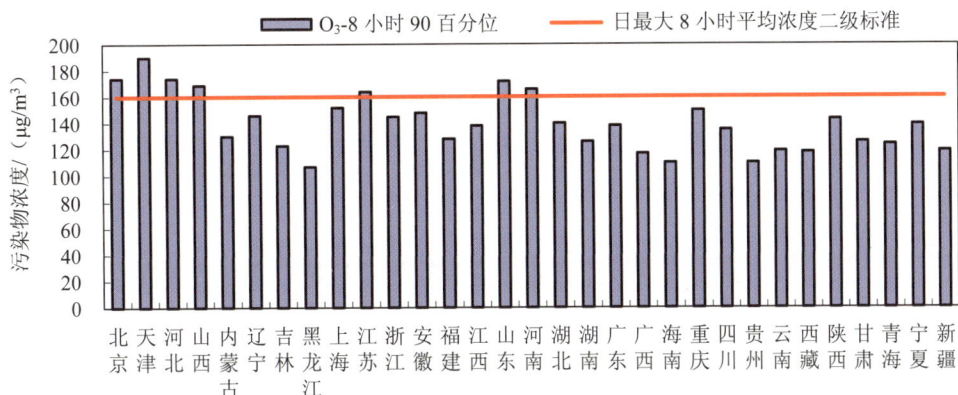

图 2-1-4　2020 年各省份 O3 浓度比较

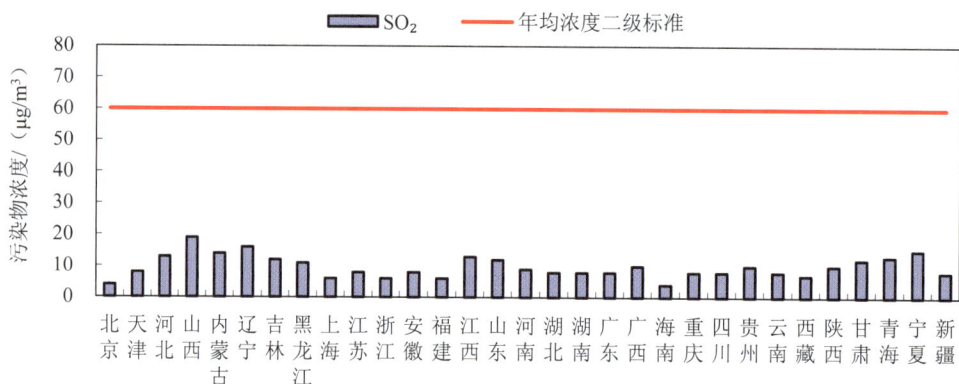

图 2-1-5　2020 年各省份 SO_2 浓度比较

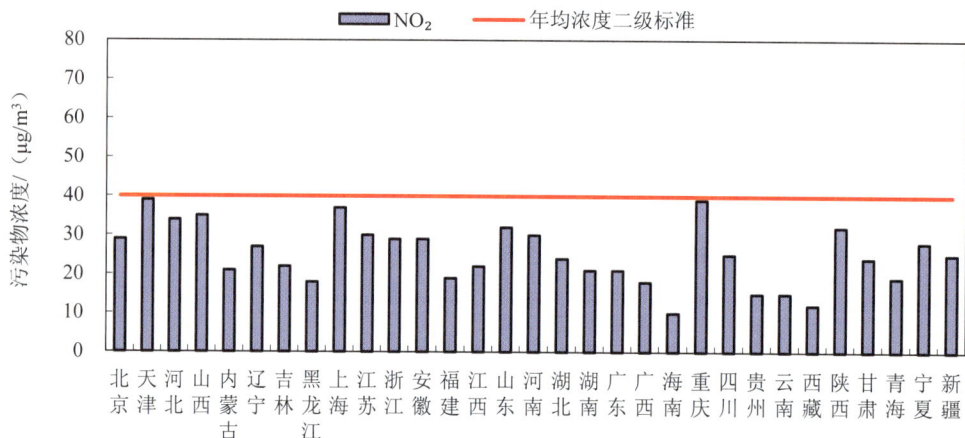

图 2-1-6　2020 年各省份 NO_2 浓度比较

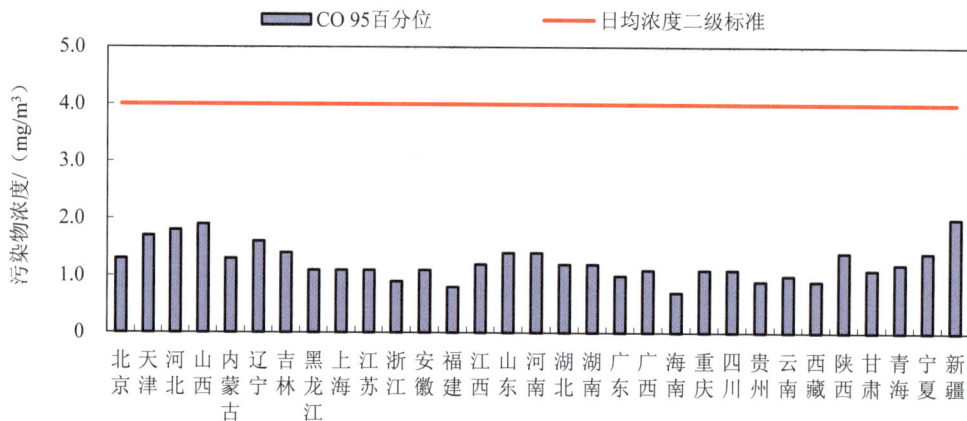

图 2-1-7　2020 年各省份 CO 浓度比较

（三）优良天数比例

2020 年，全国 337 个城市环境空气优良天数[①]比例在 26.7%～100.0%之间，平均为 87.0%，平均超标天数[②]比例为 13.0%。与上年相比，优良天数比例上升 5.0 个百分点。

2020 年，呼伦贝尔、三明、南平等 17 个城市优良天数比例为 100%，黄山、厦门、景德镇等 243 个城市优良天数比例大于等于 80%且小于 100%，营口、包头、锦州等 74 个城市优良天数比例大于等于 50%且小于 80%，和田、喀什和安阳优良天数比例小于 50%。

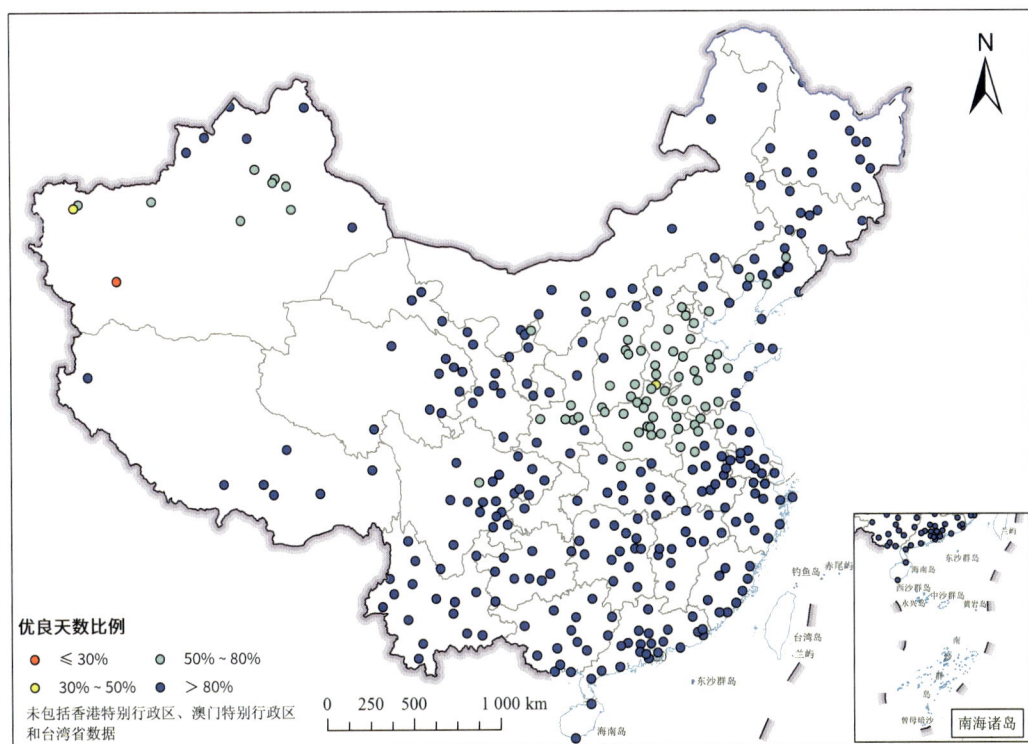

图 2-1-8　2020 年 337 个城市优良天数比例空间分布示意

全国 337 个城市共出现空气污染 15 948 天次，其中轻度污染、中度污染、重度污染和严重污染分别占 75.3%、15.3%、7.2%和 2.2%。以 PM$_{2.5}$、PM$_{10}$、O$_3$ 和 NO$_2$ 为首要污染物[③]的超标天数分别占总超标天数的 51.0%、11.7%、37.1%和 0.5%，以 SO$_2$ 为首要污染物的超标天数占比不足 0.1%，没有以 CO 为首要污染物的超标天。

---

① 优良天数：空气质量指数（AQI）在 0～100 之间的天数为优良天数，又称达标天数。计算优良天数时不扣除沙尘影响。

② 超标天数：空气质量指数（AQI）大于 100 的天数为超标天数。其中，AQI 为 101～150 为轻度污染，151～200 为中度污染，201～300 为重度污染，大于 300 为严重污染。计算超标天数时不扣除沙尘影响。

③ 首要污染物：空气质量指数（AQI）大于 50 时，空气质量分指数最大的污染物为首要污染物。

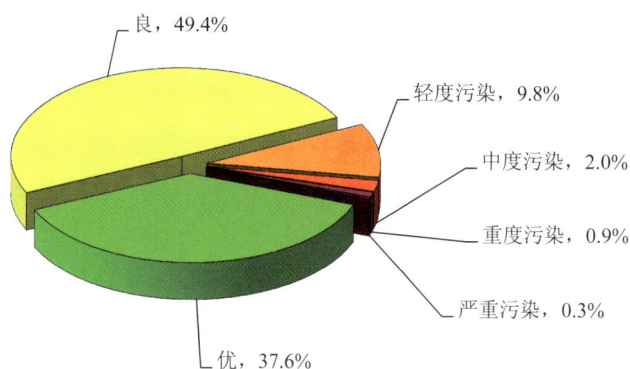

图 2-1-9　2020 年 337 个城市环境空气质量状况

表 2-1-2　2020 年 337 个城市环境空气质量超标情况

污染等级	首要污染物	累计超标天数/d	出现城市数/个
轻度污染	$PM_{2.5}$	5 360	275
	PM_{10}	1 257	155
	O_3	5 336	282
	SO_2	1	1
	NO_2	72	29
	CO	0	0
中度污染	$PM_{2.5}$	1 607	197
	PM_{10}	278	64
	O_3	553	125
	SO_2	0	0
	NO_2	0	0
	CO	0	0
重度污染	$PM_{2.5}$	1 049	149
	PM_{10}	80	24
	O_3	23	18
	SO_2	0	0
	NO_2	0	0
	CO	0	0
严重污染	$PM_{2.5}$	114	52
	PM_{10}	249	29
	O_3	0	0
	SO_2	0	0
	NO_2	0	0
	CO	0	0

2020 年，受排放和气候因素影响，337 个城市 1 月和 12 月超标天数较多，分别占全年总超标天数的 20.0% 和 14.6%；3 月、8 月和 10 月超标天数较少，分别占 4.2%、4.5% 和 4.9%。

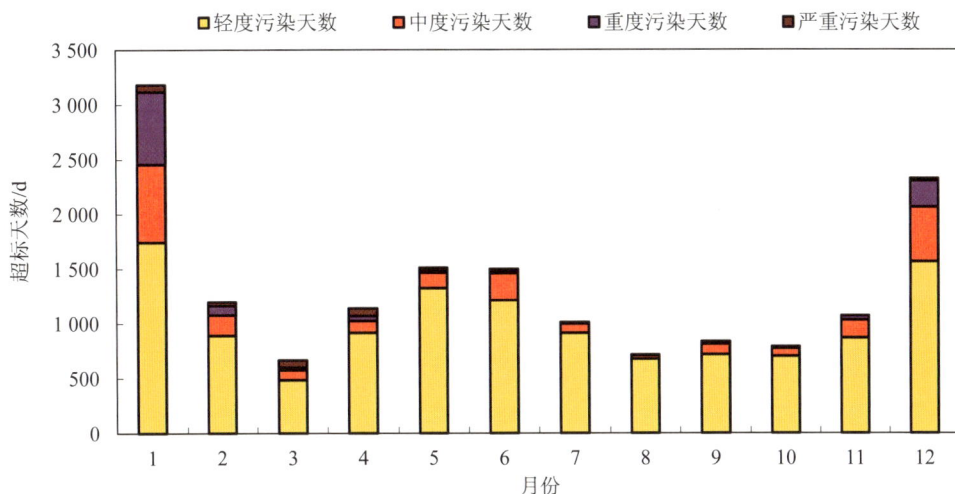

图 2-1-10　2020 年 337 个城市环境空气质量超标天数月际变化

（四）主要污染物

1. PM_{2.5}

2020 年，全国 337 个城市 $PM_{2.5}$ 年均浓度达到一级标准的有 17 个，占 5.0%；达到二级标准的有 195 个，占 57.9%；超过二级标准的有 125 个，占 37.1%。达标城市比例为 62.9%，与上年相比上升 10.1 个百分点。$PM_{2.5}$ 年均浓度在 7～63 $\mu g/m^3$ 之间，平均为 33 $\mu g/m^3$，与上年相比下降 8.3%；在 20～40 $\mu g/m^3$ 范围内分布的城市比例最高，占 59.9%。

表 2-1-3　337 个城市 $PM_{2.5}$ 年均浓度级别比例

$PM_{2.5}$ 年均浓度级别	地级及以上城市比例/%	
	2019 年	2020 年
一级	4.5	5.0
二级	48.4	57.9
超二级	47.2	37.1

若不扣除沙尘天气过程影响，337 个城市 $PM_{2.5}$ 年均浓度达到一级标准的有 17 个，占 5.0%；达到二级标准的有 188 个，占 55.8%；超过二级标准的有 132 个，占 39.2%。达标城市比例为 60.8%，与上年相比上升 9.5 个百分点。$PM_{2.5}$ 年均浓度在 7～113 $\mu g/m^3$ 之间，平均为 33 $\mu g/m^3$，与上年相比下降 10.8%。

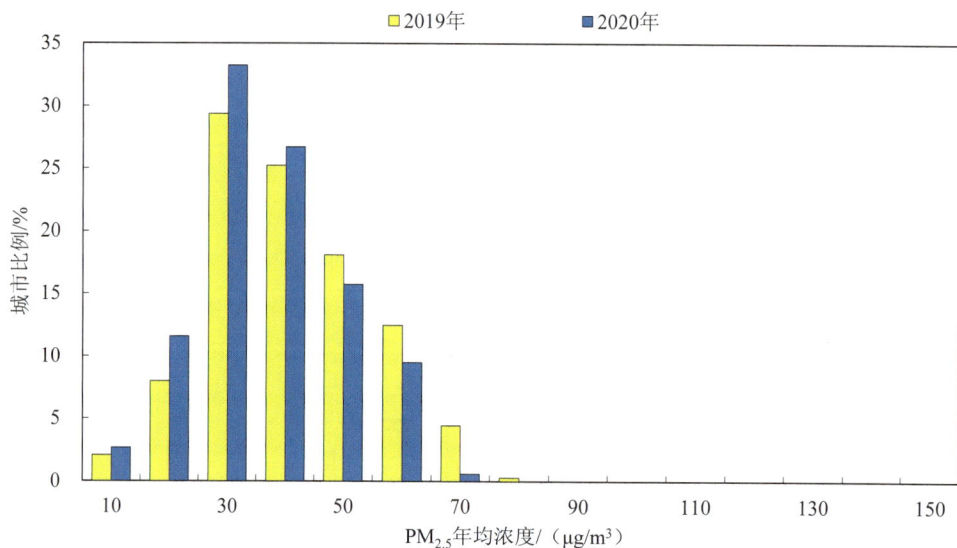

图 2-1-11　337 个城市 PM$_{2.5}$ 年均浓度区间分布年际变化

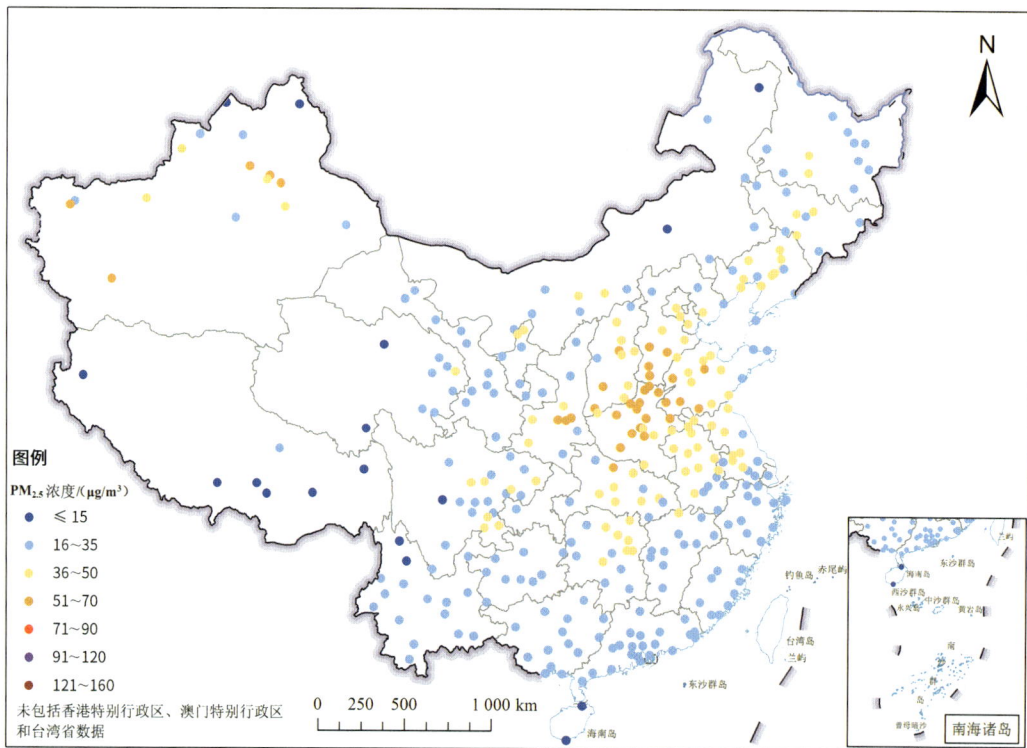

图 2-1-12　2020 年 337 个城市 PM$_{2.5}$ 年均浓度分布示意

2．PM_{10}

2020 年，337 个城市 PM_{10} 年均浓度达到一级标准的有 80 个，占 23.7%；达到二级标准的有 179 个，占 53.1%；超过二级标准的有 78 个，占 23.1%。达标城市比例为 76.9%，与上年相比上升 8.9 个百分点。PM_{10} 年均浓度在 15～128 μg/m³ 之间，平均为 56 μg/m³，与上年相比下降 11.1%；在 40～80 μg/m³ 范围内分布的城市比例最高，占 64.6%。

表 2-1-4　337 个城市 PM_{10} 年均浓度级别比例

PM_{10} 年均浓度级别	地级及以上城市比例/%	
	2019 年	2020 年
一级	15.7	23.7
二级	52.2	53.1
超二级	32.0	23.1

若不扣除沙尘天气过程影响，337 个城市 PM_{10} 年均浓度达到一级标准的有 77 个，占 22.8%；达到二级标准的有 171 个，占 50.7%；超过二级标准的有 89 个，占 26.4%。PM_{10} 达标城市比例为 73.6%，与上年相比上升 10.7 个百分点。PM_{10} 年均浓度在 15～332 μg/m³ 之间，平均为 59 μg/m³，与上年相比下降 11.9%。

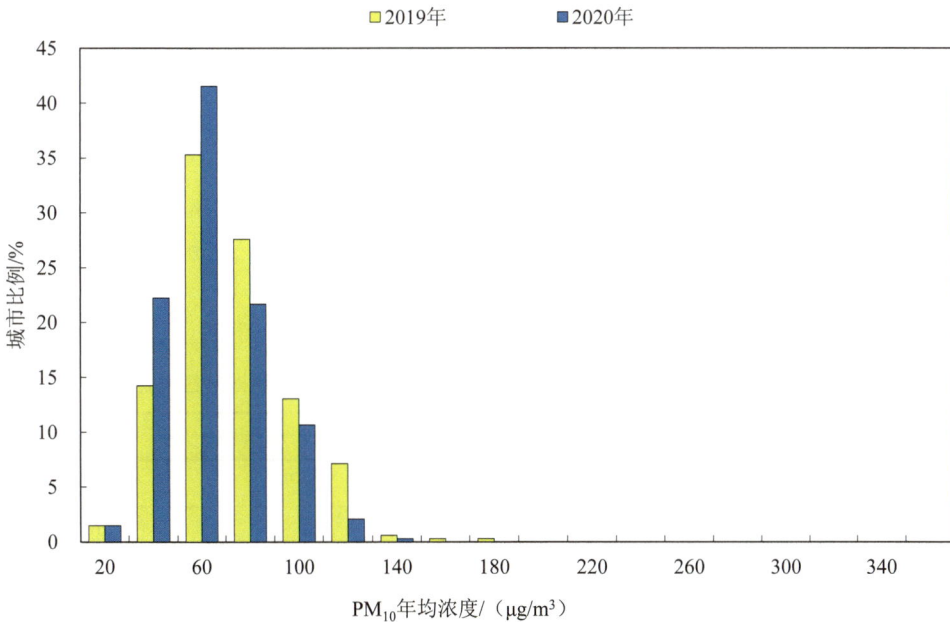

图 2-1-13　337 个城市 PM_{10} 年均浓度区间分布年际变化

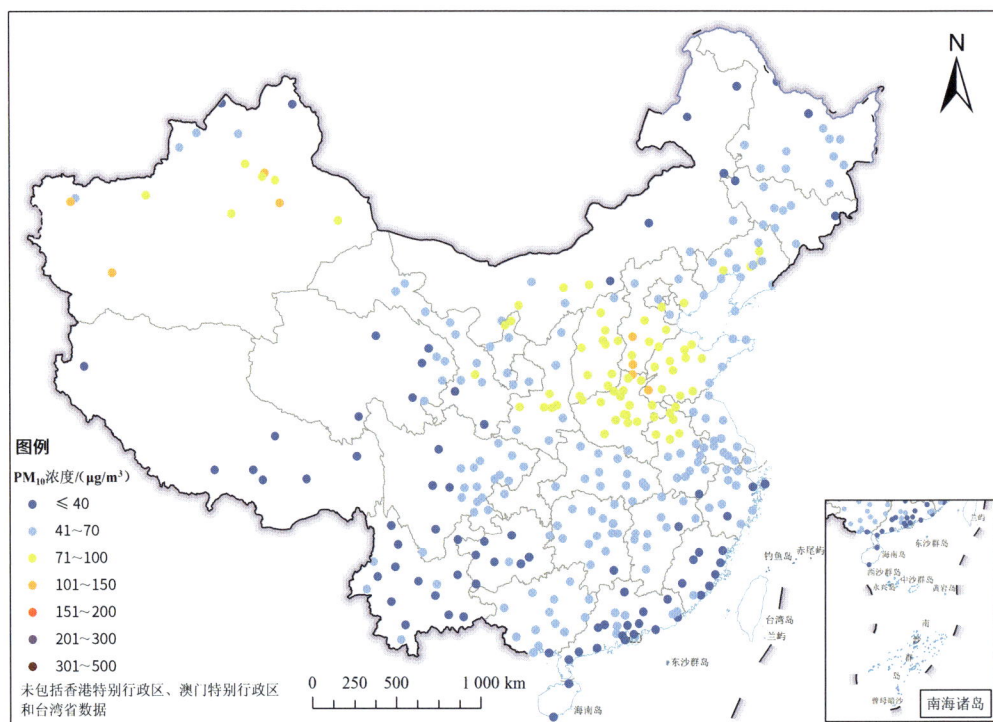

图 2-1-14　2020 年 337 个城市 PM$_{10}$年均浓度分布示意

3. O$_3$

2020 年，337 个城市 O$_3$日最大 8 h 平均值第 90 百分位数浓度达到一级标准的有 10 个，占 3.0%；达到二级标准的有 271 个，占 80.4%；超过二级标准的有 56 个，占 16.6%。达标城市比例为 83.4%，与上年相比上升 14.0 个百分点。O$_3$日最大 8 h 平均值第 90 百分位数浓度在 90～192 μg/m^{3}之间，平均为 138 μg/m^3，与上年相比下降 6.8%；在 105～150 μg/m^{3}范围内分布的城市比例最高，占 65.9%。

表 2-1-5　337 个城市 O$_3$日最大 8 h 平均值第 90 百分位数浓度级别比例

O$_3$日最大 8 h 平均值 第 90 百分位数浓度	地级及以上城市比例/%	
	2019 年	2020 年
一级	2.4	3.0
二级	67.1	80.4
超二级	30.6	16.6

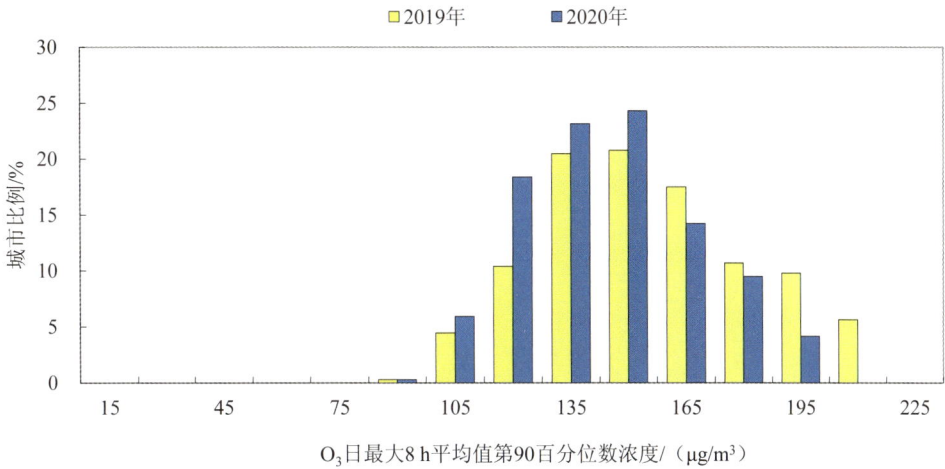

图 2-1-15 337 个城市 O$_3$ 日最大 8 h 平均值第 90 百分位数浓度分布年际变化

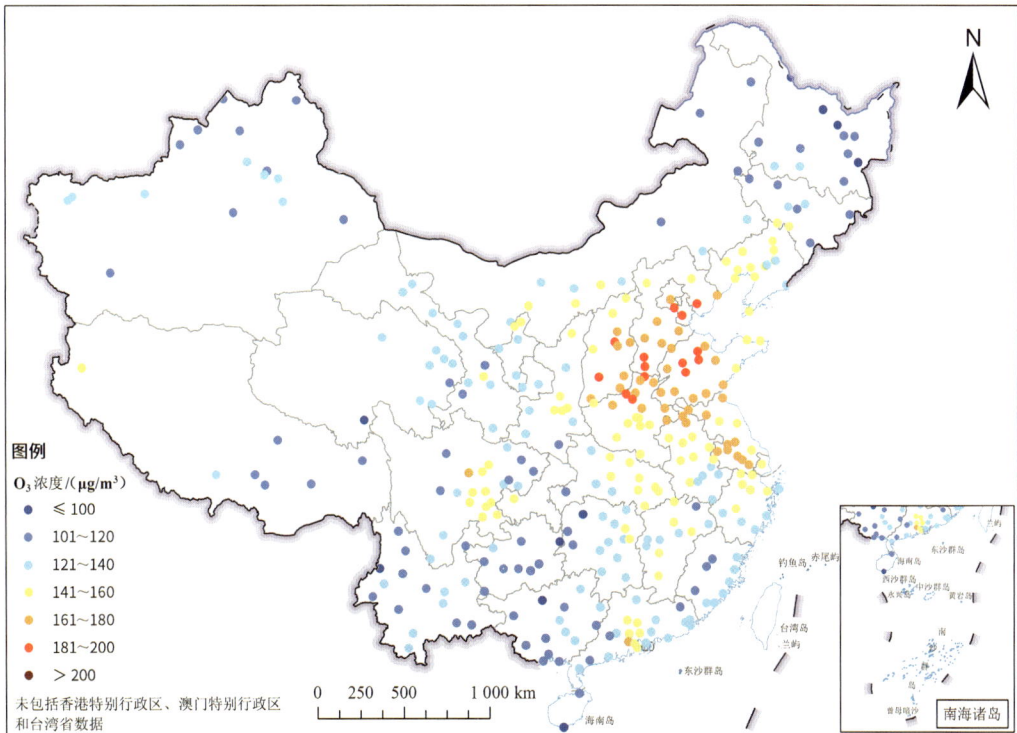

图 2-1-16 2020 年 337 个城市 O$_3$ 日最大 8 h 平均值第 90 百分位数浓度分布示意

4. SO$_2$

2020 年，337 个城市 SO$_2$ 年均浓度达到一级标准的有 327 个，占 97.0%；达到二级标准的有 10 个，占 3.0%；无超过二级标准的城市。达标城市比例为 100.0%，与上年持平。

SO_2 年均浓度在 3~32 μg/m³ 之间，平均为 10 μg/m³，与上年相比下降 9.1%；在 0~20 μg/m³ 范围内分布的城市比例最高，占 97.0%。

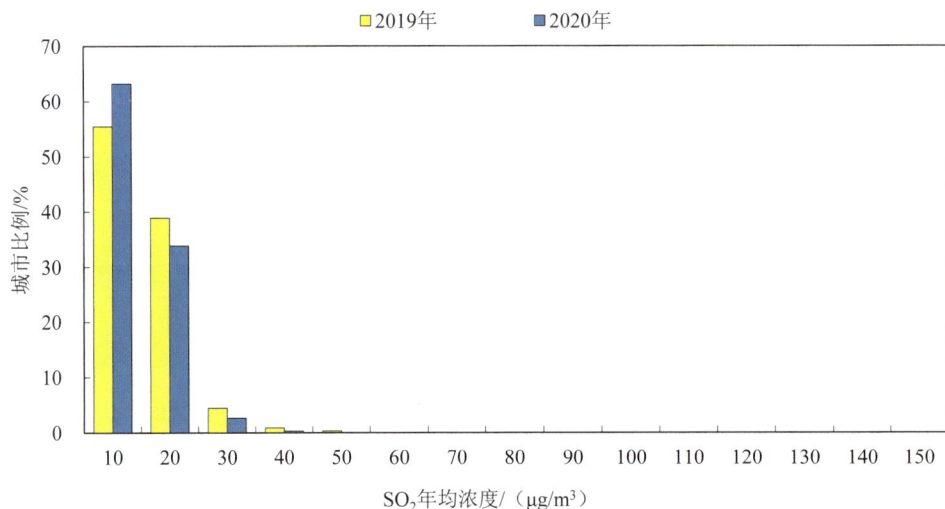

图 2-1-17　337 个城市 SO_2 年均浓度区间分布年际变化

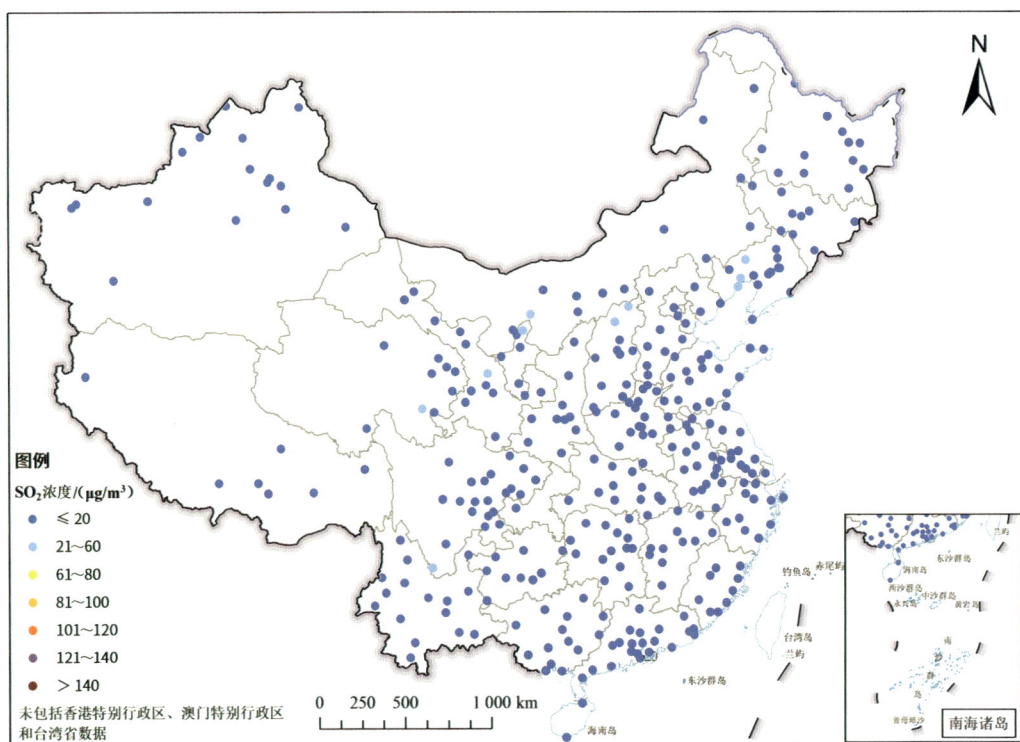

图 2-1-18　2020 年 337 个城市 SO_2 年均浓度分布示意

表 2-1-6　337 个城市 SO$_2$ 年均浓度级别比例

SO$_2$ 年均浓度级别	地级及以上城市比例/%	
	2019 年	2020 年
一级	94.4	97.0
二级	5.6	3.0
超二级	0.0	0.0

5．NO$_2$

2020 年，337 个城市 NO$_2$ 年均浓度达到一级/二级标准的有 331 个，占 98.2%，与上年相比上升 8.3 个百分点；超过二级标准的有 6 个，占 1.8%。NO$_2$ 年均浓度在 6～47 µg/m^3 之间，平均为 24 µg/m^3，与上年相比下降 11.1%；在 15～30 µg/m^3 范围内分布的城市比例最高，占 60.2%。

表 2-1-7　337 个城市 NO$_2$ 年均浓度分级城市比例

NO$_2$ 年均浓度级别	地级及以上城市比例/%	
	2019 年	2020 年
一级/二级	89.9	98.2
超二级	10.1	1.8

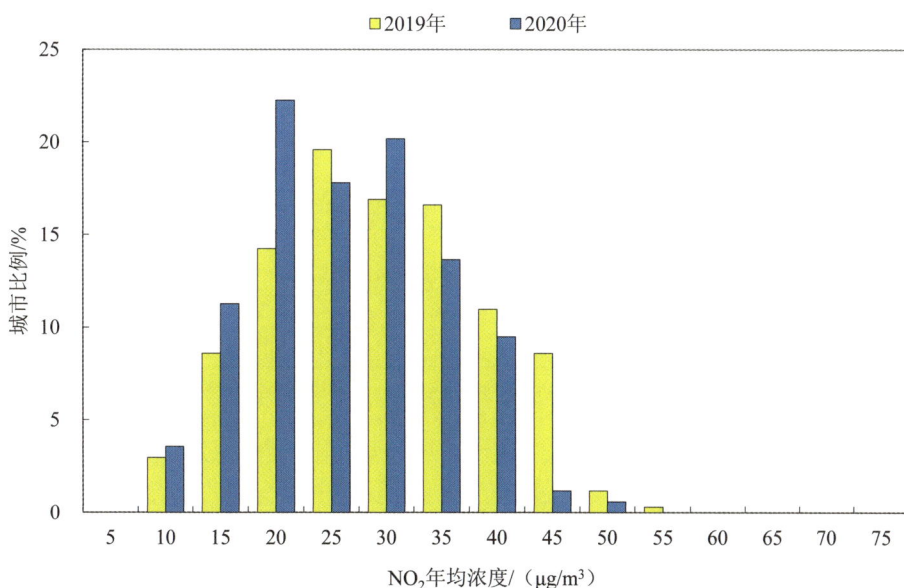

图 2-1-19　337 个城市 NO$_2$ 年均浓度区间分布年际变化

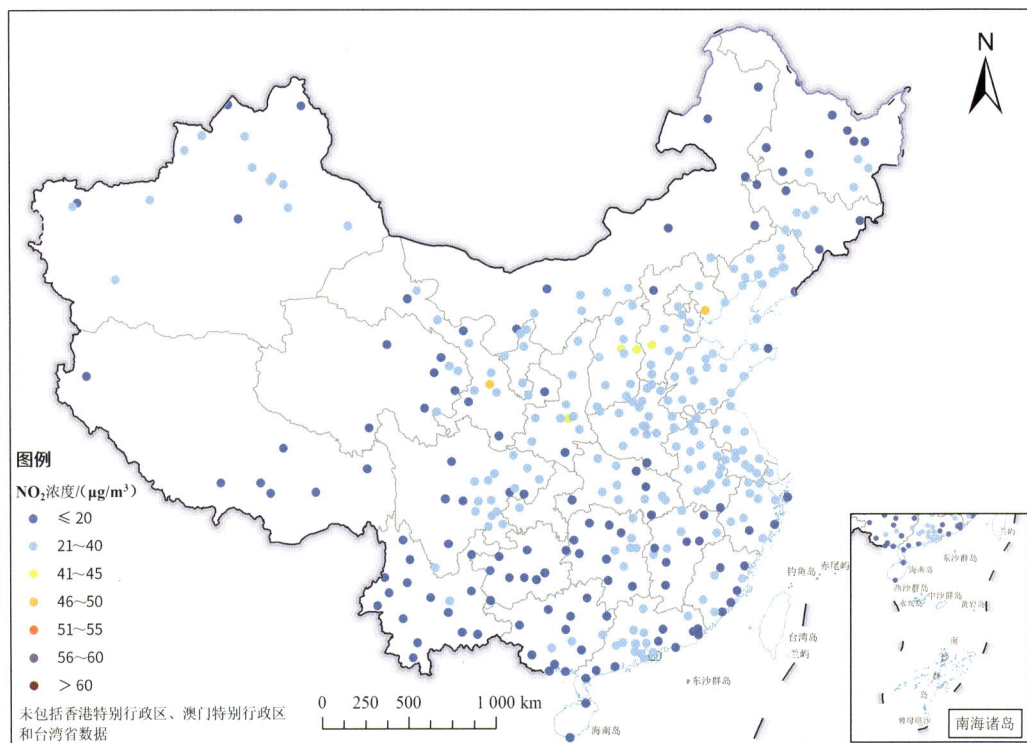

图 2-1-20　2020 年 337 个城市 NO₂ 年均浓度分布示意

6. CO

2020 年，337 个城市 CO 日均值第 95 百分位数浓度达到一级/二级标准的城市比例为 100.0%，与上年持平。CO 日均值第 95 百分位数浓度在 0.5～3.7 mg/m³ 之间，平均为 1.3 mg/m³，与上年相比下降 7.1%；在 0.8～1.6 mg/m³ 范围内分布的城市比例最高，占 72.7%。

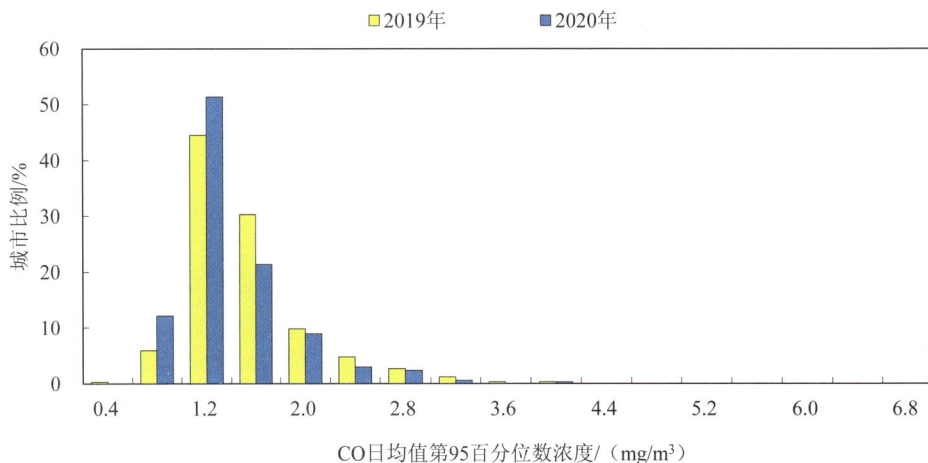

图 2-1-21　337 个城市 CO 日均值第 95 百分位数浓度区间分布年际变化

表 2-1-8 337 个城市 CO 日均值第 95 百分位数浓度级别比例

CO 日均值第 95 百分位数浓度级别	地级及以上城市比例/%	
	2019 年	2020 年
一级/二级	100.0	100.0
超二级	0.0	0.0

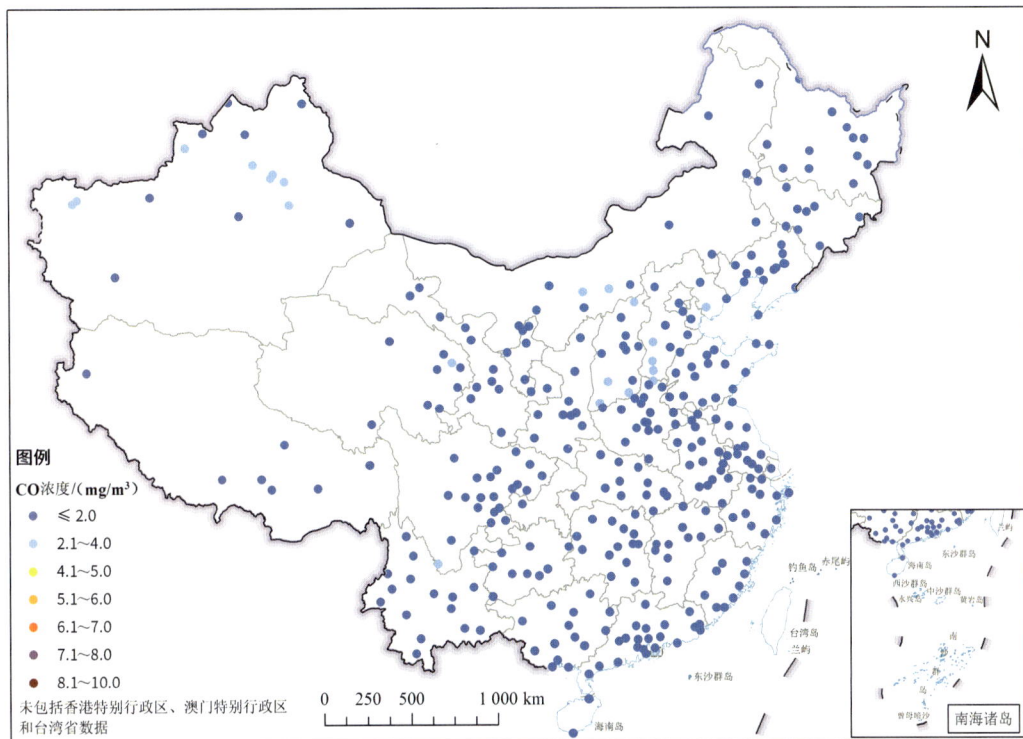

图 2-1-22 2020 年 337 个城市 CO 日均值第 95 百分位数浓度分布示意

（五）典型重污染过程

2020 年，全国共出现重度及以上污染 1 497 天次，与上年相比减少 621 天次。其中，以 PM$_{2.5}$、PM$_{10}$ 和 O$_3$ 为首要污染物的占比分别为 77.7%、22.0% 和 1.5%。1 月和 12 月重污染发生频次较多，主要原因是区域污染负荷较大且气象条件不利扩散。

1. 1—2 月重污染过程

2020 年 1 月，全国发生多次大范围区域性重污染过程，其中 2020 年 1 月 2—5 日、1 月 9—19 日和 1 月 22—27 日重污染过程较为典型，影响范围包括"2+26"城市、汾渭平原、东北地区和内蒙古中部。1 月 4 日，全国有 60 个城市达到重度及以上污染级别。1 月 25 日（春节），受烟花爆竹集中燃放的叠加影响，全国有 48 个城市达到重度及以上污染级别，$PM_{2.5}$ 最大日均浓度为 561 μg/m³，PM_{10} 最大日均浓度为 632 μg/m³。2 月，在疫情管控条件下污染排放有所减少，全国未发生较大范围的区域性重污染过程。

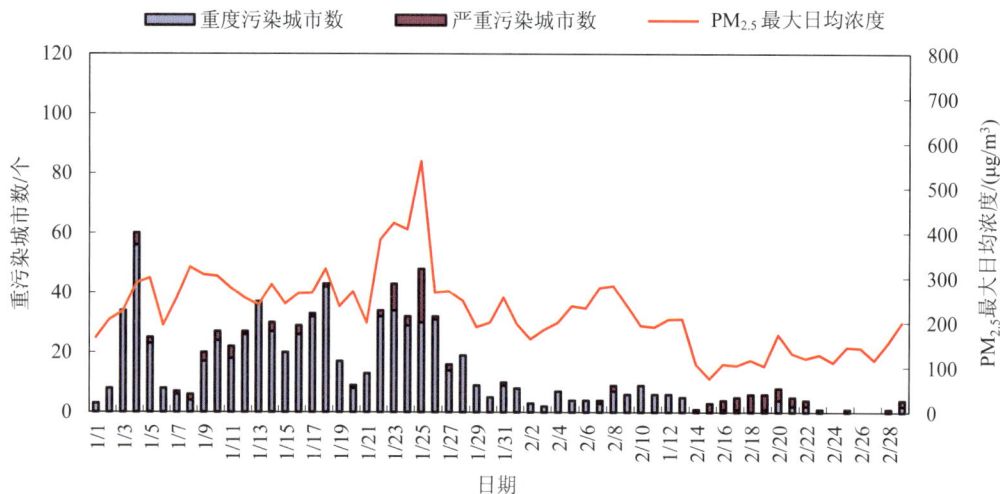

图 2-1-23　2020 年 1—2 月全国重污染城市数和 $PM_{2.5}$ 最大日均浓度逐日变化

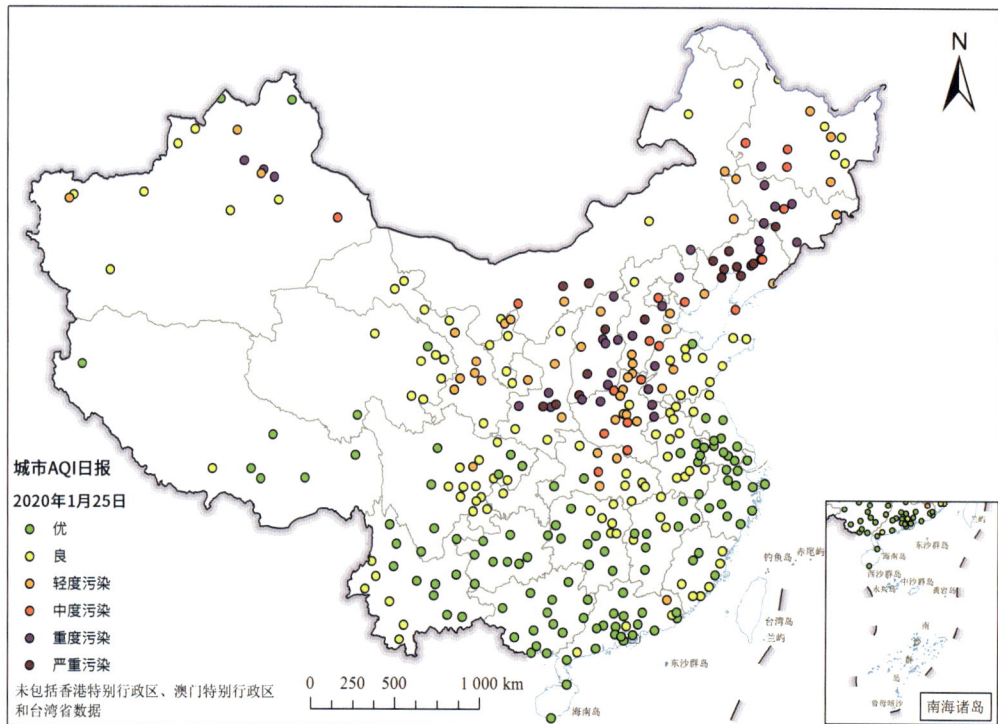

图 2-1-24　2020 年 1 月 25 日地级及以上城市环境空气质量状况分布示意

2. 11—12月重污染过程

2020年12月5—12日和24—28日，全国发生大范围区域性重污染过程，其中12月28日有47个城市达到重度及以上污染级别，影响范围包括"2+26"城市、汾渭平原、成渝地区、长三角地区、湖北和湖南部分城市。12月17日，新疆乌鲁木齐及周边城市污染较重，$PM_{2.5}$最大日均浓度为389 μg/m³，PM_{10}最大日均浓度为558 μg/m³。

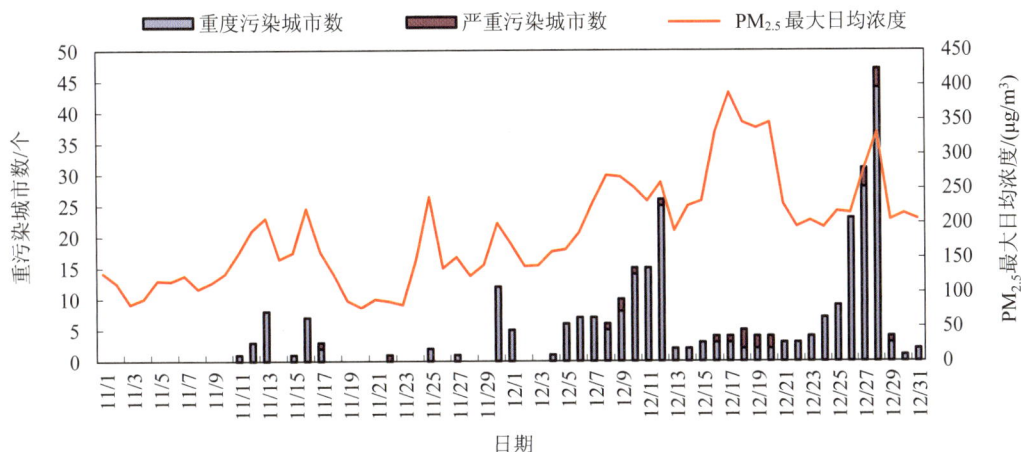

图2-1-25　2020年11—12月全国重污染城市数和$PM_{2.5}$最大日均浓度逐日变化

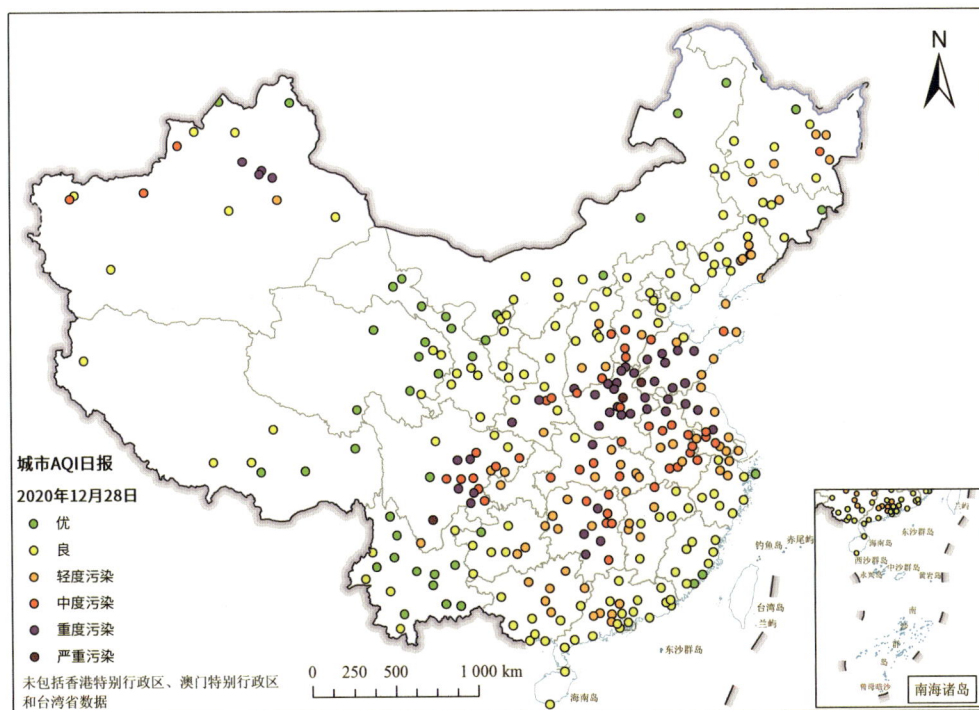

图2-1-26　2020年12月28日地级及以上城市环境空气质量状况分布示意

二、变化趋势

（一）总体情况

2015—2020 年，全国 337 个城市达标数量呈上升趋势。与 2015 年相比，2020 年达标城市数量增加 103 个，$PM_{2.5}$、PM_{10}、SO_2、NO_2 和 CO 达标城市数量分别增加 106 个、111 个、6 个、31 个和 6 个，O_3 达标城市减少 37 个。

表 2-1-9　2015—2020 年 337 个城市六项污染物浓度达标城市数量

单位：个

年度	$PM_{2.5}$ 达标城市	PM_{10} 达标城市	O_3-8 h 达标城市	SO_2 达标城市	NO_2 达标城市	CO 达标城市	达标城市
2015	106	148	318	331	300	331	99
2016	130	180	314	330	298	333	120
2017	143	188	270	334	295	336	133
2018	183	229	270	337	312	336	167
2019	178	229	234	337	303	337	157
2020	212	259	281	337	331	337	202

2015—2020 年，全国 337 个城市优良天数比例呈波动上升趋势，重污染天数比例呈下降趋势。与 2015 年相比，2020 年 337 个城市优良天数比例上升 5.8 个百分点，重污染天数比例下降 1.6 个百分点。

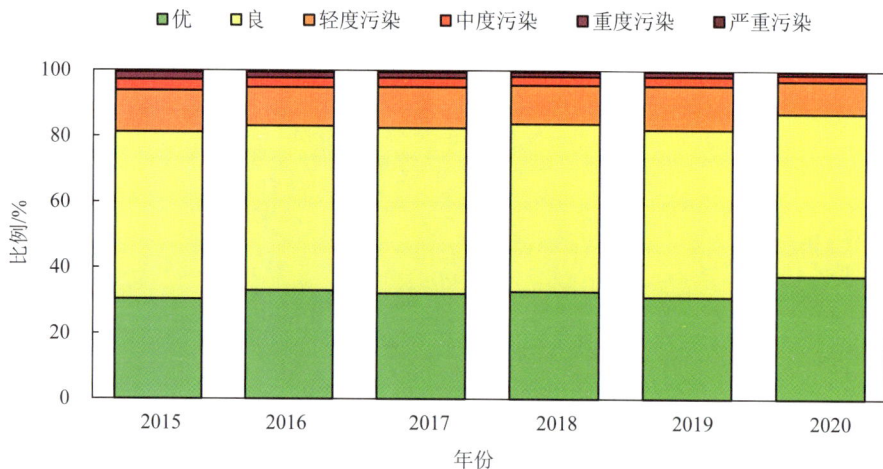

图 2-1-27　2015—2020 年 337 个城市环境空气质量各级别天数比例变化

（二）各省份情况

2015—2020 年，全国 31 个省份中 PM$_{2.5}$、PM$_{10}$ 和 NO$_2$ 达标省份数量有所增加，SO$_2$ 和 CO 达标省份数量保持不变，O$_3$ 达标省份数量有所减少。与 2015 年相比，2020 年 PM$_{2.5}$、PM$_{10}$ 和 NO$_2$ 达标省份数量分别增加 11 个、13 个和 4 个，O$_3$ 达标省份数量减少 6 个，所有省份 SO$_2$ 和 CO 均持续达标。

表 2-1-10　2015—2020 年 31 个省份六项污染物浓度达标省份数量

单位：个

年度	PM$_{2.5}$ 达标省份	PM$_{10}$ 达标省份	O$_3$-8 h 达标省份	SO$_2$ 达标省份	NO$_2$ 达标省份	CO 达标省份
2015	8	13	30	31	27	31
2016	11	17	30	31	27	31
2017	10	18	23	31	27	31
2018	17	21	24	31	30	31
2019	17	22	22	31	29	31
2020	19	26	24	31	31	31

（三）六项污染物

2015—2020 年，全国 337 个城市 PM$_{2.5}$、PM$_{10}$、SO$_2$、NO$_2$ 年均浓度和 CO 日均值第 95 百分位数浓度均呈逐年下降趋势，O$_3$ 日最大 8 h 平均值第 90 百分位数浓度自 2017 年以来呈上升趋势。与 2015 年相比，2020 年 PM$_{2.5}$、PM$_{10}$、SO$_2$、NO$_2$ 年均浓度和 CO 日均值第 95 百分位数浓度分别下降 28.3%、27.3%、56.5%、11.1% 和 31.6%，O$_3$ 日最大 8 h 平均值第 90 百分位数浓度上升 12.2%。

表 2-1-11　2015—2020 年 337 个城市六项污染物浓度

年度	PM$_{2.5}$/ （μg/m^3）	PM$_{10}$/ （μg/m^3）	O$_3$-8 h/ （μg/m^3）	SO$_2$/ （μg/m^3）	NO$_2$/ （μg/m^3）	CO/ （mg/m^3）
2015	46	77	123	23	27	1.9
2016	42	71	126	20	28	1.7
2017	40	69	137	17	28	1.6
2018	36	64	139	13	27	1.4
2019	36	63	148	11	27	1.4
2020	33	56	138	10	24	1.3

第二节　168 个城市

一、现状

（一）总体情况

2020 年，按照环境空气质量综合指数评价，168 个城市[①]中环境空气质量相对较差的 20 个城市（从第 168 名到第 149 名）依次为安阳、石家庄、太原、唐山、邯郸、临汾、淄博、邢台、鹤壁、焦作、济南、枣庄、咸阳、运城、渭南、新乡、保定、阳泉、聊城、滨州和晋城（滨州和晋城并列倒数第 20 名）；空气质量相对较好的 20 个城市（从第 1 名到第 20 名）依次为海口、拉萨、舟山、厦门、黄山、深圳、丽水、福州、惠州、贵阳、珠海、雅安、台州、中山、肇庆、昆明、南宁、遂宁、张家口和东莞。168 个城市中，海口、黄山、舟山等 57 个城市环境空气质量达标，占 33.9%；111 个城市超标，占 66.1%。其中，104 个城市 $PM_{2.5}$ 超标，占 61.9%；65 个城市 PM_{10} 超标，占 38.7%；56 个城市 O_3 超标，占 33.3%；6 个城市 NO_2 超标，占 3.6%；所有城市 CO 和 SO_2 均达标。从污染物超标项数来看，1 项超标的城市有 37 个，2 项超标的城市有 32 个，3 项超标的城市有 38 个，4 项超标的城市有 4 个。

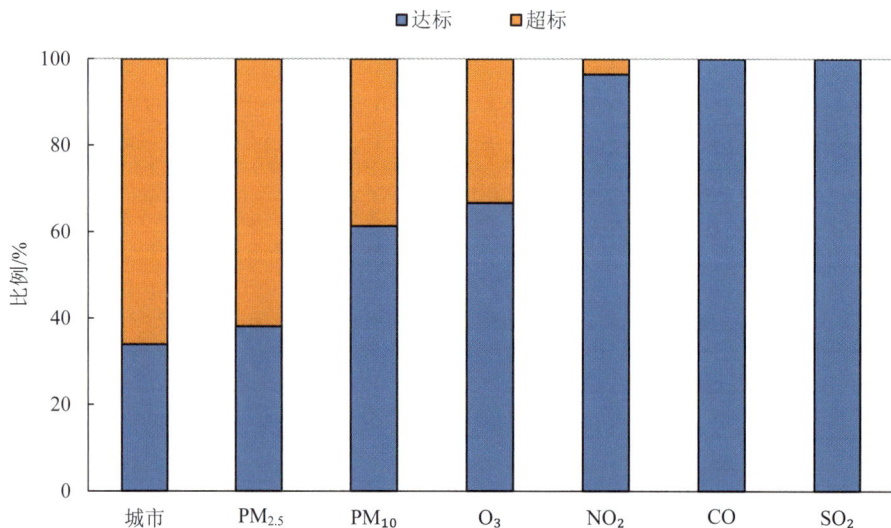

图 2-1-28　2020 年 168 个城市环境空气质量状况

[①] 因山东莱芜于 2019 年 1 月并入济南市，原 169 个城市变为 168 个城市，168 个城市包括京津冀及周边地区 54 个城市、长三角地区 41 个城市、汾渭平原 11 个城市、成渝地区 16 个城市、长江中游城市群 22 个城市、珠三角区域 9 个城市，以及其他 15 个省会城市和计划单列市。

若不扣除沙尘天气影响，168 个城市中有 55 个城市环境空气质量达标，占 32.7%；113 个城市超标，占 67.3%。其中，105 个城市 $PM_{2.5}$ 超标，占 62.5%；66 个城市 PM_{10} 超标，占 39.3%。

（二）优良天数比例

2020 年，168 个城市环境空气优良天数比例在 49.5%～100.0% 之间，平均为 80.7%；平均超标天数比例为 19.3%。拉萨和昆明优良天数比例为 100%，厦门、黄山和福州等 101 个城市优良天数比例大于等于 80% 且小于 100%，包头、锦州、沈阳等 64 个城市优良天数比例大于等于 50% 且小于 80%，安阳优良天数比例小于 50%。

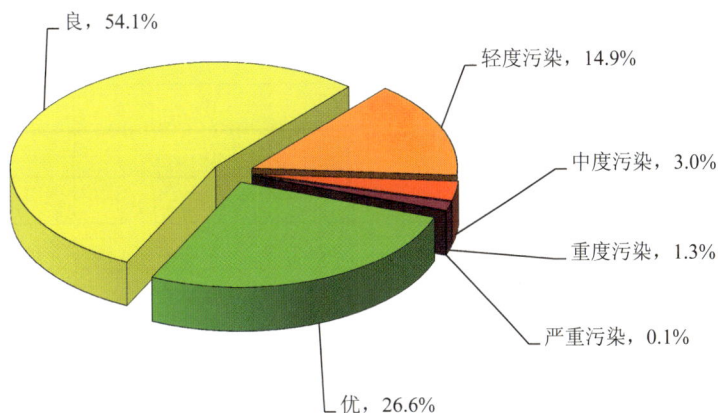

图 2-1-29　2020 年 168 个城市环境空气质量状况

2020 年，168 个城市共出现空气污染 11 857 天次。其中，以 $PM_{2.5}$、PM_{10}、O_3 和 NO_2 为首要污染物的超标天数分别占总超标天数的 51.3%、5.0%、43.1% 和 0.6%，以 SO_2 为首要污染物的超标天数仅出现 1 天次，没有以 CO 为首要污染物的超标天。1 月和 12 月超标天数较多，分别占 19.0% 和 15.4%；3 月和 10 月超标天数较少，分别占 3.0% 和 5.0%。

表 2-1-12　2020 年 168 个城市环境空气质量超标情况

污染等级	首要污染物	累计超标天数/d	出现城市数/个
轻度污染	$PM_{2.5}$	3 951	150
	PM_{10}	544	90
	O_3	4 581	165
	SO_2	1	1
	NO_2	71	28
	CO	0	0

污染等级	首要污染物	累计超标天数/d	出现城市数/个
中度污染	PM$_{2.5}$	1 302	133
	PM$_{10}$	40	22
	O$_3$	511	105
	SO$_2$	0	0
	NO$_2$	0	0
	CO	0	0
重度污染	PM$_{2.5}$	784	107
	PM$_{10}$	6	5
	O$_3$	21	16
	SO$_2$	0	0
	NO$_2$	0	0
	CO	0	0
严重污染	PM$_{2.5}$	48	27
	PM$_{10}$	7	6
	O$_3$	0	0
	SO$_2$	0	0
	NO$_2$	0	0
	CO	0	0

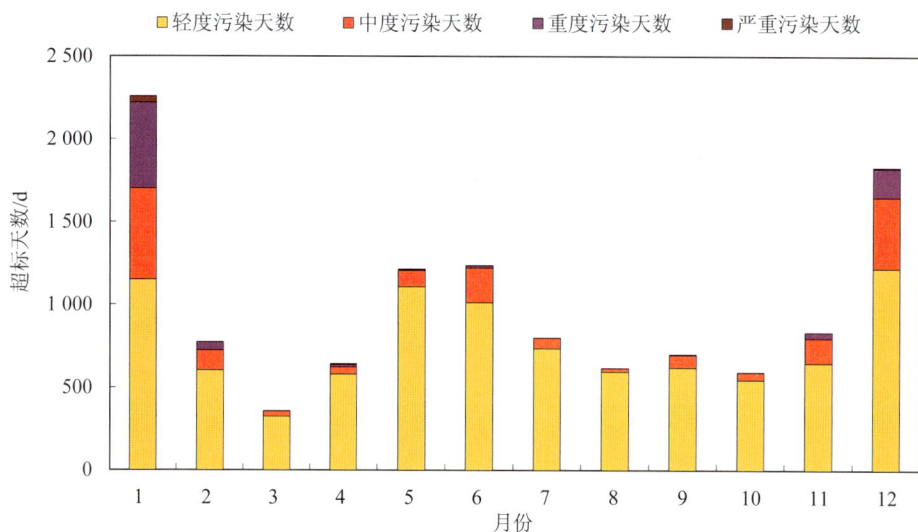

图 2-1-30　2020 年 168 个城市环境空气质量超标天数月际变化

（三）六项污染物

1. PM$_{2.5}$

2020 年，168 个城市 PM$_{2.5}$ 年均浓度在 12～62 μg/m^3 之间，平均为 39 μg/m^3，与上年相比下降 11.4%；日均值超标天数占监测天数的比例为 10.1%，与上年相比下降 2.9 个百分点。其中，2 个城市 PM$_{2.5}$ 年均浓度达到一级标准，占 1.2%；62 个城市达到二级标准，占36.9%；104 个城市超过二级标准，占 61.9%。与上年相比，26 个城市达标情况发生变化，其中，1 个城市由达标变为不达标，25 个城市由不达标变为达标。

若不扣除沙尘天气过程影响，PM$_{2.5}$ 年均浓度在 12～63 μg/m^3 之间，平均为 39 μg/m^3，与上年相比下降 11.4%；日均值超标天数占监测天数的比例为 10.1%，与上年相比下降 3.1个百分点。其中，2 个城市 PM$_{2.5}$ 年均浓度达到一级标准，占 1.2%；61 个城市达到二级标准，占 36.3%；105 个城市超过二级标准，占 62.5%。

2. PM$_{10}$

2020 年，168 个城市 PM$_{10}$ 年均浓度在 29～104 μg/m^3 之间，平均为 64 μg/m^3，与上年相比下降 13.5%；日均值超标天数占监测天数的比例为 3.9%，与上年相比下降 2.8 个百分点。其中，15 个城市 PM$_{10}$ 年均浓度达到一级标准，占 8.9%；88 个城市达到二级标准，占52.4%；65 个城市超过二级标准，占 38.7%。与上年相比，27 个城市达标情况发生变化，其中，1 个城市由达标变为不达标，26 个城市由不达标变为达标。

若不扣除沙尘天气过程影响，PM$_{10}$ 年均浓度在 29～109 μg/m^3 之间，平均为 66 μg/m^3，与上年相比下降 13.2%；日均值超标天数占监测天数的比例为 4.6%，与上年相比下降 3.2个百分点。其中，15 个城市 PM$_{10}$ 年均浓度达到一级标准，占 8.9%；87 个城市达到二级标准，占 51.8%；66 个城市超过二级标准，占 39.3%。

3. O$_3$

2020 年，168 个城市 O$_3$ 日最大 8 h 平均值第 90 百分位数浓度在 112～192 μg/m^3 之间，平均为 154 μg/m^3，与上年相比下降 7.8%；超标天数占监测天数的比例为 8.4%，与上年相比下降 4.5 个百分点。其中，无城市 O$_3$ 浓度达到一级标准；112 个城市达到二级标准，占66.7%；56 个城市超过二级标准，占 33.3%。与上年相比，46 个城市达标情况发生变化，其中 1 个城市由达标变为不达标，45 个城市由不达标变为达标。

4. SO$_2$

2020 年，168 个城市 SO$_2$ 年均浓度在 4～29 μg/m^3 之间，平均为 10 μg/m^3，与上年相比下降 16.7%；日均值超标天数占监测天数的比例不足 0.1%，与上年持平。其中，164 个城市 SO$_2$ 年均浓度达到一级标准，占 97.6%；4 个城市达到二级标准，占 2.4%；无城市超过二级标准。与上年相比，所有城市 SO$_2$ 达标情况未发生变化。

5. NO$_2$

2020 年，168 个城市 NO$_2$ 年均浓度在 11～47 μg/m^3 之间，平均为 30 μg/m^3，与上年相

比下降 9.1%；日均值超标天数占监测天数的比例为 0.6%，与上年相比下降 0.6 个百分点。其中，162 个城市 NO_2 年均浓度达到一级/二级标准，占 96.4%；6 个城市超过二级标准，占 3.6%。与上年相比，26 个城市达标情况均由不达标变为达标。

6. CO

2020 年，168 个城市 CO 日均值第 95 百分位数浓度在 0.7～3.2 mg/m^3 之间，平均为 1.3 mg/m^3，与上年相比下降 13.3%；日均值超标天数占监测天数的比例不足 0.1%，与上年相比下降约 0.1 个百分点。所有城市 CO 年均浓度均达到一级/二级标准。与上年相比，所有城市 CO 达标情况未发生变化。

二、变化趋势

2015—2020 年，168 个城市 $PM_{2.5}$、PM_{10}、SO_2 年均浓度和 CO 日均值第 95 百分位数浓度均呈逐年下降趋势，O_3 日最大 8 h 平均值第 90 百分位数浓度总体呈逐年上升趋势，NO_2 浓度稳定在 30～35 $\mu g/m^3$ 之间。与 2015 年相比，2020 年 $PM_{2.5}$、PM_{10}、SO_2 年均浓度和 CO 日均值第 95 百分位数浓度分别下降 30.4%、30.4%、63.0% 和 35.0%；O_3 日最大 8 h 平均值第 90 百分位数浓度上升 16.7%。

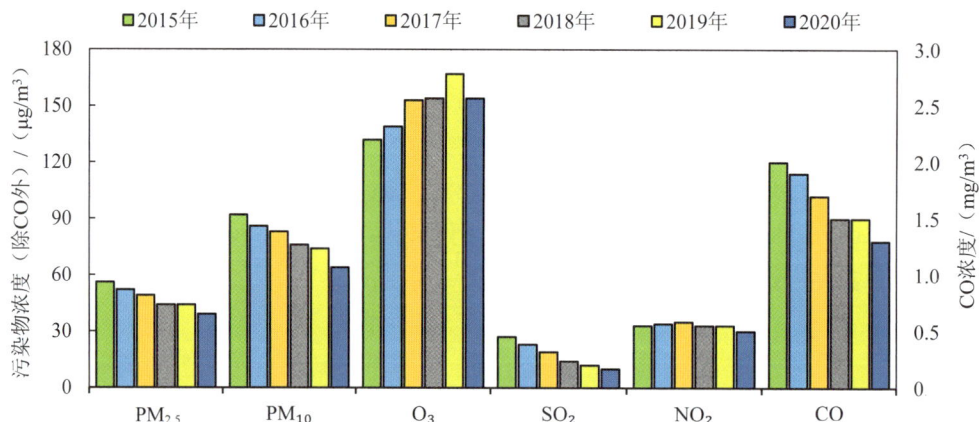

图 2-1-31　2015—2020 年 168 个城市六项污染物浓度年际变化

第三节　重点区域

一、现状

（一）总体情况

2020 年，"2+26" 城市、汾渭平原所有城市环境空气质量均未达标，长三角地区有 19

个城市环境空气质量达标。

表 2-1-13 2020 年重点区域六项污染物达标城市数量

单位：个

区域	城市总数	PM$_{2.5}$ 达标城市	PM$_{10}$ 达标城市	O$_3$ 达标城市	SO$_2$ 达标城市	NO$_2$ 达标城市	CO 达标城市	达标城市
"2+26" 城市	28	0	2	0	28	24	28	0
长三角地区	41	22	34	28	41	41	41	19
汾渭平原	11	1	0	7	11	10	11	0

1. 优良天数比例

2020 年，"2+26" 城市、长三角地区和汾渭平原优良天数比例分别为 63.5%、85.2% 和 70.6%，重度及以上污染天数比例分别为 3.5%、0.5% 和 2.8%。与上年相比，优良天数比例分别上升 10.4 个、8.7 个和 8.9 个百分点。

表 2-1-14 2020 年重点区域环境空气质量各级别天数比例

单位：%

区域	优	良	轻度污染	中度污染	重度污染	严重污染
"2+26" 城市	10.0	53.4	26.7	6.3	3.3	0.2
长三角地区	28.4	56.8	12.3	2.0	0.5	0.0
汾渭平原	11.9	58.7	22.0	4.6	2.6	0.2

"2+26" 城市优良天数比例 1 月最低，为 25.5%；3 月最高，为 83.5%。长三角地区优良天数比例 12 月最低，为 66.7%；3 月最高，为 96.9%。汾渭平原优良天数比例 1 月最低，为 23.8%；9 月最高，为 90.6%。

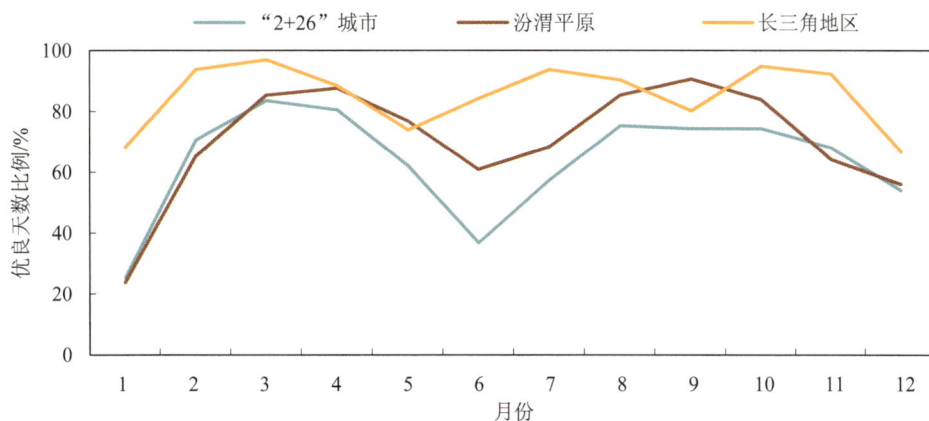

图 2-1-32 2020 年重点区域环境空气质量优良天数比例月际变化

2. 首要污染物

2020 年，"2+26" 城市以 $PM_{2.5}$、PM_{10}、O_3 和 NO_2 为首要污染物的超标天数分别占总超标天数的 48.0%、5.3%、46.6% 和 0.2%；长三角地区以 $PM_{2.5}$、PM_{10}、O_3 和 NO_2 为首要污染物的超标天数分别占总超标天数的 45.1%、2.9%、50.7% 和 1.4%；汾渭平原以 $PM_{2.5}$、PM_{10}、O_3 和 NO_2 为首要污染物的超标天数分别占总超标天数的 56.4%、7.3%、36.1% 和 0.2%。

表 2-1-15　2020 年重点区域超标天数中首要污染物比例

单位：%

区域	$PM_{2.5}$	PM_{10}	O_3	SO_2	NO_2	CO
"2+26" 城市	48.0	5.3	46.6	0.0	0.2	0.0
长三角地区	45.1	2.9	50.7	0.0	1.4	0.0
汾渭平原	56.4	7.3	36.1	0.0	0.2	0.0

3. 六项污染物

2020 年，"2+26" 城市和汾渭平原 $PM_{2.5}$ 和 PM_{10} 浓度均 1 月最高，8 月相对较低。1 月，"2+26" 城市 $PM_{2.5}$ 和 PM_{10} 浓度分别为 119 $\mu g/m^3$ 和 150 $\mu g/m^3$，汾渭平原 $PM_{2.5}$ 和 PM_{10} 浓度分别为 119 $\mu g/m^3$ 和 144 $\mu g/m^3$。长三角地区 $PM_{2.5}$ 和 PM_{10} 浓度 12 月最高，分别为 64 $\mu g/m^3$ 和 90 $\mu g/m^3$；8 月 $PM_{2.5}$ 浓度相对较低，7 月 PM_{10} 浓度相对较低。

"2+26" 城市和汾渭平原 O_3 日最大 8 h 平均值第 90 百分位数浓度 6 月最高，分别为 222 $\mu g/m^3$ 和 190 $\mu g/m^3$；12 月浓度相对较低，分别为 63 $\mu g/m^3$ 和 62 $\mu g/m^3$。长三角地区 O_3 日最大 8 h 平均值第 90 百分位数浓度 5 月和 9 月相对较高，分别为 182 $\mu g/m^3$ 和 180 $\mu g/m^3$；12 月相对较低，为 75 $\mu g/m^3$。

"2+26" 城市和汾渭平原 SO_2 浓度 1 月最高，分别为 19$\mu g/m^3$ 和 21 $\mu g/m^3$；7 月和 8 月最低，分别为 8 $\mu g/m^3$ 和 7 $\mu g/m^3$。长三角地区 SO_2 浓度月际变化不大，在 6～10 $\mu g/m^3$ 之间。

"2+26" 城市、长三角地区和汾渭平原 NO_2 浓度均在 12 月最高，分别为 51 $\mu g/m^3$、50 $\mu g/m^3$ 和 46 $\mu g/m^3$。"2+26" 城市和汾渭平原 7 月或 8 月浓度相对较低，分别为 22 $\mu g/m^3$ 和 23 $\mu g/m^3$；长三角地区 2 月浓度最低，为 18 $\mu g/m^3$。

"2+26" 城市、长三角地区和汾渭平原 CO 日均值第 95 百分位数浓度均在 1 月最高，分别为 2.6 mg/m^3、1.4 mg/m^3 和 2.2 mg/m^3；4—7 月浓度相对较低。

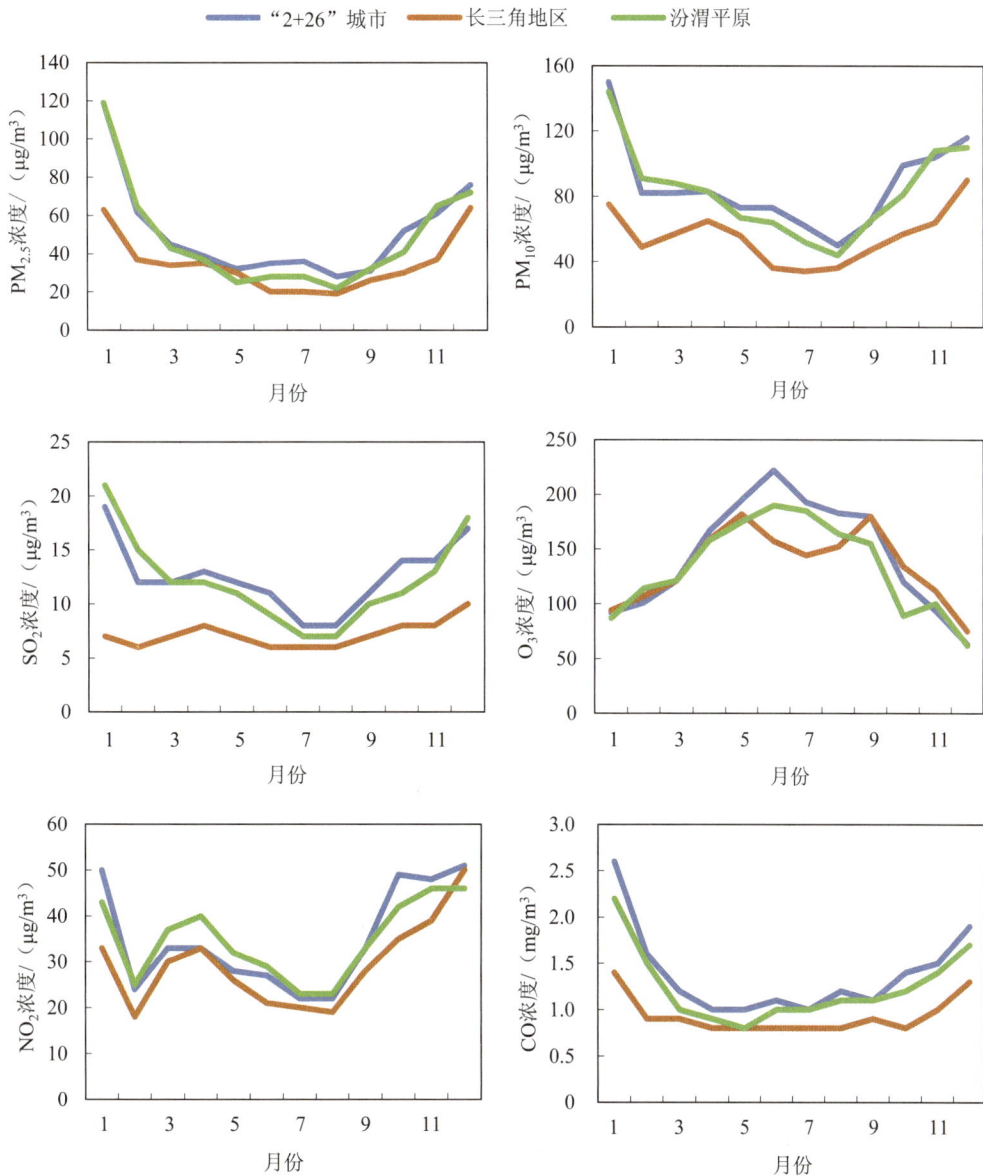

图 2-1-33 2020 年重点区域六项污染物浓度月际变化

（二）"2+26"城市

2020 年，"2+26"城市优良天数比例范围为 49.5%～75.4%，平均为 63.5%，与上年相比上升 10.4 个百分点。北京、长治、阳泉等 27 个城市优良天数比例大于等于 50% 且小于 80%，安阳优良天数比例小于 50%。$PM_{2.5}$ 年均浓度为 51 $\mu g/m^3$，与上年相比下降 10.5%；PM_{10} 年均浓度为 87 $\mu g/m^3$，与上年相比下降 13.0%；O_3 日最大 8 h 平均值第 90 百分位数浓度平均为 180 $\mu g/m^3$，与上年相比下降 8.2%；SO_2 年均浓度为 12 $\mu g/m^3$，与上年相比下降 20.0%；NO_2 年均浓度为 35 $\mu g/m^3$，与上年相比下降 12.5%；CO 日均值第 95 百分位数浓度平均为 1.7 mg/m^3，与上年相比下降 15.0%。

若不扣除沙尘天气过程影响，"2+26" 城市 $PM_{2.5}$ 年均浓度为 51 $\mu g/m^3$，与上年相比下降 10.5%；PM_{10} 年均浓度为 89 $\mu g/m^3$，与上年相比下降 12.7%。

北京市优良天数比例为 75.4%，与上年相比上升 9.6 个百分点；出现重度污染 10 天，与上年相比增加 6 天。

（三）长三角地区

2020 年，长三角地区 41 个城市优良天数比例范围为 70.2%～99.7%，平均为 85.2%，与上年相比上升 8.7 个百分点。黄山、丽水、舟山等 34 个城市优良天数比例大于等于 80% 且小于 100%，宿迁、淮南、阜阳等 7 个城市优良天数比例大于等于 50% 且小于 80%。

长三角地区 $PM_{2.5}$ 年均浓度为 35 $\mu g/m^3$，与上年相比下降 14.6%；PM_{10} 年均浓度为 56 $\mu g/m^3$，与上年相比下降 13.8%；O_3 日最大 8 h 平均值第 90 百分位数浓度年均为 152 $\mu g/m^3$，与上年相比下降 7.3%；SO_2 年均浓度为 7 $\mu g/m^3$，与上年相比下降 22.2%；NO_2 年均浓度为 29 $\mu g/m^3$，与上年相比下降 9.4%；CO 日均值第 95 百分位数浓度平均为 1.1 mg/m^3，与上年相比下降 8.3%。

若不扣除沙尘天气过程影响，长三角地区 $PM_{2.5}$ 年均浓度为 35 $\mu g/m^3$，与上年相比下降 14.6%；PM_{10} 年均浓度为 56 $\mu g/m^3$，与上年相比下降 16.4%。

上海市优良天数比例为 87.2%，与上年相比上升 2.5 个百分点；出现重度污染 1 天，与上年持平。

（四）汾渭平原

2020 年，汾渭平原 11 个城市优良天数比例范围为 61.5%～82.8%，平均为 70.6%，与上年相比上升 8.9 个百分点。吕梁优良天数比例大于等于 80% 且小于 100%，铜川、宝鸡、三门峡等 10 个城市优良天数比例大于等于 50% 且小于 80%。

汾渭平原 $PM_{2.5}$ 年均浓度为 48 $\mu g/m^3$，与上年相比下降 12.7%；PM_{10} 年均浓度为 83 $\mu g/m^3$，与上年相比下降 11.7%；O_3 日最大 8 h 平均值第 90 百分位数浓度平均为 161 $\mu g/m^3$，与上年相比下降 5.8%；SO_2 年均浓度为 12 $\mu g/m^3$，与上年相比下降 20.0%；NO_2 年均浓度为 35 $\mu g/m^3$，与上年相比下降 10.3%；CO 日均值第 95 百分位数浓度平均为 1.6 mg/m^3，与上年相比下降 15.8%。

若不扣除沙尘天气过程影响，汾渭平原 $PM_{2.5}$ 年均浓度为 48 $\mu g/m^3$，与上年相比下降 12.7%；PM_{10} 年均浓度为 86 $\mu g/m^3$，与上年相比下降 12.2%。

二、变化趋势

（一）"2+26"城市

2015—2020 年，"2+26"城市优良天数比例总体呈上升趋势。与 2015 年相比，2020 年优良天数比例上升 9.8 个百分点。

2015—2020 年，"2+26"城市 $PM_{2.5}$、PM_{10}、SO_2、NO_2 和 CO 日均值第 95 百分位数浓度呈逐年下降趋势。与 2015 年相比，2020 年分别下降 36.2%、35.1%、71.4%、18.6% 和 46.9%；O_3 日最大 8 h 平均值第 90 百分位数浓度呈波动上升趋势，与 2015 年相比，2020 年上升 24.1%。

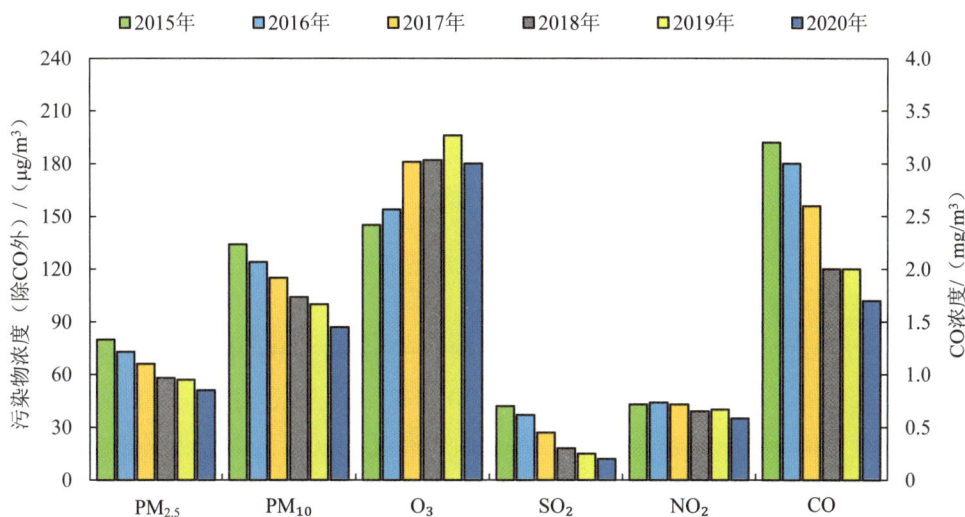

图 2-1-34　2015—2020 年"2+26"城市六项污染物浓度年际变化

（二）长三角地区

2015—2020 年，长三角地区优良天数比例总体呈上升趋势。与 2015 年相比，2020 年优良天数比例上升 6.5 个百分点。

2015—2020 年，长三角地区 $PM_{2.5}$、PM_{10}、SO_2、NO_2 年均浓度和 CO 日均值第 95 百分位数浓度呈逐年下降趋势，与 2015 年相比，2020 年分别下降 31.4%、28.2%、65.0%、9.4% 和 26.7%；O_3 日最大 8 h 平均值第 90 百分位数浓度呈波动上升趋势，与 2015 年相比，2020 年上升 17.8%。

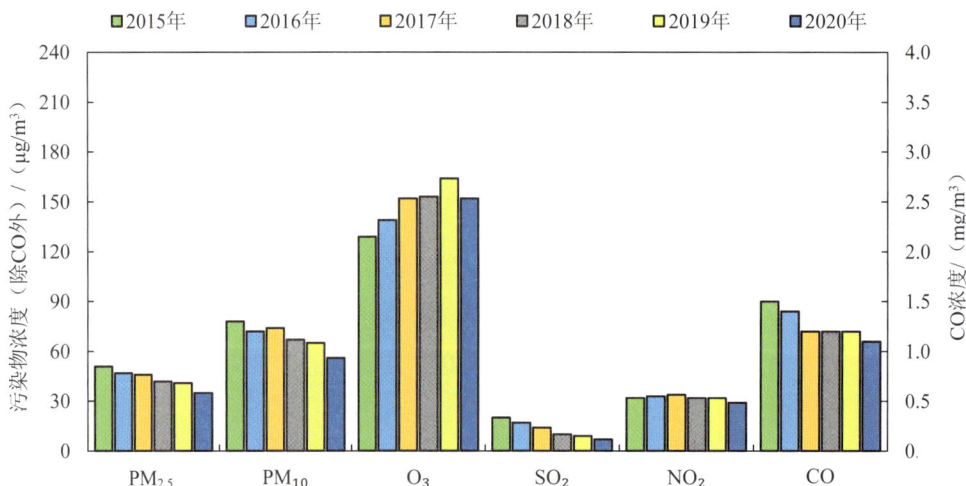

图 2-1-35　2015—2020 年长三角地区六项污染物浓度年际变化

（三）汾渭平原

2015—2020 年，汾渭平原优良天数比例呈先下降后上升趋势。与 2015 年相比，2020 年优良天数比例下降 4.9 个百分点。

2015—2020 年，汾渭平原 $PM_{2.5}$、PM_{10}、SO_2 年均浓度和 CO 日均值第 95 百分位数浓度呈逐年下降趋势，与 2015 年相比，2020 年分别下降 14.3%、16.2%、68.4%和 46.7%；NO_2 年均浓度总体呈先上升后下降趋势，与 2015 年相比，2020 年上升 6.1%；O_3 日最大 8 h 平均值第 90 百分位数浓度呈波动上升趋势，与 2015 年相比，2020 年上升 32.0%。

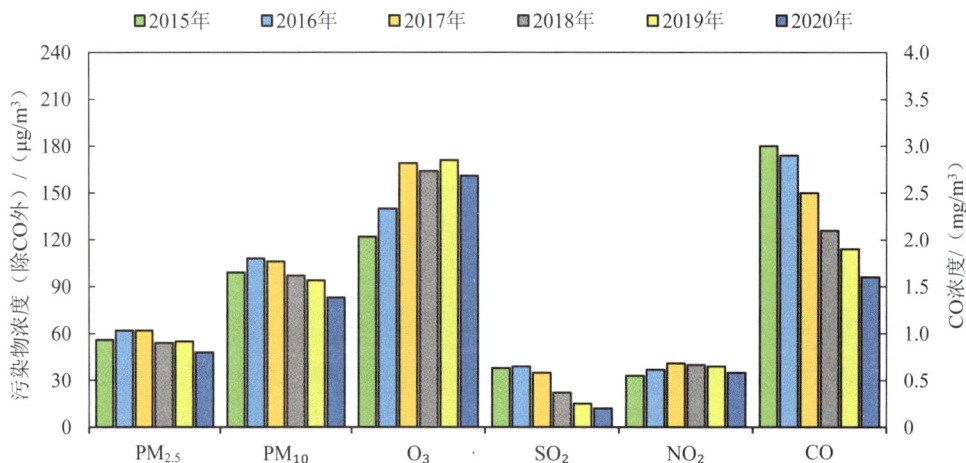

图 2-1-36　2015—2020 年汾渭平原六项污染物浓度年际变化

第四节　背景站和区域站

一、背景站

2020 年，全国背景地区 $PM_{2.5}$、PM_{10}、SO_2、NO_2 年均浓度和 CO 日均值第 95 百分位数浓度均明显低于区域和城市，O_3 日最大 8 h 平均值第 90 百分位数浓度略低于区域和城市。

背景地区 $PM_{2.5}$ 年均浓度为 9.2 $\mu g/m^3$，区域和城市分别为背景地区的 2.9 倍和 3.6 倍；背景地区 PM_{10} 年均浓度为 16.6 $\mu g/m^3$，区域和城市分别为背景地区的 2.8 倍和 3.4 倍；背景地区 O_3 日最大 8 h 平均值第 90 百分位数浓度为 119.6 $\mu g/m^3$，区域和城市均为背景地区的 1.2 倍；背景地区 SO_2 年均浓度为 1.2 $\mu g/m^3$，区域和城市分别为背景地区的 5.0 倍和 8.3 倍；背景地区 NO_2 年均浓度为 3.4 $\mu g/m^3$，区域和城市分别为背景地区的 4.4 倍和 7.1 倍；背景地区 CO 日均值第 95 百分位数浓度为 0.465 mg/m^3，区域和城市分别为背景地区的 1.9 倍和 2.8 倍。

与上年相比，2020 年背景地区六项污染物浓度均有所下降，$PM_{2.5}$、PM_{10}、SO_2、NO_2 年均浓度，CO 日均值第 95 百分位数浓度和 O_3 日最大 8 h 平均值第 90 百分位数浓度分别下降 14.8%、10.8%、20.0%、8.1%、6.4%和 8.5%。

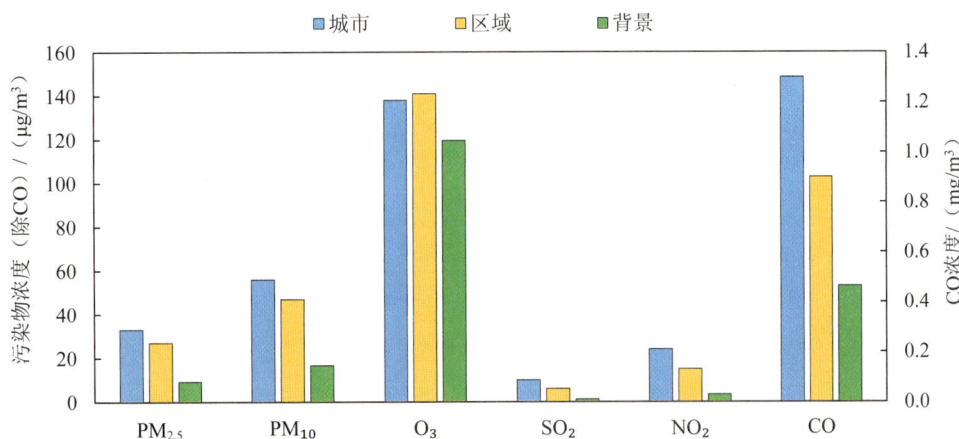

图 2-1-37　2020 年全国背景、区域和城市地区六项污染物浓度比较

2016—2020 年，背景地区 $PM_{2.5}$、PM_{10}、SO_2、NO_2 年均浓度和 CO 日均值第 95 百分位数浓度总体呈下降趋势，O_3 日最大 8 h 平均值第 90 百分位数浓度先上升后下降。与 2016 年相比，2020 年背景地区 $PM_{2.5}$、PM_{10}、SO_2、NO_2 年均浓度，CO 日均值第 95 百分位数浓度和 O_3 日最大 8 h 平均值第 90 百分位数浓度分别下降 20.7%、15.7%、55.6%、10.5%、22.0%和 0.4%。

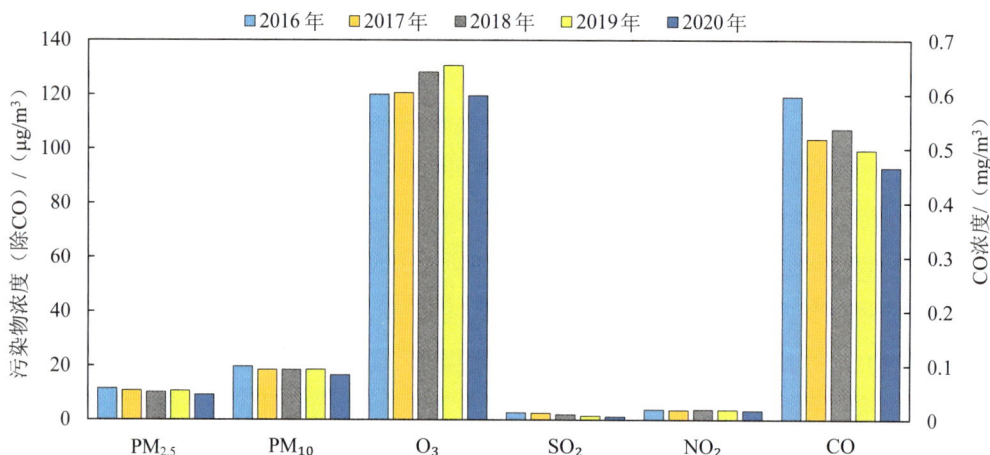

图 2-1-38　2016—2020 年全国背景地区六项污染物浓度年际变化

二、区域站

2020 年，全国区域站 PM$_{2.5}$ 浓度在 8～69 μg/m³ 之间，平均为 27 μg/m³，与上年相比下降 10.0%；PM$_{10}$ 浓度在 16～109 μg/m³ 之间，平均为 47 μg/m³，与上年相比下降 9.6%；O$_3$ 日最大 8 h 平均值第 90 百分位数浓度在 84～202 μg/m³ 之间，平均为 141 μg/m³，与上年相比下降 6.6%；SO$_2$ 浓度在 1～21 μg/m³ 之间，平均为 6 μg/m³，与上年相比下降 14.3%；NO$_2$ 浓度在 2～40 μg/m³ 之间，平均为 15 μg/m³，与上年相比下降 6.2%；CO 日均值第 95 百分位数浓度在 0.4～2.2 mg/m³ 之间，平均为 0.9 mg/m³，与上年相比下降 10.0%。

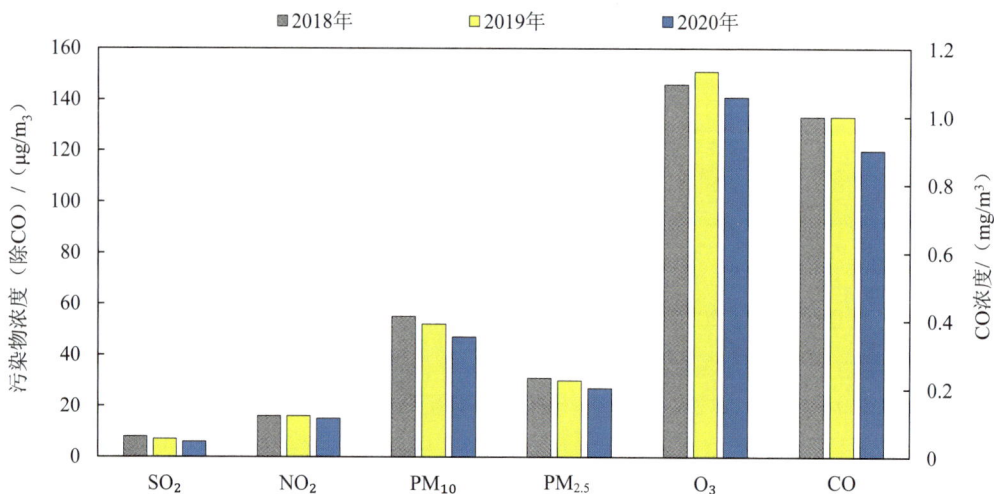

图 2-1-39　2018—2020 年区域站六项污染物浓度年际变化

2020 年，全国区域站 $PM_{2.5}$、PM_{10}、SO_2、NO_2 年均浓度，CO 日均值第 95 百分位数浓度和 O_3 日最大 8 h 平均值第 90 百分位数浓度分别比所在城市低 20.6%、20.3%、33.3%、44.4%、25.0% 和 1.4%。$PM_{2.5}$ 和 PM_{10} 浓度在 1 月最高，月均浓度分别为 49 μg/m³ 和 68 μg/m³，其次是 12 月，$PM_{2.5}$ 和 PM_{10} 浓度分别为 41 μg/m³ 和 63 μg/m³；O_3 日最大 8 h 平均值第 90 百分位数浓度 5 月最高，为 155 μg/m³；SO_2 浓度 1 月和 12 月最高，均为 8 μg/m³；NO_2 浓度 12 月最高，为 24 μg/m³；CO 日均值第 95 百分位数浓度 1 月最高，为 1.2 mg/m³。

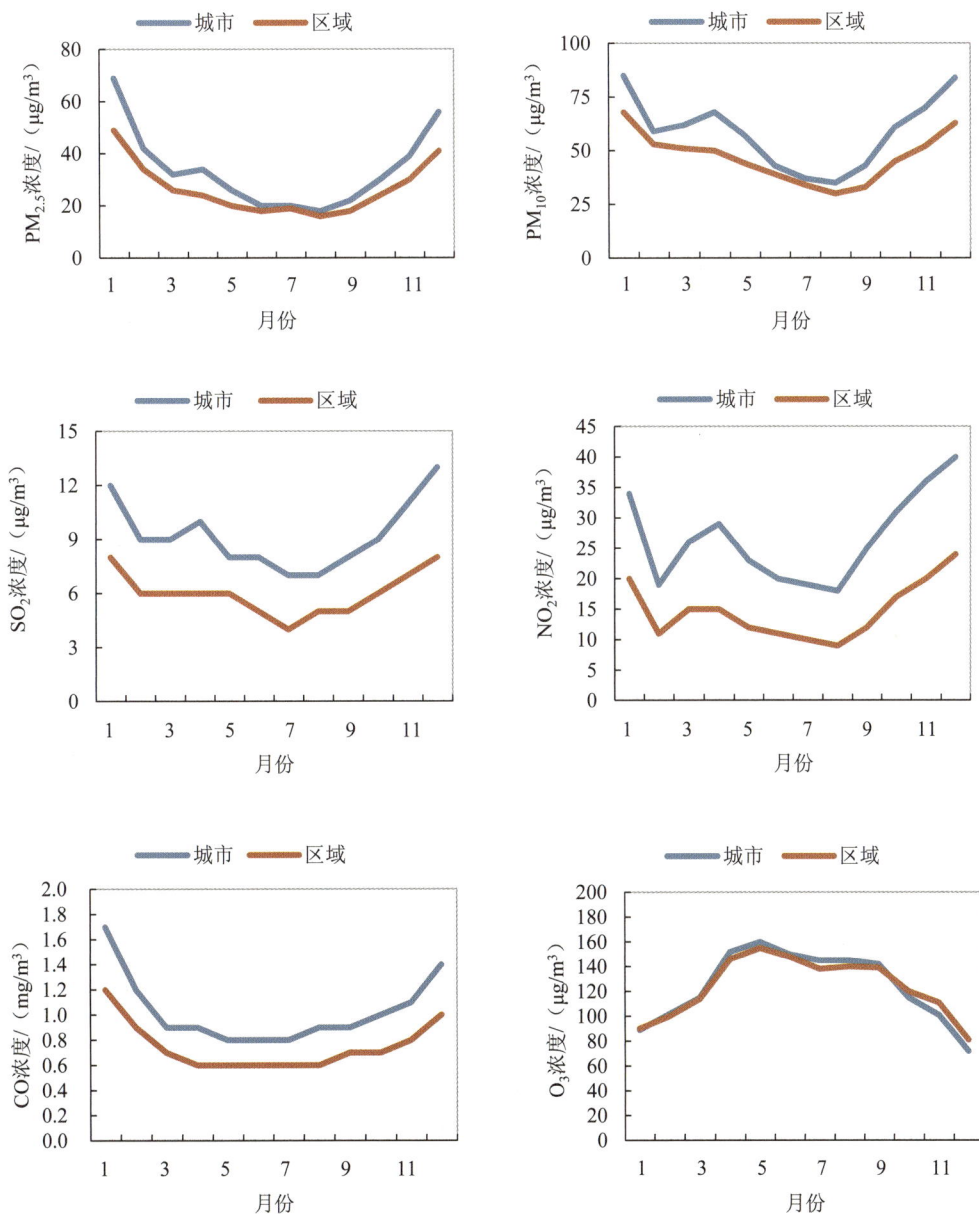

图 2-1-40   2020 年区域站和所在城市六项污染物浓度月际变化

第五节　沙　尘

一、沙尘天气过程影响

2020 年，沙尘天气过程 11 次累计 31 天影响全国城市环境空气质量，受影响的主要是新疆、青海、甘肃、宁夏、内蒙古等省份。与上年相比，沙尘天气发生次数和影响省份均有所减少，影响天数略有增加。

2020 年，影响北方地区的首次大范围沙尘天气过程发生在 2 月 13—20 日，首次发生时间比上年有所推迟，持续时间长达 8 天；影响范围最大的沙尘天气过程发生在 3 月 25—26 日。

表 2-1-16　2020 年沙尘天气过程对地级及以上城市环境空气质量影响情况

发生次序	发生时间	影响城市数量/个
第 1 次	2 月 13 日	1
	2 月 14 日	1
	2 月 15 日	3
	2 月 16 日	3
	2 月 17 日	2
	2 月 18 日	2
	2 月 19 日	4
	2 月 20 日	6
第 2 次	3 月 18 日	8
	3 月 19 日	8
第 3 次	3 月 25 日	24
	3 月 26 日	29
第 4 次	3 月 30 日	8
	3 月 31 日	17
第 5 次	4 月 9 日	2
	4 月 10 日	26
	4 月 11 日	4
	4 月 12 日	6
	4 月 13 日	8
第 6 次	5 月 3 日	25
第 7 次	5 月 10 日	6

发生次序	发生时间	影响城市数量/个
第 8 次	5 月 11 日	3
	5 月 12 日	5
第 9 次	5 月 15 日	1
	5 月 16 日	7
第 10 次	6 月 29 日	1
	6 月 30 日	5
	7 月 1 日	4
	7 月 2 日	1
第 11 次	10 月 20 日	5
	10 月 21 日	2

2016—2020 年，全国大范围沙尘天气过程平均每年发生 14 次，累计影响天数平均每年为 40.2 天，对全国尤其是北方地区的城市环境空气质量造成一定影响。从年际对比情况来看，2016 年和 2018 年沙尘天气过程发生次数和累计影响天数相对较多。

表 2-1-17　2016—2020 年沙尘天气过程统计

年度	沙尘天气过程次数/次	监测范围	累计影响天数/d
2016	18		58
2017	11		34
2018	18	337 个城市	50
2019	12		28
2020	11		31

二、沙尘遥感监测结果

2020 年，全国沙尘遥感监测结果显示，西北、华北、东北地区的大部以及西南、华南、华中地区北部区域均受到沙尘天气影响，影响面积约为 10 888 万 km²。其中一级沙尘影响范围广泛，西北、华北、东北地区的大部以及西南、华南、华中地区北部区域均受到影响，影响面积约为 9 556 万 km²；二级沙尘主要影响西北、华北以及东北的北方各省，影响面积约为 997 万 km²；三级沙尘主要影响西北各省，影响面积约为 355 万 km²。冬季和春季沙尘影响面积较大，以一级沙尘影响为主；二级、三级沙尘影响面积及发生频次远小于一级沙尘，主要发生在春季，其中 4 月 11 日沙尘影响面积最大，约 116 万 km²。

与上年相比，2020 年沙尘总影响面积增加约 3 114 万 km²。其中一级沙尘面积增加约 2 807 万 km²，二级沙尘面积增加约 227 万 km²，三级沙尘面积增加约 80 万 km²。

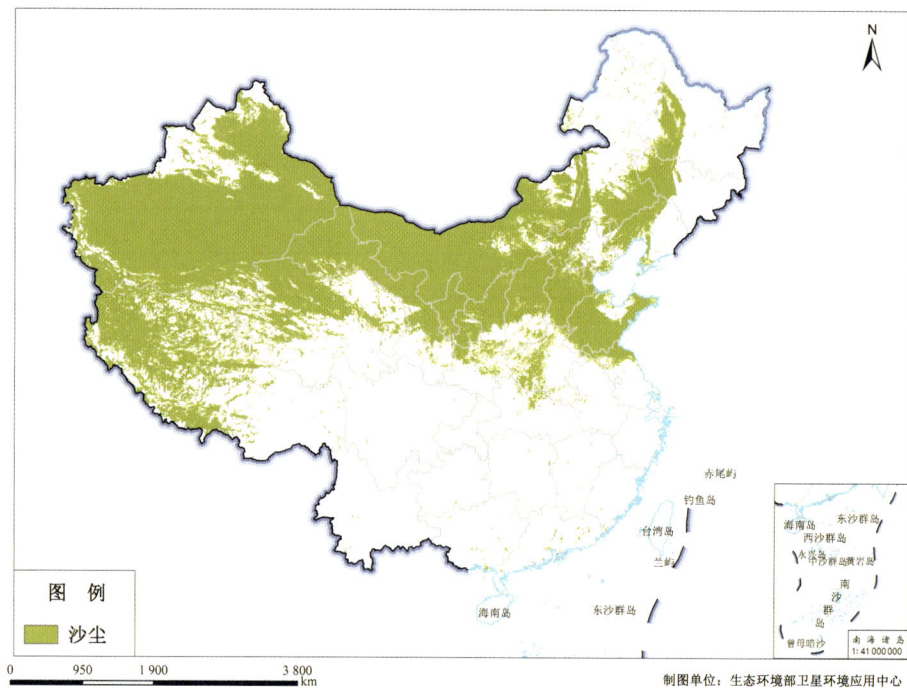

图 例

沙尘

0	950	1 900		3 800
km

制图单位：生态环境部卫星环境应用中心

（a）沙尘

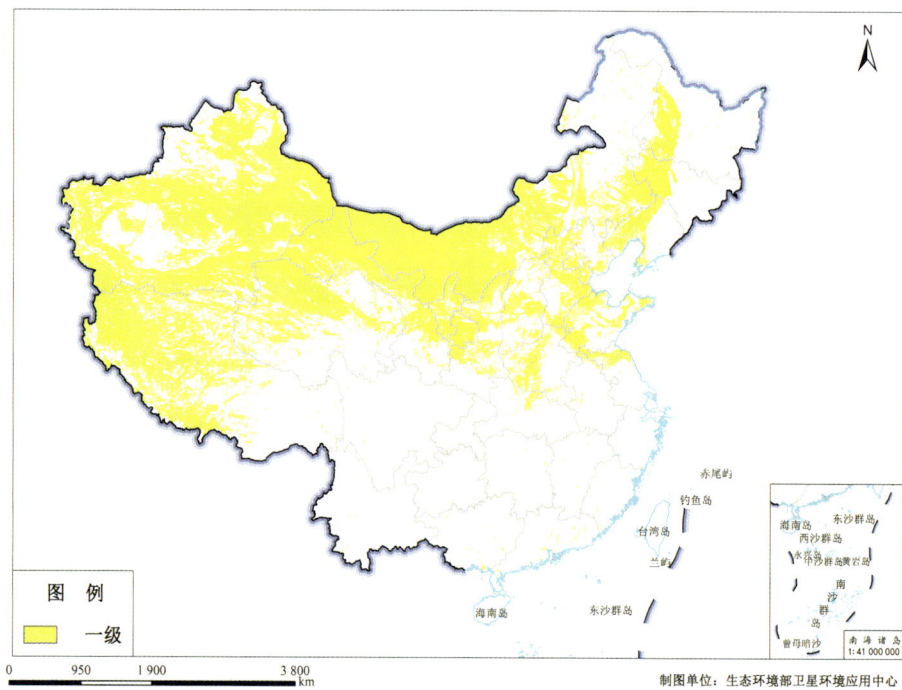

图 例

一级

0	950	1 900		3 800
km

制图单位：生态环境部卫星环境应用中心

（b）一级沙尘

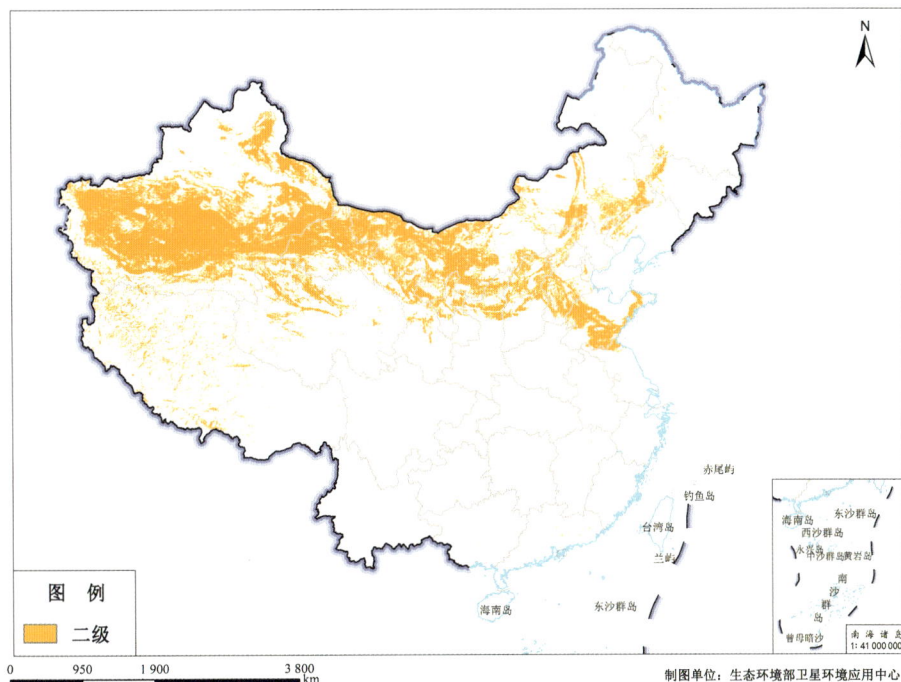

（c）二级沙尘

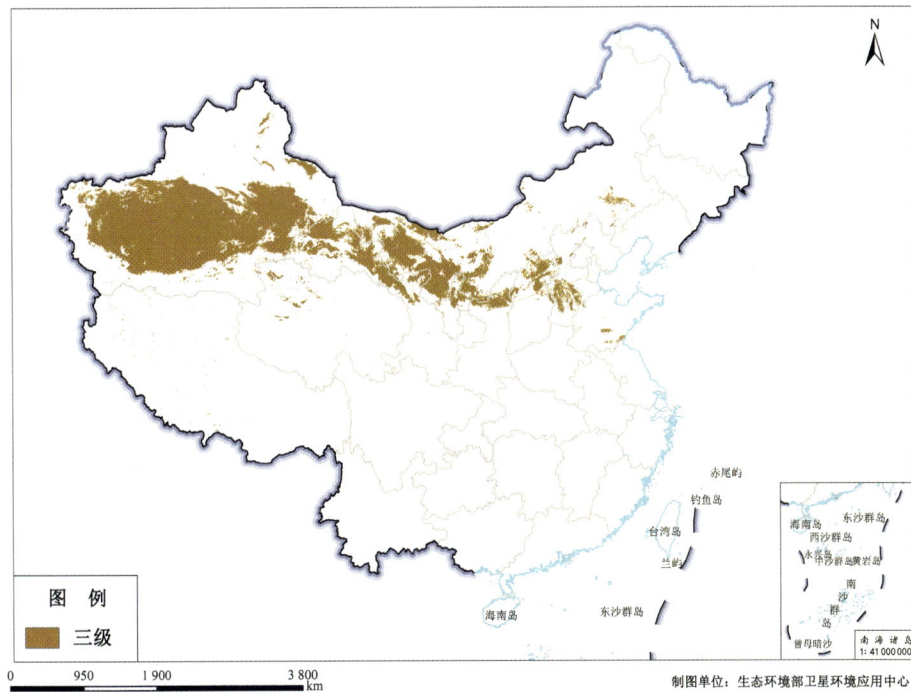

（d）三级沙尘

图 2-1-41　2020 年全国沙尘遥感监测等级分布示意

2016—2020 年，全国沙尘总影响面积分别为 5 152 万 km^2、7 592 万 km^2、10 308 万 km^2、7 775 万 km^2、10 888 万 km^2。与 2015 年（4 584 万 km^2）相比明显增加，增加比例分别为 12.4%、65.6%、124.9%、69.6%、137.5%。

第六节　降　尘

一、"2+26" 城市

2020 年，"2+26" 城市降尘量平均值在 1.8 t/（$km^2 \cdot 30$ d）（长治、晋城）～20.7 t/（$km^2 \cdot 30$ d）（衡水）之间，平均为 7.8 t/（$km^2 \cdot 30$ d）。327 个县（市、区）降尘量年均值在 0.9 t/（$km^2 \cdot 30$ d）（长治平顺县）～46.4 t/（$km^2 \cdot 30$ d）（保定安国市）之间，平均为 7.8 t/（$km^2 \cdot 30$ d）。

2020 年，"2+26" 城市春夏季降尘量高于秋冬季（1—2 月受新冠肺炎疫情影响数据缺失），3—6 月降尘量整体较高，7 月下旬进入雨季后降尘量呈明显下降趋势。

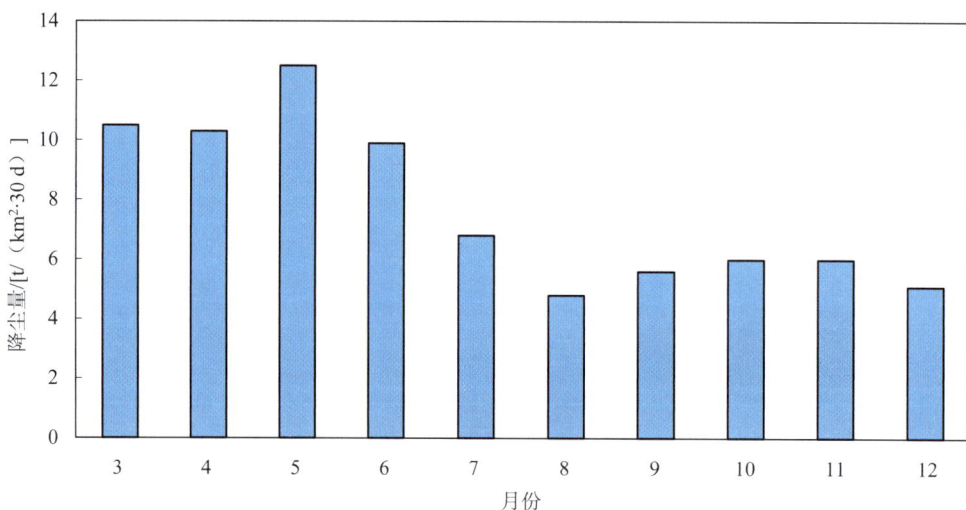

图 2-1-42　2020 年 "2+26" 城市降尘量月际变化

与上年相比，2020 年 "2+26" 城市降尘量年均值上升 4.0%。其中，安阳、保定、滨州、沧州、德州、衡水、晋城、开封、廊坊、濮阳、石家庄、天津、新乡、阳泉和长治等 15 个城市降尘量年均值上升，其他 13 个城市下降。

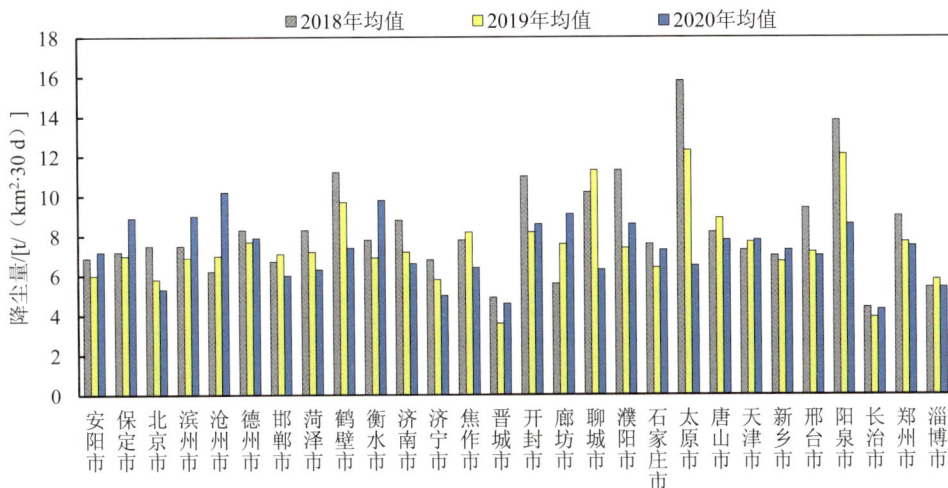

图 2-1-43　2018—2020 年"2+26"城市降尘量年际变化

二、汾渭平原

2020 年，汾渭平原 11 个城市降尘量平均值在 2.2 t/（km^2·30 d）（三门峡）～10.6 t/（km^2·30 d）（运城、吕梁）之间，平均为 5.6 t/（km^2·30 d）。131 个县（市、区）降尘量年均值在 0.5 t/（km^2·30 d）（洛阳嵩县）～20.7 t/（km^2·30 d）（铜川宜君县）之间，平均为 4.7 t/（km^2·30 d）。

2020 年，汾渭平原春夏季降尘量高于秋冬季（1—2 月受新冠肺炎疫情影响数据缺失），3—6 月降尘量整体较高。

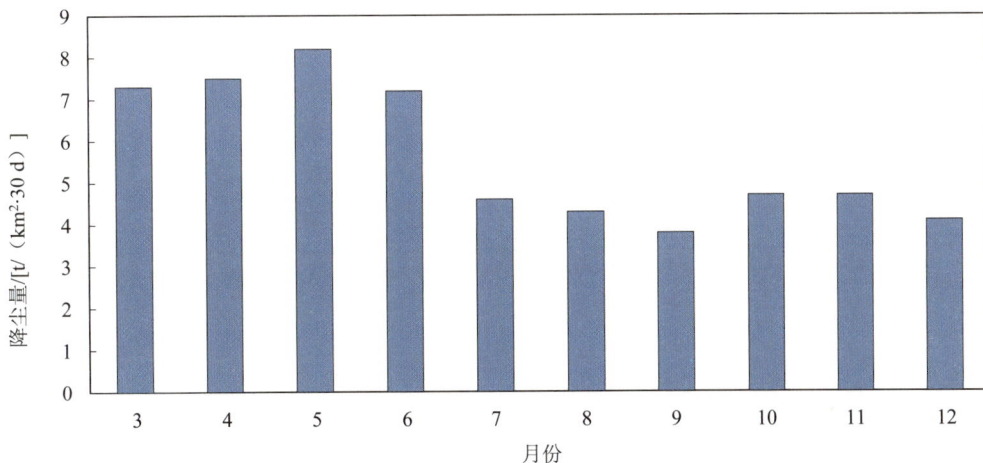

图 2-1-44　2020 年汾渭平原城市降尘量月际变化

与上年相比，2020 年汾渭平原城市降尘量年均值下降 17.6%。其中，临汾、三门峡、铜川、渭南和运城等 5 个城市降尘量年均值上升，其他城市下降。

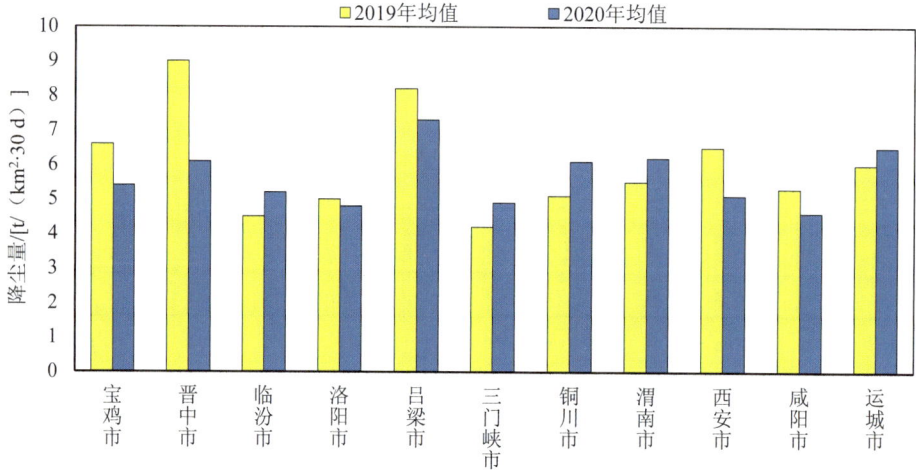

图 2-1-45　2020 年汾渭平原城市降尘量年际变化

三、长三角地区

2020 年，长三角地区 25 个城市降尘量平均值在 1.1 t/（km²·30 d）（苏州）～10.2 t/（km²·30 d）（扬州）之间，平均为 3.2 t/（km²·30 d）。201 个县（市、区）降尘量年均值在 0.3 t/（km²·30 d）（丽水景宁县）～13.4 t/（km²·30 d）（扬州邗江区）之间，平均为 2.5 t/（km²·30 d）。

2020 年，长三角地区春夏季降尘量高于秋冬季（1—2 月受新冠肺炎疫情影响数据缺失），3—5 月降尘量整体较高，6 月以后有所下降。

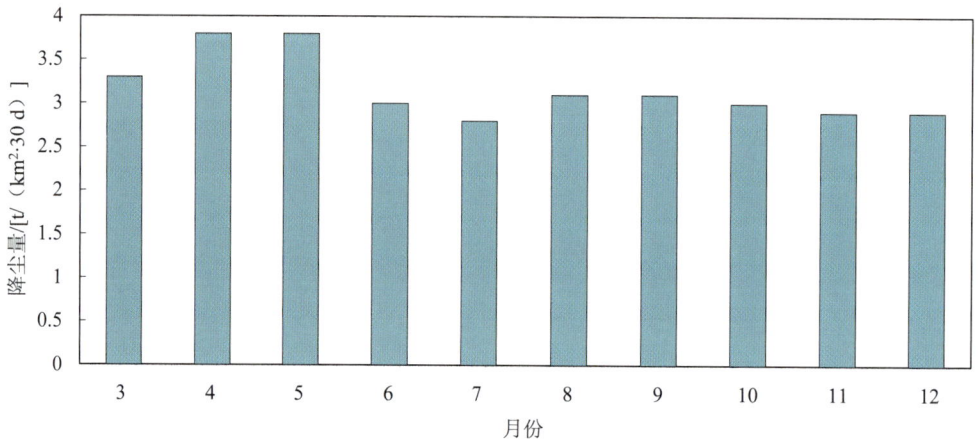

图 2-1-46　2020 年长三角地区城市降尘量月际变化

与上年相比，长三角地区城市降尘量年均值下降 11.1%。其中，温州和金华降尘量年均值保持不变，其他城市下降。

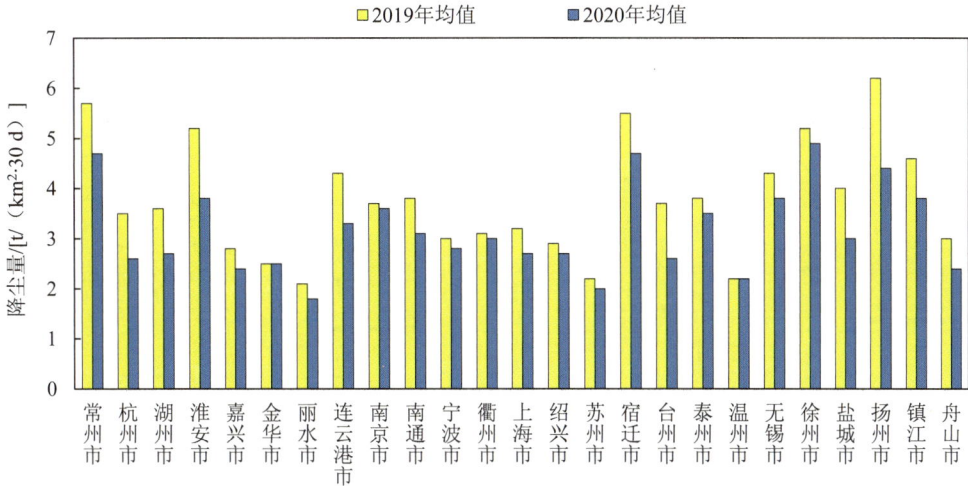

图 2-1-47　2020 年长三角地区城市降尘量年际变化

第七节　细颗粒物遥感监测

重点区域细颗粒物遥感监测结果显示，2020 年"2+26"城市、汾渭平原、雄安新区和长三角地区 $PM_{2.5}$ 年均浓度超标面积占区域面积比例分别为 69.0%、28.6%、93.1% 和 24.8%，与 2015 年相比分别下降 30.3 个、61.2 个、6.8 个和 66.7 个百分点。

一、"2+26"城市

2015—2020 年，"2+26"城市 $PM_{2.5}$ 年均浓度高值区主要分布在燕山以南、太行山以东，超标面积呈逐年减少趋势。

与 2015 年相比，2020 年"2+26"城市 $PM_{2.5}$ 年均浓度超标面积减少 8.4 万 km^2，超标面积比例下降 30.3 个百分点。其中，超标面积减少最大的 3 个城市依次为北京、保定和长治，分别减少 1.4 万 km^2、1.3 万 km^2 和 1.1 万 km^2；超标面积比例降幅最大的 3 个城市依次为阳泉、晋城和北京，分别下降 94.7 个、82.3 个和 81.5 个百分点，超标面积比例为 100% 的城市由 26 个减少为 4 个。

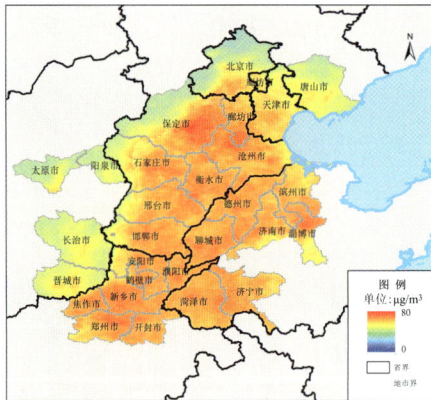

（a）2015 年

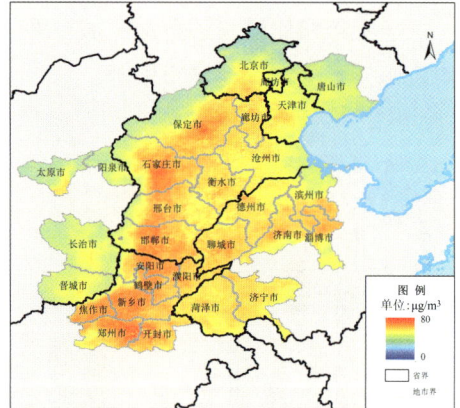

（b）2016 年

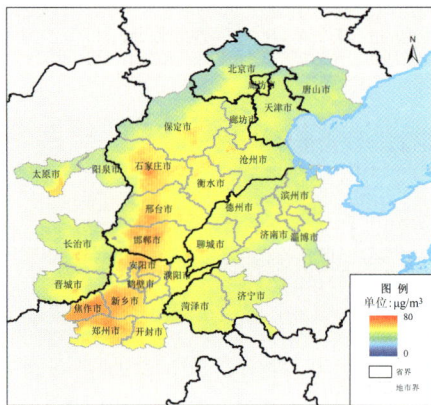

（c）2017 年

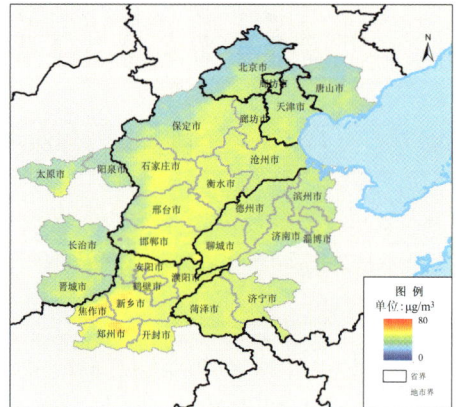

（d）2018 年

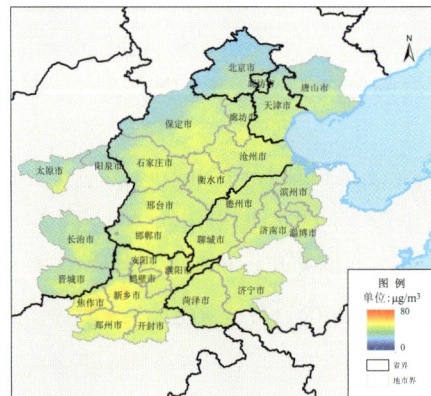

（e）2019 年

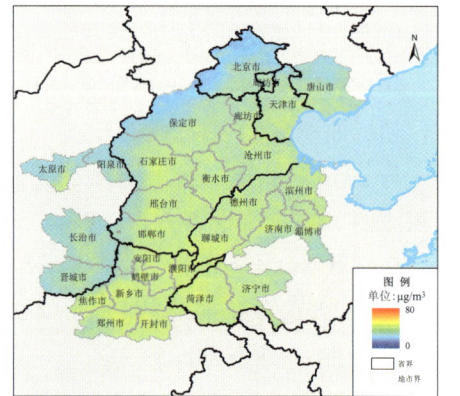

（f）2020 年

图 2-1-48 2015—2020 年"2+26"城市 PM$_{2.5}$ 浓度遥感监测分布示意

二、长三角地区

2015—2020 年，长三角地区 PM$_{2.5}$ 年均浓度高值区主要分布在阜阳、亳州和蚌埠等西北部城市，超标面积呈逐年减少趋势。

与 2015 年相比，2020 年长三角地区 PM$_{2.5}$ 年均浓度超标面积减少 22.48 万 km^2，超标面积比例下降 66.7 个百分点。其中，超标面积减少最大的 4 个城市依次为杭州、盐城、安庆和宣城，分别减少 1.6 万 km^2、1.5 万 km^2、1.4 万 km^2 和 1.2 万 km^2；超标面积比例降幅最大的 4 个城市为湖州、宣城、黄山和南通，均由 100%降为 0（全部达标），超标面积比例为 100%的城市由 28 个减少为 4 个。

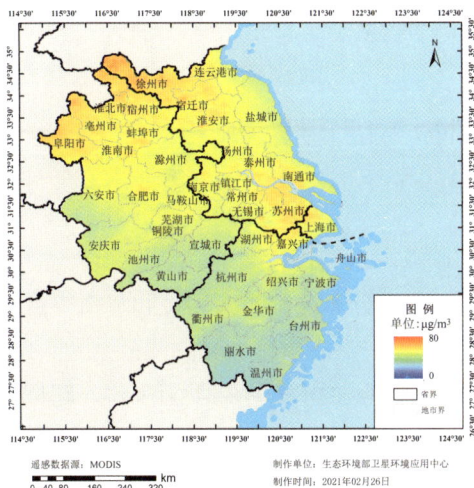

（a）2015 年

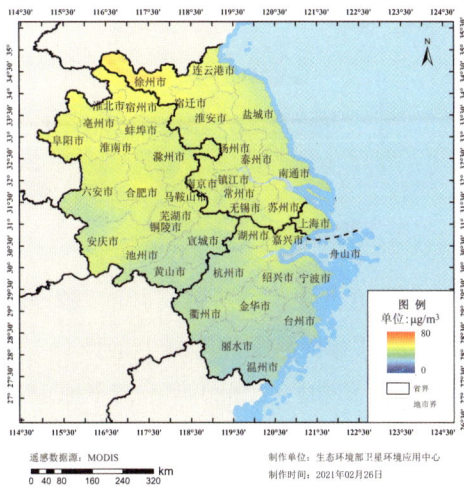

（b）2016 年

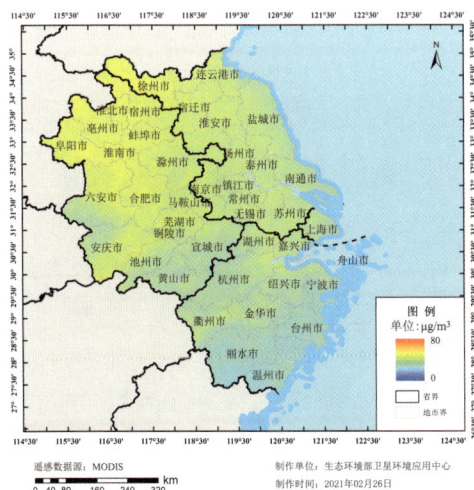

（c）2017 年

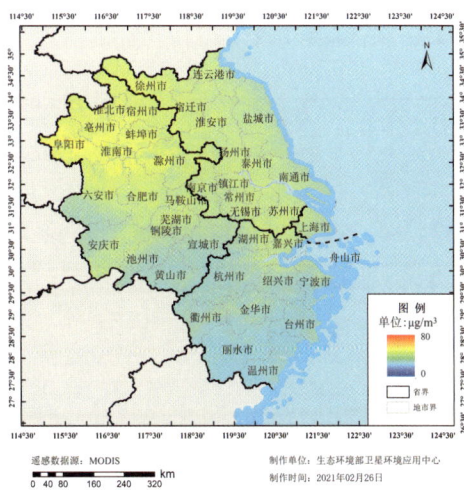

（d）2018 年

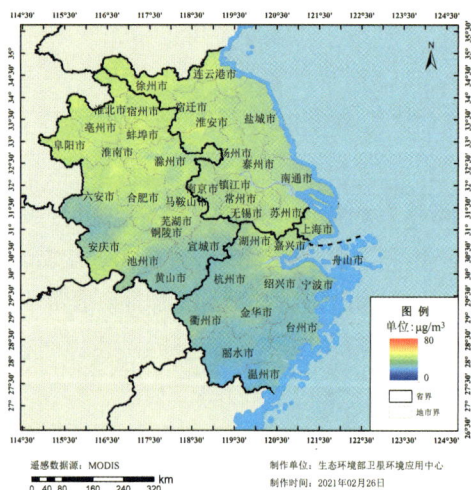

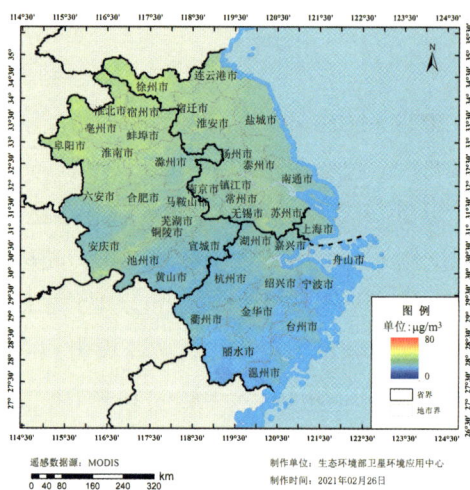

（e）2019 年 　　　　　　　　　　　　　　（f）2020 年

图 2-1-49　2015—2020 年长三角地区 PM$_{2.5}$ 浓度遥感监测分布示意

三、汾渭平原

2015—2020 年，汾渭平原 PM$_{2.5}$ 年均浓度高值区主要分布在临汾、运城和渭南等盆地城市地区，超标面积呈逐年减少趋势。

与 2015 年相比，2020 年汾渭平原 PM$_{2.5}$ 年均浓度超标面积减少 9.31 万 km^2，超标面积比例下降 61.2 个百分点。其中，超标面积减少最大的 3 个城市依次为吕梁、临汾和晋中，分别减少 2.01 万 km^2、1.62 万 km^2 和 1.38 万 km^2；超标面积比例降幅最大的 3 个城市依次为吕梁、铜川和晋中，分别下降 92.9 个、88.5 个和 82.2 个百分点，超标面积比例为 100% 的城市由 7 个降至 0 个。

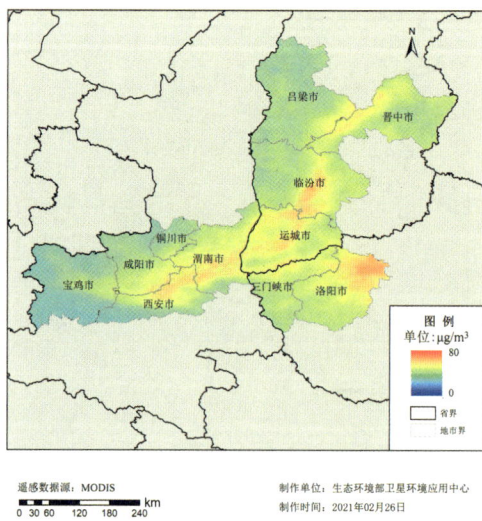

（a）2015 年 　　　　　　　　　　　　　　（b）2016 年

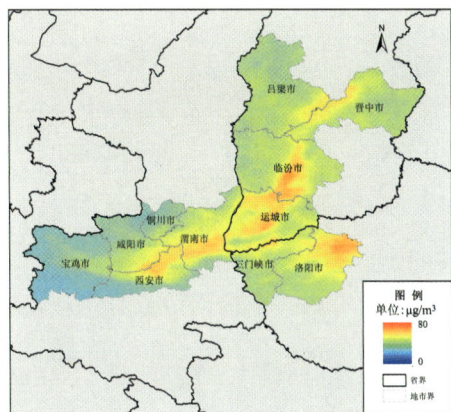

（c）2017 年

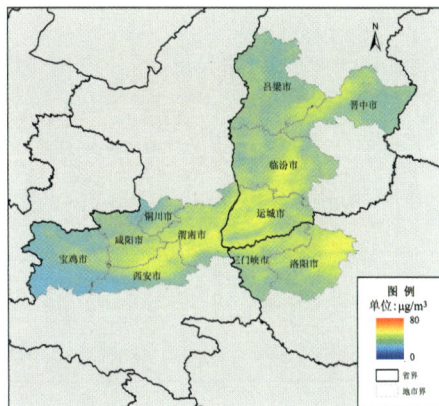

（d）2018 年

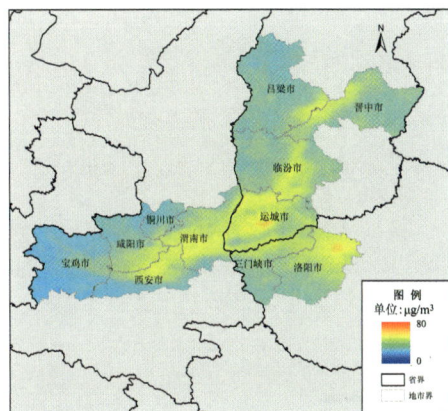

（e）2019 年

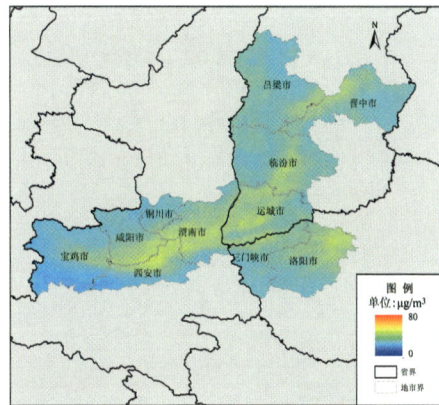

（f）2020 年

图 2-1-50　2015—2020 年汾渭平原 PM$_{2.5}$ 浓度遥感监测分布示意

四、雄安新区

2015—2020 年，雄安新区 PM$_{2.5}$ 年均浓度高值区主要分布在西部容城县、安新县等地，超标面积呈逐年减少趋势。

与 2015 年相比，2020 年雄安新区 PM$_{2.5}$ 年均浓度超标面积减少 129 km^2，超标面积比例下降 6.8 个百分点。

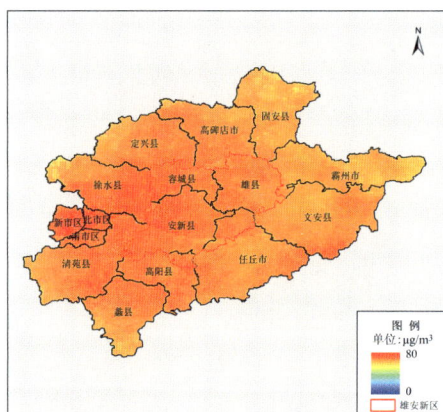

（a）2015 年

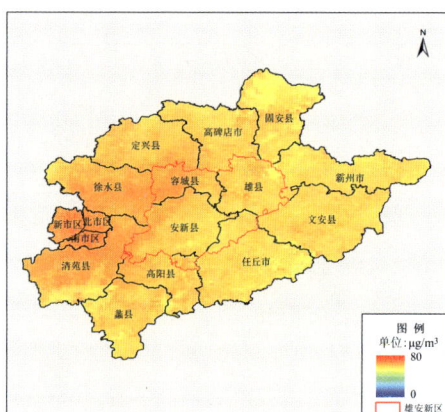

（b）2016 年

（c）2017 年

（d）2018 年

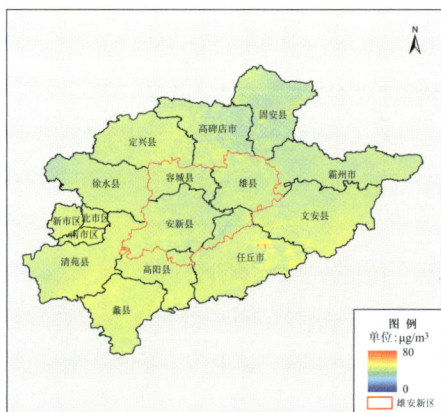

（e）2019 年

（f）2020 年

图 2-1-51　2015—2020 年雄安新区 PM$_{2.5}$ 浓度遥感监测分布示意

第八节 颗粒物组分

一、京津冀及周边

2020年，京津冀及周边31个城市（本节中也称作京津冀及周边）$PM_{2.5}$中的组分主要包括有机物（OM，16.39 $\mu g/m^3$）、硝酸盐（NO_3^-，17.13 $\mu g/m^3$）、硫酸盐（SO_4^{2-}，9.63 $\mu g/m^3$）、铵盐（NH_4^+，8.74 $\mu g/m^3$）、地壳物质（4.43 $\mu g/m^3$）、元素碳（EC，2.27 $\mu g/m^3$）、氯盐（Cl^-，2.00 $\mu g/m^3$）和微量元素（1.96 $\mu g/m^3$）。其中，OM、NO_3^-、SO_4^{2-}、NH_4^+和地壳物质浓度相对较高，是$PM_{2.5}$的主要组分。

与上年相比，京津冀及周边31个城市除微量元素浓度上升0.03 $\mu g/m^3$外，OM、NO_3^-、SO_4^{2-}、NH_4^+、地壳物质、EC和Cl^-浓度均有所下降，降幅在3.2%～34.7%之间。

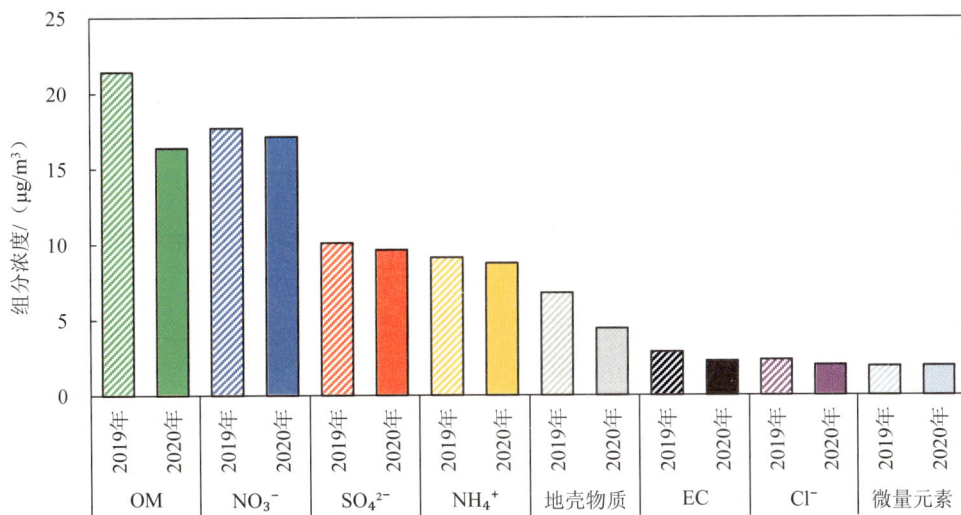

图 2-1-52 2019—2020年京津冀及周边31个城市、汾渭平原大气颗粒物组分浓度年际变化

2020年，京津冀及周边31个城市OM、NO_3^-、SO_4^{2-}、NH_4^+等组分浓度均在1月最高，分别为28.42 $\mu g/m^3$、31.36 $\mu g/m^3$、20.29 $\mu g/m^3$、17.83 $\mu g/m^3$。总的来看，京津冀及周边采暖季有机物和二次无机盐（SNA）浓度较高，对颗粒物浓度贡献显著。受新冠肺炎疫情影响，2020年2—4月OM、NO_3^-、SO_4^{2-}等组分浓度与上年同期相比明显下降。

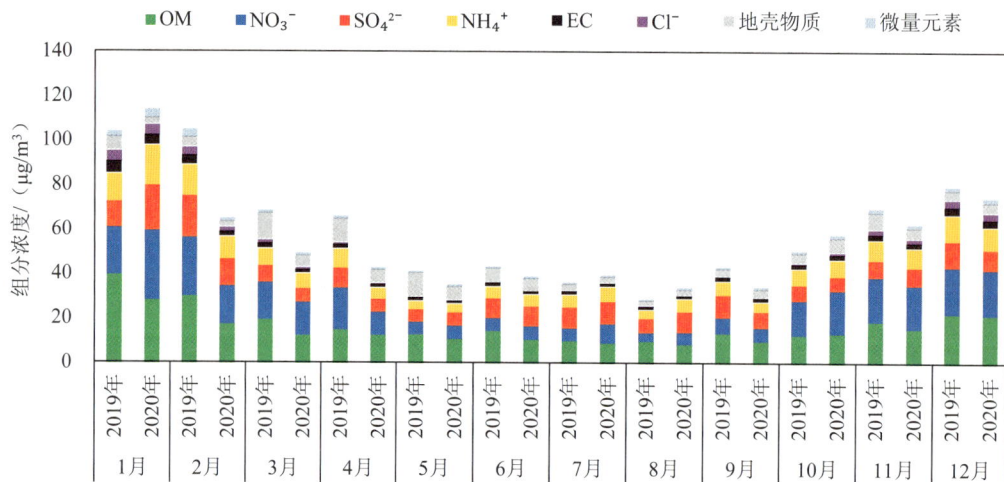

图 2-1-53　2019—2020 年京津冀及周边大气颗粒物组分浓度月际变化

二、汾渭平原

2020 年，汾渭平原 $PM_{2.5}$ 中的组分主要包括 OM（18.37 $\mu g/m^3$）、NO_3^-（14.83 $\mu g/m^3$）、SO_4^{2-}（9.93 $\mu g/m^3$）、NH_4^+（8.20 $\mu g/m^3$）、地壳物质（4.03 $\mu g/m^3$）、EC（2.30 $\mu g/m^3$）、Cl^-（1.43 $\mu g/m^3$）和微量元素（1.52 $\mu g/m^3$）。其中 OM、NO_3^-、SO_4^{2-}、NH_4^+ 和地壳物质浓度相对较高，是汾渭平原 $PM_{2.5}$ 的主要组分。

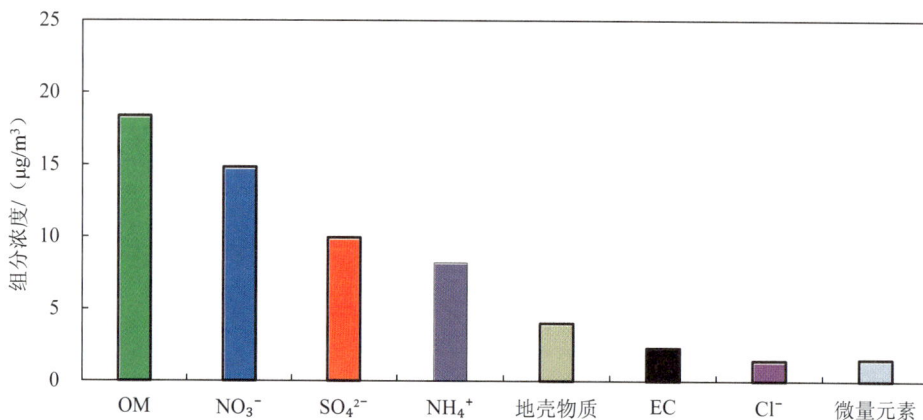

图 2-1-54　2020 年汾渭平原大气颗粒物组分浓度

2020 年，汾渭平原 OM、NO_3^-、SO_4^{2-}、NH_4^+ 等组分浓度均在 1 月最高，分别为 32.70 $\mu g/m^3$、29.99 $\mu g/m^3$、23.17 $\mu g/m^3$、18.71 $\mu g/m^3$；5 月地壳物质浓度最高，为 5.99 $\mu g/m^3$。总的来看，汾渭平原采暖季有机物和二次无机盐（SNA）浓度较高，对颗粒物浓度贡献较大。

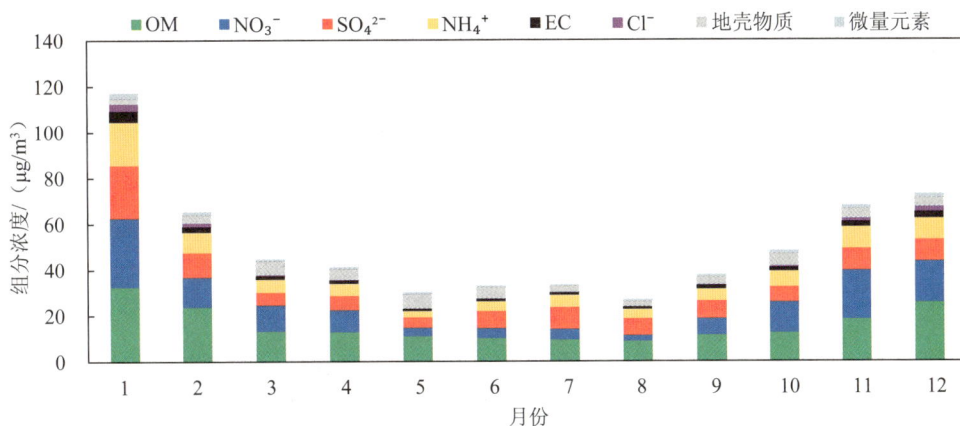

图 2-1-55　2020 年汾渭平原大气颗粒物组分浓度月际变化

2020 年，京津冀及周边 31 个城市和汾渭平原的 OM 浓度在 11.37～23.55 μg/m³ 之间，高值区集中在山西南部、陕西中部及山东德州等地；NO_3^- 浓度在 4.61～23.90 μg/m³ 之间，高值区集中在河北中南部、河南中北部及山东菏泽等太行山沿线区域；SO_4^{2-} 浓度在 3.82～14.40 μg/m³ 之间，高值区集中在河北南部、河南北部、山西中部及南部等区域；NH_4^+ 浓度在 2.72～11.53 μg/m³ 之间，高值区集中在太行山沿线河北中南部、河南北部及山西中、南部等区域。

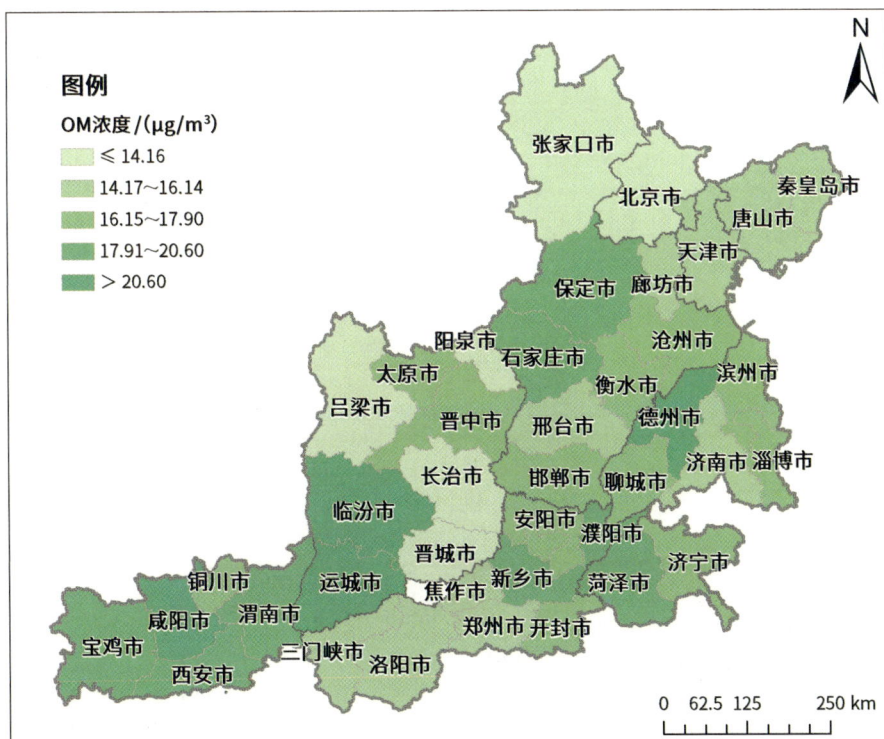

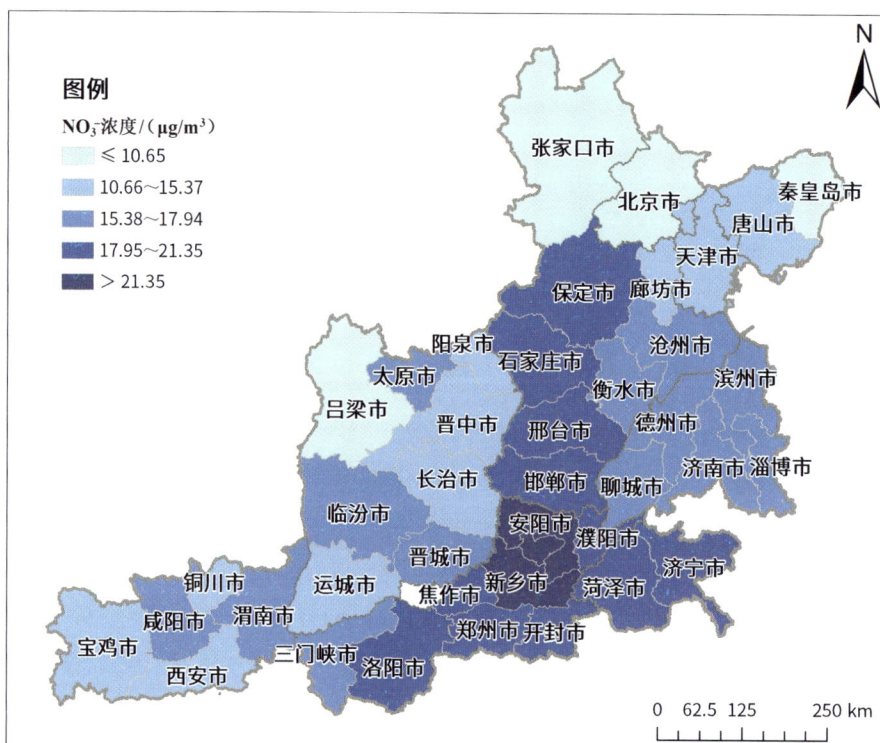

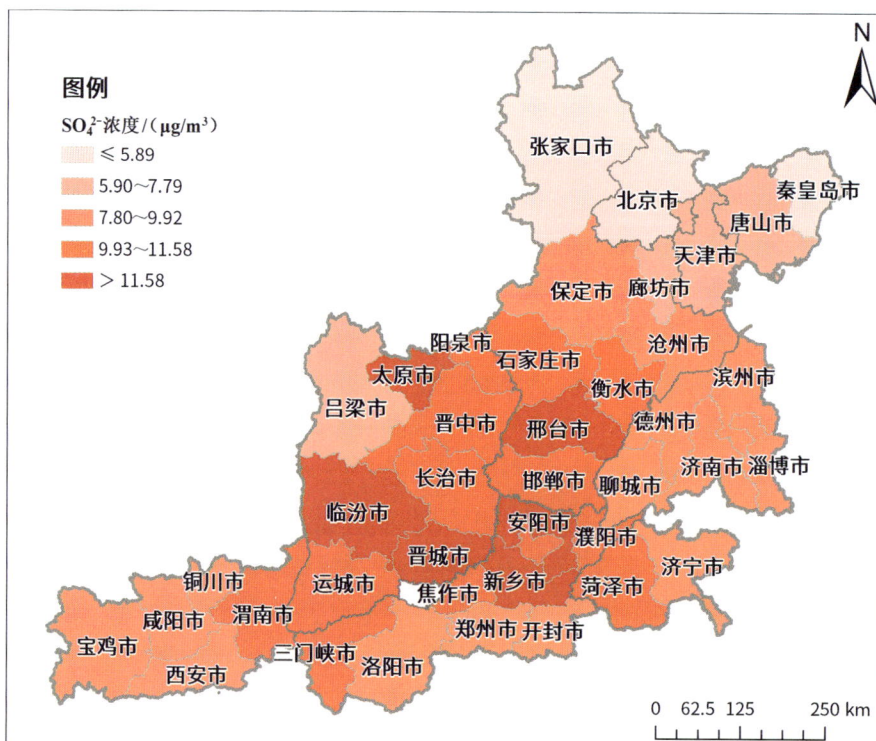

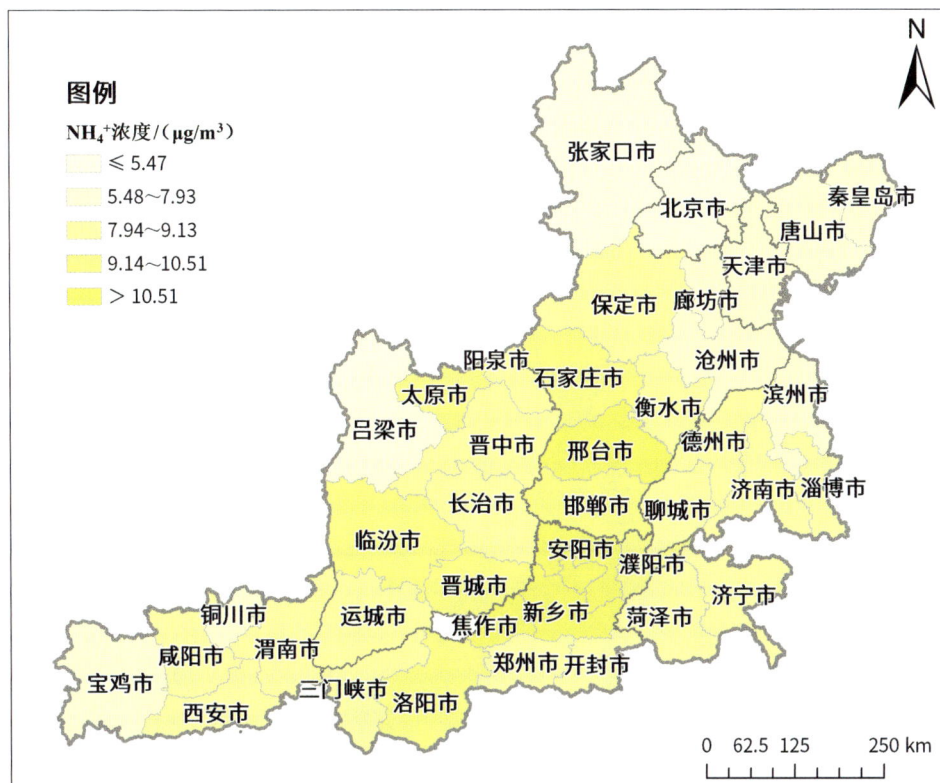

图 2-1-56 2020 年京津冀及周边和汾渭平原大气颗粒物主要组分浓度空间分布示意

第九节 挥发性有机物

一、全国重点城市

2020 年 4—10 月，全国重点城市非甲烷烃类（PAMS）物质平均浓度为（17.74±5.49）ppbv[①]，与上年同期相比有所下降。各月浓度变化不大，10 月浓度最高。PAMS 物质的化学组成以烷烃为主。

2020 年 4—10 月，全国重点城市醛酮物质平均浓度为（15.45±6.92）ppbv，与上年相比有所下降。各月浓度变化规律明显，8 月浓度最高，4 月和 10 月浓度最低。醛酮物质的化学组成以甲醛、丙酮和乙醛为主，占比分别为 42.1%、25.1% 和 23.4%。

---

① ppbv 表示体积分数，1 ppb=10^{-9}，下同。

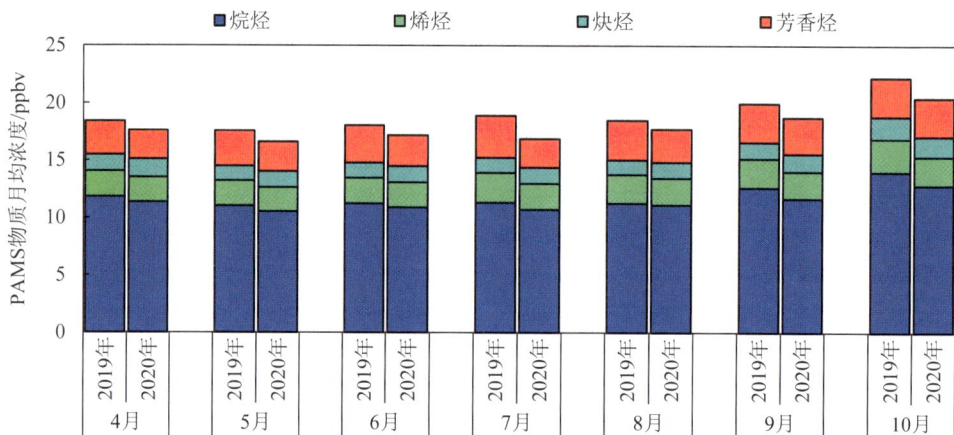

图 2-1-57 2019—2020 年全国重点城市 PAMS 物质浓度月际变化

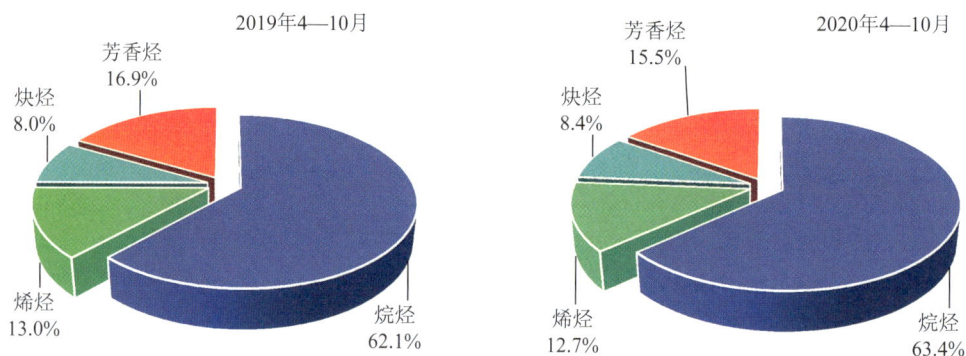

图 2-1-58 全国重点城市 PAMS 物质的化学组成年际变化

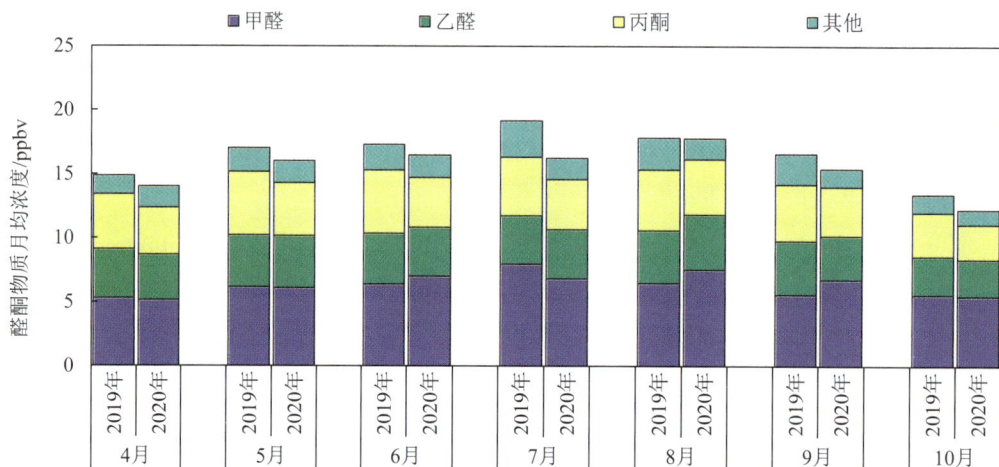

图 2-1-59 2019—2020 年全国重点城市醛酮类物质浓度月际变化

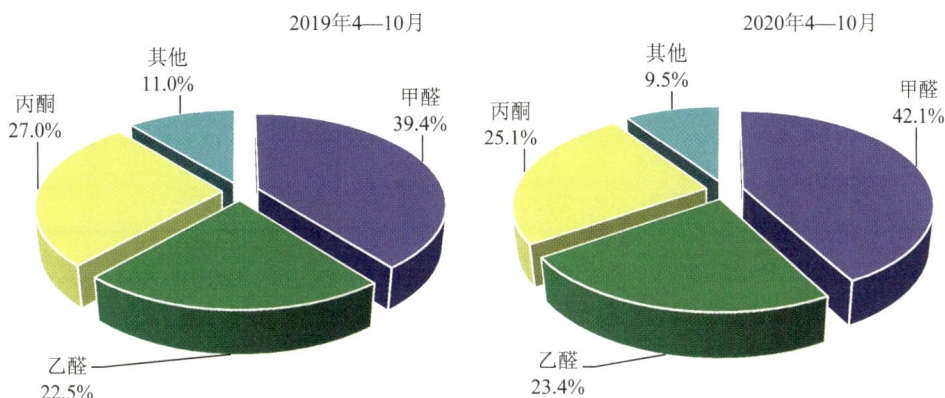

2019年4—10月

其他 11.0%
丙酮 27.0%
甲醛 39.4%
乙醛 22.5%

2020年4—10月

其他 9.5%
丙酮 25.1%
甲醛 42.1%
乙醛 23.4%

图 2-1-60　全国重点城市醛酮类物质的化学组成年际变化

二、京津冀及周边

2020 年 4—9 月，北京、雄安新区、天津、济南、郑州、太原和石家庄（本节也称作京津冀及周边）手工监测 VOCs 总体浓度在 25.91～41.04 ppbv 之间，分类组成均以烷烃为主。臭氧生成潜势（OFP）总体范围在 145.36～272.60 μg/m³ 之间，对臭氧生成贡献较为显著的 VOCs 排放源主要为机动车尾气、燃烧源和溶剂使用。

表 2-1-18　2020 年京津冀及周边监测城市 VOCs 日均浓度和 OFP 范围

序号	站点	VOCs 日均浓度/ppbv	OFP/（μg/m³）
1	北京	25.91±10.85	145.36±72.56
2	雄安新区	41.04±13.07	272.60±92.63
3	天津	34.46±212.97	206.17±84.13
4	济南	38.32±18.86	233.15±123.68
5	郑州	28.15±9.01	178.02±70.18
6	太原	31.29±13.66	189.98±101.08
7	石家庄	30.27±10.69	179.31±67.31

第十节　温室气体

2020 年，全国单位 GDP 二氧化碳排放与上年相比下降 1.0%，完成年度预期目标；与 2015 年相比，下降 18.8%，超额完成"十三五"时期下降 18% 的约束性目标。温室气体监测结果显示，11 个背景站 CO_2 浓度范围为 383.6 ppm[①]（云南丽江）～426.0 ppm（山东长

① 1 ppm=10^{-6}，1 ppb=10^{-9}，下同。

岛），平均为 413.4 ppm；CH_4 浓度范围为 1 841 ppb（海南南沙）～2 060 ppb（山西庞泉沟），平均为 1 981 ppb；N_2O 浓度范围为 322.6 ppb（湖北神农架）～338.2 ppb（山东长岛），平均为 330.3 ppb。与上年相比，CO_2、CH_4 和 N_2O 浓度分别上升 1.2 ppm、12.0 ppb 和 1.0 ppb。

表 2-1-19　2020 年背景站温室气体监测结果

点位名称	经纬度	海拔高度/m	CO_2/ppm	CH_4/ppb	N_2O/ppb
山西庞泉沟	37.9°N，111.5°E	1 807	425.3	2 060	324.8
内蒙古呼伦贝尔	49.9°N，119.3°E	615	418.7	1 998	334.7
福建武夷山	27.6°N，117.7°E	1 139	416.0	2 000	334.7
山东长岛	38.2°N，120.7°E	163	426.0	2 045	338.2
湖北神农架	31.5°N，110.3°E	2 930	416.6	1 996	322.6
广东南岭	24.7°N，112.9°E	1 689	419.4	1 998	331.1
四川海螺沟	29.6°N，102.0°E	3 571	418.2	2 005	—
云南丽江	27.2°N，100.3°E	3 410	383.6	1 943	—
青海门源	37.6°N，101.3°E	3 295	412.5	1 967	333.6
西沙永兴岛	16.8°N，112.3°E	5	418.0	1 940	323.0
海南南沙	9.9°N，115.6°E	3	393.0	1 841	—

2016—2020 年，背景站 CO_2 和 CH_4 浓度整体呈小幅上升趋势；N_2O 浓度小幅波动，无明显变化。与 2016 年相比，2020 年 CO_2 和 CH_4 浓度分别上升 10.2 ppm 和 18.0 ppb。

表 2-1-20　2016—2020 年背景站温室气体监测结果

年度	CO_2/ppm	CH_4/ppb	N_2O/ppb
2016	403.2	1 963	329.5
2017	407.7	1 962	330.9
2018	410.6	1 966	328.8
2019	412.2	1 969	329.3
2020	413.4	1 981	330.3

第十一节　秸秆焚烧火点

2020 年，遥感监测到全国秸秆焚烧火点 7 635 个（不包括云覆盖下的火点信息），主要分布在吉林、内蒙古、黑龙江和辽宁等 4 个省份，火点数共计 6 006 个，占全国火点总数的 78.7%，山西、河北、山东、新疆、广西、甘肃和河南等 7 个省份火点数共计 1 213

个，占全国火点总数的 15.9%；其他省份全年火点数均不足 100 个。与上年相比，2020 年全国火点数增加 1 335 个，增加约 21.2%。全国共计 14 个省份火点数增加，14 个省份火点数减少。

2016—2020 年，全国秸秆焚烧火点分别为 7 793 个、10 987 个、7 647 个、6 300 个、7 635 个。秸秆焚烧火点主要分布在吉林、内蒙古、黑龙江和辽宁等 4 个省份，4 个省份的火点数占全国火点总数各年比例分别为 72.7%、88.4%、72.2%、63.4%、78.7%，与 2015 年（53.9%）相比明显上升。

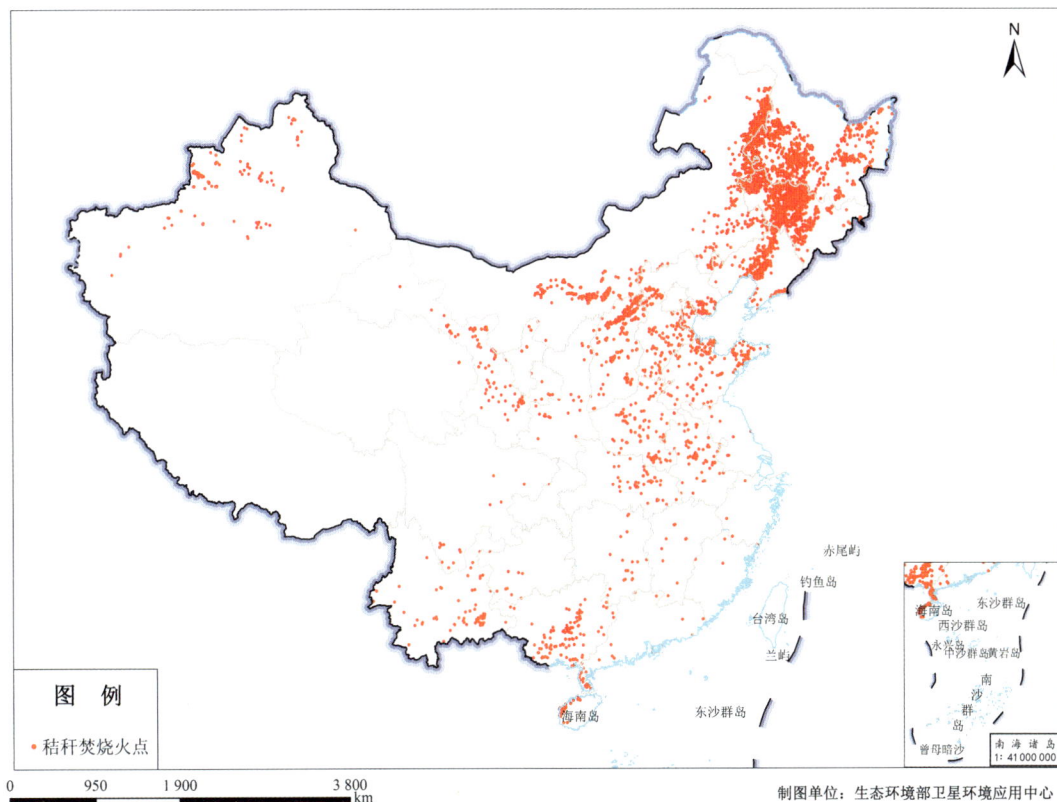

图 2-1-61　2020 年全国秸秆焚烧火点卫星遥感监测分布示意

表 2-1-21　2015—2020 年各省份秸秆焚烧火点遥感监测统计

单位：个

省份	2020 年	2019 年	2018 年	2017 年	2016 年	2015 年
全国	7 635	6 300	7 647	10 987	7 793	10 869
吉林	3 177	865	1 640	2 008	494	727
内蒙古	1 277	949	986	996	796	727

省份	2020 年	2019 年	2018 年	2017 年	2016 年	2015 年
黑龙江	1 032	1 777	2 488	6 062	3 853	3 547
辽宁	520	401	407	644	526	857
山西	351	446	658	121	283	231
河北	217	548	476	485	290	395
山东	190	222	182	209	205	458
新疆	133	75	122	176	281	296
广西	113	45	60	17	57	266
甘肃	106	91	74	20	85	179
河南	103	122	100	54	99	640
云南	77	18	19	9	257	435
安徽	67	283	66	39	33	108
海南	57	82	32	8	34	116
湖北	48	141	108	42	74	193
天津	35	23	53	19	45	28
陕西	27	11	28	25	49	92
广东	26	41	20	3	52	330
湖南	19	71	32	15	32	125
四川	14	5	9	2	35	297
江西	10	34	8	13	68	169
宁夏	10	5	22	7	45	74
贵州	9	2	14	0	31	152
江苏	6	33	26	4	10	86
浙江	5	4	7	5	17	144
福建	4	5	2	1	13	74
青海	2	0	0	0	1	16
北京	0	1	5	2	10	24
重庆	0	0	3	0	14	53
西藏	0	0	0	0	3	25
上海	0	0	0	1	1	5

第十二节　小　结

2020 年，全国 337 个城市中，有 202 个城市环境空气质量达标，占 59.9%，135 个城市环境空气质量超标，占 40.1%，其中 125 个城市 $PM_{2.5}$ 超标，78 个城市 PM_{10} 超标，56 个城市 O_3 超标，6 个城市 NO_2 超标，无 CO、SO_2 超标城市。从优良天数比例来看，337 个城市环境空气优良天数比例范围为 26.7%～100.0%，平均 87.0%，77 个城市的优良天数比例小于 80%，主要分布在"2+26"城市、汾渭平原、长三角地区和新疆。

2020 年，"2+26"城市、汾渭平原所有城市环境空气质量均未达标，长三角地区有 19 个城市环境空气质量达标；"2+26"城市、长三角地区和汾渭平原优良天数比例分别为 63.5%、85.2% 和 70.6%，重度及以上污染天数比例分别为 3.5%、0.5% 和 2.8%。

2020 年，全国背景地区 $PM_{2.5}$、PM_{10}、SO_2、NO_2 年均浓度和 CO 日均值第 95 百分位数浓度均明显低于区域和城市，O_3 日最大 8 h 平均值第 90 百分位数浓度略低于区域和城市。全国沙尘天气过程 11 次累计 31 天影响城市环境空气质量，受影响的主要是新疆、青海、甘肃、宁夏、内蒙古等省份；遥感监测到沙尘总影响面积累计为 10 888 万 km^2。"2+26"城市、汾渭平原和长三角地区春夏季降尘量高于秋冬季（1—2 月受新冠肺炎疫情影响数据缺失）。

2020 年，"2+26"城市、雄安新区、秦皇岛、张家口等 31 个城市 $PM_{2.5}$ 中的组分主要包括 OM（16.39 $\mu g/m^3$）、NO_3^-（17.13 $\mu g/m^3$）、SO_4^{2-}（9.63 $\mu g/m^3$）、NH_4^+（8.74 $\mu g/m^3$）、地壳物质（4.43 $\mu g/m^3$）、EC（2.27 $\mu g/m^3$）、Cl^-（2.00 $\mu g/m^3$）和微量元素（1.96 $\mu g/m^3$）。其中，OM、NO_3^-、SO_4^{2-}、NH_4^+ 和地壳物质浓度相对较高，是 $PM_{2.5}$ 的主要组分。

2020 年，遥感监测到全国秸秆焚烧火点 7 635 个（不包括云覆盖下的火点信息），主要分布在吉林、内蒙古、黑龙江和辽宁等 4 个省份，火点数共计 6 006 个，占全国火点总数的 78.7%；山西、河北、山东、新疆、广西、甘肃和河南等 7 个省份火点数共计 1 213 个，占全国火点总数的 15.9%；其他省份全年火点数均不足 100 个。

2016—2020 年，全国 337 个城市环境空气质量达标数量呈上升趋势，优良天数比例呈波动上升趋势，重污染天数比例呈下降趋势，重点区域优良天数比例上升幅度高于全国平均水平。$PM_{2.5}$、PM_{10}、SO_2、NO_2 年均浓度和 CO 日均值第 95 百分位数浓度均呈逐年下降趋势，O_3 日最大 8 h 平均值第 90 百分位数浓度自 2017 年以来总体呈上升趋势。与 2016 年相比，2020 年 337 个城市优良天数比例上升 3.9 个百分点，重污染天数比例下降 1.1 个百分点，$PM_{2.5}$ 和 PM_{10} 浓度分别下降 21.4% 和 21.1%。

2016—2020 年，"2+26"城市和长三角地区的优良天数比例总体呈上升趋势，汾渭平原优良天数比例呈先下降后上升趋势。与 2016 年相比，2020 年"2+26"城市、长三角地区和汾渭平原优良天数比例分别上升 6.3 个、5.9 个和 4.6 个百分点。重点区域 $PM_{2.5}$ 和 O_3 浓度均较高，超标城市较多，表现出明显的区域大气复合污染特征。

2016—2020 年，背景地区 $PM_{2.5}$、PM_{10}、SO_2、NO_2 年均浓度及 CO 日均值第 95 百分位数浓度总体呈下降趋势，O_3 日最大 8 h 平均值第 90 百分位数浓度先上升后下降。

2016—2020 年，全国大范围沙尘天气过程平均每年发生 14 次，累计影响天数平均每年为 40.2 天，对全国尤其是北方地区的城市环境空气质量造成一定影响，其中 2016 年和 2018 年沙尘天气过程发生次数和累计影响天数均较多。

2016—2020 年，遥感监测到全国秸秆焚烧火点主要分布在吉林、内蒙古、黑龙江和辽宁等 4 个省份。与 2016 年相比，2020 年火点数量减少 158 个，减少 2.0%。

第二章　降　水

第一节　降水酸度

2020年，全国465个城市（区、县）降水pH年均值范围为4.39（江西吉安市）～8.43（青海海北州），平均为5.60，南方地区（285个市县）降水pH年均值为5.52，北方地区（180个市县）降水pH年均值为6.59。

与上年相比，全国降水酸度基本持平，南方地区降水酸度有所下降，北方地区降水酸度略有上升。

第二节　降水化学组成

一、现状

2020年，全国409个城市（区、县）降水离子组分监测结果显示，降水中主要阳离子为钙离子和铵离子，分别占离子总当量的28.1%和14.2%；主要阴离子为硫酸根，占离子总当量的18.2%，硝酸根占离子总当量的9.5%。降水中硫酸根与硝酸根当量浓度比为1.9，硫酸盐为全国降水中的主要致酸物质。

与上年相比，硫酸根、硝酸根、铵离子、氢离子和钾离子当量浓度比例有所下降，钙离子、氯离子、镁离子和钠离子有所上升，氟离子保持稳定。

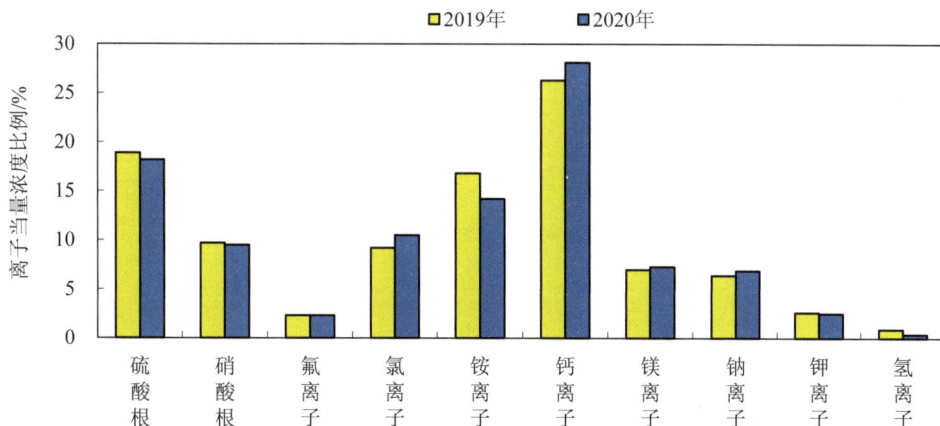

图 2-2-1　降水中主要离子当量浓度比例年际变化

二、变化趋势

2001—2020 年，全国降水主要阴离子中，硫酸根离子当量浓度比例总体呈下降趋势，硝酸根和氯离子总体呈上升趋势，氟离子基本保持稳定；主要阳离子中，钙离子当量浓度比例波动变化，钠离子 2018 年前呈上升趋势，其他阳离子基本保持稳定。

与 2016 年相比，2020 年降水主要阴离子中，硫酸根离子当量浓度比例下降 4.6 个百分点，硝酸根离子上升 2.1 个百分点，氟离子和氯离子分别上升 0.2 个和 1.3 个百分点；主要阳离子中，铵离子、钙离子、镁离子和钾离子当量浓度比例分别上升 1.5 个、0.6 个、1.1 个和 0.2 个百分点，钠离子下降 2.2 个百分点。

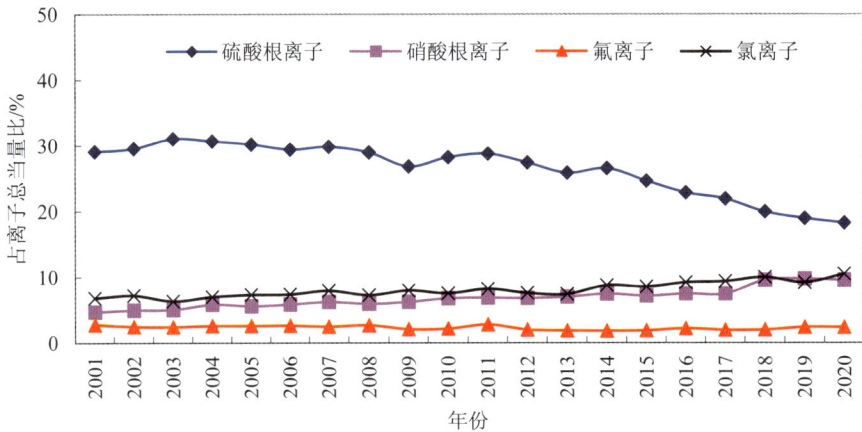

图 2-2-2　2001—2020 年降水中阴离子当量浓度比例年际变化

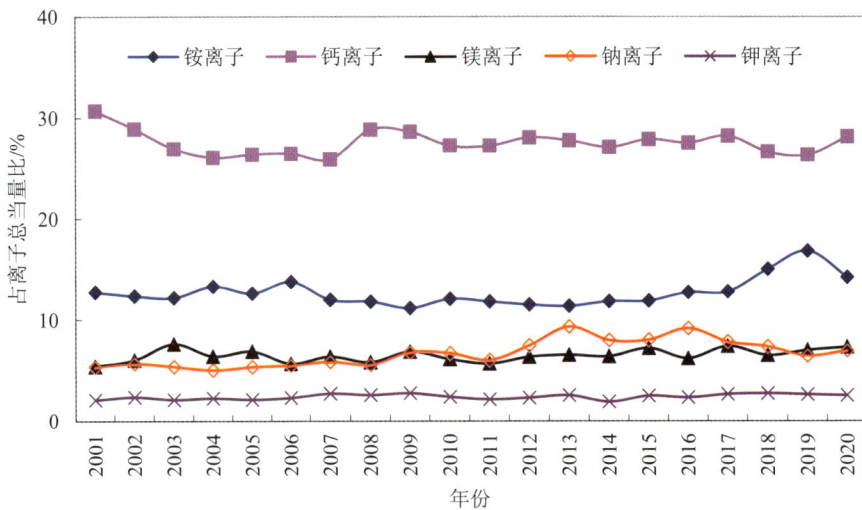

图 2-2-3　2001—2020 年阳离子当量浓度比例年际变化

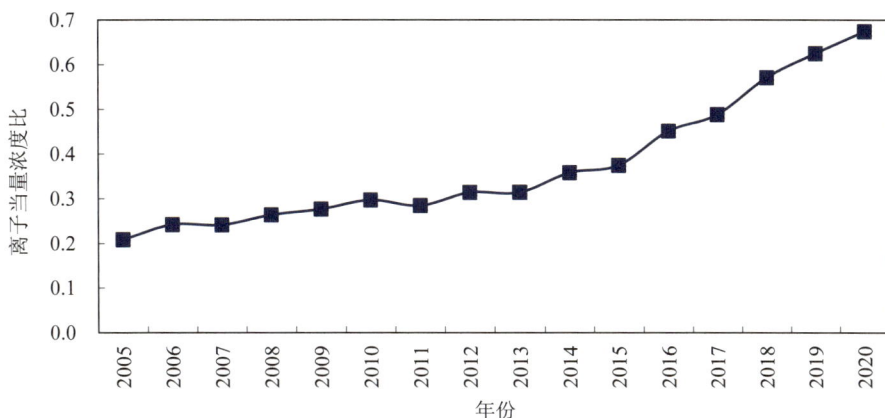

图 2-2-4　2005—2020 年全国硝酸根离子和硫酸根离子当量浓度比年际变化

2005—2020 年，硝酸根离子与硫酸根离子当量浓度比总体呈上升趋势，与 2005 年相比，2020 年上升了 0.5，表明酸雨类型以硫酸型为主，近年来逐渐向硫酸-硝酸复合型转变。

第三节　酸雨城市比例

一、现状

2020 年，全国 465 个城市（区、县）降水监测结果显示，酸雨城市有 73 个，占 15.7%。其中，较重酸雨城市 13 个，占 2.8%；重酸雨城市 1 个，占 0.2%。

与上年相比，酸雨城市比例下降 1.1 个百分点，较重酸雨城市比例下降 1.7 个百分点，重酸雨城市比例下降 0.2 个百分点。

表 2-2-1　2020 年全国降水 pH 年均值统计

pH 年均范围	<4.5	4.5~5.0	5.0~5.6	5.6~7.0	≥7.0
市（县）数/个	1	12	60	259	133
所占比例/%	0.2	2.6	12.9	55.7	28.6

二、变化趋势

2001—2020 年，酸雨、较重酸雨和重酸雨城市比例总体上均呈下降趋势，2005 年以前基本呈上升趋势，之后波动下降。与 2016 年相比，2020 年 252 个可比市县酸雨城市比例下降 3.0 个百分点。

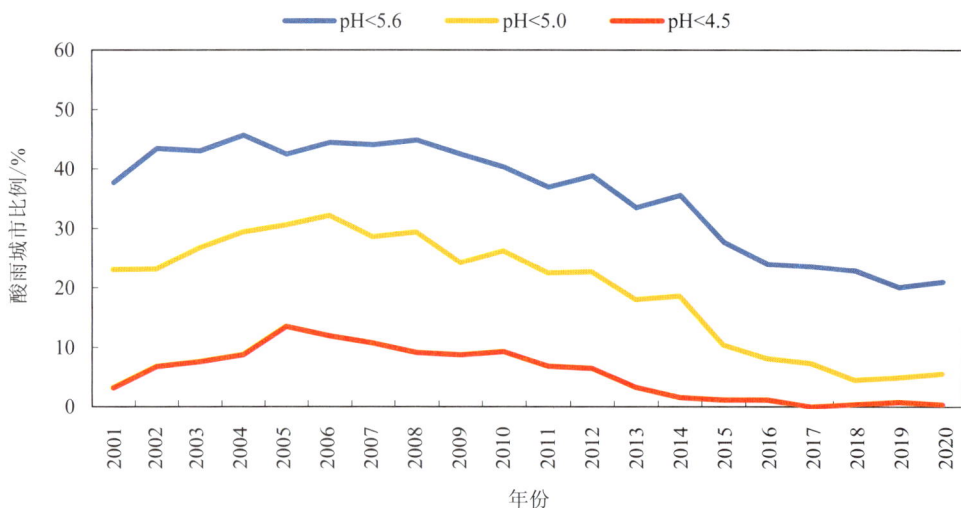

图 2-2-5　2001—2020 年全国酸雨城市比例年际变化

第四节　酸雨发生频率

一、现状

2020 年，全国酸雨发生频率平均为 10.3%；158 个城市（区、县）出现酸雨，占总数的 34.0%。其中，酸雨发生频率在 25% 及以上的有 76 个，占 16.3%；在 50% 及以上的有 35 个，占 7.5%；在 75% 及以上的有 13 个，占 2.8%。

与上年相比，全国出现酸雨的城市比例上升 0.7 个百分点；酸雨发生频率在 25% 及以上的城市比例上升 0.9 个百分点，在 50% 及以上的城市比例下降 0.8 个百分点，在 75% 及以上的城市比例上升 0.2 个百分点。

表 2-2-2　2020 年全国酸雨发生频率分段统计

酸雨发生频率	0	0～25%	25%～50%	50%～75%	≥75%
市（县）数/个	307	82	41	22	13
所占比例/%	66.0	17.6	8.8	4.7	2.8

二、变化趋势

2001—2020 年，全国酸雨发生频率总体呈下降趋势。与 2016 年相比，2020 年 252 个可比市县酸雨发生频率下降 3.0 个百分点。

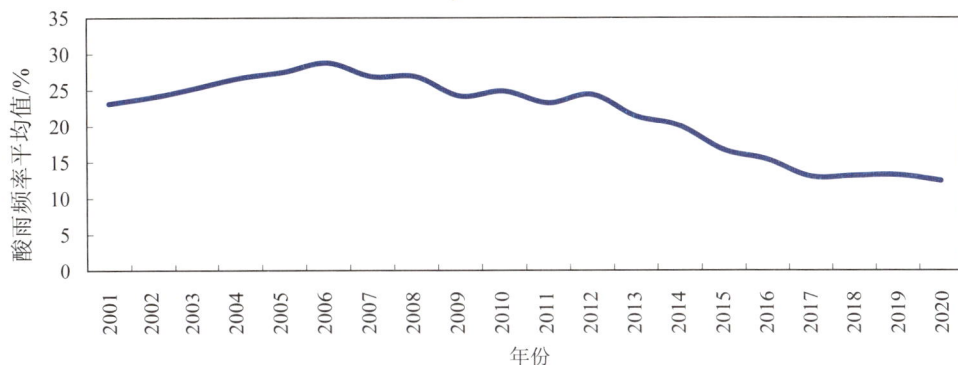

图 2-2-6　2001—2020 年全国酸雨发生频率年际变化

第五节　酸雨区域分布

一、现状

2020 年，全国酸雨分布区域集中在长江以南—云贵高原以东地区，主要包括浙江、上海的大部分地区、福建北部、江西中部、湖南中东部、广东中部、广西南部和重庆南部。

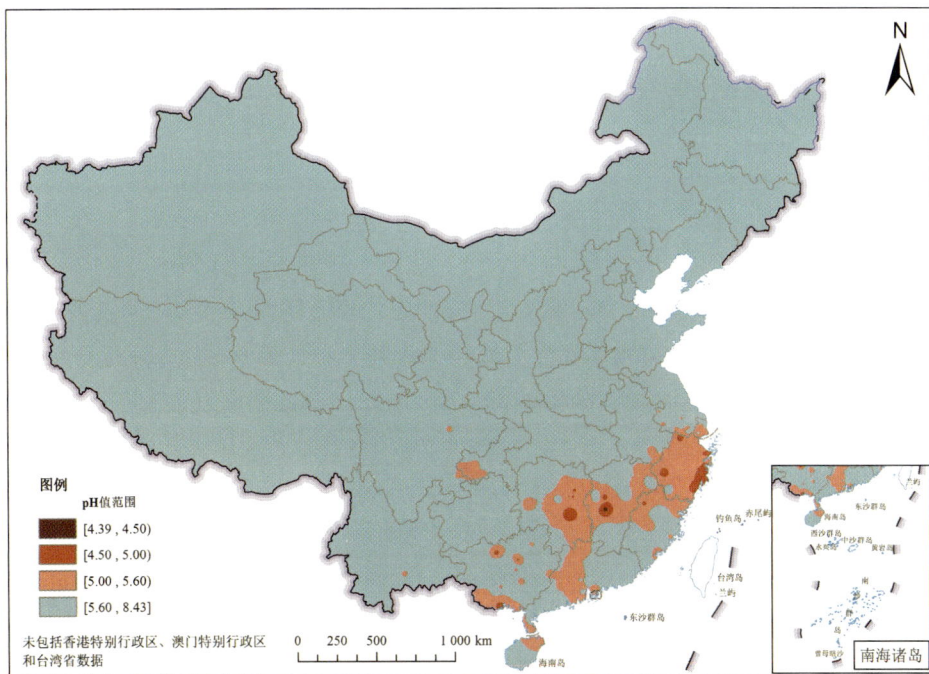

图 2-2-7　2020 年全国酸雨分布示意

酸雨发生面积约 46.6 万 km²，占国土面积的 4.8%，其中较重酸雨区面积占国土面积的比例为 0.4%。与上年相比，2020 年酸雨发生面积比例下降 0.2 个百分点。

二、变化趋势

2001—2020 年，全国酸雨区面积占国土面积的比例范围为 4.8%～15.6%，总体呈下降趋势；较重酸雨区面积比例先升后降，近 5 年来稳中有降；重酸雨区面积比例同样先升后降，2006—2013 年呈下降趋势，此后稳定保持在较低水平。

与 2015 年相比，2020 年酸雨发生面积下降 2.8 个百分点。

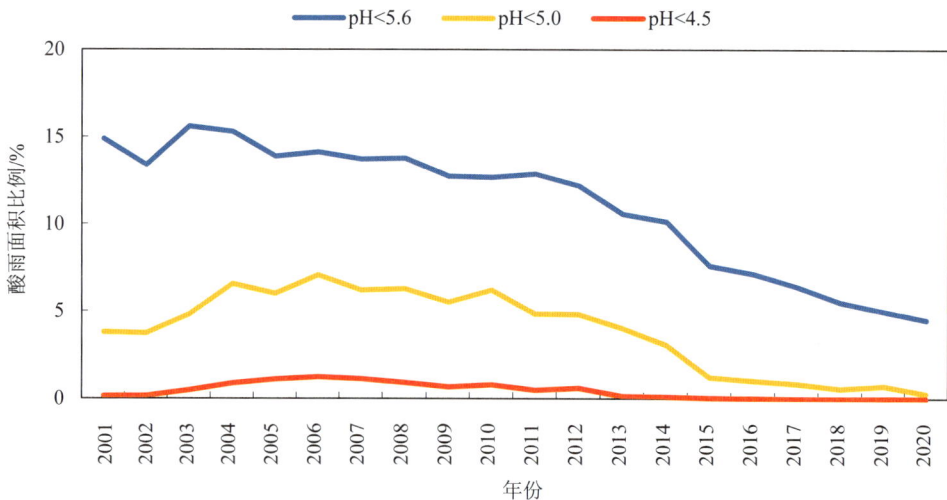

图 2-2-8　2001—2020 年全国酸雨区面积占国土面积比例年际变化

第六节　小　结

2020 年，全国 465 个城市（区、县）降水 pH 年均值范围为 4.39（江西吉安市）～8.43（青海海北州），平均为 5.60；降水中主要阳离子为钙离子和铵离子，主要阴离子为硫酸根，硫酸盐为降水中的主要致酸物质；酸雨城市有 73 个，占 15.7%；酸雨发生频率平均为 10.3%；酸雨发生面积约 46.6 万 km²，占国土面积的 4.8%，主要分布区域在长江以南—云贵高原以东地区。

2001—2020 年，全国酸雨区面积占国土面积的比例范围为 4.8%～15.6%，总体呈下降趋势；较重酸雨区面积比例先升后降，近 5 年来稳中有降；重酸雨区面积比例同样先升后降，2006—2013 年呈下降趋势，此后稳定保持在较低水平。这说明全国酸雨污染持续减轻，酸雨类型由硫酸型为主逐渐向硫酸-硝酸复合型转变。

第三章　淡　水

第一节　全　国

一、现状

2020 年，全国地表水总体水质良好。监测的 1 937 个国考断面（点位）（以下统称断面）中，Ⅰ类水质断面 141 个，占 7.3%；Ⅱ类 910 个，占 47.0%；Ⅲ类 565 个，占 29.2%；Ⅳ类 263 个，占 13.6%；Ⅴ类 46 个，占 2.4%；劣Ⅴ类 12 个，占 0.6%。

与上年相比，全国地表水水质有所好转。其中，Ⅰ类水质断面比例上升 3.4 个百分点，Ⅱ类上升 0.9 个百分点，Ⅲ类上升 4.3 个百分点，Ⅳ类下降 3.9 个百分点，Ⅴ类下降 1.8 个百分点，劣Ⅴ类下降 2.8 个百分点。

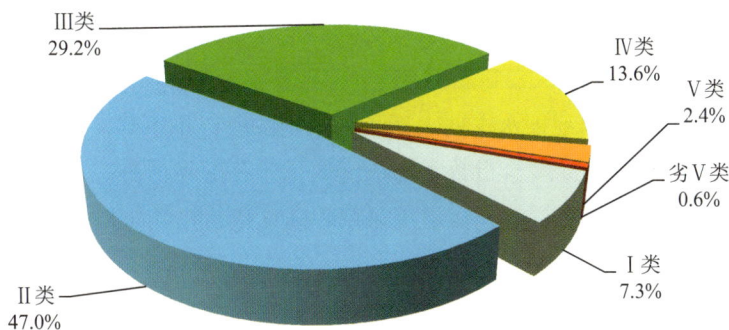

图 2-3-1　2020 年全国地表水水质类别比例

5 个断面共出现 5 次重金属超标现象。其中，汞超标断面 2 个，镉、锌和六价铬超标断面各 1 个。从流域看，超标断面分布在淮河流域、珠江流域、海河流域和浙闽片河流。从省份看，超标断面分布在江苏、广东、河北、山东和福建。

表 2-3-1　2020 年全国地表水重金属超标情况

序号	月份	断面名称	所属流域	所属省份	所在地区	所在河流	超标指标	超标倍数
1	1	新村桥	淮河流域	江苏省	连云港市	淮沭新河	镉	2.0
2	8	大龙涌口	珠江流域	广东省	广州市	市桥水道	汞	0.6
3	8	小河闸	海河流域	河北省	廊坊市	子牙河	汞	0.2

序号	月份	断面名称	所属流域	所属省份	所在地区	所在河流	超标指标	超标倍数
4	10	第三店	海河流域	山东省	德州市	南运河	锌	0.8
5	11	南溪浮宫桥	浙闽片河流	福建省	漳州市	南溪	六价铬	0.4

二、变化趋势

2016—2020 年，全国地表水水质持续好转，由轻度污染转为良好，Ⅰ～Ⅲ类水质断面比例显著上升，劣Ⅴ类水质断面比例显著下降。与 2016 年相比，2020 年Ⅰ～Ⅲ类水质断面比例上升 15.6 个百分点，劣Ⅴ类下降 8.0 个百分点。

表 2-3-2　2016—2020 年全国地表水水质类别比例

年度	监测断面/个	断面比例/%					
		Ⅰ类	Ⅱ类	Ⅲ类	Ⅳ类	Ⅴ类	劣Ⅴ类
2016	1 940	2.4	37.5	27.9	16.8	6.9	8.6
2017	1 940	2.3	33.1	32.5	16.9	6.9	8.3
2018	1 935	4.7	39.2	27.1	16.7	5.6	6.7
2019	1 931	3.9	46.1	24.9	17.5	4.2	3.4
2020	1 937	7.3	47.0	29.2	13.6	2.4	0.6

2016—2020 年，全国地表水主要水质指标年均浓度逐年下降，氨氮、总磷、五日生化需氧量、化学需氧量和高锰酸盐指数年均浓度均呈显著下降趋势。与 2016 年相比，2020 年氨氮、总磷、五日生化需氧量、化学需氧量和高锰酸盐指数年均浓度分别下降 68.6%、43.5%、34.6%、16.0% 和 11.1%。

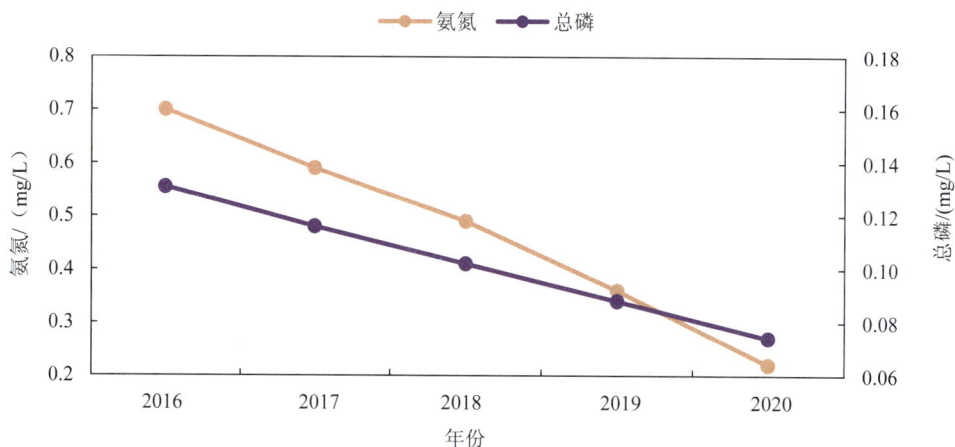

图 2-3-2　2016—2020 年全国地表水氨氮和总磷浓度年际变化

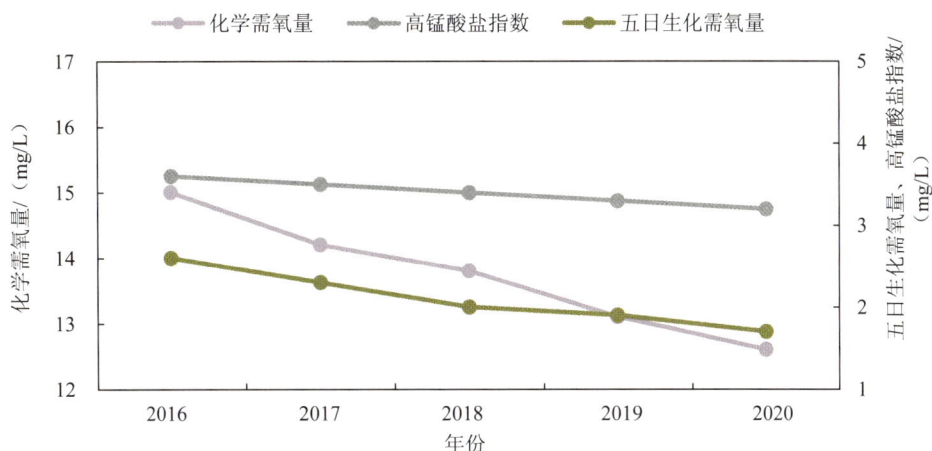

图 2-3-3　2016—2020 年全国地表水高锰酸盐指数、化学需氧量和五日生化需氧量浓度年际变化

表 2-3-3　2016—2020 年全国地表水主要水质指标浓度

单位：mg/L

指标	2016 年	2017 年	2018 年	2019 年	2020 年
化学需氧量	15	14.2	13.8	13.1	12.6
高锰酸盐指数	3.6	3.5	3.4	3.3	3.2
五日生化需氧量	2.6	2.3	2	1.9	1.7
氨氮	0.7	0.59	0.49	0.36	0.22
总磷	0.131	0.116	0.102	0.088	0.074

第二节　主要江河

一、现状

2020 年，主要江河水质良好。长江、黄河、珠江、松花江、淮河、海河、辽河七大流域和浙闽片河流、西北诸河、西南诸河监测的 1 614 个国考断面中，Ⅰ类水质断面 126 个，占 7.8%；Ⅱ类 836 个，占 51.8%；Ⅲ类 449 个，占 27.8%；Ⅳ类 175 个，占 10.8%；Ⅴ类 25 个，占 1.5%；劣Ⅴ类 3 个，占 0.2%。西北诸河、浙闽片河流、长江流域、珠江流域和西南诸河水质均为优，黄河、松花江和淮河流域水质均为良好，辽河和海河流域水质均为轻度污染。

与上年相比，主要江河水质有所好转。其中，Ⅰ类水质断面比例上升 3.6 个百分点，Ⅱ类上升 0.6 个百分点，Ⅲ类上升 4.1 个百分点，Ⅳ类下降 3.9 个百分点，Ⅴ类下降 1.8 个百分点，劣Ⅴ类下降 2.8 个百分点。

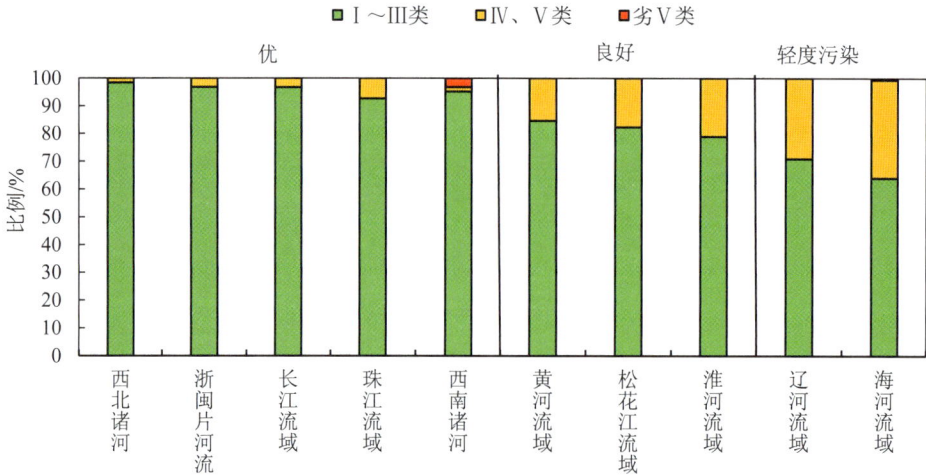

图 2-3-4　2020 年主要江河水质状况

（一）长江流域

1. 水质现状

2020 年，长江流域主要江河水质为优。监测的 510 个国考断面中，Ⅰ类水质断面占 8.2%，Ⅱ类占 67.8%，Ⅲ类占 20.6%，Ⅳ类占 2.9%，Ⅴ类占 0.4%，无劣Ⅴ类。与上年相比，水质无明显变化，Ⅰ类水质断面比例上升 4.9 个百分点，Ⅱ类上升 0.8 个百分点，Ⅲ类下降 0.8 个百分点，Ⅳ类下降 3.8 个百分点，Ⅴ类下降 0.6 个百分点，劣Ⅴ类下降 0.6 个百分点。

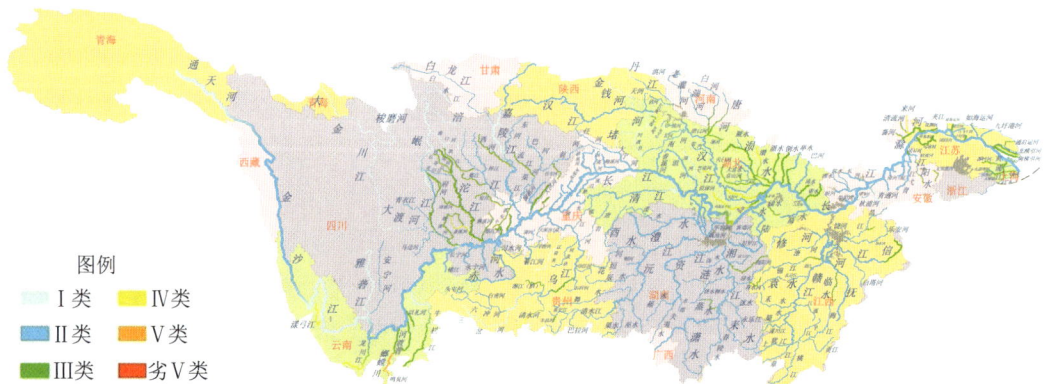

图 2-3-5　2020 年长江流域主要江河水质分布示意

长江干流水质为优。监测的 59 个国考断面中，Ⅰ类水质断面占 10.2%，Ⅱ类占 89.8%，无其他类。与上年相比，水质无明显变化，Ⅰ类水质断面比例上升 3.4 个百分点，Ⅱ类下降 1.7 个百分点，Ⅲ类下降 1.7 个百分点，其他类均持平。

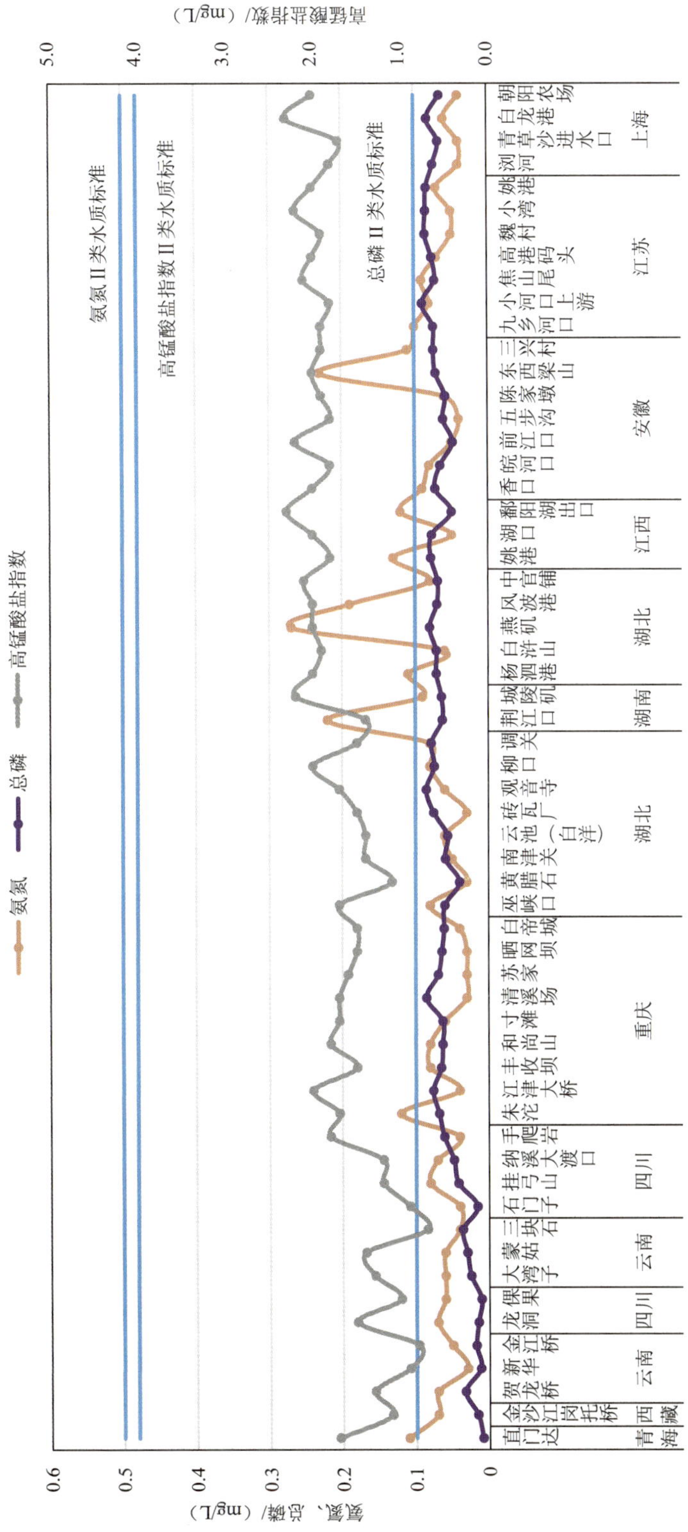

图 2-3-6 2020 年长江干流高锰酸盐指数、氨氮和总磷浓度沿程变化

长江主要支流水质为优。监测的 451 个国考断面中，Ⅰ类水质断面占 8.0%，Ⅱ类占 65.0%，Ⅲ类占 23.3%，Ⅳ类占 3.3%，Ⅴ类占 0.4%，无劣Ⅴ类。与上年相比，水质无明显变化，Ⅰ类水质断面比例上升 5.1 个百分点，Ⅱ类上升 1.2 个百分点，Ⅲ类下降 0.7 个百分点，Ⅳ类下降 4.3 个百分点，Ⅴ类下降 0.7 个百分点，劣Ⅴ类下降 0.7 个百分点。其中，螳螂川和鸣矣河为中度污染，四湖总干渠、釜溪河、涢水、神定河、通扬运河、来河、漾弓江、竹皮河和泗河为轻度污染，其他支流水质优良。

长江流域省界断面水质为优。监测的 60 个国考断面中，Ⅰ类水质断面占 8.3%，Ⅱ类占 78.3%，Ⅲ类占 13.3%，无其他类。与上年相比，水质无明显变化，Ⅰ类水质断面比例上升 5.0 个百分点，Ⅱ类下降 3.4 个百分点，Ⅳ类下降 1.7 个百分点，其他类均持平。

2. 超标指标

2020 年，长江流域主要江河水质超标指标中总磷、化学需氧量和高锰酸盐指数排名前三位，断面超标率分别为 2.0%、1.4% 和 1.0%。

表 2-3-4　2020 年长江流域主要江河水质超标指标情况

指标	断面数/个	年均值断面超标率/%	年均值范围/（mg/L）	年均值超标最高断面及超标倍数	
				断面名称	超标倍数
总磷	510	2.0	未检出~0.356	螳螂川昆明市富民大桥	0.8
化学需氧量	510	1.4	未检出~28.0	来河滁州市水口	0.4
高锰酸盐指数	510	1.0	0.6~7.6	来河滁州市水口	0.3
氨氮	510	0.4	未检出~1.19	漾弓江丽江市龙兴村	0.2
溶解氧	510	0.4	4.1~11.5	四湖总干荆州市新河村	—
五日生化需氧量	510	0.2	未检出~4.5	来河滁州市水口	0.1

（二）黄河流域

1. 水质现状

2020 年，黄河流域主要江河水质良好。监测的 137 个国考断面中，Ⅰ类水质断面占 6.6%，Ⅱ类占 56.2%，Ⅲ类占 21.9%，Ⅳ类占 12.4%，Ⅴ类占 2.9%，无劣Ⅴ类。与上年相比，水质明显好转，Ⅰ类水质断面比例上升 3.0 个百分点，Ⅱ类上升 4.4 个百分点，Ⅲ类上升 4.4 个百分点，Ⅳ类持平，Ⅴ类下降 2.9 个百分点，劣Ⅴ类下降 8.8 个百分点。

黄河流域干流水质为优。监测的 31 个国考断面中，Ⅰ类水质断面占 3.2%，Ⅱ类占 96.8%，无其他类。与上年相比，水质无明显变化，Ⅰ类水质断面比例下降 3.3 个百分点，Ⅱ类上升 19.4 个百分点，Ⅲ类下降 16.1 个百分点，其他类均持平。

图 2-3-7　2020 年黄河流域水质分布示意

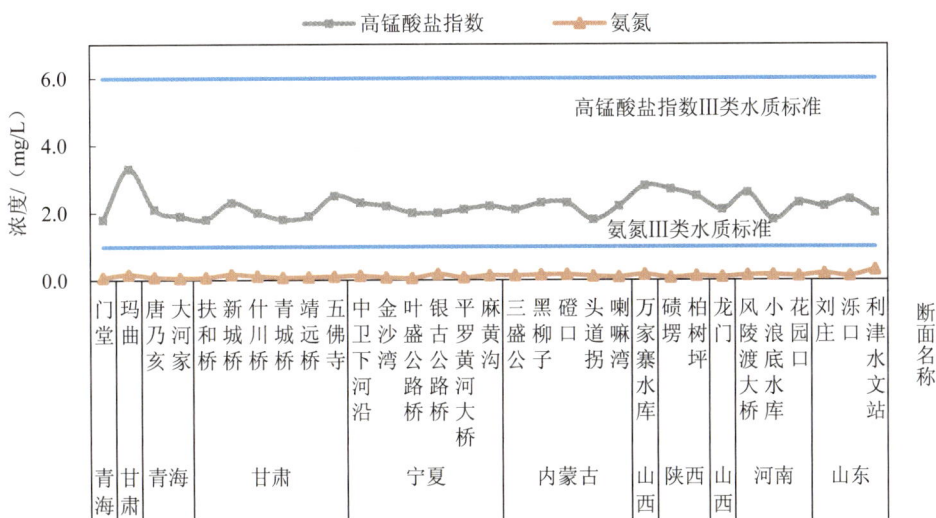

图 2-3-8　2020 年黄河干流高锰酸盐指数和氨氮浓度沿程变化

黄河流域主要支流水质良好。监测的 106 个国考断面中，Ⅰ类水质断面占 7.5%，Ⅱ类占 44.3%，Ⅲ类占 28.3%，Ⅳ类占 16.0%，Ⅴ类占 3.8%，无劣Ⅴ类。与上年相比，水质明显好转，Ⅰ类水质断面比例上升 4.7 个百分点，Ⅲ类上升 10.4 个百分点，Ⅴ类下降 3.7 个百分点，劣Ⅴ类下降 11.3 个百分点，Ⅱ类和Ⅳ类均持平。

黄河流域省界断面水质良好。监测的 39 个国考断面中，Ⅰ类水质断面占 5.1%，Ⅱ类占 69.2%，Ⅲ类占 7.7%，Ⅳ类占 12.8%，Ⅴ类占 5.1%，无劣Ⅴ类。与上年相比，水质有所好转，Ⅰ类水质断面比例上升 2.5 个百分点，Ⅱ类上升 12.8 个百分点，Ⅲ类下降 5.1 个百分点，Ⅳ类上升 2.5 个百分点，Ⅴ类下降 5.2 个百分点，劣Ⅴ类下降 7.7 个百分点。

2. 超标指标

2020 年，黄河流域主要江河水质超标指标中化学需氧量、总磷和高锰酸盐指数排名前三位，断面超标率分别为 10.2%、8.0%和 6.6%。

表 2-3-5　2020 年黄河流域主要江河水质超标指标情况

指标	断面数/个	年均值断面超标率/%	年均值/（mg/L）	年均值超标最高断面及超标倍数	
				断面名称	超标倍数
化学需氧量	137	10.2	6.8~33.5	涑水河运城市张留庄	0.7
总磷	137	8.0	未检出~0.334	石川河铜川市岔口	0.7
高锰酸盐指数	137	6.6	1.2~9.2	涑水河运城市张留庄	0.5
五日生化需氧量	137	5.8	未检出~5.0	汾河晋中市王庄桥南和汾河临汾市上平望	0.2
氨氮	137	5.1	0.03~1.92	石川河铜川市岔口	0.9
氟化物	137	2.2	0.138~1.200	清水河固原市三营	0.2
挥发酚	137	0.7	未检出~0.007 2	磁窑河晋中桑柳树	0.4

（三）珠江流域

1. 水质现状

2020 年，珠江流域主要江河水质为优。监测的 165 个国考断面中，Ⅰ类水质断面占9.1%，Ⅱ类占 67.3%，Ⅲ类占 16.4%，Ⅳ类占 6.1%，Ⅴ类占 1.2%，无劣Ⅴ类。与上年相比，水质无明显变化，Ⅰ类水质断面比例上升 5.5 个百分点，Ⅱ类下降 1.8 个百分点，Ⅲ类上升 3.1 个百分点，Ⅳ类下降 3.6 个百分点，Ⅴ类持平，劣Ⅴ类下降 3.0 个百分点。

图例
Ⅰ类　　Ⅳ类
Ⅱ类　　Ⅴ类
Ⅲ类　　劣Ⅴ类

图 2-3-9　2020 年珠江流域水质分布示意

珠江干流水质为优。监测的 50 个国考断面中，Ⅰ类水质断面占 10.0%，Ⅱ类占 72.0%，Ⅲ类占 8.0%，Ⅳ类占 10.0%，无其他类。与上年相比，水质无明显变化，Ⅰ类水质断面比例上升 10.0 个百分点，Ⅱ类下降 8.0 个百分点，Ⅲ类上升 4.0 个百分点，Ⅳ类下降 6.0 个百分点，Ⅴ类和劣Ⅴ类均持平。

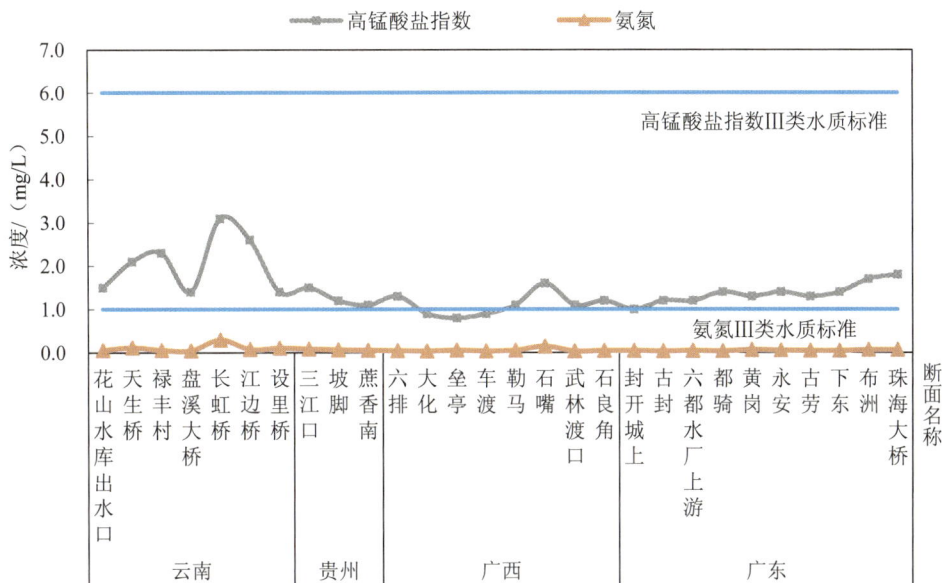

图 2-3-10　2020 年珠江干流高锰酸盐指数和氨氮浓度沿程变化

珠江主要支流水质为优。监测的 101 个国考断面中，Ⅰ类水质断面占 9.9%，Ⅱ类占 63.4%，Ⅲ类占 19.8%，Ⅳ类占 5.0%，Ⅴ类占 2.0%，无劣Ⅴ类。与上年相比，水质有所好转。Ⅰ类水质断面比例上升 4.0 个百分点，Ⅲ类上升 4.0 个百分点，Ⅳ类下降 2.9 个百分点，劣Ⅴ类下降 5.0 个百分点，Ⅱ类和Ⅴ类均持平。

海南岛内河流水质为优。监测的 14 个国考断面中，Ⅱ类占 78.6%，Ⅲ类占 21.4%，无其他类。与上年相比，水质无明显变化。Ⅱ类水质断面比例上升 7.2 个百分点，Ⅲ类下降 7.2 个百分点，其他类均持平。

珠江流域省界断面水质为优。监测的 17 个国考断面中，Ⅰ类水质断面占 11.8%，Ⅱ类占 82.4%，Ⅲ类占 5.9%，无其他类。与上年相比，水质无明显变化。各类水质断面比例均持平。

2. 超标指标

2020 年，珠江流域主要江河水质超标指标中溶解氧、氨氮和总磷排名前三位，断面超标率分别为 4.2%、3.6% 和 3.0%。

表 2-3-6　2020 年珠江流域主要江河水质超标指标情况

指标	断面数/个	年均值断面超标率/%	年均值/（mg/L）	年均值超标最高断面及超标倍数	
				断面名称	超标倍数
溶解氧	165	4.2	2.6～9.9	小东江茂名市石碧	—
氨氮	165	3.6	未检出～1.53	榕江北河揭阳市龙石	0.5
总磷	165	3.0	未检出～0.290	南盘江红河哈尼族彝族自治州长虹桥	0.4
化学需氧量	165	1.2	未检出～27.8	练江汕头市海门湾桥闸	0.4
五日生化需氧量	165	1.2	未检出～5.2	榕江北河揭阳市龙石	0.3
高锰酸盐指数	165	0.6	0.8～7.3	练江汕头市海门湾桥闸	0.2

（四）松花江流域

1. 水质现状

2020 年，松花江流域主要江河水质良好。监测的 108 个国考断面中，Ⅱ类水质断面占 18.5%，Ⅲ类占 63.9%，Ⅳ类占 17.6%，无其他类。与上年相比，水质有所好转，Ⅰ类水质断面比例持平，Ⅱ类上升 5.4 个百分点，Ⅲ类上升 10.6 个百分点，Ⅳ类下降 8.6 个百分点，Ⅴ类下降 4.7 个百分点，劣Ⅴ类下降 2.8 个百分点。

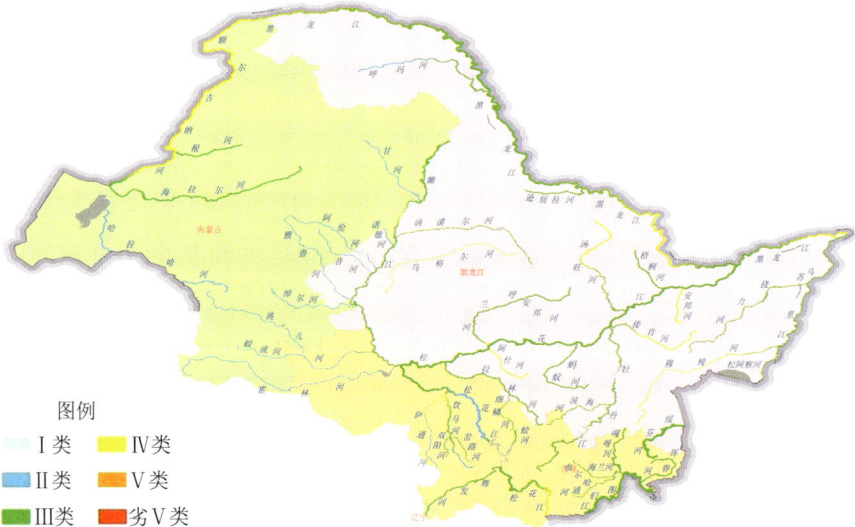

图 2-3-11　2020 年松花江流域水质分布示意

松花江干流水质为优。监测的 17 个国考断面中，Ⅱ类水质断面占 23.5%，Ⅲ类水质断面占 70.6%，Ⅳ类占 5.9%，无其他类。与上年相比，水质无明显变化，Ⅱ类水质断面比例上升 23.5 个百分点，Ⅲ类下降 17.6 个百分点，Ⅳ类下降 5.9 个百分点，其他类均持平。

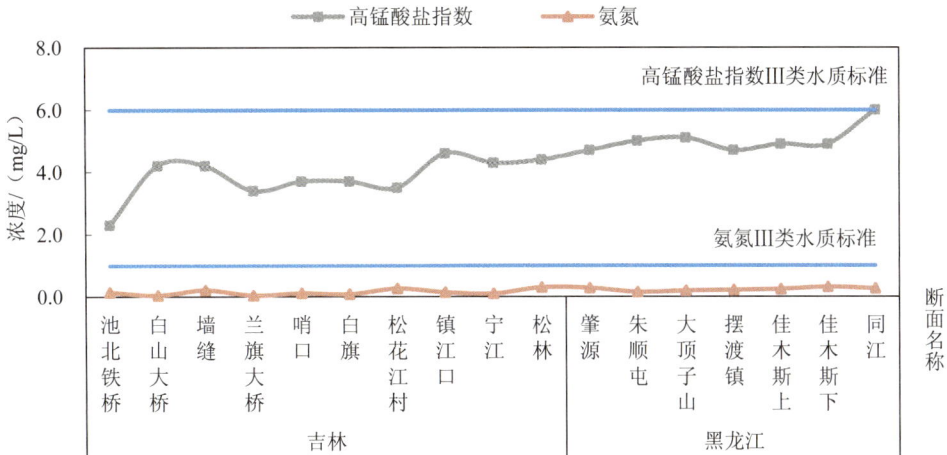

图 2-3-12　2020 年松花江干流高锰酸盐指数和氨氮浓度沿程变化

松花江主要支流水质良好。监测的 56 个国考断面中，Ⅱ类水质断面占 25.0%，Ⅲ类占 57.1%，Ⅳ类占 17.9%，无其他类。与上年相比，水质明显好转。Ⅰ类水质断面比例持平，Ⅱ类上升 3.2 个百分点，Ⅲ类上升 15.3 个百分点，Ⅳ类下降 5.7 个百分点，Ⅴ类下降 7.3 个百分点，劣Ⅴ类下降 5.5 个百分点。

黑龙江水系为轻度污染，主要污染指标为高锰酸盐指数和化学需氧量。监测的 18 个国考断面中，Ⅱ类水质断面占 11.1%，Ⅲ类占 55.6%，Ⅳ类占 33.3%，无其他类。与上年相比，水质明显好转。Ⅲ类水质断面比例上升 22.3 个百分点，Ⅳ类下降 22.3 个百分点，其他类均持平。

乌苏里江水系水质良好。监测的 9 个国考断面中，Ⅲ类水质断面占 77.8%，Ⅳ类占 22.2%，无其他类。与上年相比，水质有所好转。Ⅲ类水质断面比例上升 11.1 个百分点，Ⅳ类下降 11.1 个百分点，其他类均持平。

图们江水系水质良好。监测的 7 个国考断面均为Ⅲ类水质。与上年相比，水质有所好转。Ⅲ类水质断面比例上升 14.3 个百分点，Ⅳ类下降 14.3 个百分点，其他类均持平。

绥芬河水质良好。监测的 1 个国考断面为Ⅲ类水质。与上年相比，水质无明显变化。

松花江流域省界断面水质为优。监测的 23 个国考断面中，Ⅱ类水质断面占 47.8%，Ⅲ类占 47.8%，Ⅳ类占 4.3%，无其他类。与上年相比，水质无明显变化，Ⅱ类水质断面比例上升 4.3 个百分点，Ⅲ类下降 4.4 个百分点，其他类均持平。

2．超标指标

2020 年，松花江流域主要江河水质超标指标中高锰酸盐指数、化学需氧量和氨氮排名前三位，断面超标率分别为 11.1%、8.3% 和 3.7%。

表 2-3-7 2020 年松花江流域主要江河水质超标指标情况

指标	断面数/个	年均值断面超标率/%	年均值/（mg/L）	年均值超标最高断面及超标倍数	
				断面名称	超标倍数
高锰酸盐指数	108	11.1	2.2～9.2	汤旺河伊春市友好	0.5
化学需氧量	108	8.3	5.5～25.4	额尔古纳河呼伦贝尔市黑山头	0.3
氨氮	108	3.7	0.03～1.35	饮马河长春市刘珍屯	0.4
总磷	108	1.9	0.018～0.228	阿什河哈尔滨市阿什河口内	0.1
氟化物	108	0.9	0.088～1.011	松花江长白山保护开发管理委员会池北铁桥	0.01
五日生化需氧量	108	0.9	未检出～4.2	阿什河哈尔滨市阿什河口内	0.05

（五）淮河流域

1. 水质现状

2020 年，淮河流域主要江河水质良好。监测的 180 个国考断面中，Ⅱ类水质断面占 20.6%，Ⅲ类占 58.3%，Ⅳ类占 20.0%，Ⅴ类占 1.1%，无其他类。与上年相比，水质有所好转，Ⅰ类水质断面比例下降 0.6 个百分点，Ⅱ类上升 0.5 个百分点，Ⅲ类上升 15.3 个百分点，Ⅳ类下降 15.2 个百分点，Ⅴ类上升 0.5 个百分点，劣Ⅴ类下降 0.6 个百分点。

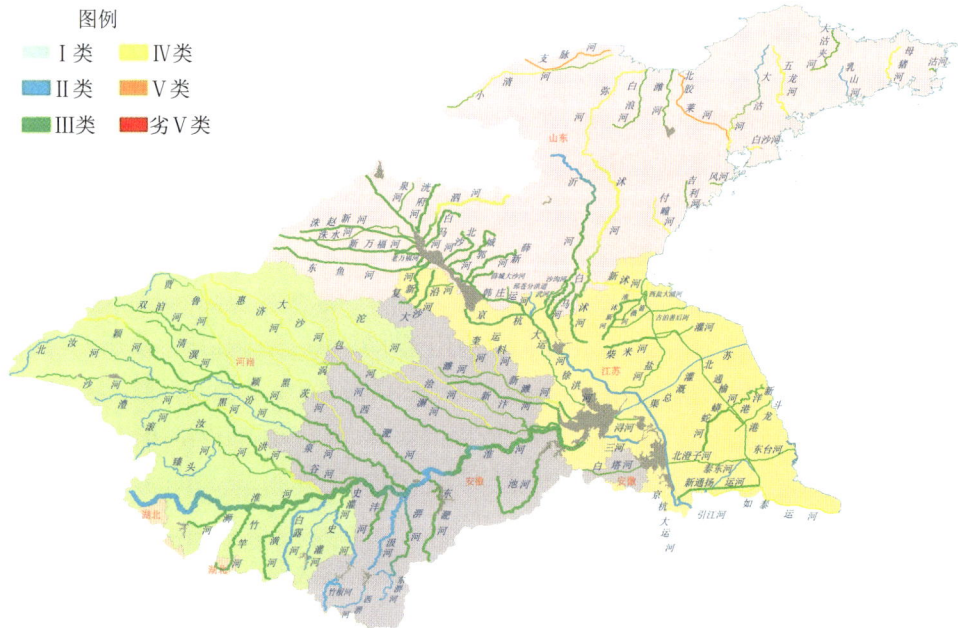

图 2-3-13 2020 年淮河流域水质分布示意

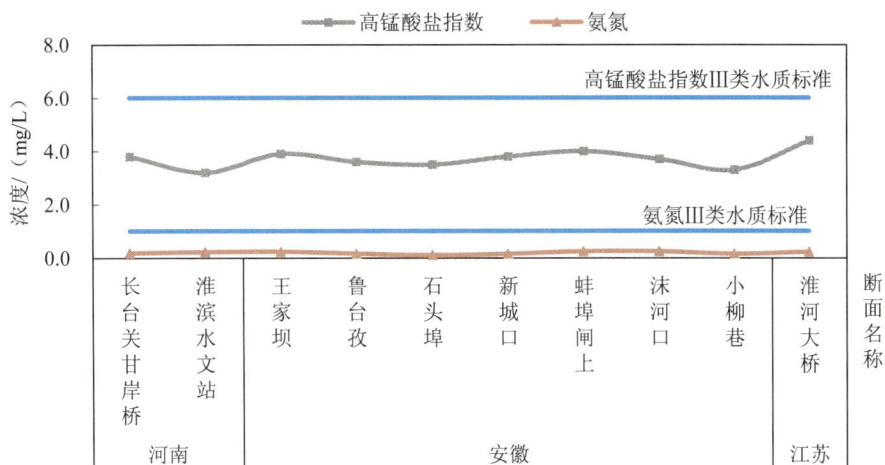

图 2-3-14　2020 年淮河干流高锰酸盐指数和氨氮浓度沿程变化

　　淮河干流水质为优。监测的 10 个国考断面中，Ⅱ类水质断面占 40.0%，Ⅲ类占 60.0%，无其他类。与上年相比，水质无明显变化，Ⅱ类水质断面比例下降 50.0 个百分点，Ⅲ类上升 50.0 个百分点，其他类均持平。

　　淮河主要支流水质良好。监测的 101 个国考断面中，Ⅱ类水质断面占 24.8%，Ⅲ类占 51.5%，Ⅳ类占 23.8%，无其他类。与上年相比，水质有所好转，Ⅰ类水质断面比例下降 1.0 个百分点，Ⅱ类上升 4.0 个百分点，Ⅲ类上升 13.9 个百分点，Ⅳ类下降 16.8 个百分点，Ⅴ类和劣Ⅴ类持平。

　　沂沭泗水系水质为优。监测的 48 个国考断面中，Ⅱ类水质断面占 12.5%，Ⅲ类占 81.2%，Ⅳ类占 6.2%，无其他类。与上年相比，水质有所好转，Ⅱ类水质断面比例上升 6.3 个百分点，Ⅲ类上升 8.3 个百分点，Ⅳ类下降 14.6 个百分点，其他类均持平。

　　山东半岛独流入海河流为轻度污染，主要污染指标为化学需氧量、高锰酸盐指数和五日生化需氧量。监测的 21 个国考断面中，Ⅱ类水质断面占 9.5%，Ⅲ类占 38.1%，Ⅳ类占 42.9%，Ⅴ类占 9.5%，无其他类。与上年相比，水质明显好转，Ⅰ类水质断面比例持平，Ⅱ类下降 5.5 个百分点，Ⅲ类上升 23.1 个百分点，Ⅳ类下降 17.1 个百分点，Ⅴ类上升 4.5 个百分点，劣Ⅴ类下降 5.0 个百分点。

　　淮河流域省界断面为轻度污染，主要污染指标为化学需氧量、高锰酸盐指数和总磷。监测的 30 个国考断面中，Ⅱ类水质断面占 10.0%，Ⅲ类占 50.0%，Ⅳ类占 40.0%，无其他类。与上年相比，水质无明显变化，Ⅲ类水质断面比例上升 6.7 个百分点，Ⅳ类下降 6.7 个百分点，其他类均持平。

　　2. 超标指标

　　2020 年，淮河流域主要江河水质超标指标中化学需氧量、高锰酸盐指数和氟化物排名前三位，断面超标率分别为 17.8%、10.0% 和 6.1%。

表 2-3-8　2020 年淮河流域主要江河水质超标指标情况

指标	断面数/个	年均值断面超标率/%	年均值/（mg/L）	年均值超标最高断面及超标倍数	
				断面名称	超标倍数
化学需氧量	180	17.8	7.7～38.1	北胶莱河青岛市新河大闸	0.9
高锰酸盐指数	180	10.0	1.5～10.8	支脉河东营市支脉河陈桥	0.8
氟化物	180	6.1	0.180～1.280	北胶莱河青岛市新河大闸	0.3
总磷	180	5.0	0.010～0.260	贾鲁河周口市西华大王庄	0.3
五日生化需氧量	180	1.7	0.8～5.1	母猪河威海市南桥	0.3
氨氮	180	1.0	未检出～1.21	付疃河日照市大古镇	0.2

（六）海河流域

1. 水质现状

2020 年，海河流域主要江河为轻度污染，主要污染指标为化学需氧量、高锰酸盐指数和五日生化需氧量。监测的 161 个国考断面中，Ⅰ类水质断面占 10.6%，Ⅱ类占 26.7%，Ⅲ类占 26.7%，Ⅳ类占 27.3%，Ⅴ类占 8.1%，劣Ⅴ类占 0.6%。与上年相比，水质有所好转，Ⅰ类水质断面比例上升 3.7 个百分点，Ⅱ类下降 2.1 百分点，Ⅲ类上升 10.5 个百分点，Ⅳ类下降 0.2 个百分点，Ⅴ类下降 5.0 个百分点，劣Ⅴ类下降 6.9 个百分点。

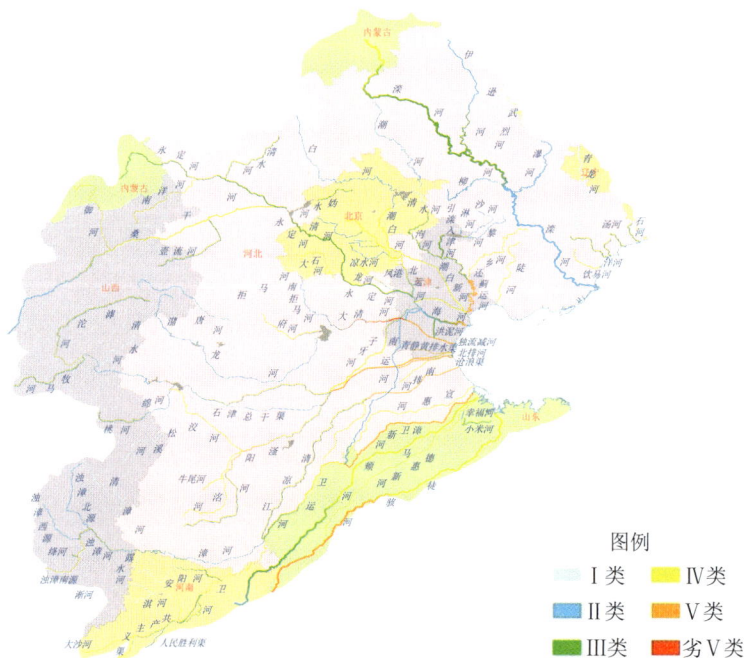

图例	
Ⅰ类	Ⅳ类
Ⅱ类	Ⅴ类
Ⅲ类	劣Ⅴ类

图 2-3-15　2020 年海河流域水质分布示意

海河干流三岔口和海河大闸断面分别为Ⅱ类和Ⅴ类水质，主要污染指标为高锰酸盐指数、化学需氧量和五日生化需氧量。与上年相比，水质无明显变化。

海河主要支流为轻度污染，主要污染指标为化学需氧量、高锰酸盐指数和五日生化需氧量。监测的 125 个国考断面中，Ⅰ类水质断面占 11.2%，Ⅱ类占 25.6%，Ⅲ类占 24.8%，Ⅳ类占 28.8%，Ⅴ类占 8.8%，劣Ⅴ类占 0.8%。与上年相比，水质有所好转，Ⅰ类水质断面比例上升 3.1 个百分点，Ⅱ类上升 3.0 个百分点，Ⅲ类上升 7.9 个百分点，Ⅳ类上升 0.6 个百分点，Ⅴ类下降 5.7 个百分点，劣Ⅴ类下降 8.9 个百分点。

滦河水系水质为优。监测的 17 个国考断面中，Ⅰ类水质断面占 17.6%，Ⅱ类占 47.1%，Ⅲ类占 29.4%，Ⅳ类占 5.9%，无其他类。与上年相比，水质无明显变化，Ⅰ类水质断面比例上升 11.7 个百分点，Ⅱ类下降 23.5 个百分点，Ⅲ类上升 11.8 个百分点，其他类均持平。

冀东沿海诸河水系为轻度污染，主要污染指标为化学需氧量、高锰酸盐指数和五日生化需氧量。监测的 6 个国考断面中，Ⅲ类水质断面占 66.7%，Ⅳ类占 33.3%，无其他类。与上年相比，水质有所好转，Ⅱ类水质断面比例下降 33.3 个百分点，Ⅲ类上升 50.0 个百分点，Ⅳ类下降 16.7 个百分点，其他类均持平。

徒骇马颊河水系为轻度污染，主要污染指标为化学需氧量、高锰酸盐指数和五日生化需氧量。监测的 11 个国考断面中，Ⅱ类水质断面占 18.2%，Ⅲ类占 27.3%，Ⅳ类占 45.5%，Ⅴ类占 9.1%，无其他类。与上年相比，水质无明显变化，Ⅱ类水质断面下降 9.1 个百分点，Ⅲ类上升 18.2 个百分点，Ⅴ类下降 9.1 个百分点，其他类均持平。

海河流域省界断面为轻度污染，主要污染指标为化学需氧量、高锰酸盐指数和五日生化需氧量。监测的 48 个国考断面中，Ⅰ类水质断面占 10.4%，Ⅱ类占 25.0%，Ⅲ类占 16.7%，Ⅳ类占 37.5%，Ⅴ类占 8.3%，劣Ⅴ类占 2.1%。与上年相比，水质明显好转，Ⅰ类水质断面比例下降 2.4 个百分点，Ⅱ类上升 16.5 个百分点，Ⅲ类下降 0.3 个百分点，Ⅳ类上升 7.7 个百分点，Ⅴ类下降 13.0 个百分点，劣Ⅴ类下降 8.5 个百分点。

2. 超标指标

2020 年，海河流域主要江河水质超标指标中化学需氧量、高锰酸盐指数、五日生化需氧量排名前三位，断面超标率分别为 29.8%、19.3% 和 16.8%。

表 2-3-9 2020 年海河流域主要江河水质超标指标情况

指标	断面数/个	年均值断面超标率/%	年均值/（mg/L）	年均值超标最高断面及超标倍数	
				断面名称	超标倍数
化学需氧量	161	29.8	未检出～39.0	南排河沧州市李家堡一	1.0
高锰酸盐指数	161	19.3	0.6～13.4	北排河天津市北排水河防潮闸	1.2
五日生化需氧量	161	16.8	未检出～6.2	北排河沧州市齐家务	0.6

指标	断面数/个	年均值断面超标率/%	年均值/（mg/L）	年均值超标最高断面及超标倍数	
				断面名称	超标倍数
总磷	161	5.6	未检出~0.270	汶河石家庄市大石桥	0.4
氨氮	161	5.0	未检出~1.52	滏阳河邢台市艾辛庄	0.5
氟化物	161	3.7	0.160~1.931	大清河廊坊市台头	0.9
石油类	161	1.9	未检出~0.09	马颊河滨州市胜利桥	0.8
挥发酚	161	0.6	未检出~0.0 053	滏阳河邢台市艾辛庄	0.06

（七）辽河流域

1. 水质现状

2020 年，辽河流域主要江河为轻度污染，主要污染指标为化学需氧量、高锰酸盐指数和五日生化需氧量。监测的 103 个国考断面中，Ⅰ类水质断面占 3.9%，Ⅱ类占 40.8%，Ⅲ类占 26.2%，Ⅳ类占 27.2%，Ⅴ类占 1.9%，无劣Ⅴ类。与上年相比，水质有所好转，Ⅰ类水质断面比例持平，Ⅱ类上升 2.9 个百分点，Ⅲ类上升 11.6 个百分点，Ⅳ类上升 2.0 百分点，Ⅴ类下降 7.8 个百分点，劣Ⅴ类下降 8.7 个百分点。

图 2-3-16　2020 年辽河流域水质分布示意

辽河干流为轻度污染，主要污染指标为化学需氧量、高锰酸盐指数和氟化物。监测的 14 个国考断面中，Ⅱ类水质断面占 7.1%，Ⅲ类占 14.3%，Ⅳ类占 78.6%，无其他类。与上年相比，水质无明显变化。Ⅰ类水质断面比例持平，Ⅱ类下降 7.2 个百分点，Ⅲ类上升 14.3

个百分点，Ⅳ类上升 21.5 个百分点，Ⅴ类下降 21.4 个百分点，劣Ⅴ类下降 7.1 个百分点。

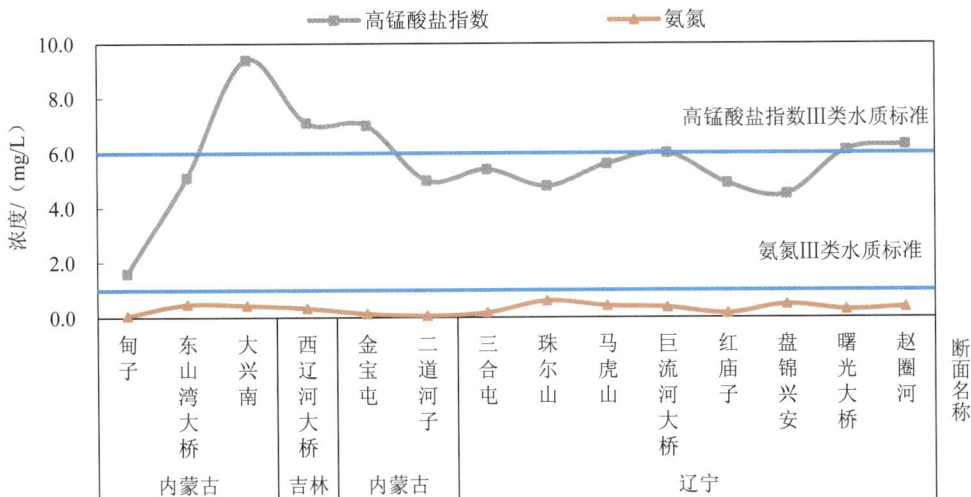

图 2-3-17　2020 年辽河干流高锰酸盐指数和氨氮浓度沿程变化

辽河主要支流为轻度污染，主要污染指标为高锰酸盐指数、化学需氧量和五日生化需氧量。监测的 19 个国考断面中，Ⅱ类水质断面占 5.3%，Ⅲ类占 36.8%，Ⅳ类占 57.9%，无其他类。与上年相比，水质明显好转。Ⅰ类水质断面比例持平，Ⅱ类下降 5.2 个百分点，Ⅲ类上升 21.0 个百分点，Ⅳ类上升 21.1 个百分点，Ⅴ类下降 15.8 个百分点，劣Ⅴ类下降 21.1 个百分点。

大辽河水系水质良好。监测的 28 个国考断面中，Ⅰ类水质断面占 3.6%，Ⅱ类占 50.0%，Ⅲ类占 21.4%，Ⅳ类占 17.9%，Ⅴ类占 7.1%，无劣Ⅴ类。与上年相比，水质明显好转。Ⅰ类水质断面比例下降 3.5 个百分点，Ⅱ类上升 14.3 个百分点，Ⅲ类上升 3.5 个百分点，Ⅳ类持平，Ⅴ类下降 3.6 个百分点，劣Ⅴ类下降 10.7 个百分点。

大凌河水系水质为优。监测的 11 个国考断面中，Ⅱ类水质断面占 54.5%，Ⅲ类占 36.4%，Ⅳ类占 9.1%，无其他类。与上年相比，水质有所好转。Ⅲ类水质断面比例上升 18.2 个百分点，Ⅴ类下降 9.1 个百分点，劣Ⅴ类下降 9.1 个百分点，其他类均持平。

鸭绿江水系水质为优。监测的 13 个国考断面中，Ⅰ类水质断面占 7.7%，Ⅱ类占 92.3%，无其他类。与上年相比，水质无明显变化。Ⅰ类水质断面比例下降 7.7 个百分点，Ⅱ类上升 7.7 个百分点，其他类均持平。

辽河流域省界断面为轻度污染，主要污染指标为高锰酸盐指数、化学需氧量和氟化物。监测的 10 个国考断面中，Ⅱ类水质断面占 40.0%，Ⅲ类占 20.0%，Ⅳ类占 40.0%，无其他类。与上年相比，水质明显好转。Ⅰ类和Ⅱ类水质断面比例均持平，Ⅲ类上升 20.0 个百分点，Ⅳ类上升 10.0 个百分点，Ⅴ类下降 20.0 个百分点，劣Ⅴ类下降 10.0 个百分点。

2. 超标指标

2020 年，辽河流域主要江河水质超标指标中化学需氧量、高锰酸盐指数和五日生化需氧量排名前三位，断面超标率分别为 24.3%、16.5% 和 11.7%。

表 2-3-10　2020 年辽河流域主要江河水质超标指标情况

指标	断面数/个	年均值断面超标率/%	年均值/（mg/L）	年均值超标最高断面及超标倍数	
				断面名称	超标倍数
化学需氧量	103	24.3	5.0～31.6	北沙河辽阳市河洪桥	0.6
高锰酸盐指数	103	16.5	0.8～9.4	老哈河赤峰市大兴南	0.6
五日生化需氧量	103	11.7	0.5～7.9	北沙河辽阳市河洪桥	1.0
氟化物	103	5.8	0.062～1.330	西辽河通辽市金宝屯	0.3
总磷	103	4.9	未检出～0.279	条子河四平市林家	0.4
氨氮	103	1.9	未检出～1.60	细河沈阳市于台	0.6
石油类	103	1.9	未检出～0.14	细河沈阳市于台	1.8

（八）浙闽片河流

1. 水质现状

2020 年，浙闽片河流水质为优。监测的 125 个国考断面中，Ⅰ类水质断面占 4.8%，Ⅱ类占 62.4%，Ⅲ类占 29.6%，Ⅳ类占 3.2%，无其他类。与上年相比，水质无明显变化，Ⅰ类水质断面比例上升 1.6 个百分点，Ⅱ类上升 5.6 个百分点，Ⅲ类下降 5.6 个百分点，Ⅳ类持平，Ⅴ类下降 0.8 个百分点，劣Ⅴ类下降 0.8 个百分点。

2020 年，浙江境内 68 个国考断面中，Ⅰ类水质断面占 7.4%，Ⅱ类占 61.8%，Ⅲ类占 27.9%，Ⅳ类占 2.9%，无其他类。与上年相比，水质无明显变化。Ⅰ类水质断面比例上升 1.5 个百分点，Ⅱ类上升 4.4 个百分点，Ⅲ类下降 5.9 个百分点，Ⅳ类上升 1.4 个百分点，Ⅴ类持平，劣Ⅴ类下降 1.5 个百分点。

2020 年，福建境内 52 个国考断面中，Ⅰ类水质断面占 1.9%，Ⅱ类占 59.6%，Ⅲ类占 34.6%，Ⅳ类占 3.8%，无其他类。与上年相比，水质无明显变化。Ⅰ类水质断面比例上升 1.9 个百分点，Ⅱ类上升 7.7 个百分点，Ⅲ类下降 5.8 个百分点，Ⅳ类下降 2.0 个百分点，Ⅴ类下降 1.9 个百分点，劣Ⅴ类持平。

2020 年，安徽境内 5 个国考断面均为Ⅱ类水质。与上年相比，水质无明显变化。

浙闽片河流浙—闽省界松溪岩下断面和皖—浙省界街口断面均为Ⅱ类水质。与上年相比，水质无明显变化。

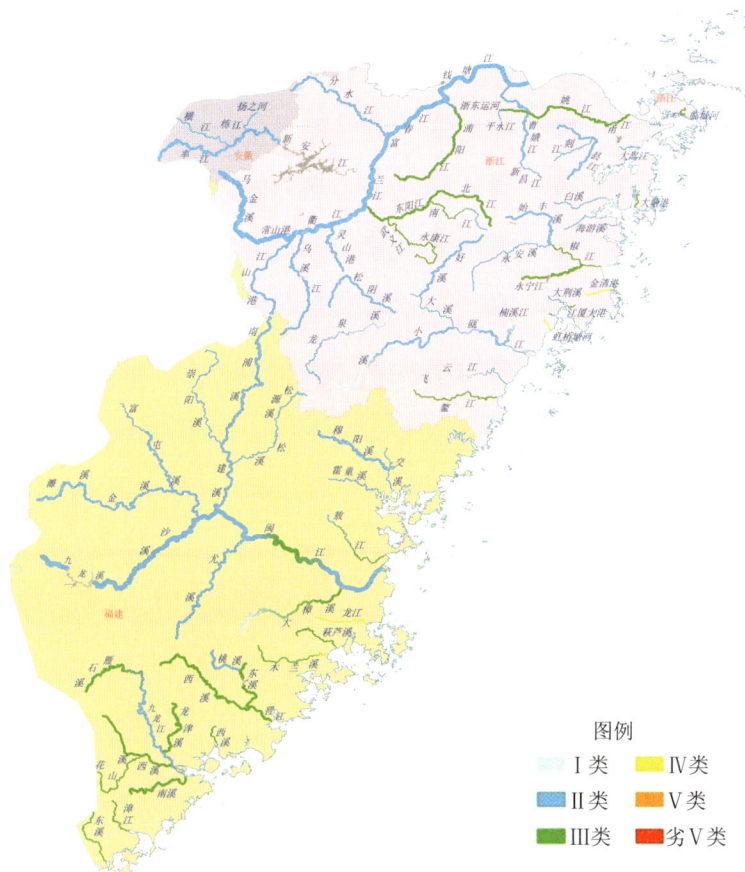

图 2-3-18　2020 年浙闽片河流水质分布示意

2. 超标指标

2020 年，浙闽片河流水质超标指标为化学需氧量、氨氮、总磷和溶解氧，断面超标率分别为 1.6%、1.6%、0.8% 和 0.8%。

表 2-3-11　2020 年浙闽片河流水质超标指标情况

指标	断面数/个	年均值断面超标率/%	年均值/（mg/L）	年均值超标最高断面及超标倍数	
				断面名称	超标倍数
化学需氧量	125	1.6	4.4～27.4	金清港台州市金清新闸	0.4
氨氮	125	1.6	未检出～1.16	虹桥塘河温州市蒲岐	0.2
总磷	125	0.8	0.013～0.269	龙江福州市福清海口桥	0.3
溶解氧	125	0.8	4.0～10.0	木兰溪莆田市三江口	—

（九）西北诸河

1. 水质现状

2020 年，西北诸河水质为优。监测的 62 个国考断面中，Ⅰ类水质断面占 46.8%，Ⅱ类占 50.0%，Ⅲ类占 1.6%，Ⅳ类占 1.6%，无其他类。与上年相比，水质无明显变化。Ⅰ类水质断面比例上升 24.2 个百分点，Ⅱ类下降 21.0 个百分点，Ⅲ类下降 1.6 个百分点，Ⅳ类下降 1.6 个百分点，其他类均持平。

西北诸河甘—蒙省界王家庄断面和青—甘省界黄藏寺断面均为Ⅱ类水质。与上年相比，水质无明显变化。

图 2-3-19　2020 年西北诸河水质分布示意

2. 超标指标

2020 年，西北诸河水质超标指标为高锰酸盐指数和化学需氧量，断面超标率均为 1.6%。

表 2-3-12　2020 年西北诸河水质超标指标情况

指标	断面数/个	年均值断面超标率/%	年均值/（mg/L）	年均值超标最高断面及超标倍数	
				断面名称	超标倍数
高锰酸盐指数	62	1.6	0.5～6.7	锡林河锡林浩特市锡林河	0.1
化学需氧量	62	1.6	未检出～20.5	锡林河锡林浩特市锡林河	0.02

（十）西南诸河

1. 水质现状

2020 年，西南诸河水质为优。监测的 63 个国考断面中，Ⅰ类水质断面占 6.3%，Ⅱ类占 81.0%，Ⅲ类占 7.9%，Ⅳ类占 1.6%，劣Ⅴ类占 3.2%，无Ⅴ类。与上年相比，水质无明显变化。Ⅰ类水质断面比例下降 1.6 个百分点，Ⅱ类上升 4.8 个百分点，Ⅲ类下降 1.6 个百分点，Ⅳ类下降 1.6 个百分点，其他类均持平。

2020 年，西藏境内 17 个国考断面中，Ⅱ类水质断面占 94.1%，Ⅲ类占 5.9%，无其他类。与上年相比，水质无明显变化。Ⅰ类水质断面比例下降 17.6 个百分点，Ⅱ类上升 17.6 个百分点，其他类均持平。

2020 年，云南境内 46 个国考断面中，Ⅰ类水质断面占 8.7%，Ⅱ类占 76.1%，Ⅲ类占 8.7%，Ⅳ类占 2.2%，无Ⅴ类，劣Ⅴ类占 4.3%。与上年相比，水质无明显变化。Ⅰ类水质断面比例上升 4.4 个百分点，Ⅲ类下降 2.2 个百分点，Ⅳ类下降 2.1 个百分点，其他类均持平。

西南诸河藏—滇省界八宿县怒江桥断面和芒康县曲孜卡断面均为Ⅱ类水质。与上年相比，水质无明显变化。

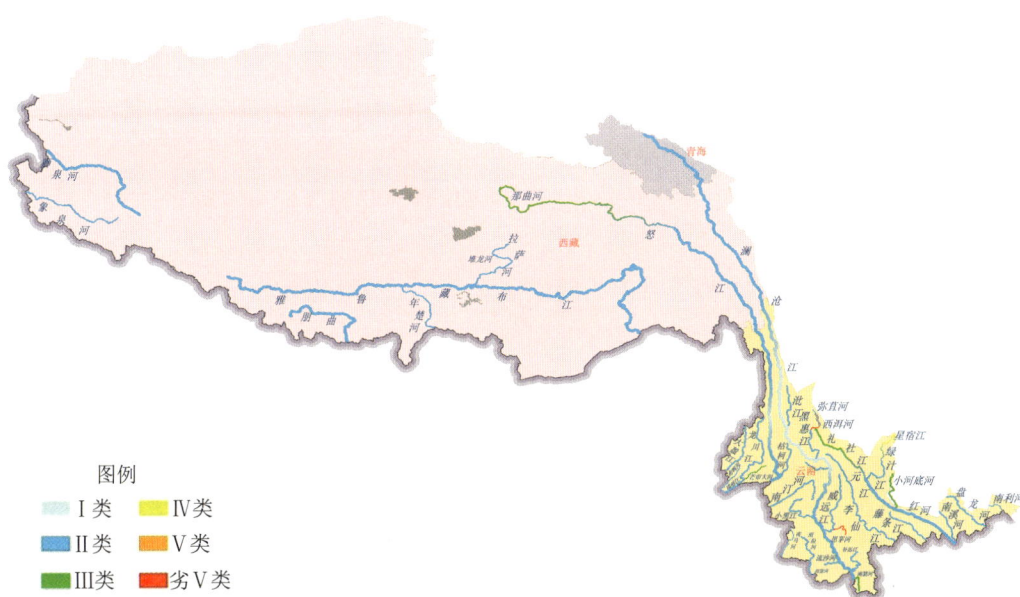

图 2-3-20 2020 年西南诸河水质分布示意

2. 超标指标

2020 年，西南诸河水质超标指标为氨氮、总磷、五日生化需氧量和化学需氧量，断面超标率分别为 3.2%、3.2%、1.6% 和 1.6%。

表 2-3-13 2020 年西南诸河水质超标指标情况

指标	断面数/个	年均值断面超标率/%	年均值/（mg/L）	年均值超标最高断面及超标倍数	
				断面名称	超标倍数
氨氮	63	3.2	未检出～4.78	普洱大河普洱市莲花乡	3.8
				西洱河大理白族自治州四级坝	1.6

指标	断面数/个	年均值断面超标率/%	年均值/（mg/L）	年均值超标最高断面及超标倍数	
				断面名称	超标倍数
总磷	63	3.2	未检出～0.449	普洱大河普洱市莲花乡	1.2
				西洱河大理白族自治州四级坝	0.7
五日生化需氧量	63	1.6	未检出～5.1	西洱河大理白族自治州四级坝	0.3
化学需氧量	63	1.6	未检出～20.5	星宿江楚雄彝族自治州水文站	0.02

（十一）南水北调

1. 南水北调（东线）

（1）水质状况

2020 年，南水北调（东线）长江取水口夹江三江营断面为 II 类水质。输水干线京杭运河里运河段、宝应运河段和宿迁运河段水质为优，不牢河段、韩庄运河段和梁济运河段水质良好，与上年相比，水质无明显变化。

洪泽湖湖体为轻度污染，主要污染指标为总磷，营养状态为轻度富营养。与上年相比，水质无明显变化。

骆马湖湖体水质良好，营养状态为轻度富营养。汇入骆马湖的沂河水质良好。与上年相比，骆马湖和沂河水质均无明显变化。

南四湖湖体水质良好，与上年相比无明显变化，营养状态为中营养。汇入南四湖的 11 条河流中，老运河微山段水质为优，其他河流水质均为良好。与上年相比，老运河微山段水质有所好转，其他河流均无明显变化。

东平湖湖体水质良好，营养状态为轻度富营养。汇入东平湖的大汶河水质良好。与上年相比，东平湖和大汶河水质均无明显变化。

表 2-3-14　2020 年南水北调（东线）沿线主要河流水质状况

河流名称	断面名称	汇入湖库	所在地市	水质类别	
				2020 年	2019 年
夹江	三江营		扬州	II	II
里运河段	槐泗河口			II	II
宝应运河段	大运河船闸（宝应船闸）			II	II
宿迁运河段	马陵翻水站	骆马湖	宿迁	II	II
不牢河段	蔺家坝		徐州	III	III
韩庄运河段	台儿庄大桥		枣庄	III	III
梁济运河段	李集		济宁	III	III

河流名称	断面名称	汇入湖库	所在地市	水质类别	
				2020 年	2019 年
沂河	港上桥	骆马湖	徐州	III	III
沿河	李集桥			III	III
城郭河	群乐桥		枣庄	III	III
洙赵新河	于楼		菏泽	III	III
老运河	西石佛	南四湖		III	III
洸府河	东石佛			III	III
泗河	尹沟			III	III
白马河	马楼		济宁	III	III
老运河	老运河微山段			II	III
西支河	入湖口			III	III
东渔河	西姚			III	III
洙水河	105 公路桥			III	III
大汶河	王台大桥	东平湖	泰安	III	III

表 2-3-15　2020 年南水北调（东线）沿线主要湖泊水质状况

湖泊名称	所属省份	监测点位数/个	综合营养状态指数	营养状态	水质类别		主要超标指标（超标倍数）
					2020 年	2019 年	
洪泽湖	江苏	6	57.2	轻度富营养	IV	IV	总磷（0.8）
骆马湖		2	52.6	轻度富营养	III	III	—
南四湖	山东	5	47.8	中营养	III	III	—
东平湖		2	50.6	轻度富营养	III	III	—

（2）调水期间水质状况

2020 年，南水北调（东线）一期工程在 1—4 月和 12 月两个时段分别进行调水。调水期间调水线路上涉及的 14 个断面均为 II 类和 III 类水质[①]。

表 2-3-16　2020 年南水北调（东线）一期工程调水期间干线水质状况

河流（湖泊）名称	断面（点位）名称	所属省份	所在地市	水质类别
夹江	三江营	江苏	扬州	II
芒稻河	江都西闸	江苏	江都	II

---

① 调水期间沿线断面（点位）均按照河流标准进行水质评价。

河流（湖泊）名称	断面（点位）名称	所属省份	所在地市	水质类别
洪泽湖	老山乡	江苏	淮安	III
骆马湖	骆马湖乡	江苏	宿迁	II
	三场	江苏	宿迁	III
徐洪河	顾勒大桥	江苏	宿迁	III
京杭大运河中运河段	张楼	江苏	邳州	III
京杭大运河韩庄运河段	台儿庄大桥	山东	枣庄	III
南四湖	岛东	山东	济宁	II
	南阳	山东	济宁	III
京杭大运河梁济运河段	李集	山东	济宁	III
柳长河	八里湾入湖口	山东	泰安	III
东平湖	东平湖湖心	山东	泰安	III
	东平湖湖北	山东	泰安	III

2. 南水北调（中线）

（1）源头及上游地区水质状况

2020 年，丹江口水库水质为优，营养状态为中营养。取水口丹江口水库陶岔断面为 II 类水质，与上年相比，丹江口水库陶岔断面水质均无明显变化。

汇入丹江口水库的 9 条河流水质均为优。与上年相比，天河水质有所好转，其他河流水质均无明显变化。

表 2-3-17　2020 年南水北调（中线）源头丹江口水库水质状况

点位名称	所在地市	水质类别	
		2020 年	2019 年
坝上中	十堰	II	II
五龙泉	南阳	II	II
宋岗		I	II
何家湾	十堰	II	II
江北大桥		II	II

表 2-3-18　2020 年南水北调（中线）取水口水质状况

断面名称	所在地市	水质类别	
		2020 年	2019 年
陶岔	南阳	II	II

表 2-3-19　2020 年南水北调（中线）主要河流水质状况

河流名称	断面名称	所在地市	断面属性	水质类别	
				2020 年	2019 年
汉江	烈金坝	汉中		II	II
	黄金峡		城市河段	II	II
	小钢桥	安康		II	II
	老君关		城市河段	II	II
	羊尾	十堰	省界	II	II
	陈家坡			II	II
淇河	淅川高湾	南阳	入河口	I	II
金钱河	夹河口	十堰	入库口	I	I
天河	天河口			II	III
堵河	焦家院			I	II
官山河	孙家湾			II	II
浪河	浪河口			II	II
丹江	构峪口	商洛		I	I
	丹凤下			II	II
	淅川荆紫关	南阳	省界	II	II
	淅川史家湾		入库口	I	I
老灌河	淅川张营			II	II

（2）调水干线水质状况

2020 年，南水北调（中线）一期工程全年调水。调水期间丹江口水库库体和调水线路上涉及的 7 个断面（点位）均为 I 类、II 类水质。

表 2-3-20　2020 年南水北调（中线）一期工程调水干线水质状况

所在水体	断面（点位）名称	所属省份	所在地市	断面（点位）属性	水质类别
丹江口水库	坝上中	湖北	丹江口	库体	II
	江北大桥			库体	II
	五龙泉	河南	南阳	库体	II
	陶岔			取水口	II
干渠	南营村	河北	邯郸	省界（豫—冀）	II
	曹庄子泵站	天津	天津	省界（冀—津）	I
	惠南庄	北京	北京	省界（冀—京）	II

（十二）三峡库区

1. 水质状况

2020 年，三峡库区主要支流水质为优。77 个断面中，Ⅱ类水质断面占 84.4%，Ⅲ类占 14.3%，Ⅳ类占 1.3%，无其他类。与上年相比，水质无明显变化。Ⅰ类水质断面比例下降 5.2 个百分点，Ⅱ类上升 9.1 个百分点，Ⅲ类下降 3.9 个百分点，其他类均持平。

2. 营养状态

2020 年，三峡库区主要支流 77 个断面综合营养状态指数范围为 27.3～60.1，贫营养状态断面占监测断面总数的 1.3%，中营养状态占 75.3%，轻度富营养状态占 22.1%，中度富营养状态占 1.3%，无其他营养状态。与上年相比，中营养状态断面比例下降 2.6 个百分点，轻度富营养状态上升 2.6 个百分点，其他营养状态均持平。

二、变化趋势

2016—2020 年，长江、黄河、珠江、松花江、淮河、海河、辽河等七大流域及浙闽片河流、西北诸河和西南诸河主要江河总体水质明显好转，由轻度污染变为良好，Ⅰ～Ⅲ类水质断面比例逐年上升，劣Ⅴ类水质断面比例逐年下降。与 2016 年相比，2020 年Ⅰ～Ⅲ类水质断面比例上升 16.1 个百分点，劣Ⅴ类下降 8.9 个百分点。

表 2-3-21　2016—2020 年主要江河水质类别

年度	监测断面/个	断面比例/%					
		Ⅰ类	Ⅱ类	Ⅲ类	Ⅳ类	Ⅴ类	劣Ⅴ类
2016	1 617	2.1	41.8	27.3	13.4	6.3	9.1
2017	1 617	2.2	36.7	32.9	14.6	5.2	8.4
2018	1 613	5.0	43.0	26.3	14.4	4.5	6.9
2019	1 610	4.2	51.2	23.7	14.7	3.3	3.0
2020	1 614	7.8	51.8	27.8	10.8	1.5	0.2

从各流域Ⅰ～Ⅲ类和劣Ⅴ类水质断面比例变化情况看，2016—2020 年，海河、辽河、黄河、淮河和松花江流域变幅高于各流域总体水平，长江流域略低于总体水平，浙闽片河流、西南诸河、西北诸河和珠江流域低于总体水平。

2016—2020 年，七大流域干支流水质整体呈好转趋势，干流水质基本优于支流。各流域干流中，珠江干流由良好变为优，海河干流由中度污染变为轻度污染；长江和黄河干流持续为优，松花江和淮河干流基本为优，辽河干流基本为轻度污染。各流域支流中，长江和珠江支流由良好变为优，黄河、松花江和淮河支流由轻度污染变为良好，海河支流由重度污染变为轻度污染，辽河支流由中度、重度污染变为轻度污染。

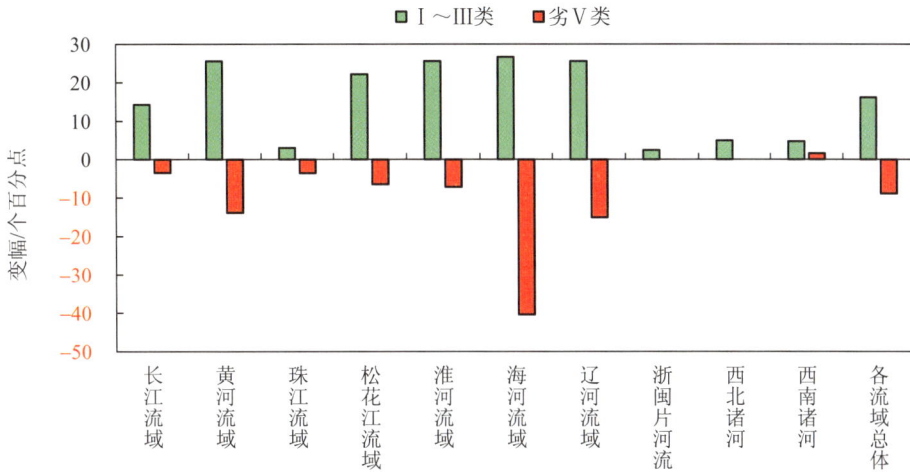

图 2-3-21　2016—2020 年主要江河水质类别比例变化幅度

表 2-3-22　2016—2020 年七大流域干支流水质状况

年度	长江干流	黄河干流	珠江干流	松花江干流	淮河干流	海河干流	辽河干流
2016	优	优	良好	优	优	中度污染	轻度污染
2017	优	优	良好	良好	轻度污染	中度污染	轻度污染
2018	优	优	良好	优	优	轻度污染	中度污染
2019	优	优	良好	良好	优	轻度污染	轻度污染
2020	优	优	优	优	优	轻度污染	轻度污染
年度	长江支流	黄河支流	珠江支流	松花江支流	淮河支流	海河支流	辽河支流
2016	良好	轻度污染	良好	轻度污染	轻度污染	重度污染	中度污染
2017	良好	中度污染	良好	轻度污染	轻度污染	中度污染	重度污染
2018	良好	轻度污染	良好	中度污染	轻度污染	中度污染	中度污染
2019	优	轻度污染	良好	轻度污染	轻度污染	轻度污染	中度污染
2020	优	良好	优	良好	良好	轻度污染	轻度污染

（一）长江流域

1. 总体情况

2016—2020 年，长江流域主要江河水质有所好转，水质由良好变为优。其中，Ⅰ～Ⅲ类水质断面比例逐年上升；劣Ⅴ类水质断面比例逐年下降，2020 年消除劣Ⅴ类。

与 2016 年相比，2020 年Ⅰ～Ⅲ类水质断面比例上升 14.3 个百分点，劣Ⅴ类水质断面比例下降 3.5 个百分点。

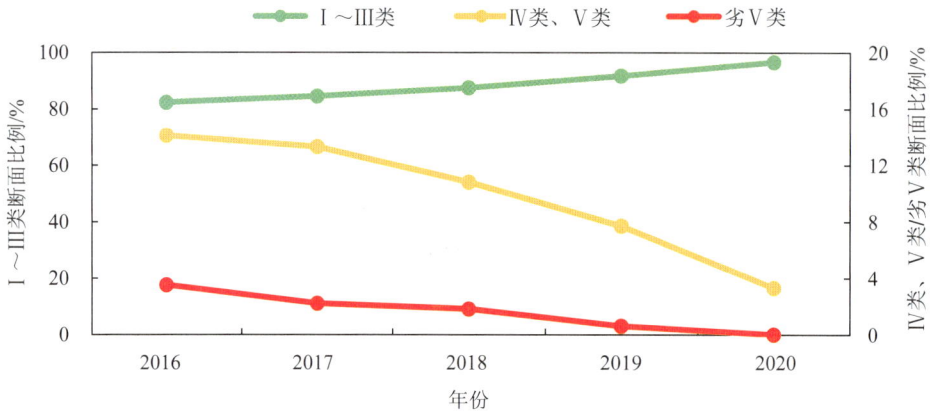

图 2-3-22　2016—2020 年长江流域主要江河水质类别比例年际变化

表 2-3-23　2016—2020 年长江流域主要江河水质类别比例

年度	监测断面/个	断面比例/%					
		Ⅰ类	Ⅱ类	Ⅲ类	Ⅳ类	Ⅴ类	劣Ⅴ类
2016	510	2.7	53.5	26.1	9.6	4.5	3.5
2017	510	2.2	44.3	38.0	10.2	3.1	2.2
2018	510	5.7	54.7	27.1	9.0	1.8	1.8
2019	509	3.3	67.0	21.4	6.7	1.0	0.6
2020	510	8.2	67.8	20.6	2.9	0.4	0

2. 干流

2016—2020 年，长江干流水质稳定为优，仅 2016 年个别断面为Ⅳ类水质，到 2020 年，Ⅰ～Ⅱ类水质断面比例达到 100%。与 2016 年相比，2020 年Ⅰ～Ⅲ类水质断面比例上升 5.1 个百分点，其中Ⅰ～Ⅱ类水质断面比例上升 43.4 个百分点，Ⅲ类下降 37.3 个百分点。

表 2-3-24　2016—2020 年长江干流水质类别比例

年度	监测断面/个	断面比例/%					
		Ⅰ类	Ⅱ类	Ⅲ类	Ⅳ类	Ⅴ类	劣Ⅴ类
2016	59	6.8	50.8	37.3	5.1	0	0
2017	59	6.8	40.7	52.5	0	0	0
2018	59	6.8	78.0	15.3	0	0	0
2019	59	6.8	91.5	1.7	0	0	0
2020	59	10.2	89.8	0	0	0	0

3. 支流

2016—2020 年，长江支流水质持续好转，由良好变为优。其中，Ⅰ～Ⅲ类水质断面比例逐年上升；劣Ⅴ类水质断面比例逐年下降，2020 年消除劣Ⅴ类。

与 2016 年相比，2020 年Ⅰ～Ⅲ类水质断面比例上升 15.5 个百分点，劣Ⅴ类水质断面比例下降 4.0 个百分点。

表 2-3-25　2016—2020 年长江支流水质类别比例

年度	监测断面/个	断面比例/%					
		Ⅰ类	Ⅱ类	Ⅲ类	Ⅳ类	Ⅴ类	劣Ⅴ类
2016	451	2.2	53.9	24.6	10.2	5.1	4.0
2017	451	1.6	44.8	36.1	11.5	3.5	2.4
2018	451	5.5	51.7	28.6	10.2	2.0	2.0
2019	450	2.9	63.8	24.0	7.6	1.1	0.7
2020	451	8.0	65.0	23.3	3.3	0.4	0

4. 省界断面

2016—2020 年，长江流域省界断面水质稳定为优，Ⅰ～Ⅲ类水质断面比例先降后升，2020 年达到 100%，各年均无Ⅴ类和劣Ⅴ类断面。

与 2016 年相比，2020 年Ⅰ～Ⅲ类水质断面比例上升 1.7 个百分点，Ⅳ类下降 1.7 个百分点。

表 2-3-26　2016—2020 年长江流域省界断面水质类别比例

年度	监测断面/个	断面比例/%					
		Ⅰ类	Ⅱ类	Ⅲ类	Ⅳ类	Ⅴ类	劣Ⅴ类
2016	60	6.7	65.0	26.7	1.7	0	0
2017	60	6.7	58.3	28.3	6.7	0	0
2018	60	11.7	70.0	13.3	5.0	0	0
2019	60	3.3	81.7	13.3	1.7	0	0
2020	60	8.3	78.3	13.3	0	0	0

（二）黄河流域

1. 总体情况

2016—2020 年，黄河流域主要江河水质明显好转，由轻度污染变为良好。Ⅰ～Ⅲ类水质断面比例先降后升；劣Ⅴ类水质断面比例先升后降，2020 年消除劣Ⅴ类。

与 2016 年相比，2020 年 Ⅰ～Ⅲ类水质断面比例上升 25.6 个百分点，劣Ⅴ类水质断面比例下降 13.9 个百分点。

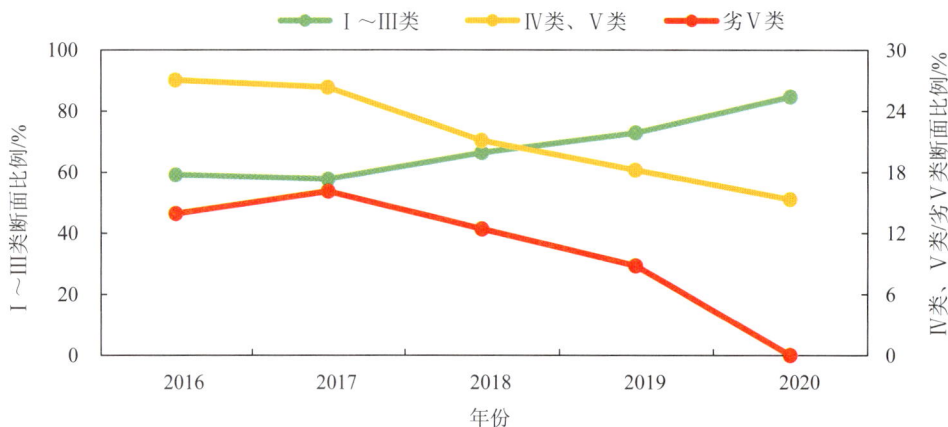

图 2-3-23　2016—2020 年黄河流域主要江河水质类别比例年际变化

表 2-3-27　2016—2020 年黄河流域主要江河水质类别比例

年度	监测断面/个	断面比例/%					
		Ⅰ类	Ⅱ类	Ⅲ类	Ⅳ类	Ⅴ类	劣Ⅴ类
2016	137	2.2	32.1	24.8	20.4	6.6	13.9
2017	137	1.5	29.2	27.0	16.1	10.2	16.1
2018	137	2.9	45.3	18.2	17.5	3.6	12.4
2019	137	3.6	51.8	17.5	12.4	5.8	8.8
2020	137	6.6	56.2	21.9	12.4	2.9	0

2. 干流

2016—2020 年，黄河干流水质稳定为优，除 2016—2017 年个别断面为Ⅳ类水质，其他断面、其他年度均为 Ⅰ～Ⅲ类水质；均无Ⅴ类和劣Ⅴ类。Ⅰ～Ⅲ类水质中，Ⅰ～Ⅱ类水质断面比例大幅上升，2020 年达到 100%；Ⅲ类水质断面比例大幅下降。

与 2016 年相比，2020 年 Ⅰ～Ⅲ类水质断面比例上升 6.5 个百分点，无劣Ⅴ类。

表 2-3-28　2016—2020 年黄河干流水质类别比例

年度	监测断面/个	断面比例/%					
		Ⅰ类	Ⅱ类	Ⅲ类	Ⅳ类	Ⅴ类	劣Ⅴ类
2016	31	6.5	64.5	22.6	6.5	0	0
2017	31	6.5	58.1	32.3	3.2	0	0

年度	监测断面/个	断面比例/%					
		Ⅰ类	Ⅱ类	Ⅲ类	Ⅳ类	Ⅴ类	劣Ⅴ类
2018	31	6.5	80.6	12.9	0	0	0
2019	31	6.5	77.4	16.1	0	0	0
2020	31	3.2	96.8	0	0	0	0

3. 支流

2016—2020 年，黄河支流水质明显好转，由轻度污染变为良好。Ⅰ～Ⅲ类水质断面比例先降后升；劣Ⅴ类水质断面比例先升后降，2020 年消除劣Ⅴ类。

与 2016 年相比，2020 年Ⅰ～Ⅲ类水质断面比例上升 31.1 个百分点，劣Ⅴ类水质断面比例下降 17.9 个百分点。

表 2-3-29　2016—2020 年黄河支流水质类别比例

年度	监测断面/个	断面比例/%					
		Ⅰ类	Ⅱ类	Ⅲ类	Ⅳ类	Ⅴ类	劣Ⅴ类
2016	106	0.9	22.6	25.5	24.5	8.5	17.9
2017	106	0	20.8	25.5	19.8	13.2	20.8
2018	106	1.9	34.9	19.8	22.6	4.7	16.0
2019	106	2.8	44.3	17.9	16.0	7.5	11.3
2020	106	7.5	44.3	28.3	16.0	3.8	0

4. 省界断面

2016—2020 年，黄河流域省界断面水质明显好转，由轻度污染变为良好。Ⅰ～Ⅲ类水质断面比例逐年上升；劣Ⅴ类水质断面比例波动下降，2020 年消除劣Ⅴ类。

与 2016 年相比，2020 年Ⅰ～Ⅲ类水质断面比例上升 25.7 个百分点，劣Ⅴ类水质断面比例下降 15.4 个百分点。

表 2-3-30　2016—2020 年黄河流域省界断面水质类别比例

年度	监测断面/个	断面比例/%					
		Ⅰ类	Ⅱ类	Ⅲ类	Ⅳ类	Ⅴ类	劣Ⅴ类
2016	39	2.6	33.3	20.5	25.6	2.6	15.4
2017	39	2.6	23.1	33.3	17.9	7.7	15.4
2018	39	2.6	59.0	7.7	15.4	7.7	7.7
2019	39	2.6	56.4	12.8	10.3	10.3	7.7
2020	39	5.1	69.2	7.7	12.8	5.1	0

（三）珠江流域

1. 总体情况

2016—2020 年，珠江流域主要江河水质有所好转，由良好变为优。Ⅰ～Ⅲ类水质断面比例先降后升；劣Ⅴ类水质断面比例先升后降，2020 年消除劣Ⅴ类。

与 2016 年相比，2020 年Ⅰ～Ⅲ类水质断面比例上升 3.0 个百分点，劣Ⅴ类水质断面比例下降 3.6 个百分点。

图 2-3-24   2016—2020 年珠江流域水质类别比例年际变化

表 2-3-31   2016—2020 年珠江流域水质类别比例

年度	监测断面/个	断面比例/%					
		Ⅰ类	Ⅱ类	Ⅲ类	Ⅳ类	Ⅴ类	劣Ⅴ类
2016	165	2.4	62.4	24.8	4.8	1.8	3.6
2017	165	3.0	56.4	27.9	6.1	2.4	4.2
2018	165	4.8	61.8	18.2	7.9	1.8	5.5
2019	165	3.6	69.1	13.3	9.7	1.2	3.0
2020	165	9.1	67.3	16.4	6.1	1.2	0

2. 干流

2016—2020 年，珠江干流水质有所好转，由良好变为优。Ⅰ～Ⅲ类水质断面比例先降后升；劣Ⅴ类水质断面比例先升后降，2017—2018 年各有 1 个断面为劣Ⅴ类，其他年度均无劣Ⅴ类。

与 2016 年相比，2020 年Ⅰ～Ⅲ类水质断面比例上升 2.0 个百分点，无劣Ⅴ类。

表 2-3-32　2016—2020 年珠江干流水质类别比例

年度	监测断面/个	断面比例/%					
		Ⅰ类	Ⅱ类	Ⅲ类	Ⅳ类	Ⅴ类	劣Ⅴ类
2016	50	4.0	72.0	12.0	10.0	2.0	0
2017	50	2.0	60.0	24.0	10.0	2.0	2.0
2018	50	2.0	64.0	20.0	10.0	2.0	2.0
2019	50	0	80.0	4.0	16.0	0	0
2020	50	10.0	72.0	8.0	10.0	0	0

3. 支流

2016—2020 年，珠江支流水质有所好转，由良好变为优。Ⅰ～Ⅲ类水质断面比例先降后升；劣Ⅴ类水质断面比例先升后降，2020 年消除劣Ⅴ类。

与 2016 年相比，2020 年Ⅰ～Ⅲ类水质断面比例上升 4.0 个百分点，劣Ⅴ类水质断面比例下降 5.9 个百分点。

表 2-3-33　2016—2020 年珠江支流水质类别比例

年度	监测断面/个	断面比例/%					
		Ⅰ类	Ⅱ类	Ⅲ类	Ⅳ类	Ⅴ类	劣Ⅴ类
2016	101	2.0	56.4	30.7	3.0	2.0	5.9
2017	101	4.0	50.5	31.7	5.0	3.0	5.9
2018	101	6.9	58.4	16.8	7.9	2.0	7.9
2019	101	5.9	63.4	15.8	7.9	2.0	5.0
2020	101	9.9	63.4	19.8	5.0	2.0	0

4. 海南岛内河流

2016—2020 年，海南岛内河流水质稳定为优。Ⅰ～Ⅲ类水质断面比例均为 100%，其中，无Ⅰ类水质，Ⅱ类水质断面比例在 71.4%～85.7%之间波动变化，Ⅲ类水质断面比例在 14.3%～28.6%之间波动变化。

与 2016 年相比，2020 年Ⅰ～Ⅲ类水质断面比例持平，无劣Ⅴ类。

表 2-3-34 2016—2020 年海南岛内河流水质类别比例

年度	监测断面/个	断面比例/%					
		Ⅰ类	Ⅱ类	Ⅲ类	Ⅳ类	Ⅴ类	劣Ⅴ类
2016	14	0	71.4	28.6	0	0	0
2017	14	0	85.7	14.3	0	0	0
2018	14	0	78.6	21.4	0	0	0
2019	14	0	71.4	28.6	0	0	0
2020	14	0	78.6	21.4	0	0	0

5. 省界断面

2016—2020 年，珠江流域省界断面水质稳定为优。除 2016 年个别断面为Ⅳ类水质，其他断面、其他年度为Ⅰ～Ⅲ类水质。Ⅰ～Ⅲ类水质中，Ⅰ～Ⅱ类水质断面比例大幅上升，2020 年达到 94.2%；Ⅲ类水质断面比例大幅下降。

与 2016 年相比，2020 年Ⅰ～Ⅲ类水质断面比例上升 5.9 个百分点，无劣Ⅴ类。

表 2-3-35 2016—2020 年珠江流域省界断面水质类别比例

年度	监测断面/个	断面比例/%					
		Ⅰ类	Ⅱ类	Ⅲ类	Ⅳ类	Ⅴ类	劣Ⅴ类
2016	17	0	76.5	17.6	5.9	0	0
2017	17	5.9	58.8	35.3	0	0	0
2018	17	11.8	76.5	11.8	0	0	0
2019	17	11.8	82.4	5.9	0	0	0
2020	17	11.8	82.4	5.9	0	0	0

（四）松花江流域

1. 总体情况

2016—2020 年，松花江流域主要江河水质明显好转，由轻度污染变为良好。无Ⅰ类水质断面，Ⅱ～Ⅲ类水质断面比例波动上升；劣Ⅴ类水质断面比例波动下降，2020 年消除劣Ⅴ类。

与 2016 年相比，2020 年Ⅰ～Ⅲ类水质断面比例上升 22.2 个百分点，劣Ⅴ类水质断面比例下降 6.5 个百分点。

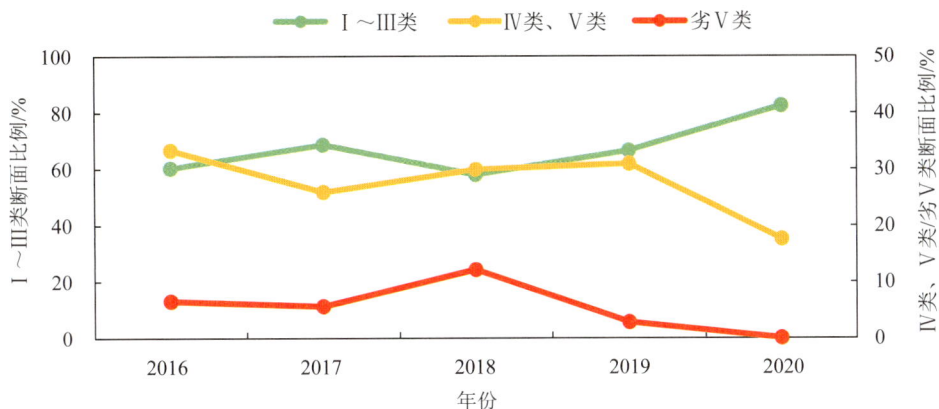

图 2-3-25　2016—2020 年松花江流域主要江河水质类别比例年际变化

表 2-3-36　2016—2020 年松花江流域主要江河水质类别比例

年度	监测断面/个	断面比例/%					
		Ⅰ类	Ⅱ类	Ⅲ类	Ⅳ类	Ⅴ类	劣Ⅴ类
2016	108	0	13.9	46.3	29.6	3.7	6.5
2017	108	0	14.8	53.7	25.0	0.9	5.6
2018	107	0	12.1	45.8	27.1	2.8	12.1
2019	107	0	13.1	53.3	26.2	4.7	2.8
2020	108	0	18.5	63.9	17.6	0	0

2. 干流

2016—2020 年，松花江干流水质基本稳定，2017 年和 2019 年水质良好，其他年度为优，无Ⅰ类、Ⅴ类和劣Ⅴ类，Ⅱ～Ⅲ类水质断面比例在 88.2%～94.2%之间波动变化，Ⅳ类水质断面比例在 5.9%～11.8%之间波动变化。

与 2016 年相比，2020 年Ⅰ～Ⅲ类水质断面比例持平，无劣Ⅴ类。

表 2-3-37　2016—2020 年松花江干流水质类别比例

年度	监测断面/个	断面比例/%					
		Ⅰ类	Ⅱ类	Ⅲ类	Ⅳ类	Ⅴ类	劣Ⅴ类
2016	17	0	23.5	70.6	5.9	0	0
2017	17	0	11.8	76.5	11.8	0	0
2018	17	0	17.6	76.5	5.9	0	0
2019	17	0	0	88.2	11.8	0	0
2020	17	0	23.6	70.6	5.9	0	0

3. 支流

2016—2020 年，松花江支流水质明显好转，由轻度污染变为良好。均无Ⅰ类水质断面，Ⅱ～Ⅲ类水质断面比例波动上升；劣Ⅴ类水质断面比例先升后降，2020 年消除劣Ⅴ类。

与 2016 年相比，2020 年Ⅰ～Ⅲ类水质断面比例上升 28.5 个百分点，劣Ⅴ类水质断面比例下降 8.9 个百分点。

表 2-3-38　2016—2020 年松花江支流水质类别比例

年度	监测断面/个	断面比例/%					
		Ⅰ类	Ⅱ类	Ⅲ类	Ⅳ类	Ⅴ类	劣Ⅴ类
2016	56	0	14.3	39.3	32.1	5.4	8.9
2017	56	0	19.6	48.2	21.4	1.8	8.9
2018	56	0	12.5	41.1	19.6	3.6	23.2
2019	55	0	21.8	41.8	23.6	7.3	5.5
2020	56	0	25.0	57.1	17.9	0	0

4. 黑龙江水系

2016—2020 年，黑龙江水系水质明显好转，但仍为轻度污染。均无Ⅰ类水质断面，Ⅱ～Ⅲ类水质断面比例波动上升；2017 年劣Ⅴ类水质断面比例为 5.6%，其他年度无劣Ⅴ类。

与 2016 年相比，2020 年Ⅰ～Ⅲ类水质断面比例上升 22.3 个百分点，无劣Ⅴ类。

表 2-3-39　2016—2020 年黑龙江水系水质类别比例

年度	监测断面/个	断面比例/%					
		Ⅰ类	Ⅱ类	Ⅲ类	Ⅳ类	Ⅴ类	劣Ⅴ类
2016	18	0	5.6	38.9	50.0	5.6	0
2017	18	0	16.7	44.4	33.3	0	5.6
2018	17	0	11.8	23.5	58.8	5.9	0
2019	18	0	11.1	33.3	55.6	0	0
2020	18	0	11.1	55.6	33.3	0	0

5. 乌苏里江水系

2016—2020 年，乌苏里江水系水质明显好转，由轻度污染变为良好。只有Ⅲ类和Ⅳ类水质，Ⅲ类水质断面比例逐年大幅上升，Ⅳ类水质断面比例逐年大幅下降。

与 2016 年相比，2020 年Ⅰ～Ⅲ类水质断面比例上升 33.4 个百分点，无劣Ⅴ类。

表 2-3-40　2016—2020 年乌苏里江水系水质类别比例

年度	监测断面/个	断面比例/%					
		Ⅰ类	Ⅱ类	Ⅲ类	Ⅳ类	Ⅴ类	劣Ⅴ类
2016	9	0	0	44.4	55.6	0	0
2017	9	0	0	55.6	44.4	0	0
2018	9	0	0	55.6	44.4	0	0
2019	9	0	0	66.7	33.3	0	0
2020	9	0	0	77.8	22.2	0	0

6. 图们江水系

2016—2020 年，图们江水系水质明显好转，由轻度污染变为良好。Ⅰ～Ⅲ类水质断面比例大幅上升，其中，2018 年Ⅱ类水质断面比例为 14.3%，其他年度均无Ⅰ类和Ⅱ类；2016年劣Ⅴ类水质断面比例为 14.3%，其他年度均无劣Ⅴ类。

与 2016 年相比，2020 年Ⅰ～Ⅲ类水质断面比例上升 42.9 个百分点，劣Ⅴ类水质断面比例下降 14.3 个百分点。

表 2-3-41　2016—2020 年图们江水系水质类别比例

年度	监测断面/个	断面比例/%					
		Ⅰ类	Ⅱ类	Ⅲ类	Ⅳ类	Ⅴ类	劣Ⅴ类
2016	7	0	0	57.1	14.3	14.3	14.3
2017	7	0	0	57.1	42.9	0	0
2018	7	0	14.3	42.9	42.9	0	0
2019	7	0	0	85.7	14.3	0	0
2020	7	0	0	100	0	0	0

7. 绥芬河水系

2016—2020 年，绥芬河水质持续稳定，均为良好，1 个国考断面三岔口断面水质均为Ⅲ类。

8. 省界断面

2016—2020 年，松花江流域省界断面水质基本稳定，2017 年和 2018 年水质良好，其他年度均为优。均无Ⅰ类水质断面，Ⅱ～Ⅲ类水质断面比例波动上升；无劣Ⅴ类。

与 2016 年相比，2020 年Ⅰ～Ⅲ类水质断面比例上升 4.4 个百分点，无劣Ⅴ类。

表 2-3-42　2016—2020 年松花江流域省界断面水质类别比例

年度	监测断面/个	断面比例/%					
		I 类	II 类	III 类	IV 类	V 类	劣 V 类
2016	23	0	34.8	56.5	8.7	0	0
2017	23	0	30.4	56.5	13.0	0	0
2018	23	0	26.1	60.9	13.0	0	0
2019	23	0	43.5	52.2	4.3	0	0
2020	23	0	47.8	47.8	4.3	0	0

（五）淮河流域

1. 总体情况

2016—2020 年，淮河流域主要江河水质明显好转，由轻度污染变为良好。I～III 类水质断面比例先降后升；劣 V 类水质断面比例先升后降，2020 年消除劣 V 类。

与 2016 年相比，2020 年 I～III 类水质断面比例上升 25.6 个百分点，劣 V 类水质断面比例下降 7.2 个百分点。

图 2-3-26　2016—2020 年淮河流域主要江河水质类别比例年际变化

表 2-3-43　2016—2020 年淮河流域主要江河水质类别比例

年度	监测断面/个	断面比例/%					
		I 类	II 类	III 类	IV 类	V 类	劣 V 类
2016	180	0	7.2	46.1	23.9	15.6	7.2
2017	180	0	6.7	39.4	36.7	8.9	8.3
2018	180	0.6	12.2	44.4	30.6	9.4	2.8

年度	监测断面/个	断面比例/%					
		Ⅰ类	Ⅱ类	Ⅲ类	Ⅳ类	Ⅴ类	劣Ⅴ类
2019	179	0.6	20.1	43.0	35.2	0.6	0.6
2020	180	0	20.6	58.3	20	1.1	0

2. 干流

2016—2020 年，淮河干流水质基本稳定。2017 年为轻度污染，其他年度水质为优。均无Ⅰ类水质，Ⅱ～Ⅲ类水质断面比例先降后升，2019—2020 年持续为 100%；2017 年劣Ⅴ类水质断面比例为 10.0%，其他年度均无劣Ⅴ类。

与 2016 年相比，2020 年Ⅰ～Ⅲ类水质断面比例上升 10.0 个百分点，无劣Ⅴ类。

表 2-3-44　2016—2020 年淮河干流水质类别比例

年度	监测断面/个	断面比例/%					
		Ⅰ类	Ⅱ类	Ⅲ类	Ⅳ类	Ⅴ类	劣Ⅴ类
2016	10	0	0	90.0	10.0	0	0
2017	10	0	0	70.0	20.0	0	10.0
2018	10	0	10.0	80.0	10.0	0	0
2019	10	0	90.0	10.0	0	0	0
2020	10	0	40.0	60.0	0	0	0

3. 支流

2016—2020 年，淮河支流水质明显好转，由轻度污染变为良好。Ⅰ～Ⅲ类水质断面比例先降后升；劣Ⅴ类水质断面比例呈下降趋势，2020 年消除劣Ⅴ类。

与 2016 年相比，2020 年Ⅰ～Ⅲ类水质断面比例上升 30.7 个百分点，劣Ⅴ类水质断面比例下降 6.9 个百分点。

表 2-3-45　2016—2020 年淮河支流水质类别比例

年度	监测断面/个	断面比例/%					
		Ⅰ类	Ⅱ类	Ⅲ类	Ⅳ类	Ⅴ类	劣Ⅴ类
2016	101	0	9.9	35.6	28.7	18.8	6.9
2017	101	0	9.9	33.7	39.6	9.9	6.9
2018	101	1.0	12.9	37.6	35.6	9.9	3.0
2019	101	1.0	20.8	37.6	40.6	0	0
2020	101	0	24.8	51.5	23.8	0	0

4. 沂沭泗水系

2016—2020 年，沂沭泗水系水质明显好转，由轻度污染变为优。均无 I 类水质断面，II～III 类水质断面比例先降后升；劣 V 类水质断面比例逐年下降，2018—2020 年持续消除劣 V 类。

与 2016 年相比，2020 年 I～III 类水质断面比例上升 20.9 个百分点，劣 V 类水质断面比例下降 6.3 个百分点。

表 2-3-46　2016—2020 年沂沭泗水系水质类别比例

年度	监测断面/个	断面比例/%					
		I 类	II 类	III 类	IV 类	V 类	劣 V 类
2016	48	0	0	72.9	18.8	2.1	6.3
2017	48	0	2.1	56.2	31.2	6.2	4.2
2018	48	0	14.6	62.5	22.9	0	0
2019	48	0	6.2	72.9	20.8	0	0
2020	48	0	12.5	81.2	6.2	0	0

5. 山东半岛独流入海河流

2016—2020 年，山东半岛独流入海河流水质明显好转，但仍为轻度污染。均无 I 类水质断面，II～III 类水质断面比例先降后升；劣 V 类水质断面比例先升后降，2020 年消除劣 V 类。

与 2016 年相比，2020 年 I～III 类水质断面比例上升 19.0 个百分点，劣 V 类水质断面比例下降 14.3 个百分点。

表 2-3-47　2016—2020 年山东半岛独流入海河流水质类别比例

年度	监测断面/个	断面比例/%					
		I 类	II 类	III 类	IV 类	V 类	劣 V 类
2016	21	0	14.3	14.3	19.0	38.1	14.3
2017	21	0	4.8	14.3	42.9	14.3	23.8
2018	21	0	4.8	19.0	33.3	33.3	9.5
2019	20	0	15.0	15.0	60.0	5.0	5.0
2020	21	0	9.5	38.1	42.9	9.5	0

6. 省界断面

2016—2020 年，淮河流域省界断面水质明显好转，但仍为轻度污染。均无 I 类水质断面，II～III 类水质断面比例波动上升；劣 V 类水质断面比例呈下降趋势，2019 年和 2020

年均无劣Ⅴ类。

与2016年相比，2020年Ⅰ～Ⅲ类水质断面比例上升20.0个百分点，劣Ⅴ类水质断面比例下降13.3个百分点。

表 2-3-48　2016—2020年淮河流域省界断面水质类别比例

年度	监测断面/个	断面比例/%					
		Ⅰ类	Ⅱ类	Ⅲ类	Ⅳ类	Ⅴ类	劣Ⅴ类
2016	30	0	0	40.0	20.0	26.7	13.3
2017	30	0	0	43.3	23.3	20.0	13.3
2018	30	0	16.7	46.7	26.7	6.7	3.3
2019	30	0	10.0	43.3	46.7	0	0
2020	30	0	10.0	50.0	40.0	0	0

（六）海河流域

1. 总体情况

2016—2020年，海河流域主要江河水质明显好转，由重度污染变为轻度污染。Ⅰ～Ⅲ类水质断面比例逐年上升，劣Ⅴ类水质断面比例逐年下降。

与2016年相比，2020年Ⅰ～Ⅲ类水质断面比例上升26.7个百分点，劣Ⅴ类水质断面比例下降40.4个百分点。

图 2-3-27　2016—2020年海河流域主要江河水质类别比例年际变化

表 2-3-49　2016—2020 年海河流域主要江河水质类别比例

年度	监测断面/个	断面比例/%					
		Ⅰ类	Ⅱ类	Ⅲ类	Ⅳ类	Ⅴ类	劣Ⅴ类
2016	161	1.9	19.3	16.1	13.0	8.7	41.0
2017	161	1.9	20.5	19.3	13.0	12.4	32.9
2018	160	5.6	21.9	18.8	19.4	14.4	20.0
2019	160	6.9	28.8	16.2	27.5	13.1	7.5
2020	161	10.6	26.7	26.7	27.3	8.1	0.6

2. 干流

2016—2020 年，海河干流水质明显好转。三岔口断面水质由Ⅳ类变为Ⅱ类，海河大闸断面水质由劣Ⅴ类变为Ⅴ类。

与 2016 年相比，2020 年三岔口断面水质由Ⅳ类变为Ⅱ类，海河大闸断面水质由劣Ⅴ类变为Ⅴ类。

表 2-3-50　2016—2020 年海河干流水质类别比例

断面名称	水质类别				
	2016 年	2017 年	2018 年	2019 年	2020 年
三岔口	Ⅳ	Ⅲ	Ⅲ	Ⅱ	Ⅱ
海河大闸	劣Ⅴ	劣Ⅴ	劣Ⅴ	Ⅴ	Ⅴ

3. 支流

2016—2020 年，海河支流水质明显好转，由重度污染变为轻度污染。Ⅰ～Ⅲ类水质断面比例逐年上升，劣Ⅴ类水质断面比例逐年下降。

与 2016 年相比，2020 年Ⅰ～Ⅲ类水质断面比例上升 28.8 个百分点，劣Ⅴ类水质断面比例下降 48.8 个百分点。

表 2-3-51　2016—2020 年海河支流水质类别比例

年度	监测断面/个	断面比例/%					
		Ⅰ类	Ⅱ类	Ⅲ类	Ⅳ类	Ⅴ类	劣Ⅴ类
2016	125	2.4	18.4	12.0	10.4	7.2	49.6
2017	125	2.4	22.4	15.2	8.8	12.0	39.2
2018	124	7.3	20.2	15.3	18.5	13.7	25.0
2019	124	8.1	22.6	16.9	28.2	14.5	9.7
2020	125	11.2	25.6	24.8	28.8	8.8	0.8

4. 滦河水系

2016—2020 年，滦河水系水质先变差后好转，由良好变差为轻度污染再转为优。Ⅰ～Ⅲ类水质断面比例先降后升，无劣Ⅴ类。

与 2016 年相比，2020 年Ⅰ～Ⅲ类水质断面比例上升 5.9 个百分点，无劣Ⅴ类。

表 2-3-52　2016—2020 年滦河水系水质类别比例

年度	监测断面/个	断面比例/%					
		Ⅰ类	Ⅱ类	Ⅲ类	Ⅳ类	Ⅴ类	劣Ⅴ类
2016	17	0	41.2	47.1	11.8	0	0
2017	17	0	23.5	41.2	29.4	5.9	0
2018	17	0	41.2	47.1	11.8	0	0
2019	17	5.9	70.6	17.6	5.9	0	0
2020	17	17.6	47.1	29.4	5.9	0	0

5. 冀东沿海诸河水系

2016—2020 年，冀东沿海诸河水系水质明显好转，但仍为轻度污染。Ⅰ～Ⅲ类水质断面比例逐年上升，其中均无Ⅰ类水质，仅 2019 年Ⅱ类水质断面比例为 33.3%，其他年度均为Ⅲ类水质；2016—2017 年劣Ⅴ类水质断面比例为 16.7%，2018—2020 年持续无劣Ⅴ类。

与 2016 年相比，2020 年Ⅰ～Ⅲ类水质断面比例上升 50.0 个百分点，劣Ⅴ类水质断面比例下降 16.7 个百分点。

表 2-3-53　2016—2020 年冀东沿海诸河水系水质类别比例

年度	监测断面/个	断面比例/%					
		Ⅰ类	Ⅱ类	Ⅲ类	Ⅳ类	Ⅴ类	劣Ⅴ类
2016	6	0	0	16.7	66.7	0	16.7
2017	6	0	0	33.3	50.0	0	16.7
2018	6	0	0	33.3	33.3	33.3	0
2019	6	0	33.3	16.7	50.0	0	0
2020	6	0	0	66.7	33.3	0	0

6. 徒骇马颊河水系

2016—2020 年，徒骇马颊河水系水质明显好转，但仍为轻度污染。均无Ⅰ类水质断面，Ⅱ～Ⅲ类水质断面比例波动上升；劣Ⅴ类水质断面比例逐年下降，2018—2020 年持续消除劣Ⅴ类。

与 2016 年相比，2020 年Ⅰ～Ⅲ类水质断面比例上升 18.2 个百分点，劣Ⅴ类水质断面比例下降 27.3 个百分点。

表 2-3-54　2016—2020 年徒骇马颊河水系水质类别比例

年度	监测断面/个	断面比例/%					
		Ⅰ类	Ⅱ类	Ⅲ类	Ⅳ类	Ⅴ类	劣Ⅴ类
2016	11	0	9.1	18.2	9.1	36.4	27.3
2017	11	0	9.1	18.2	18.2	36.4	18.2
2018	11	0	27.3	36.4	36.4	0	0
2019	11	0	27.3	9.1	45.5	18.2	0
2020	11	0	18.2	27.3	45.5	9.1	0

7. 省界断面

2016—2020 年，海河流域省界断面水质明显好转，但仍为轻度污染。Ⅰ～Ⅲ类水质断面比例波动上升，劣Ⅴ类水质断面比例逐年下降。

与 2016 年相比，2020 年Ⅰ～Ⅲ类水质断面比例上升 20.8 个百分点，劣Ⅴ类水质断面比例下降 52.1 个百分点。

表 2-3-55　2016—2020 年海河流域省界断面水质类别比例

年度	监测断面/个	断面比例/%					
		Ⅰ类	Ⅱ类	Ⅲ类	Ⅳ类	Ⅴ类	劣Ⅴ类
2016	48	2.1	16.7	12.5	8.3	6.2	54.2
2017	48	2.1	16.7	14.6	6.3	20.8	39.6
2018	47	8.5	21.3	10.6	25.5	12.8	21.3
2019	47	12.8	8.5	17.0	29.8	21.3	10.6
2020	48	10.4	25.0	16.7	37.5	8.3	2.1

（七）辽河流域

1. 总体情况

2016—2020 年，辽河流域主要江河水质明显好转。Ⅰ～Ⅲ类水质断面比例逐年上升；劣Ⅴ类水质断面比例先升后降，2020 年消除劣Ⅴ类。

与 2016 年相比，2020 年Ⅰ～Ⅲ类水质断面比例上升 23.6 个百分点，劣Ⅴ类水质断面比例下降 15.1 个百分点。

图 2-3-28　2016—2020 年辽河流域主要江河水质类别比例年际变化

表 2-3-56　2016—2020 年辽河流域主要江河水质类别比例

年度	监测断面/个	断面比例/%					
		Ⅰ类	Ⅱ类	Ⅲ类	Ⅳ类	Ⅴ类	劣Ⅴ类
2016	106	1.9	31.1	12.3	22.6	17.0	15.1
2017	106	2.8	23.6	22.6	24.5	7.5	18.9
2018	104	3.8	28.8	16.3	19.2	9.6	22.1
2019	103	3.9	37.9	14.6	25.2	9.7	8.7
2020	103	3.9	40.8	26.2	27.2	1.9	0

2. 干流

2016—2020 年，辽河干流水质有所好转。均无Ⅰ类水质断面，Ⅱ～Ⅲ类水质断面比例波动上升；劣Ⅴ类水质断面比例先升后降，2020 年消除劣Ⅴ类。

与 2016 年相比，2020 年Ⅰ～Ⅲ类水质断面比例上升 6.7 个百分点，劣Ⅴ类水质断面比例下降 6.7 个百分点。

表 2-3-57　2016—2020 年辽河干流水质类别比例

年度	监测断面/个	断面比例/%					
		Ⅰ类	Ⅱ类	Ⅲ类	Ⅳ类	Ⅴ类	劣Ⅴ类
2016	15	0	0	13.3	46.7	33.3	6.7
2017	15	0	0	13.3	46.8	26.7	13.3
2018	14	0	14.3	7.1	35.7	21.4	21.4
2019	14	0	14.3	0	57.1	21.4	7.1
2020	14	0	7.1	14.3	78.6	0	0

3. 支流

2016—2020 年，辽河支流水质明显好转，由中度污染变为轻度污染。均无Ⅰ类水质断面，Ⅱ～Ⅲ类水质断面比例波动上升；劣Ⅴ类水质断面比例先升后降，2020 年消除劣Ⅴ类。

与 2016 年相比，2020 年Ⅰ～Ⅲ类水质断面比例上升 4.8 个百分点，劣Ⅴ类水质断面比例下降 28.6 个百分点。

表 2-3-58　2016—2020 年辽河支流水质类别比例

年度	监测断面/个	断面比例/%					
		Ⅰ类	Ⅱ类	Ⅲ类	Ⅳ类	Ⅴ类	劣Ⅴ类
2016	21	0	9.5	23.8	14.3	23.8	28.6
2017	21	0	0	14.3	33.3	4.8	47.6
2018	20	0	10.0	20.0	15.0	20.0	35.0
2019	19	0	10.5	15.8	36.8	15.8	21.1
2020	19	0	5.3	36.8	57.9	0	0

4. 大辽河水系

2016—2020 年，大辽河水系水质先变差后好转，由轻度污染变差为中度污染再转为良好。Ⅰ～Ⅲ类水质断面比例波动上升；劣Ⅴ类水质断面比例先升后降，2020 年消除劣Ⅴ类。

与 2016 年相比，2020 年Ⅰ～Ⅲ类水质断面比例上升 39.3 个百分点，劣Ⅴ类水质断面比例下降 17.9 个百分点。

表 2-3-59　2016—2020 年大辽河水系水质类别比例

年度	监测断面/个	断面比例/%					
		Ⅰ类	Ⅱ类	Ⅲ类	Ⅳ类	Ⅴ类	劣Ⅴ类
2016	28	0	35.7	0	28.6	17.9	17.9
2017	28	0	35.7	25.0	7.1	7.1	25.0
2018	28	7.1	25.0	14.3	10.7	7.1	35.7
2019	28	7.1	35.7	17.9	17.9	10.7	10.7
2020	28	3.6	50.0	21.4	17.9	7.1	0

5. 大凌河水系

2016—2020 年，大凌河水系水质明显好转，由轻度污染转为优。均无Ⅰ类水质断面，Ⅱ～Ⅲ类水质断面比例逐年上升；劣Ⅴ类水质断面比例波动变化，2016 年和 2020 年无劣Ⅴ类。

与 2016 年相比，2020 年 Ⅰ～Ⅲ类水质断面比例上升 36.4 个百分点，劣Ⅴ类水质断面比例下降 9.1 个百分点。

表 2-3-60　2016—2020 年大凌河水系水质类别比例

年度	监测断面/个	断面比例/%					
		Ⅰ类	Ⅱ类	Ⅲ类	Ⅳ类	Ⅴ类	劣Ⅴ类
2016	11	0	45.5	9.1	9.1	27.3	9.1
2017	11	0	27.3	36.4	36.4	0	0
2018	11	0	36.4	27.3	27.3	0	9.1
2019	11	0	54.5	18.2	9.1	9.1	9.1
2020	11	0	54.5	36.4	9.1	0	0

6. 鸭绿江水系

2016—2020 年，鸭绿江水系水质稳定为优。2018 年 Ⅰ～Ⅲ类水质断面比例为 92.3%，其他年度均为 100%，2019 年和 2020 年均为 Ⅰ类和 Ⅱ类水质；无劣Ⅴ类。

与 2016 年相比，2020 年 Ⅰ～Ⅲ类水质断面比例持平，无劣Ⅴ类。

表 2-3-61　2016—2020 年鸭绿江水系水质类别比例

年度	监测断面/个	断面比例/%					
		Ⅰ类	Ⅱ类	Ⅲ类	Ⅳ类	Ⅴ类	劣Ⅴ类
2016	13	7.7	84.6	7.7	0	0	0
2017	13	15.4	69.2	15.4	0	0	0
2018	13	15.4	76.9	0	7.7	0	0
2019	13	15.4	84.6	0	0	0	0
2020	13	7.7	92.3	0	0	0	0

7. 省界断面

2016—2020 年，辽河流域省界断面水质先变差后好转，由中度污染变差为重度污染再转为轻度污染。均无Ⅰ类水质断面，Ⅱ～Ⅲ类水质断面比例波动上升；劣Ⅴ类水质断面比例先升后降，2020 年消除劣Ⅴ类。

与 2016 年相比，2020 年 Ⅱ～Ⅲ类水质断面比例上升 20.0 个百分点，劣Ⅴ类水质断面比例下降 20.0 个百分点。

表 2-3-62　2016—2020 年辽河流域省界断面水质类别比例

年度	监测断面/个	断面比例/%					
		Ⅰ类	Ⅱ类	Ⅲ类	Ⅳ类	Ⅴ类	劣Ⅴ类
2016	10	0	20.0	20.0	10.0	30.0	20.0
2017	10	0	30.0	10.0	10.0	0	50.0
2018	10	0	30.0	20.0	10.0	10.0	30.0
2019	10	0	40.0	0	30.0	20.0	10.0
2020	10	0	40.0	20.0	40.0	0	0

（八）浙闽片河流

1. 总体情况

2016—2020 年，浙闽片河流水质保持优良。Ⅰ～Ⅲ类水质断面比例波动上升；2017 年和 2019 年劣Ⅴ类水质断面比例为 0.8%，其他年度均为 0。

与 2016 年相比，2020 年Ⅰ～Ⅲ类水质断面比例上升 2.1 个百分点，无劣Ⅴ类。

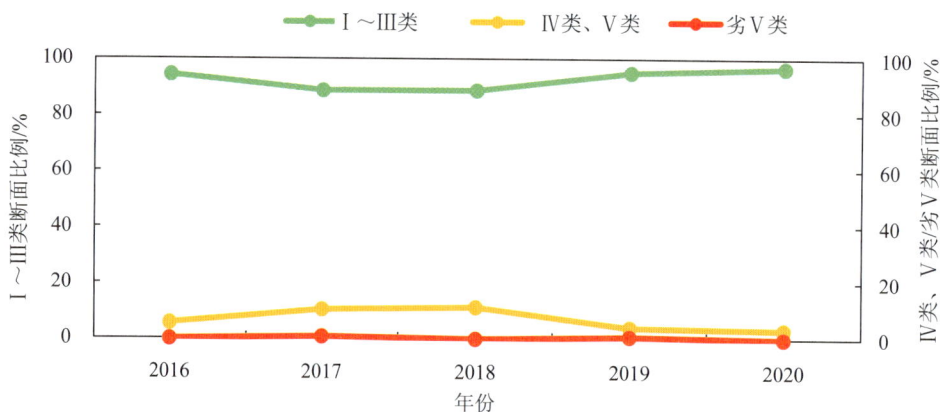

图 2-3-29　2016—2020 年浙闽片河流水质类别比例年际变化

表 2-3-63　2016—2020 年浙闽片河流水质类别比例

年度	监测断面/个	断面比例/%					
		Ⅰ类	Ⅱ类	Ⅲ类	Ⅳ类	Ⅴ类	劣Ⅴ类
2016	125	3.2	53.6	37.6	3.2	2.4	0
2017	125	2.4	40.8	45.6	7.2	3.2	0.8
2018	125	2.4	52.8	33.6	9.6	1.6	0
2019	125	3.2	56.8	35.2	3.2	0.8	0.8
2020	125	4.8	62.4	29.6	3.2	0	0

2. 省界断面

2016—2020 年，浙闽片河流 2 个省界断面水质稳定，均为Ⅱ类。

与 2016 年相比，2020 年浙闽片河流浙—闽省界松溪岩下断面和皖—浙省界街口断面均为Ⅱ类水质。

表 2-3-64 2016—2020 年浙闽片河流省界断面水质类别

断面名称	水质类别				
	2016 年	2017 年	2018 年	2019 年	2020 年
松溪岩下（浙—闽）	Ⅱ	Ⅱ	Ⅱ	Ⅱ	Ⅱ
街口（皖—浙）	Ⅱ	Ⅱ	Ⅱ	Ⅱ	Ⅱ

（九）西北诸河

1. 总体情况

2016—2020 年，西北诸河水质稳定为优。Ⅰ～Ⅲ类水质断面比例基本逐年上升，其中Ⅰ类水质断面比例波动上升，Ⅱ类和Ⅲ类水质断面比例均波动下降；无劣Ⅴ类。

与 2016 年相比，2020 年Ⅰ～Ⅲ类水质断面比例上升 4.9 个百分点，无劣Ⅴ类。

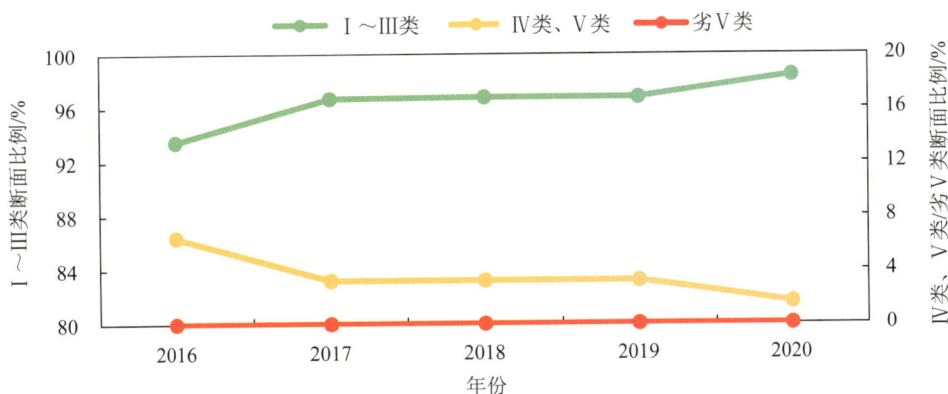

图 2-3-30 2016—2020 年西北诸河水质类别比例年际变化

表 2-3-65 2016—2020 年西北诸河水质类别比例

年度	监测断面/个	断面比例/%					
		Ⅰ类	Ⅱ类	Ⅲ类	Ⅳ类	Ⅴ类	劣Ⅴ类
2016	62	4.8	75.8	12.9	4.8	1.6	0
2017	62	12.9	77.4	6.4	1.6	1.6	0
2018	62	25.8	62.9	8.1	3.2	0	0

年度	监测断面/个	断面比例/%					
		Ⅰ类	Ⅱ类	Ⅲ类	Ⅳ类	Ⅴ类	劣Ⅴ类
2019	62	22.6	71.0	3.2	3.2	0	0
2020	62	46.8	50.0	1.6	1.6	0	0

2. 省界断面

2016—2020 年，西北诸河省界断面水质稳定为优良。

与 2016 年相比，2020 年甘—蒙省界王家庄断面和青—甘省界黄藏寺断面均无变化，均为Ⅱ类水质。

表 2-3-66　2016—2020 年西北诸河省界断面水质类别

断面名称	水质类别				
	2016 年	2017 年	2018 年	2019 年	2020 年
王家庄（甘—蒙）	Ⅱ	Ⅲ	Ⅱ	Ⅱ	Ⅱ
黄藏寺（青—甘）	Ⅱ	Ⅱ	Ⅰ	Ⅰ	Ⅱ

（十）西南诸河

1. 总体情况

2016—2020 年，西南诸河水质稳定为优。Ⅰ～Ⅲ类水质断面比例波动上升，劣Ⅴ类水质断面比例先升后降。

与 2016 年相比，2020 年Ⅰ～Ⅲ类水质断面比例上升 4.7 个百分点，劣Ⅴ类水质断面比例上升 1.6 个百分点。

图 2-3-31　2016—2020 年西南诸河水质类别比例年际变化

表 2-3-67　2016—2020 年西南诸河水质类别比例

年度	监测断面/个	断面比例/%					
		Ⅰ类	Ⅱ类	Ⅲ类	Ⅳ类	Ⅴ类	劣Ⅴ类
2016	63	1.6	79.4	9.5	7.9	0	1.6
2017	63	0	79.4	15.9	3.2	0	1.6
2018	63	9.5	73.0	12.7	0	0	4.8
2019	63	7.9	76.2	9.5	3.2	0	3.2
2020	63	6.3	81.0	7.9	1.6	0	3.2

2. 省界断面

2016—2020 年，西南诸河省界断面水质稳定为优，藏—滇省界八宿县怒江桥断面和康县曲孜卡断面水质均为Ⅰ类和Ⅱ类。

与 2016 年相比，2020 年藏—滇省界八宿县怒江桥断面和康县曲孜卡断面均无变化，为Ⅱ类水质。

表 2-3-68　2016—2020 年西南诸河省界断面水质类别

断面名称	水质类别				
	2016 年	2017 年	2018 年	2019 年	2020 年
八宿县怒江桥（藏—滇）	Ⅱ	Ⅱ	Ⅰ	Ⅰ	Ⅱ
康县曲孜卡（藏—滇）	Ⅱ	Ⅱ	Ⅰ	Ⅱ	Ⅱ

（十一）南水北调

1. 南水北调（东线）

（1）沿线水环境质量

2016—2020 年，南水北调（东线）河流水质除 2017 年外均为优。Ⅰ～Ⅲ类水质断面比例波动上升，2019—2020 年达到 100%，其中均无Ⅰ类水质，Ⅱ类水质断面比例波动上升，Ⅲ类水质断面比例波动下降，主体仍为Ⅲ类水质；劣Ⅴ类水质断面比例除 2017 年为 5.0%外，其他年度均为 0。

与 2016 年相比，2020 年Ⅰ～Ⅲ类水质断面比例上升 5.0 个百分点，无劣Ⅴ类。

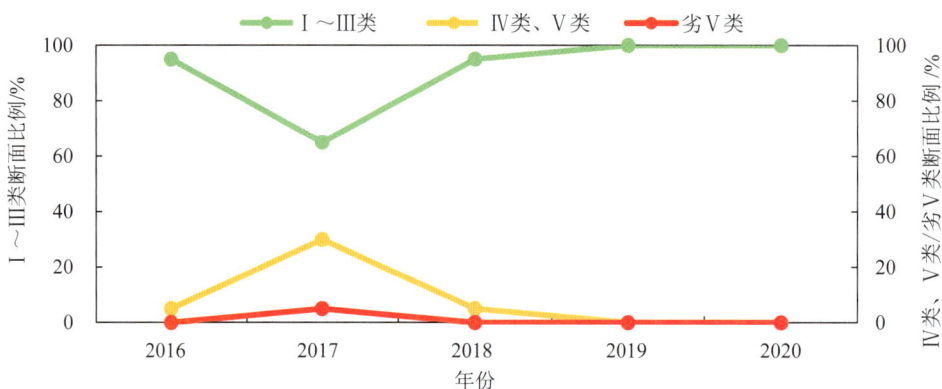

图 2-3-32　2016—2020 年南水北调（东线）河流水质类别年际变化

表 2-3-69　2016—2020 年南水北调（东线）河流水质类别

年度	监测断面/个	断面比例/%					
		Ⅰ类	Ⅱ类	Ⅲ类	Ⅳ类	Ⅴ类	劣Ⅴ类
2016	20	0	5.0	90.0	0	5.0	0
2017	20	0	5.0	60.0	30.0	0	5.0
2018	20	0	25.0	70.0	5.0	0	0
2019	20	0	20.0	80.0	0	0	0
2020	20	0	25.0	75.0	0	0	0

（2）调水期间水环境质量

2016—2020 年，南水北调（东线）调水期间水质有所好转，由良好变为优。水质以Ⅱ～Ⅲ类为主，仅 2016 年和 2018 年出现Ⅳ类水质，均无Ⅰ类、Ⅴ类和劣Ⅴ类；Ⅱ～Ⅲ类水质断面比例波动变化。

图 2-3-33　2016—2020 年南水北调（东线）调水期间水质类别年际变化

与 2016 年相比，2020 年 I～III 类水质断面比例上升 14.3 个百分点，无劣 V 类，水质有所好转。

表 2-3-70　2016—2020 年南水北调（东线）调水期间水质类别

年度	监测断面/个	断面比例/%					
		I 类	II 类	III 类	IV 类	V 类	劣 V 类
2016	14	0	0	85.7	14.3	0	0
2017	12	0	16.7	83.3	0	0	0
2018	17	0	35.3	58.8	5.9	0	0
2019	17	0	17.6	82.4	0	0	0
2020	14	0	28.6	71.4	0	0	0

2．南水北调（中线）

（1）源头及上游地区水环境质量

2016—2020 年，南水北调（中线）丹江口水库、取水口及入库河流水质均为优良，所有国考断面（点位）满足 II 类水质标准。

表 2-3-71　2016—2020 年丹江口水库水质类别

点位名称	所在地市	水质类别				
		2016 年	2017 年	2018 年	2019 年	2020 年
坝上中	十堰	II	II	II	II	II
何家湾		II	III	II	II	II
江北大桥		II	II	II	II	II
五龙泉	南阳	II	II	II	II	II
宋岗		II	II	II	II	I
陶岔		II	II	II	II	II

表 2-3-72　2016—2020 年南水北调（中线）主要河流水质类别

年度	监测断面/个	断面比例/%					
		I 类	II 类	III 类	IV 类	V 类	劣 V 类
2016	17	5.9	88.2	5.9	0	0	0
2017	17	5.9	70.6	23.5	0	0	0
2018	17	5.9	88.2	5.9	0	0	0
2019	17	5.9	88.2	5.9	0	0	0
2020	17	29.4	70.6	0	0	0	0

（2）调水干线水质

2016—2020 年，南水北调（中线）调水干线水质均为优，所有监测断面（点位）均为
Ⅰ类和Ⅱ类水质。

表 2-3-73　2016—2020 年南水北调（中线）调水干线水质

所在水体	断面（点位）名称	所属省份	所在地市	断面（点位）属性	水质类别				
					2016 年	2017 年	2018 年	2019 年	2020 年
丹江口水库	坝上中	湖北	丹江口	库体	Ⅱ	Ⅱ	Ⅱ	Ⅱ	Ⅱ
	江北大桥				Ⅱ	Ⅱ	Ⅱ	Ⅱ	Ⅱ
	五龙泉	河南	南阳		Ⅱ	Ⅱ	Ⅱ	Ⅱ	Ⅱ
干渠	陶岔			取水口	Ⅱ	Ⅱ	Ⅱ	Ⅱ	Ⅱ
	南营村	河北	邯郸	省界（豫—冀）	Ⅰ	Ⅰ	Ⅱ	Ⅱ	Ⅱ
	曹庄子泵站	天津	天津	省界（冀—津）	Ⅱ	Ⅱ	Ⅱ	Ⅱ	Ⅰ
	惠南庄	北京	北京	省界（冀—京）	Ⅰ	Ⅰ	Ⅱ	Ⅱ	Ⅱ

（十二）三峡库区支流

1. 水质状况

2016—2020 年，三峡库区主要支流水质稳定为优。Ⅰ～Ⅲ类水质断面比例波动上升，
无劣Ⅴ类。

与 2016 年相比，2020 年Ⅰ～Ⅲ类水质断面比例上升 2.6 个百分点，无劣Ⅴ类，水质
无明显变化。

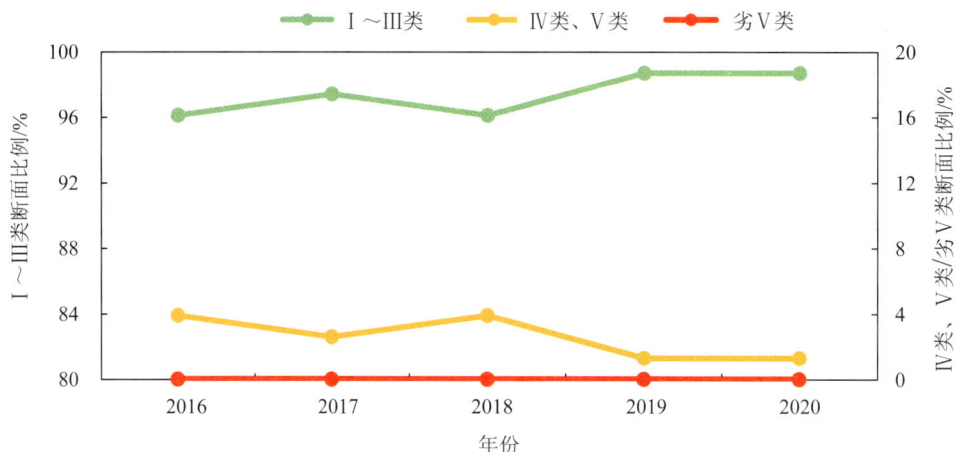

图 2-3-34　2016—2020 年三峡库区支流水质类别比例年际变化

表 2-3-74 2016—2020 年三峡库区支流水质类别比例

年度	监测断面/个	断面比例/%					
		I 类	II 类	III 类	IV 类	V 类	劣 V 类
2016	77	0	74.0	22.1	2.6	1.3	0
2017	77	0	71.4	26.0	1.3	1.3	0
2018	77	1.3	80.5	14.3	3.9	0	0
2019	77	5.2	75.3	18.2	1.3	0	0
2020	77	0	84.4	14.3	1.3	0	0

2. 营养状态

2016—2020 年，三峡库区主要支流营养状态保持稳定，以中营养状态为主，无重度富营养状态。

与 2016 年相比，2020 年贫营养和中营养状态断面比例上升 5.2 个百分点，富营养状态断面比例下降 5.2 个百分点，营养状态有所好转。

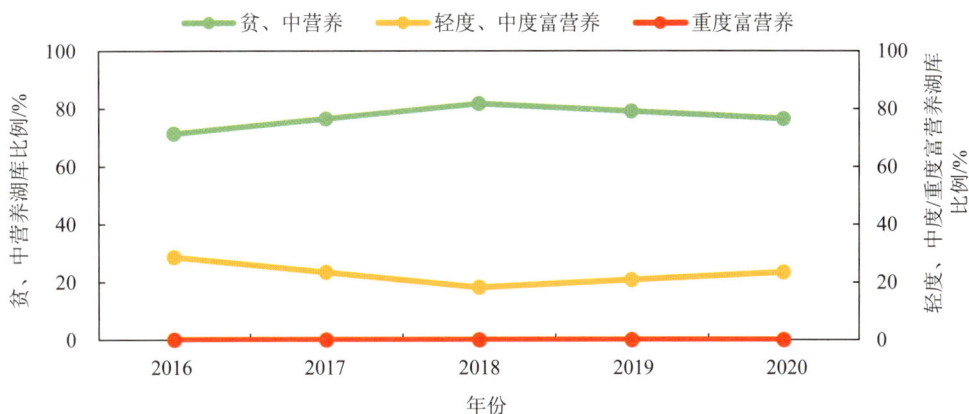

图 2-3-35 2016—2020 年三峡库区支流营养状态年际变化

表 2-3-75 2016—2020 年三峡库区支流营养状态比例

年度	监测断面/个	断面比例/%				
		贫营养	中营养	轻度富营养	中度富营养	重度富营养
2016	77	1.3	70.1	26.0	2.6	0
2017	77	0	76.6	22.1	1.3	0
2018	77	5.2	76.6	16.9	1.3	0
2019	77	1.3	77.9	19.5	1.3	0
2020	77	1.3	75.3	22.1	1.3	0

第三节　湖泊（水库）

一、现状

（一）总体情况

2020 年，开展水质监测的 112 个（座）重要湖泊（水库）中，优良水质湖泊（水库）86 个，占 76.8%；轻度污染 17 个，占 15.2%；中度污染 3 个，占 2.7%；重度污染 6 个，占 5.4%。与上年相比，优良水质湖泊（水库）比例上升 7.7 个百分点，轻度污染下降 3.9 个百分点，中度污染下降 1.8 个百分点，重度污染下降 1.9 个百分点。主要污染指标为总磷、化学需氧量和高锰酸盐指数。

表 2-3-76　2020 年重点湖泊（水库）水质状况

分类	数量	优	良好	轻度污染	中度污染	重度污染
太湖、巢湖和滇池	3	0	0	3	0	0
重要湖泊/个	57	14	21	13	3	6
重要水库/座	52	39	12	1	0	0
总计/个（座）	112	53	33	17	3	6
比例/%		47.3	29.5	15.2	2.7	5.4

开展营养状态监测的 110 个（座）重要湖泊（水库）中，重度富营养状态 1 个，占 0.9%；中度富营养状态 5 个，占 4.5%；轻度富营养状态 26 个，占 23.6%；中营养状态 68 个，占 61.8%；贫营养状态 10 个，占 9.1%。与上年相比，重度富营养状态湖泊（水库）比例上升 0.9 个百分点，中度富营养状态下降 1.1 个百分点，轻度富营养状态上升 1.2 个百分点，中营养状态下降 0.8 个百分点，贫营养状态下降 0.2 个百分点。

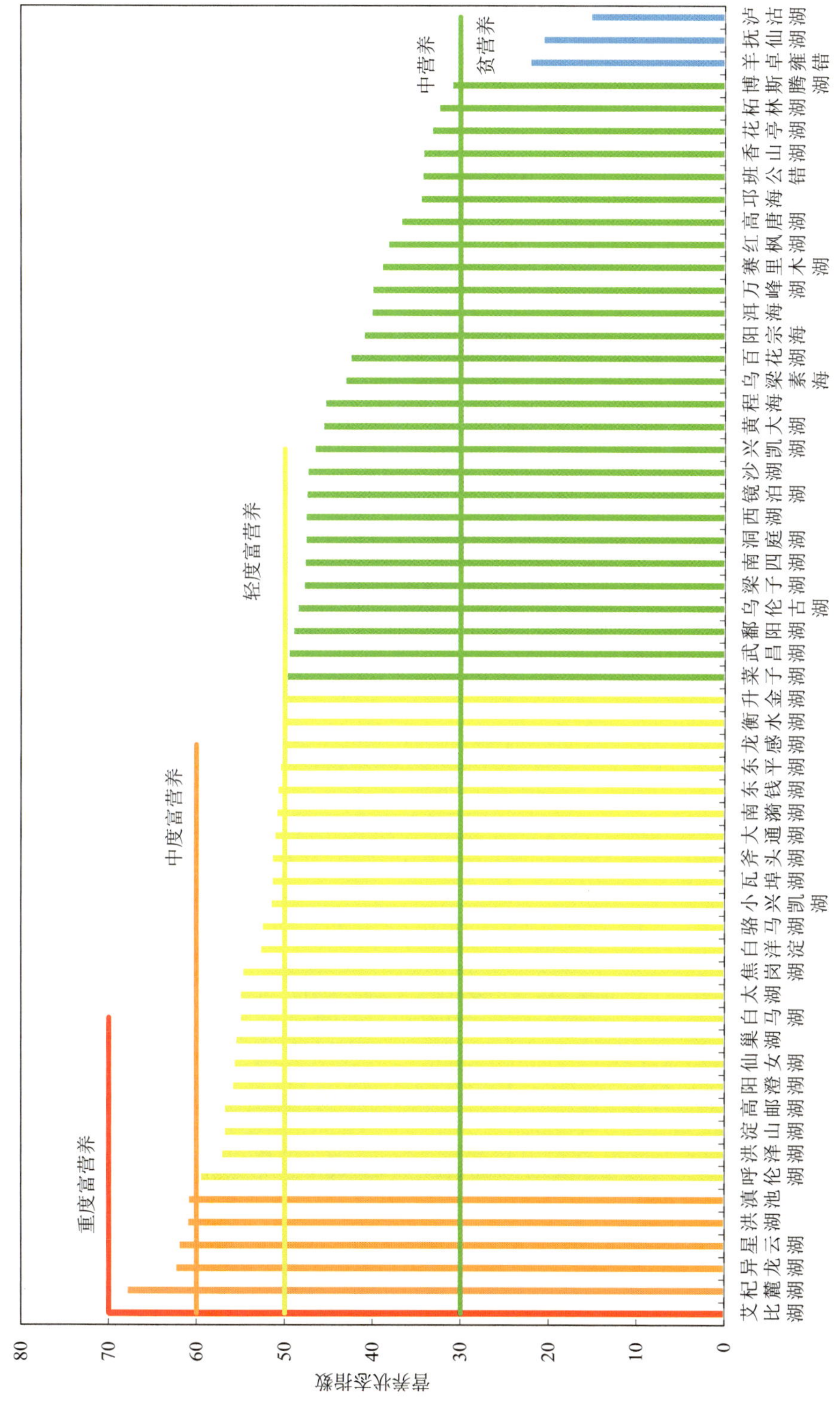

图 2-3-36　2020 年重要湖泊综合营养状态指数

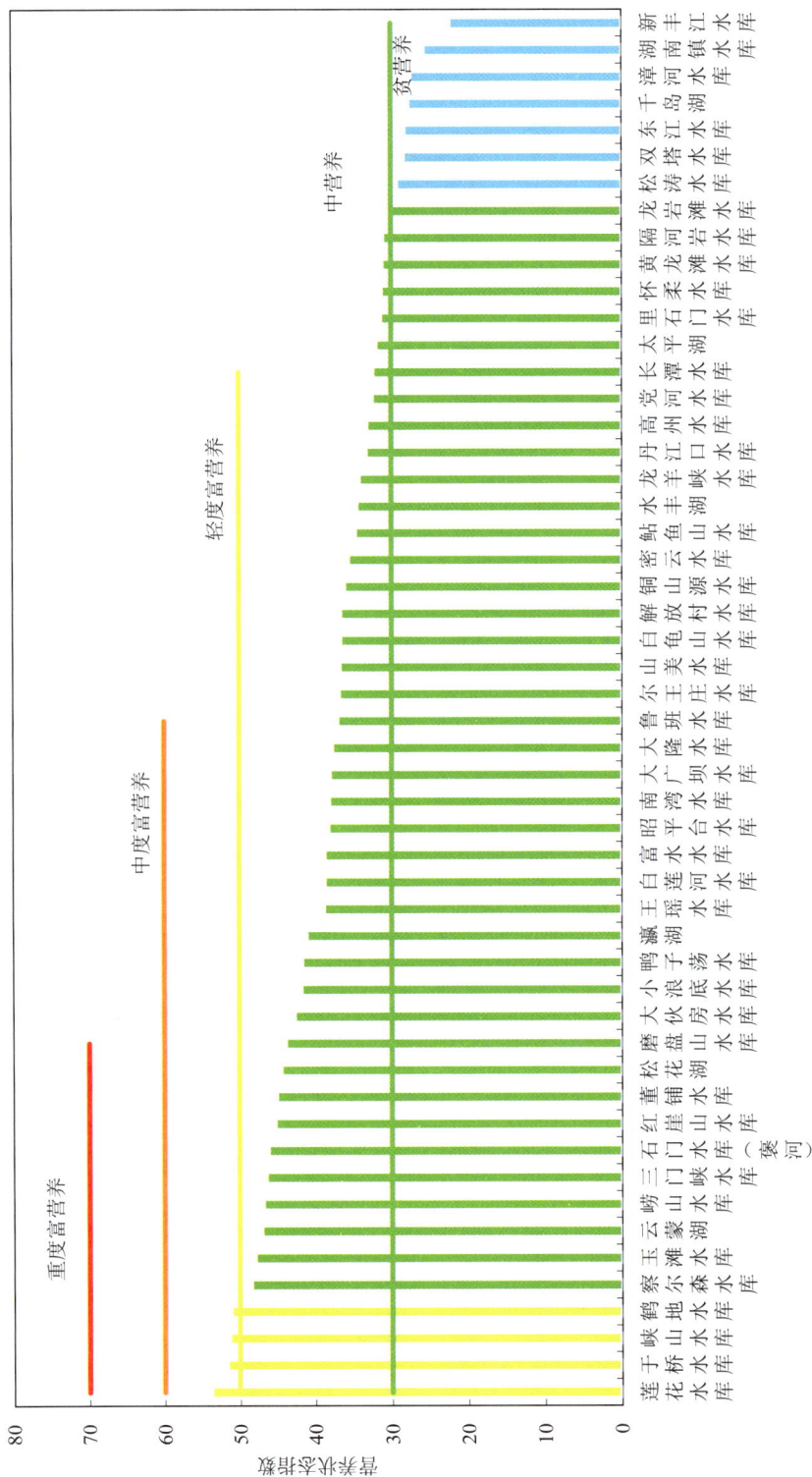

图 2-3-37　2020 年重要水库综合营养状态指数

（二）太湖

2020 年，太湖湖体为轻度污染，主要污染指标为总磷。其中，西部沿岸区为中度污染，北部沿岸区和湖心区为轻度污染，东部沿岸区水质良好。

全湖总氮为Ⅳ类水质。其中，西部沿岸区为Ⅴ类，北部沿岸区和湖心区为Ⅳ类，东部沿岸区为Ⅲ类。

全湖、西部沿岸区、北部沿岸区、湖心区和东部沿岸区均为轻度富营养状态。

表 2-3-77　2020 年太湖水质及营养状况

湖区	综合营养状态指数	营养状态	水质类别		主要污染指标（超标倍数）
			2020 年	2019 年	
湖心区	54.2	轻度富营养	Ⅳ	Ⅳ	总磷（0.5）
东部沿岸区	50.6	轻度富营养	Ⅲ	Ⅲ	—
北部沿岸区	54.9	轻度富营养	Ⅳ	Ⅳ	总磷（0.4）
西部沿岸区	59.2	轻度富营养	Ⅴ	Ⅴ	总磷（1.4）
全湖	55.1	轻度富营养	Ⅳ	Ⅳ	总磷（0.5）

2020 年，太湖 39 条主要环湖河流水质为优。55 个国考断面中，Ⅱ类水质断面占 23.6%，Ⅲ类占 70.9%，Ⅳ类占 5.5%，无其他类。与上年相比，水质无明显变化。其中，Ⅱ类水质断面比例下降 3.7 个百分点，Ⅲ类上升 7.3 个百分点，Ⅳ类下降 3.6 个百分点，其他类均持平。

主要入湖、出湖河流水质均为优良。主要环湖河流中，梅溧河和京杭运河为轻度污染，其他河流水质优良。

2020 年，基于全湖藻密度评价，太湖水华程度为"无明显水华"～"轻度水华"，以"轻度水华"为主，占 52.1%。其中，饮用水水源地金墅港水华程度为"无水华"～"轻度水华"，以"无明显水华"为主，占 64.3%；沙渚水华程度为"无水华"～"轻度水华"，以"轻度水华"为主，占 60.1%；渔洋山水华程度为"无水华"～"轻度水华"，以"无明显水华"为主，占 62.0%。

2020 年，太湖水华遥感监测共利用 357 景 MODIS 数据，除去全云无效影像，有效监测 240 次，其中太湖水华发生总次数为 147 次，与上年相比下降 1.3%。基于水华面积比例评价，太湖水华程度为"无水华"～"中度水华"，与上年相比无明显变化。其中，"轻度水华"和"中度水华"23 次，与上年相比下降 14.8%。累计水华面积为 18 206.8 km^2，平均水华面积为 123.9 km^2，与上年相比分别下降 15.2% 和 14.1%。最大水华面积为 984 km^2，发生在 6 月 30 日，占太湖水体总面积的 41%。与上年相比，最大水华面积增加 6.8%，发生时间推迟 34 天。

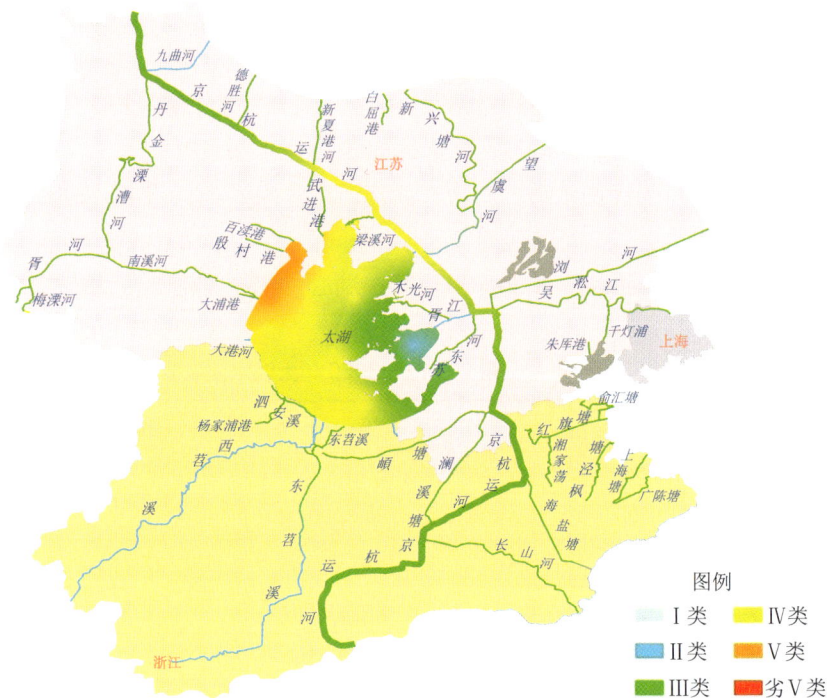

图 2-3-38　2020 年太湖流域水质分布示意

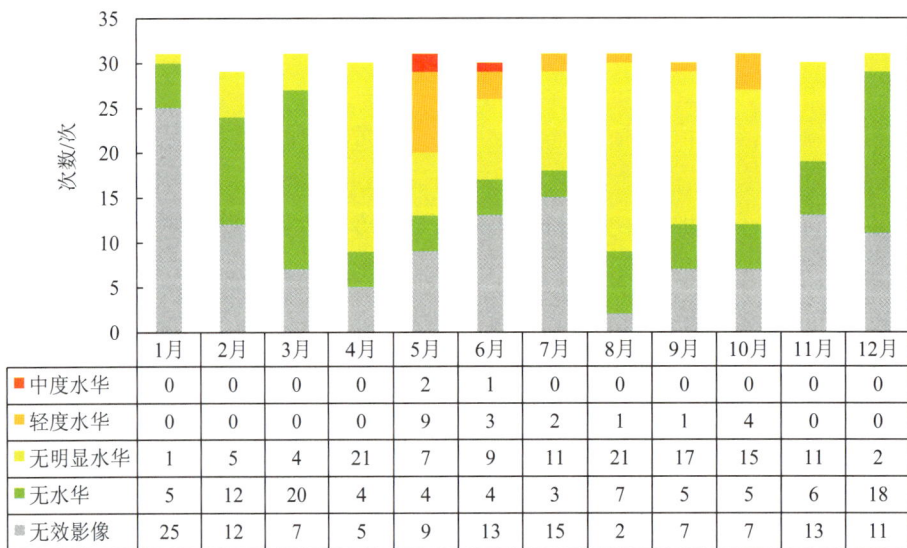

	1月	2月	3月	4月	5月	6月	7月	8月	9月	10月	11月	12月
中度水华	0	0	0	0	2	1	0	0	0	0	0	0
轻度水华	0	0	0	0	9	3	2	1	1	4	0	0
无明显水华	1	5	4	21	7	9	11	21	17	15	11	2
无水华	5	12	20	4	4	4	3	7	5	5	6	18
无效影像	25	12	7	5	9	13	15	2	7	7	13	11

图 2-3-39　2020 年太湖水华遥感监测结果月际变化

（三）巢湖

2020 年，巢湖湖体为轻度污染，主要污染指标为总磷。其中，西半湖和东半湖均为轻度污染。

全湖总氮为Ⅳ类水质。其中，西半湖总氮为Ⅴ类，东半湖总氮为Ⅳ类。

全湖、西半湖和东半湖均为轻度富营养状态。

表 2-3-78　2020 年巢湖水质状况及营养状态

湖区	综合营养状态指数	营养状态	水质类别		主要污染指标（超标倍数）
			2020 年	2019 年	
西半湖	57.3	轻度富营养	Ⅳ	Ⅳ	总磷（0.5）
东半湖	54.4	轻度富营养	Ⅳ	Ⅳ	总磷（0.2）
全湖	55.6	轻度富营养	Ⅳ	Ⅳ	总磷（0.3）

2020 年，巢湖 10 条主要环湖河流水质良好。14 个国考断面中，Ⅱ类水质断面占 21.4%，Ⅲ类占 64.3%，Ⅳ类占 7.1%，Ⅴ类占 7.1%，无Ⅰ类和劣Ⅴ类。与上年相比，水质无明显变化。其中，Ⅰ类水质断面比例持平，Ⅱ类下降 7.2 个百分点，Ⅲ类上升 35.7 个百分点，Ⅳ类下降 7.2 个百分点，Ⅴ类下降 7.2 个百分点，劣Ⅴ类下降 14.3 个百分点。

主要环湖河流中，南淝河为中度污染，派河为轻度污染，其他河流水质优良。

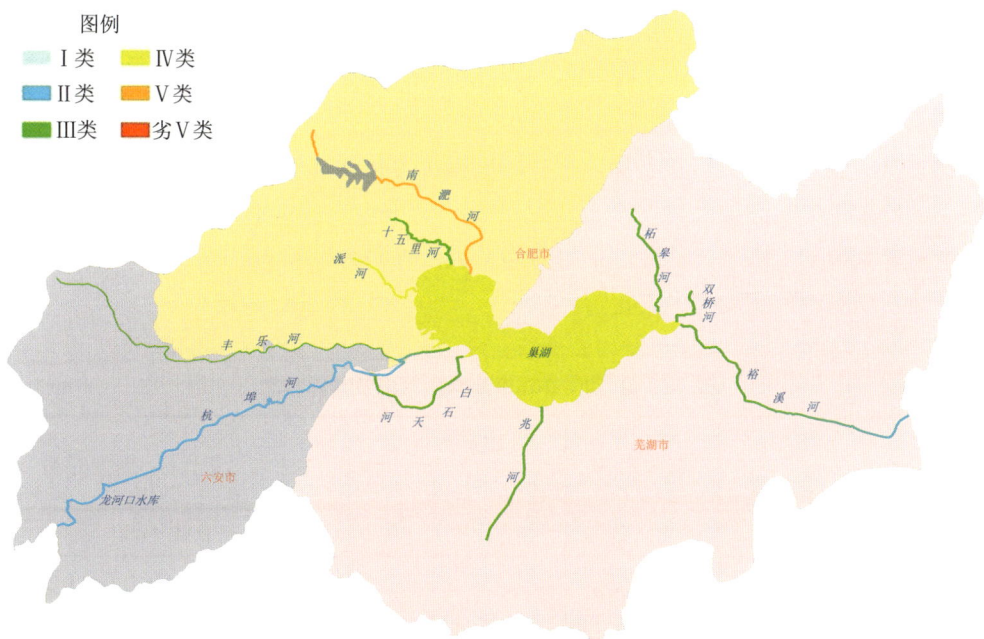

图 2-3-40　2020 年巢湖流域水质分布示意

2020 年，基于全湖藻密度评价，巢湖水华程度为"无水华"～"轻度水华"，以"无水华"为主，占 50.0%。

2020 年，巢湖水华遥感监测共利用 358 景 MODIS 数据，除去全云无效影像，有效监测 229 次，水华发生总次数为 66 次，与上年相比下降 26.7%。基于水华面积比例评价，巢湖水华程度为"无水华"～"中度水华"，与上年相比无明显变化。其中，"轻度水华"和"中度水华"19 次，与上年相比下降 9.5%。累计水华面积为 4 358.8 km²，平均水华面积为 66 km²，与上年相比分别增加 1.9% 和 39%。最大水华面积为 303 km²，发生在 2 月 9 日，占巢湖水体总面积的 40%。与上年相比，最大水华面积增加 43.8%，发生时间提前 258 天。

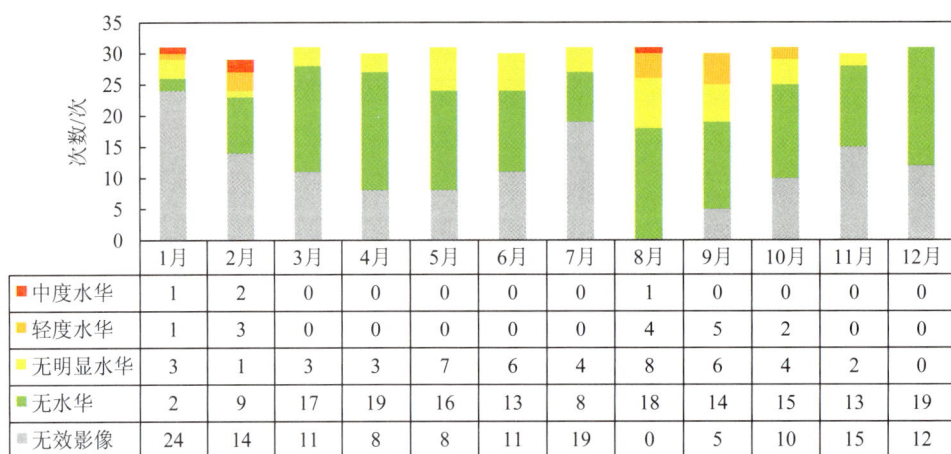

	1月	2月	3月	4月	5月	6月	7月	8月	9月	10月	11月	12月
中度水华	1	2	0	0	0	0	0	1	0	0	0	0
轻度水华	1	3	0	0	0	0	0	4	5	2	0	0
无明显水华	3	1	3	3	7	6	4	8	6	4	2	0
无水华	2	9	17	19	16	13	8	18	14	15	13	19
无效影像	24	14	11	8	8	11	19	0	5	10	15	12

图 2-3-41　2020 年巢湖水华遥感监测结果月际变化

（四）滇池

2020 年，滇池湖体为轻度污染，主要污染指标为化学需氧量和总磷。其中，草海为轻度污染，外海为中度污染。

全湖总氮为 V 类水质。其中，草海为劣 V 类，外海为 IV 类。

全湖、草海和外海均为中度富营养状态。

表 2-3-79　2020 年滇池水质状况及营养状态

湖区	综合营养状态指数	营养状态	水质类别		主要污染指标（超标倍数）
			2020 年	2019 年	
草海	60.9	中度富营养	IV	IV	总磷（0.4）
外海	60.6	中度富营养	V	IV	化学需氧量（0.7）、总磷（0.3）、高锰酸盐指数（0.07）
全湖	61.0	中度富营养	IV	IV	化学需氧量（0.5）、总磷（0.3）

2020年，滇池12条主要环湖河流水质为优。12个国考断面中，Ⅱ类水质断面占25.0%，Ⅲ类占66.7%，Ⅳ类占8.3%，无其他类。与上年相比，水质有所好转。其中，Ⅱ类水质断面比例下降8.3个百分点，Ⅲ类上升33.4个百分点，Ⅳ类下降25.0个百分点，其他类持平。

主要环湖河流中，淤泥河为轻度污染，其他河流水质优良。

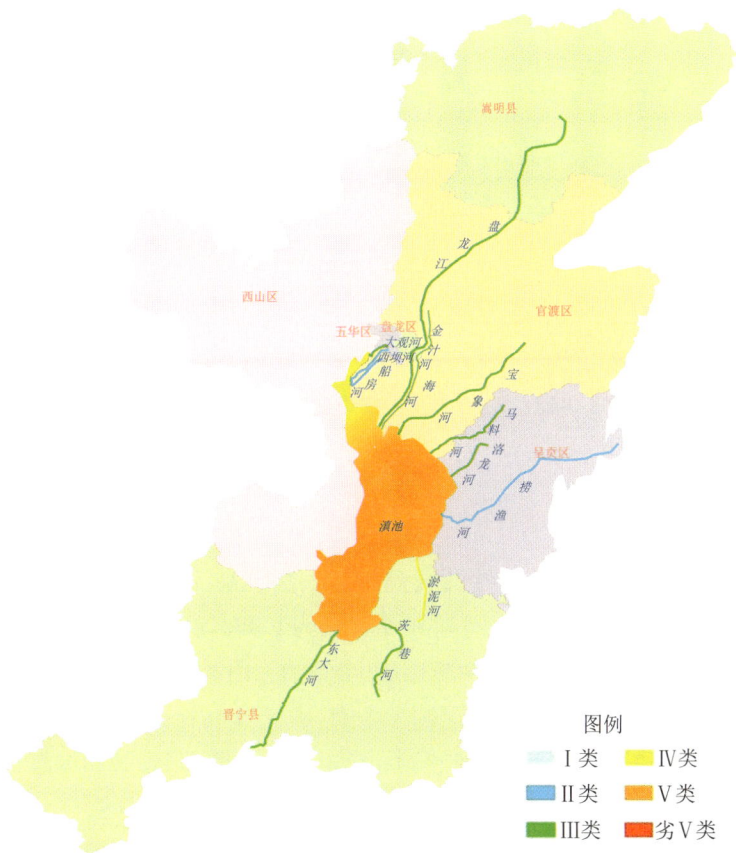

图 2-3-42　2020 年滇池流域水质分布示意

2020年，基于全湖藻密度评价，滇池水华程度为"轻度水华"～"重度水华"，以"中度水华"为主，占80.6%。

滇池水华遥感监测共利用57景GF-1号和GF-6号WFV数据，除去全云无效影像，有效监测54次，水华发生总次数为21次，与上年相比上升10.5%。基于水华面积比例评价，滇池水华程度为"无水华"～"中度水华"，与上年相比有所加重。其中"轻度水华"和"中度水华"共发现7次，与上年相比上升133%。累计水华面积为611 km²，平均水华面积为29.1 km²，与上年相比分别增加1.6倍和1.4倍。最大水华面积为113 km²，发生在9月2日，占滇池水体总面积的39%。与上年相比，最大水华面积增加76.6%，发生时间提前99天。

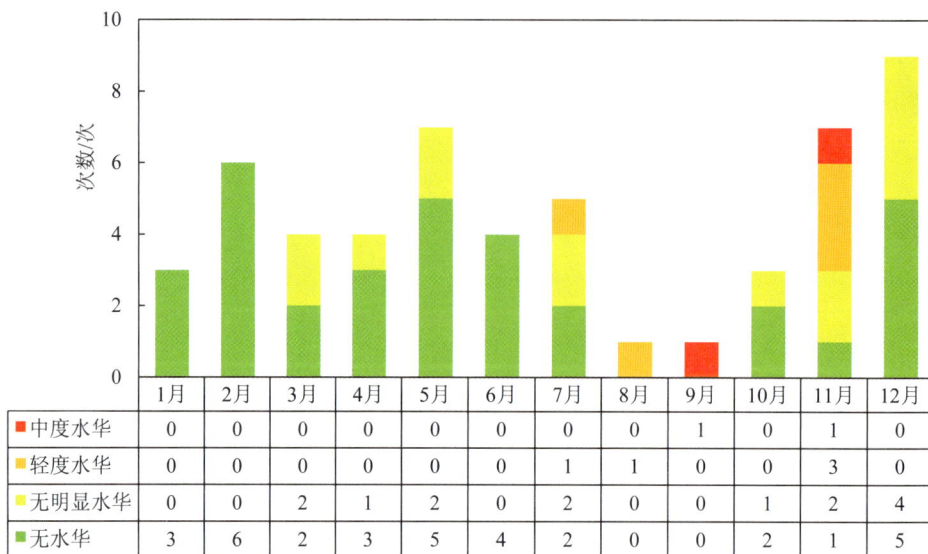

	1月	2月	3月	4月	5月	6月	7月	8月	9月	10月	11月	12月
■ 中度水华	0	0	0	0	0	0	0	0	1	0	1	0
■ 轻度水华	0	0	0	0	0	0	1	1	0	0	3	0
□ 无明显水华	0	0	2	1	2	0	2	0	0	1	2	4
■ 无水华	3	6	2	3	5	4	2	0	0	2	1	5

图 2-3-43　2020 年滇池水华遥感监测结果月际变化

（五）其他重要湖泊

2020 年，开展监测的其他 57 个重要湖泊中，艾比湖、杞麓湖、呼伦湖等 6 个湖泊为劣 V 类水质，异龙湖、星云湖和兴凯湖 3 个湖泊为 V 类，洪湖、洪泽湖、淀山湖等 13 个湖泊为 IV 类，白马湖、骆马湖、瓦埠湖等 21 个湖泊为 III 类，百花湖、阳宗海、洱海等 12 个湖泊为 II 类，抚仙湖和泸沽湖 2 个湖泊为 I 类。与上年相比，星云湖、淀山湖、高邮湖、白马湖、瓦埠湖、大通湖、南漪湖、龙感湖、沙湖、百花湖、阳宗海和洱海水质有所好转，其他湖泊水质无明显变化。

总氮评价结果显示，艾比湖、杞麓湖、淀山湖等 5 个湖泊为劣 V 类水质，异龙湖、白洋淀、洞庭湖等 5 个湖泊为 V 类，星云湖、洪湖、呼伦湖等 14 个湖泊为 IV 类，其他 33 个湖泊均满足 III 类水质标准。

55 个监测营养状态的湖泊中，艾比湖为重度富营养状态，杞麓湖、异龙湖、星云湖等 4 个湖泊为中度富营养状态，呼伦湖、洪泽湖、淀山湖等 20 个湖泊为轻度富营养状态，羊卓雍错、抚仙湖和泸沽湖 3 个湖泊为贫营养状态，其他 27 个湖泊为中营养状态。

表 2-3-80　2020 年其他重要湖泊水质状况及营养状态

序号	湖泊名称	综合营养状态指数	营养状态	水质类别		主要污染指标（超标倍数）
				2020 年	2019 年	
1	艾比湖	70.2	重度富营养	劣 V	劣 V	氟化物（5.3）、高锰酸盐指数（2.3）、总磷（1.0）

序号	湖泊名称	综合营养状态指数	营养状态	水质类别		主要污染指标（超标倍数）
				2020 年	2019 年	
2	杞麓湖	68.0	中度富营养	劣Ⅴ	劣Ⅴ	化学需氧量（1.4）、总磷（1.1）、高锰酸盐指数（1.0）、五日生化需氧量（0.5）
3	异龙湖	62.5	中度富营养	Ⅴ	Ⅴ	化学需氧量（0.7）、高锰酸盐指数（0.5）、五日生化需氧量（0.2）
4	星云湖	62.1	中度富营养	Ⅴ	劣Ⅴ	总磷（1.8）、化学需氧量（0.8）、高锰酸盐指数（0.4）
5	洪湖	61.1	中度富营养	Ⅳ	Ⅳ	总磷（0.7）、化学需氧量（0.1）
6	呼伦湖	59.6	轻度富营养	劣Ⅴ	劣Ⅴ	化学需氧量（3.2）、氟化物（1.0）、总磷（1.3）、高锰酸盐指数（1.0）
7	洪泽湖	57.2	轻度富营养	Ⅳ	Ⅳ	总磷（0.8）
8	淀山湖	56.9	轻度富营养	Ⅳ	Ⅴ	总磷（0.6）
9	高邮湖	56.9	轻度富营养	Ⅳ	Ⅴ	总磷（0.8）
10	阳澄湖	56.0	轻度富营养	Ⅳ	Ⅳ	总磷（0.3）
11	仙女湖	55.8	轻度富营养	Ⅳ	Ⅳ	总磷（0.5）
12	白马湖	55.1	轻度富营养	Ⅲ	Ⅳ	—
13	焦岗湖	54.8	轻度富营养	Ⅳ	Ⅳ	高锰酸盐指数（0.1）、总磷（0.06）
14	白洋淀	52.8	轻度富营养	Ⅳ	Ⅳ	化学需氧量（0.1）、总磷（0.04）
15	骆马湖	52.6	轻度富营养	Ⅲ	Ⅲ	—
16	小兴凯湖	51.6	轻度富营养	Ⅳ	Ⅳ	总磷（0.6）
17	瓦埠湖	51.5	轻度富营养	Ⅲ	Ⅳ	—
18	斧头湖	51.5	轻度富营养	Ⅲ	Ⅲ	—
19	大通湖	51.2	轻度富营养	Ⅳ	Ⅴ	总磷（0.9）
20	南漪湖	51.0	轻度富营养	Ⅲ	Ⅳ	—
21	东钱湖	50.9	轻度富营养	Ⅲ	Ⅲ	—
22	东平湖	50.6	轻度富营养	Ⅲ	Ⅲ	—
23	龙感湖	50.4	轻度富营养	Ⅲ	Ⅳ	—
24	衡水湖	50.2	轻度富营养	Ⅲ	Ⅲ	—
25	升金湖	50.2	轻度富营养	Ⅲ	Ⅲ	—
26	菜子湖	49.8	中营养	Ⅲ	Ⅲ	—
27	武昌湖	49.6	中营养	Ⅲ	Ⅲ	—
28	鄱阳湖	49.1	中营养	Ⅳ	Ⅳ	总磷（0.2）
29	乌伦古湖	48.6	中营养	劣Ⅴ	劣Ⅴ	氟化物（1.5）、化学需氧量（0.4）
30	梁子湖	47.9	中营养	Ⅲ	Ⅲ	—

序号	湖泊名称	综合营养状态指数	营养状态	水质类别		主要污染指标（超标倍数）
				2020 年	2019 年	
31	南四湖	47.8	中营养	III	III	—
32	洞庭湖	47.7	中营养	IV	IV	总磷（0.2）
33	西湖	47.7	中营养	III	III	—
34	镜泊湖	47.6	中营养	III	III	—
35	沙湖	47.5	中营养	III	IV	—
36	兴凯湖	46.7	中营养	V	V	总磷（1.6）
37	黄大湖	45.7	中营养	III	III	—
38	程海	45.5	中营养	劣V	劣V	氟化物（1.4）、化学需氧量（0.3）
39	乌梁素海	43.2	中营养	III	III	—
40	百花湖	42.6	中营养	II	III	—
41	阳宗海	41.1	中营养	II	III	—
42	洱海	40.2	中营养	II	III	—
43	万峰湖	40.1	中营养	II	II	—
44	赛里木湖	39.0	中营养	III	III	—
45	红枫湖	38.3	中营养	II	II	—
46	高唐湖	36.8	中营养	II	II	—
47	邛海	34.6	中营养	II	II	—
48	班公错	34.4	中营养	II	II	—
49	香山湖	34.3	中营养	II	II	—
50	花亭湖	33.3	中营养	II	II	—
51	柘林湖	32.5	中营养	II	II	—
52	博斯腾湖	31.0	中营养	IV	IV	化学需氧量（0.05）
53	羊卓雍错	22.2	贫营养	II	II	—
54	抚仙湖	20.7	贫营养	I	I	—
55	泸沽湖	15.3	贫营养	I	II	—
56	纳木错	—	—	劣V	劣V	氟化物（3.1）
57	色林错	—	—	III	III	—

（六）重要水库

2020 年，开展水质监测的 52 座重要水库中，莲花水库为IV类水质，于桥水库、峡山水库、鹤地水库等 12 座水库为III类，云蒙湖、石门水库（褒河）、红崖山水库等 29 座水库为Ⅱ类，龙羊峡水库、长潭水库、太平湖等 10 座水库为Ⅰ类。与上年相比，昭平台水库水质明显好转，云蒙湖、松花湖、富水水库、鲁班水库、尔王庄水库、山美水库、白龟山水库和鲇鱼山水库水质有所好转，其他水库水质无明显变化。

总氮评价结果显示，云蒙湖、三门峡水库、红崖山水库等 6 座水库为劣Ⅴ类水质，莲花水库、于桥水库、峡山水库等 10 座水库为Ⅴ类，鹤地水库、察尔森水库、玉滩水库等 9 座水库为Ⅳ类，其他 27 座水库均满足Ⅲ类水质标准。

52 座监测营养状态的重要水库中，莲花水库、于桥水库、峡山水库等 4 座水库为轻度富营养状态，松涛水库、双塔水库、东江水库等 7 座水库为贫营养状态，其他 41 座水库为中营养状态。

表 2-3-81　2020 年重要水库水质状况及营养状态

序号	水库名称	所属省份	综合营养状态指数	营养状态	水质类别		主要污染指标（超标倍数）
					2020 年	2019 年	
1	莲花水库	黑龙江	53.7	轻度富营养	Ⅳ	Ⅳ	总磷（0.3）
2	于桥水库	天津	51.6	轻度富营养	Ⅲ	Ⅲ	—
3	峡山水库	山东	51.3	轻度富营养	Ⅲ	Ⅲ	—
4	鹤地水库	广东	51.1	轻度富营养	Ⅲ	Ⅲ	—
5	察尔森水库	内蒙古	48.4	中营养	Ⅲ	Ⅲ	—
6	玉滩水库	重庆	47.9	中营养	Ⅲ	Ⅲ	—
7	云蒙湖	山东	47.0	中营养	Ⅱ	Ⅲ	—
8	崂山水库	山东	46.8	中营养	Ⅲ	Ⅲ	—
9	三门峡水库	河南	46.4	中营养	Ⅲ	Ⅲ	—
10	石门水库（褒河）	陕西	46.1	中营养	Ⅱ	—	—
11	红崖山水库	甘肃	45.2	中营养	Ⅱ	Ⅱ	—
12	董铺水库	安徽	45.0	中营养	Ⅱ	Ⅱ	—
13	松花湖	吉林	44.4	中营养	Ⅲ	Ⅳ	—
14	磨盘山水库	黑龙江	43.8	中营养	Ⅲ	Ⅲ	—
15	大伙房水库	辽宁	42.6	中营养	Ⅱ	Ⅱ	—
16	小浪底水库	河南	41.7	中营养	Ⅲ	Ⅲ	—
17	鸭子荡水库	宁夏	41.6	中营养	Ⅱ	Ⅱ	—
18	瀛湖	陕西	41.0	中营养	Ⅱ	Ⅱ	—
19	王瑶水库	陕西	38.7	中营养	Ⅲ	Ⅲ	—
20	白莲河水库	湖北	38.6	中营养	Ⅲ	Ⅲ	—
21	富水水库	湖北	38.6	中营养	Ⅱ	Ⅲ	—

序号	水库名称	所属省份	综合营养状态指数	营养状态	水质类别		主要污染指标（超标倍数）
					2020 年	2019 年	
22	昭平台水库	河南	38.1	中营养	II	IV	—
23	南湾水库	河南	38.0	中营养	II	II	—
24	大广坝水库	海南	37.9	中营养	II	II	—
25	大隆水库	海南	37.6	中营养	II	II	—
26	鲁班水库	四川	36.9	中营养	II	III	—
27	尔王庄水库	天津	36.7	中营养	II	III	—
28	山美水库	福建	36.6	中营养	II	III	—
29	白龟山水库	河南	36.5	中营养	II	III	—
30	解放村水库	甘肃	36.5	中营养	II	II	—
31	铜山源水库	浙江	36.0	中营养	II	II	—
32	密云水库	北京	35.5	中营养	II	II	—
33	鲇鱼山水库	河南	34.6	中营养	II	III	—
34	水丰湖	辽宁	34.4	中营养	II	II	—
35	龙羊峡水库	青海	34.1	中营养	I	—	—
36	丹江口水库	湖北	33.2	中营养	II	II	—
37	高州水库	广东	33.1	中营养	II	II	—
38	党河水库	甘肃	32.4	中营养	II	II	—
39	长潭水库	浙江	32.3	中营养	I	I	—
40	太平湖	安徽	31.9	中营养	I	I	—
41	里石门水库	浙江	31.3	中营养	I	II	—
42	怀柔水库	北京	31.2	中营养	II	II	—
43	黄龙滩水库	湖北	31.1	中营养	II	II	—
44	隔河岩水库	湖北	31.0	中营养	I	I	—
45	龙岩滩水库	广西	30.0	中营养	II	II	—
46	松涛水库	海南	29.2	贫营养	II	II	—
47	双塔水库	甘肃	28.3	贫营养	II	II	—
48	东江水库	湖南	28.2	贫营养	I	I	—
49	千岛湖	浙江	27.7	贫营养	I	II	—
50	漳河水库	湖北	27.4	贫营养	I	II	—
51	湖南镇水库	浙江	25.7	贫营养	I	I	—
52	新丰江水库	广东	22.3	贫营养	I	I	—

二、变化趋势

（一）总体情况

2016—2020 年，重要湖泊（水库）总体水质好转，优良水质湖泊（水库）比例先降后升，重度污染湖泊（水库）比例先升后降。

与 2016 年相比，2020 年优良水质湖泊（水库）比例上升 10.8 个百分点，重度污染湖泊（水库）比例下降 2.6 个百分点，水质有所好转。

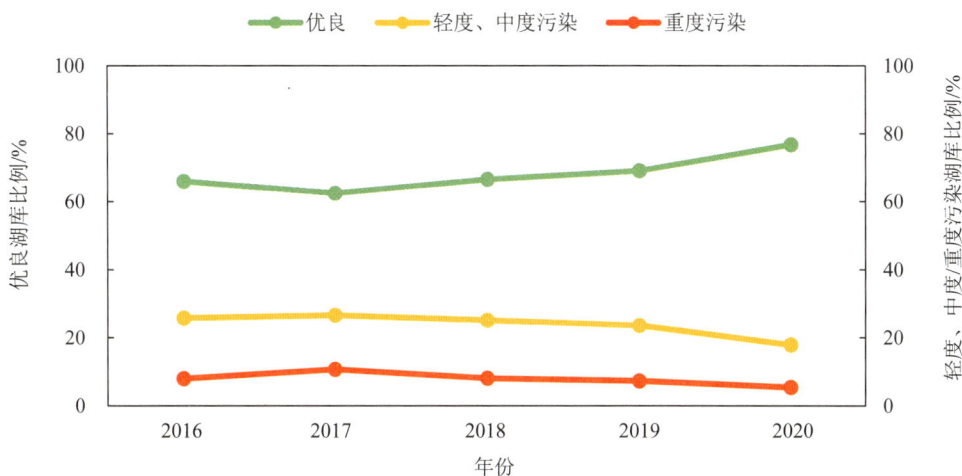

图 2-3-44 2016—2020 年重要湖泊（水库）水质状况年际变化

表 2-3-82 2016—2020 年重要湖泊（水库）水质类别

年度	总数/个	湖泊（水库）比例/%				
		优	良好	轻度污染	中度污染	重度污染
2016	112	32.1	33.9	20.5	5.4	8.0
2017	112	29.5	33.0	19.6	7.1	10.7
2018	111	36.9	29.7	17.1	8.1	8.1
2019	110	35.5	33.6	19.1	4.5	7.3
2020	112	47.3	29.5	15.2	2.7	5.4

2016—2020 年，重要湖泊（水库）中除 2020 年有 1 个湖泊为重度富营养状态外，其他湖泊（水库）和年度均无重度富营养状态湖泊（水库）；各级营养状态湖泊（水库）比例均波动变化，均以贫营养和中营养状态为主。

与 2016 相比，2020 年贫营养和中营养状态湖泊（水库）比例下降 6.0 个百分点，重度富营养状态湖泊（水库）比例上升 0.9 个百分点，营养状态无明显变化。

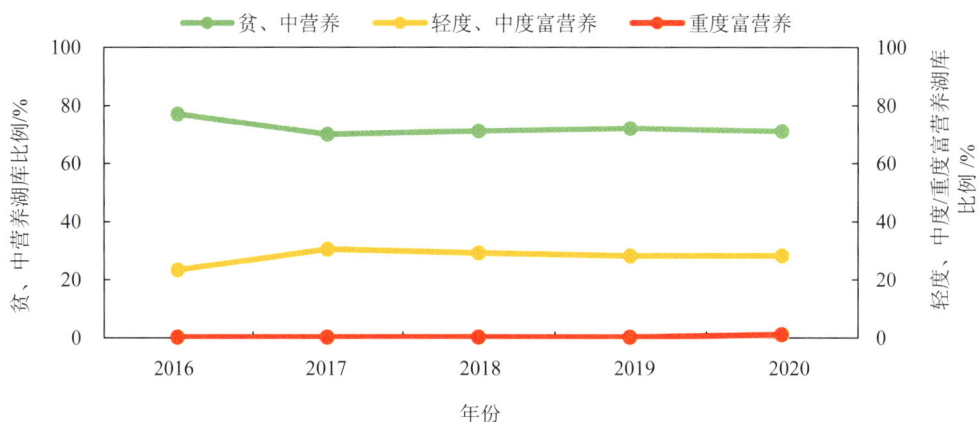

图 2-3-45　2016—2020 年重要湖泊（水库）营养状态年际变化

表 2-3-83　2016—2020 年重要湖泊（水库）综合营养状态

年度	总数/个	重度富营养		中度富营养		轻度富营养		中营养		贫营养	
		个数/个	比例/%	个数/个	比例/%	个数/个	比例/%	个数/个	比例/%	个数/个	比例/%
2016	108	0	0	5	4.6	20	18.5	73	67.6	10	9.3
2017	109	0	0	4	3.7	29	26.6	67	61.5	9	8.3
2018	107	0	0	6	5.6	25	23.4	66	61.7	10	9.3
2019	107	0	0	6	5.6	24	22.4	67	62.6	10	9.3
2020	110	1	0.9	5	4.5	26	23.6	68	61.8	10	9.1

（二）太湖

2016—2020 年，太湖湖体均为轻度污染，水质无明显变化；综合营养状态指数在 54.9～57.2 之间波动，均为轻度富营养状态。与 2016 年相比，2020 年水质和营养状态均无明显变化。

表 2-3-84　2016—2020 年太湖湖体水质及营养状态

年度	水质	主要污染指标（超标倍数）	综合营养状态指数	营养状态
2016	Ⅳ	总磷（0.3）	54.9	轻度富营养
2017	Ⅳ	总磷（0.8）	57.2	轻度富营养
2018	Ⅳ	总磷（0.8）	56.4	轻度富营养
2019	Ⅳ	总磷（0.6）	56.0	轻度富营养
2020	Ⅳ	总磷（0.5）	55.1	轻度富营养

2016—2020 年，太湖主要环湖河流水质明显好转，由轻度污染变为优；Ⅰ～Ⅲ类水质断面比例逐年上升，无劣Ⅴ类。

与 2016 年相比，2020 年Ⅰ～Ⅲ类水质断面比例上升 25.4 个百分点，劣Ⅴ类断面比例持平。

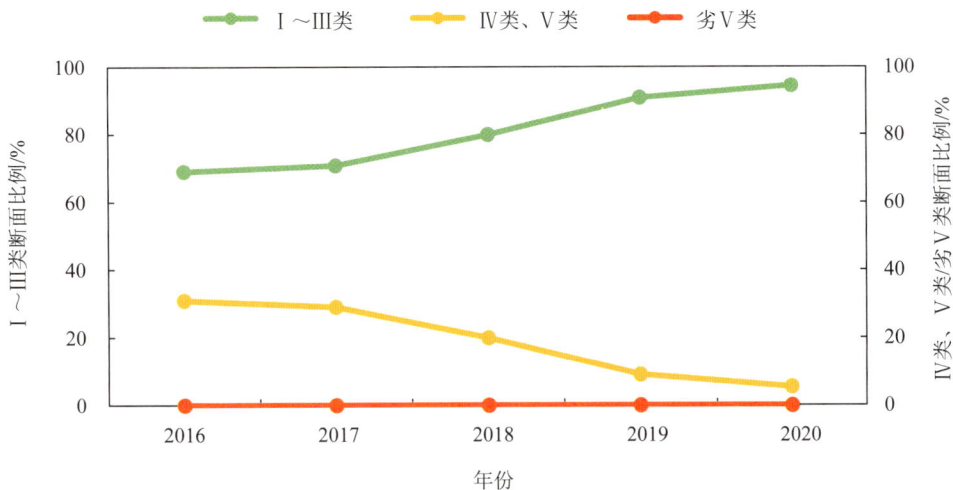

图 2-3-46 2016—2020 年太湖主要环湖河流水质年际变化

表 2-3-85 2016—2020 年太湖主要环湖河流水质

年度	监测断面/个	断面比例/%					
		Ⅰ类	Ⅱ类	Ⅲ类	Ⅳ类	Ⅴ类	劣Ⅴ类
2016	55	0	21.8	47.3	25.5	5.5	0
2017	55	0	16.4	54.5	21.8	7.3	0
2018	55	0	32.7	47.3	20.0	0	0
2019	55	0	27.3	63.6	9.1	0	0
2020	55	0	23.6	70.9	5.5	0	0

2016—2020 年，卫星遥感监测的太湖水华程度以"无明显水华"为主，频次比例为48.9%～64.9%。最大水华面积为 574～984 km^2，主要集中在 5—6 月和 11 月。与 2016 年相比，2020 年"无水华"出现频次比例上升 10.6 个百分点，"无明显水华"下降 13.2 个百分点，"轻度水华"上升 1.3 个百分点，"中度水华"上升 1.3 个百分点。

表 2-3-86　2016—2020 年卫星遥感监测的太湖蓝藻水华程度

年度	2016	2017	2018	2019	2020
有效次数/水华总次数	171/123	219/145	237/134	236/149	240/147
频次比例/%　无水华	28.1	33.8	43.5	36.8	38.7
无明显水华	64.9	48.9	48.9	51.7	51.7
轻度水华	7	14.6	7.6	10.2	8.3
中度水华	0	2.7	0	1.3	1.3
最大水华面积/km^2	623	924	574	921	984
最大水华面积日期	6 月 5 日	5 月 6 日	11 月 24 日	5 月 27 日	6 月 30 日

（三）巢湖

2016—2020 年，巢湖湖体在轻度污染～中度污染之间波动变化。综合营养状态指数在 54.9～56.6 之间波动，均为轻度富营养状态。

与 2016 年相比，2020 年水质和营养状态均无明显变化。

表 2-3-87　2016—2020 年巢湖湖体水质及营养状态

年度	水质	主要污染指标（超标倍数）	综合营养状态指数	营养状态
2016	Ⅳ	总磷（0.8）	54.9	轻度富营养
2017	Ⅴ	总磷（1.4）	56.6	轻度富营养
2018	Ⅴ	总磷（1.0）	55.5	轻度富营养
2019	Ⅳ	总磷（0.6）	56.1	轻度富营养
2020	Ⅳ	总磷（0.3）	55.6	轻度富营养

2016—2020 年，巢湖主要环湖河流水质明显好转，由中度污染变为良好。均无Ⅰ类水质，Ⅱ～Ⅲ类水质断面比例波动上升；劣Ⅴ类水质断面比例逐年下降，2020 年消除劣Ⅴ类。

与 2016 年相比，2020 年Ⅰ～Ⅲ类水质断面比例上升 14.3 个百分点，劣Ⅴ类水质断面比例下降 28.6 个百分点，水质明显好转。

2016—2020 年，卫星遥感监测的巢湖湖体水华程度以"无水华"为主，出现频次比例为 56%～78.9%。最大水华面积为 87～434 km^2，主要集中在 2 月初、6 月下旬至 10 月。

与 2016 年相比，2020 年"无水华"出现频次比例上升 15.2 个百分点，"无明显水华"下降 18 个百分点，"轻度水华"上升 2.8 个百分点，"中度水华"上升 0.1 个百分点。

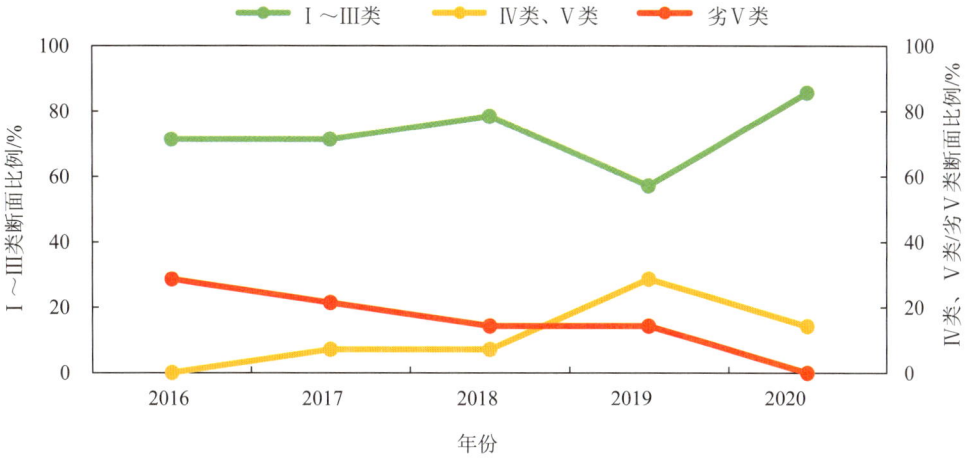

图 2-3-47　2016—2020 年巢湖主要环湖河流水质年际变化

表 2-3-88　2016—2020 年巢湖主要环湖河流水质

年度	监测断面/个	断面比例/%					
		Ⅰ类	Ⅱ类	Ⅲ类	Ⅳ类	Ⅴ类	劣Ⅴ类
2016	14	0	7.1	64.3	0	0	28.6
2017	14	0	7.1	64.3	7.1	0	21.4
2018	14	0	21.4	57.1	0	7.1	14.3
2019	14	0	28.6	28.6	14.3	14.3	14.3
2020	14	0	21.4	64.3	7.1	7.1	0

表 2-3-89　2016—2020 年卫星遥感监测的巢湖湖体蓝藻水华程度

年度		2016	2017	2018	2019	2020
有效次数/水华总次数		182/80	213/45	220/91	227/90	229/66
频次比例/%	无水华	56.0	78.9	58.7	60.3	71.2
	无明显水华	38.5	19.2	32.7	30.4	20.5
	轻度水华	3.8	1.9	6.8	9.3	6.6
	中度水华	1.6	0	1.8	0	1.7
最大水华面积/km²		238	87	434	211	303
最大水华面积日期		6 月 26 日	8 月 25 日	9 月 19 日	10 月 24 日	2 月 9 日

（四）滇池

2016—2020 年，滇池湖体水质有所好转，由中度污染变为轻度污染。综合营养状态指数在 57.6～64.2 之间波动，为轻度富营养～中度富营养状态。

与 2016 年相比，2020 年水质有所好转，营养状态无明显变化。

表 2-3-90　2016—2020 年滇池湖体水质及营养状态

年度	水质	主要污染指标（超标倍数）	综合营养状态指数	营养状态
2016	V	总磷（1.0）、化学需氧量（0.7）、五日生化需氧量（0.1）	61.9	中度富营养
2017	劣 V	化学需氧量（1.0）、总磷（1.7）、BOD_5（0.1）	64.2	中度富营养
2018	IV	化学需氧量（0.4）、总磷（0.4）	57.6	轻度富营养
2019	IV	化学需氧量（0.4）、总磷（0.4）	59.5	轻度富营养
2020	IV	化学需氧量（0.5）、总磷（0.3）	61.0	中度富营养

2016—2020 年，滇池主要环湖河流水质明显好转，由重度污染变为优。均无 I 类水质，II～III 类水质断面比例大幅上升，2020 年达到 91.7%；劣 V 类水质断面比例波动下降，2019—2020 年消除劣 V 类。

与 2016 年相比，2020 年 I ～III 类水质断面比例上升 66.7 个百分点，劣 V 类水质断面比例下降 16.7 个百分点，水质明显好转。

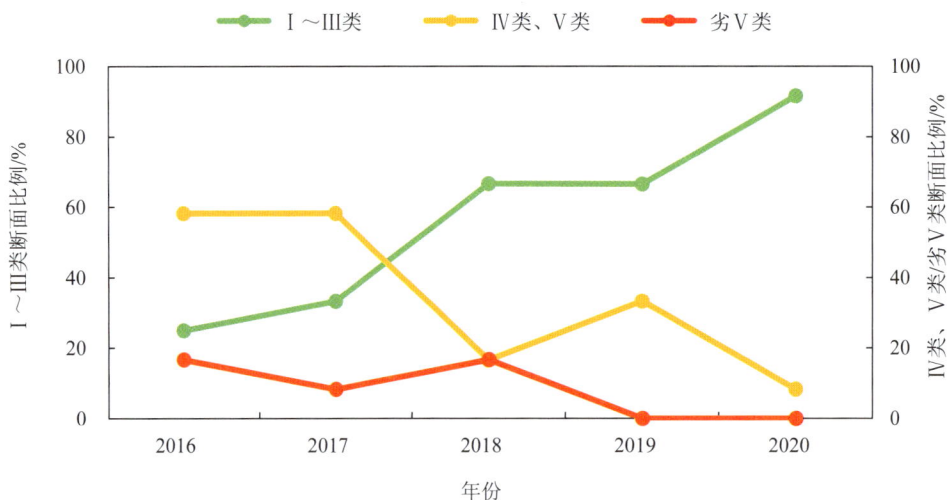

图 2-3-48　2016—2020 年滇池主要环湖河流水质年际变化

表 2-3-91 2016—2020 年滇池主要环湖河流水质

年度	监测断面/个	断面比例/%					
		Ⅰ类	Ⅱ类	Ⅲ类	Ⅳ类	Ⅴ类	劣Ⅴ类
2016	12	0	8.3	16.7	58.3	0	16.7
2017	12	0	8.3	25.0	50.0	8.3	8.3
2018	12	0	0	66.7	8.3	8.3	16.7
2019	12	0	33.3	33.3	33.3	0	0
2020	12	0	25.0	66.7	8.3	0	0

2016—2020 年，卫星遥感监测的滇池湖体水华程度以"无水华"为主，出现频次比例为 48.6%～69.0%。最大水华面积为 43～113 km²，主要集中在 7 月下旬至 12 月中旬。

与 2016 年相比，2020 年"无水华"出现频次比例下降 7.9 个百分点，"无明显水华"下降 2.7 个百分点，"轻度水华"上升 6.9 个百分点，"中度水华"上升 3.7 个百分点。

表 2-3-92 2016—2020 年卫星遥感监测的滇池湖体蓝藻水华程度

年度		2016	2017	2018	2019	2020
有效次数/水华总次数		42/13	41/17	35/18	38/19	54/21
频次比例/%	无水华	69.0	58.5	48.6	50.0	61.1
	无明显水华	28.6	36.6	42.8	42.1	25.9
	轻度水华	2.4	4.9	8.6	7.9	9.3
	中度水华	0	0	0	0	3.7
最大水华面积/km²		61	43	83	64	113
最大水华面积日期		12 月 5 日	7 月 26 日	11 月 26 日	12 月 10 日	9 月 2 日

（五）其他重要湖泊

2016—2020 年，高唐湖水质由Ⅳ类变为Ⅱ类，白马湖和东钱湖水质由Ⅳ类变为Ⅲ类，白洋淀和淀山湖水质由Ⅴ类变为Ⅳ类，乌梁素海水质由Ⅴ类变为Ⅲ类，星云湖和异龙湖水质由劣Ⅴ类变为Ⅴ类，大通湖水质由劣Ⅴ类变为Ⅳ类，沙湖水质由劣Ⅴ类变为Ⅲ类。

焦岗湖和小兴凯湖水质由Ⅲ类变为Ⅳ类，兴凯湖水质由Ⅲ类变为Ⅴ类，杞麓湖水质由Ⅴ类变为劣Ⅴ类，主要污染指标为化学需氧量、总磷和高锰酸盐指数。

水质在Ⅱ～Ⅴ类之间波动的重要湖泊分别是博斯腾湖、菜子湖、东平湖、高邮湖、洪湖、黄大湖、镜泊湖、龙感湖、南漪湖、瓦埠湖、仙女湖和羊卓雍错；其他湖泊水质均无明显变化。

与 2016 年相比，2020 年兴凯湖水质明显下降，高邮湖、焦岗湖、梁子湖、杞麓湖、赛里木湖和小兴凯湖水质有所下降；大通湖、高唐湖、沙湖和乌梁素海水质明显好转；白马湖、白洋淀、百花湖、淀山湖、东钱湖、洱海、红枫湖、洪泽湖、龙感湖、泸沽湖、万峰湖、星云湖、羊卓雍错、阳宗海和异龙湖水质有所好转；其他湖泊水质无明显变化。

2016—2020 年，杞麓湖、星云湖和异龙湖持续为中度富营养状态，白马湖、白洋淀、淀山湖、高邮湖、洪泽湖、焦岗湖、南漪湖和阳澄湖持续为轻度富营养状态，呼伦湖和龙感湖在轻度富营养～中度富营养状态之间波动，艾比湖在轻度富营养～重度富营养状态之间波动。

与 2016 年相比，2020 年艾比湖和洪湖营养状态明显变差；东平湖、东钱湖、斧头湖、衡水湖、骆马湖、赛里木湖、升金湖、瓦埠湖、仙女湖和柘林湖营养状态有所变差；呼伦湖、沙湖、乌梁素海、西湖和兴凯湖营养状态有所好转；其他湖泊营养状态无明显变化。

（六）重要水库

2016—2020 年，莲花水库水质持续为Ⅳ类；鲁班水库水质由Ⅳ类变为Ⅱ类，三门峡水库和于桥水库水质由Ⅳ类变为Ⅲ类；察尔森水库、松花湖、峡山水库和昭平台水库水质在Ⅱ～Ⅳ类之间波动，其他水库水质均在Ⅰ～Ⅲ类之间波动。

与 2016 年相比，2020 年白莲河水库、崂山水库和双塔水库水质有所下降；龙羊峡水库和鲁班水库水质明显好转，董铺水库、尔王庄水库、富水水库、高州水库、隔河岩水库、红崖山水库、里石门水库、南湾水库、鲇鱼山水库、三门峡水库、铜山源水库、鸭子荡水库、于桥水库和昭平台水库水质有所好转；其他水库水质无明显变化。

2016—2020 年，于桥水库持续为轻度富营养状态，察尔森水库、鹤地水库、莲花水库、松花湖、峡山水库和玉滩水库在轻度富营养～中营养状态之间波动，其他水库在贫营养～中营养状态之间波动。

与 2016 年相比，2020 年莲花水库、峡山水库和长潭水库营养状态有所变差，双塔水库和松涛水库营养状态有所好转，其他水库营养状态无明显变化。

第四节　全国地级及以上城市集中式生活饮用水水源

一、现状

2020 年，全国 336 个地级及以上城市的 902 个在用集中式生活饮用水水源监测断面（点位）中，地表水水源监测断面（点位）598 个（河流型 333 个、湖库型 265 个），地下水水源监测点位 304 个。取水总量为 396.08 亿 t，其中达标水量为 391.57 亿 t，占取水总量的 98.9%，与上年相比上升 1.1 个百分点。

902 个水源监测断面（点位）中，852 个全年均达标，达标率为 94.5%，与上年相比上升 2.5 个百分点。地表水水源监测断面（点位）中，584 个全年均达标，达标率为 97.7%；14 个存在不同程度超标，主要超标指标为硫酸盐、高锰酸盐指数和总磷。地下水水源监测点位中，268 个达标，达标率为 88.2%；36 个存在不同程度超标，主要超标指标为锰、铁和氨氮，锰和铁超标主要是由于天然背景值较高。

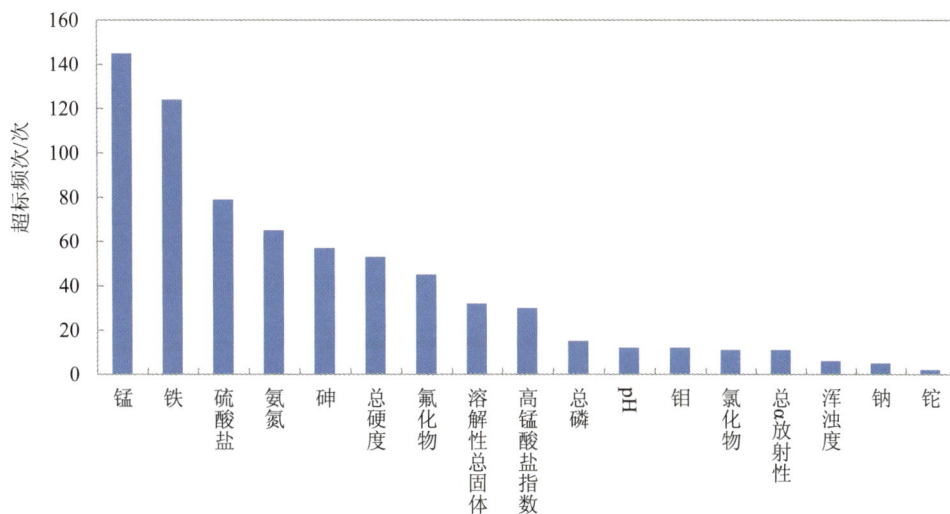

图 2-3-49　2020 年全国地级及以上城市集中式饮用水水源超标指标情况

336 个地级及以上城市中，316 个城市水源达标率为 100%，占 94.0%；2 个城市水源达标率大于等于 80.0% 且小于 100%，占 0.6%；8 个城市水源达标率大于等于 50.0% 且小于 80.0%，占 2.4%；2 个城市水源达标率大于 0 且小于 50.0%，占 0.6%；8 个城市水源达标率为 0，占 2.4%。

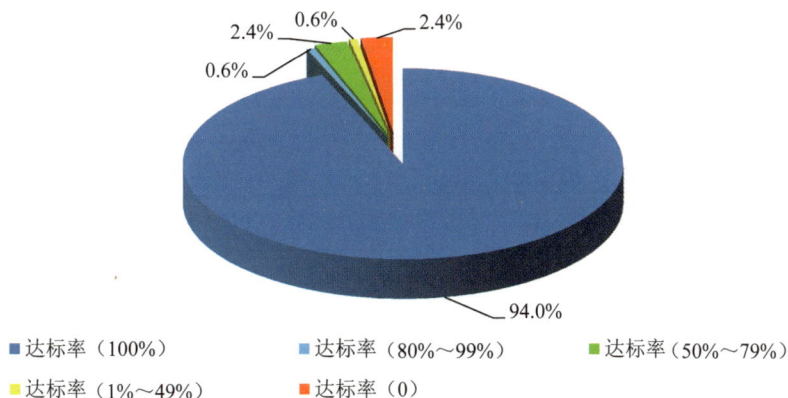

图 2-3-50　2020 年全国地级及以上城市集中式饮用水水源达标城市比例

二、变化趋势

2016—2020 年，全国地级及以上城市集中式生活饮用水水源达标率呈上升趋势。与 2016 年相比，2020 年全国水源达标率上升 4.1 个百分点。其中，地表水水源达标率上升 4.1 个百分点；地下水水源达标率上升 3.2 个百分点。

表 2-3-93　2016—2020 年全国地级及以上城市饮用水水源达标情况

年度	城市数/个	水源个数/个	水源达标个数/个	水源达标率/%
2016	338	897	811	90.4
2017	338	898	813	90.5
2018	337	906	814	89.8
2019	336	902	830	92.0
2020	336	902	852	94.5

表 2-3-94　2016—2020 年全国地级及以上城市地表水水源达标情况

年度	水源个数/个	达标个数/个	水源达标率/%	主要污染指标
2016	563	527	93.6	总磷、硫酸盐、锰
2017	569	533	93.7	硫酸盐、铁、总磷
2018	577	534	92.5	硫酸盐、总磷、锰
2019	590	565	95.8	总磷、硫酸盐、高锰酸盐指数
2020	598	584	97.7	硫酸盐、高锰酸盐指数、总磷

表 2-3-95　2016—2020 年全国地级及以上城市地下水水源达标情况

年度	水源个数/个	达标个数/个	水源达标率/%	主要污染指标
2016	334	284	85.0	锰、铁、氨氮
2017	329	280	85.1	锰、铁、氨氮
2018	329	280	85.1	锰、铁、氨氮
2019	312	265	84.9	锰、铁、硫酸盐
2020	304	268	88.2	锰、铁、氨氮

第五节　地下水

一、现状

2020 年，自然资源部门监测的 10 171 个地下水水质点位（平原盆地、岩溶山区、丘陵山区基岩地下水监测点分别为 7 923 个、910 个、1 338 个）中，Ⅰ～Ⅲ类水质监测点占 13.6%，Ⅳ类占 68.8%，Ⅴ类占 17.6%；水利部门监测的 10 242 个地下水水质点位（以浅层地下水为主）中，Ⅰ～Ⅲ类水质监测点占 22.7%，Ⅳ类占 33.7%，Ⅴ类占 43.6%，地下水主要超标指标为锰、总硬度和溶解性总固体。

二、变化趋势

2016—2020 年，自然资源部门和水利部门地下水水质监测点位个数明显增加，监测力度和覆盖范围持续加大。总体来看，地下水水质表现为波动变化。其中，Ⅰ～Ⅲ类水质监测点比例始终较低。

表 2-3-96　2016—2020 年自然资源部门地下水水质监测点水质状况

年度	监测点/个	Ⅰ～Ⅲ类水质点位比例/%	Ⅳ类水质点位比例/%	Ⅴ类水质点位比例/%
2016	6 124	39.9	45.4	14.7
2017	5 100	33.4	51.8	14.8
2018	10 168	13.8	70.7	15.5
2019	10 168	14.4	66.9	18.8
2020	10 171	13.6	68.8	17.6

注：2017 年以前水质类别为优良、良好、较好、较差和极差，在表中分别对应Ⅰ类、Ⅱ类、Ⅲ类、Ⅳ类、Ⅴ类，与 2018 年以后数据不可直接比较。下表同。

表 2-3-97　2016—2020 年水利部门地下水水质监测点水质状况

年度	监测点/个	Ⅰ～Ⅲ类水质点位比例/%	Ⅳ类水质点位比例/%	Ⅴ类水质点位比例/%
2016	2 104	24.1	56.2	19.8
2017	2 145	24.4	60.9	14.6
2018	2 833	23.9	29.2	46.9
2019	2 830	23.7	30.0	46.2
2020	10 242	22.7	33.7	43.6

第六节 水生生物

一、生境调查

2020 年，在松花江流域开展生境调查的 39 个断面中，13 个断面得分高于 45 分（满分 60 分），占 33.3%，不排除由于评价断面较少导致的不能够全面代表整个流域生境类型的情况。

2016—2020 年，松花江流域生境评价得分不小于 45 分的断面比例在 2019 年以前持续上升，各年均在 50% 以上，但 2020 年明显下降。

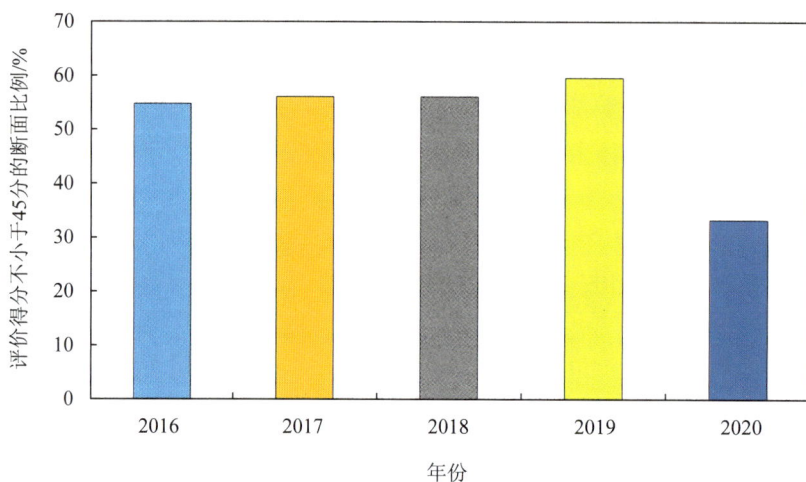

图 2-3-51 2016—2020 年松花江流域生境状况

二、藻类植物

2020 年，在松花江流域河流采集到着生藻类 145 个分类单位（种或变种），隶属于 6 门、8 纲、19 目、34 科、69 属，以硅藻门和绿藻门的物种为主。其中，硅藻门有 77 个分类单位，占 53.1%；绿藻门有 45 个分类单位，占 31.0%；蓝藻门有 14 个分类单位，占 9.7%；裸藻门有 4 个分类单位，占 2.8%；隐藻门有 2 个分类单位，占 1.4%；甲藻门有 3 个分类单位，占 2.0%。硅藻门和绿藻门植物的优势地位显著，符合河流生态系统中着生藻类的分布特点。

2020 年，在松花江流域湖库监测到浮游植物 78 个分类单位（种），隶属于 6 门、8 纲、15 目、26 科、46 属，以硅藻门和绿藻门的物种为主。其中，硅藻门有 30 个分类单位，占 38.5%；绿藻门有 21 个分类单位，占 26.9%；蓝藻门有 13 个分类单位，占 16.7%；裸藻门有 6 个分类单位，占 7.7%；隐藻门有 4 个分类单位，占 5.1%；甲藻门有 4 个分类单位，占 5.1%。硅藻门和绿藻门植物的优势地位显著,符合湖库生态系统中浮游植物的分布特点。

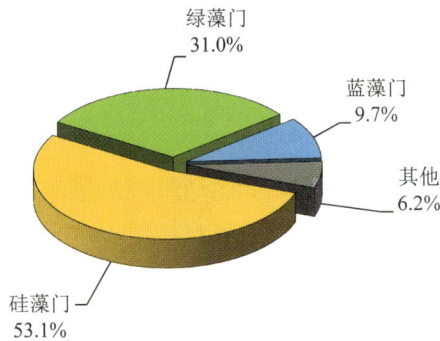

图 2-3-52 2020 年松花江流域河流着生藻类各类群比例

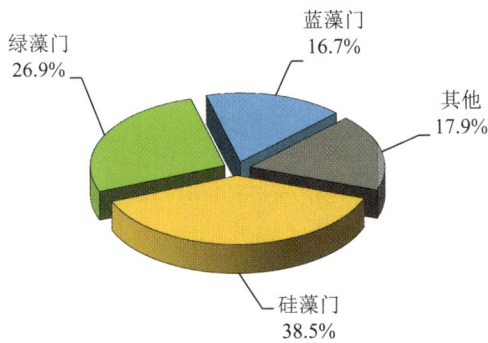

图 2-3-53 2020 年松花江流域湖库浮游植物各类群比例

2016—2020 年,松花江流域河流着生藻类中,硅藻门和绿藻门所占比例持续保持在 70%以上,为绝对优势种,除 2019 年硅藻门和绿藻门占比相当外,其他年度硅藻门占比均最高;蓝藻门和其他藻种所占比例均在 30%以下。

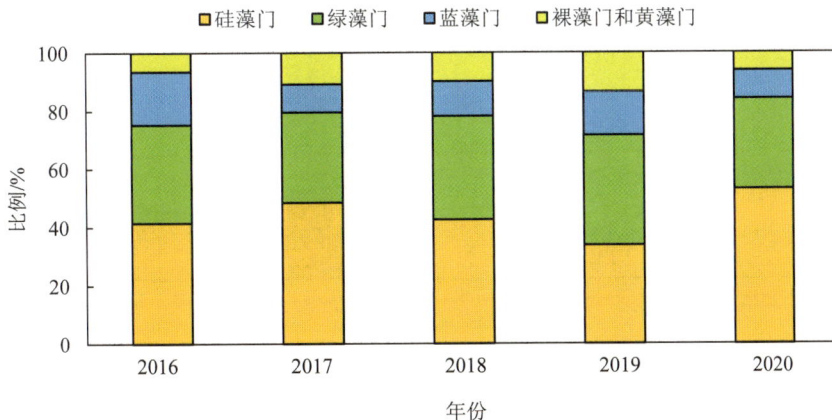

图 2-3-54 2016—2020 年松花江流域河流着生藻类群落组成

2016—2020 年，松花江流域湖库浮游植物群落组成与河流相似，除 2016 年外，硅藻门和绿藻门所占比例均在 70%以上，为绝对优势种。

三、底栖动物

2020 年，在松花江流域采集到底栖动物样品 164 个，定性监测出 203 个分类单位。其中，水生昆虫 EPT 物种[①]69 个分类单位，占 34.0%；水生昆虫其他物种 100 个分类单位，占 49.3%；软体动物 16 个分类单位，占 7.9%；甲壳动物 8 个分类单位，占 3.9%；环节动物 10 个分类单位，占 4.9%。水生昆虫分布广，物种、数量多，成为多数点位的优势类群。

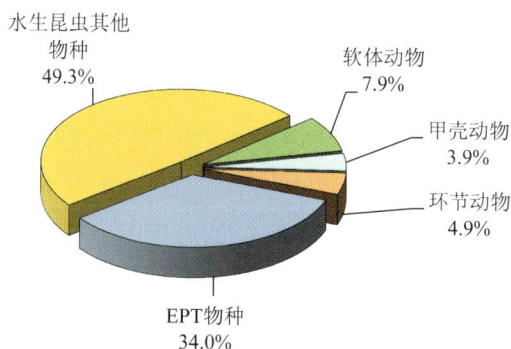

图 2-3-55　2020 年松花江流域底栖动物各类群比例

2020 年，松花江流域底栖动物综合评价结果显示，45 个监测断面中极清洁的有 3 个，占 6.7%，主要分布在背景断面和黑龙江；清洁的有 20 个，占 44.4%，主要分布在松花江干流、支流和嫩江流域；轻污染的有 17 个，占 37.8%；中污染的有 5 个，占 11.1%。

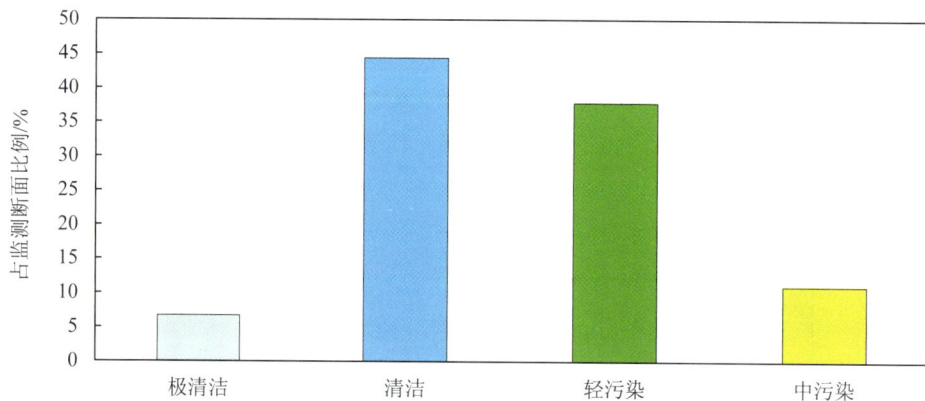

图 2-3-56　2020 年松花江流域底栖动物综合评价结果

---

① EPT 物种：指底栖动物群落中的蜉蝣目（Ephemerida）、襀翅目（Plecoptera）和毛翅目（Trichoptera），是分布最广泛、对水质最敏感、应用最多的清洁水体指示物种。

2016—2020 年，松花江流域底栖动物综合评价结果显示，极清洁水体的占比较低，大部分处于清洁和轻度污染水平。

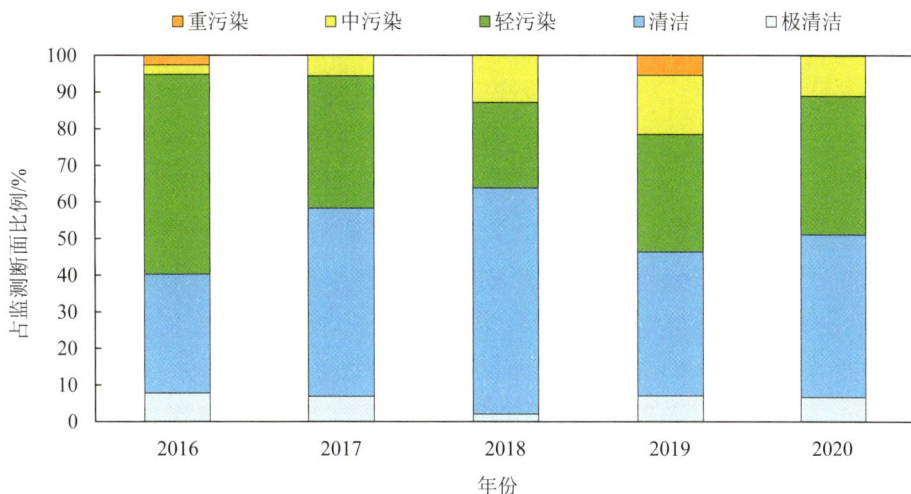

图 2-3-57 2016—2020 年底栖动物综合评价结果年际变化

第七节 小 结

2020 年，全国地表水总体水质良好。监测的 1 937 个国考断面（点位）中，Ⅰ～Ⅲ类水质断面比例占 83.4%；劣Ⅴ类占 0.6%。主要江河水质良好，西北诸河、浙闽片河流、长江流域、珠江流域和西南诸河水质均为优，黄河、松花江和淮河流域水质均为良好，辽河和海河流域均为轻度污染。

2020 年，112 个（座）监测水质的重要湖泊（水库）中，优良水质湖泊（水库）86 个，占 76.8%；轻度污染 17 个，占 15.2%；中度污染 3 个，占 2.7%；重度污染 6 个，占 5.4%。主要污染指标为总磷、化学需氧量和高锰酸盐指数。仍有一部分重要湖泊处于富营养状态。

2020 年，全国 336 个地级及以上城市的 902 个在用集中式生活饮用水水源监测断面（点位）中 852 个全年均达标，达标率为 94.5%。36 个存在不同程度超标，主要超标指标为锰、铁和氨氮，锰和铁超标主要是由于天然背景值较高。

2020 年，自然资源部门 10 171 个地下水水质监测点（平原盆地、岩溶山区、丘陵山区基岩地下水）中，Ⅰ～Ⅲ类水质监测点占 13.6%，Ⅳ类占 68.8%，Ⅴ类占 17.6%；水利部门 10 242 个地下水水质监测点（以浅层地下水为主）中，Ⅰ～Ⅲ类水质监测点占 22.7%，Ⅳ类占 33.7%，Ⅴ类占 43.6%，主要超标指标为锰、总硬度和溶解性总固体。

2016—2020 年，全国地表水环境质量稳中趋好，由轻度污染变为良好，圆满完成"十三五"生态环境保护地表水质量约束性目标，Ⅰ～Ⅲ类水质断面比例显著上升，劣Ⅴ类水质断面比例显著下降。与 2016 年相比，2020 年 I～III 类水质断面比例上升 15.6 个百分点，劣 V 类水质断面比例下降 8.0 个百分点。主要水质指标浓度逐年下降，氨氮、总磷、五日生化需氧量、化学需氧量和高锰酸盐指数年均浓度分别下降 68.6%、43.5%、34.6%、16.0% 和 11.1%。长江经济带水质逐渐好转，环渤海入海河流消劣取得显著成效。

2016—2020 年，长江、黄河、珠江、松花江、淮河、海河、辽河等七大流域及浙闽片河流、西北诸河和西南诸河主要江河总体水质明显好转，由轻度污染变为良好，I～III 类水质断面比例逐年上升，劣 V 类水质断面比例逐年下降。与 2016 年相比，2020 年 I～III 类水质断面比例上升 16.1 个百分点，劣 V 类水质断面比例下降 8.9 个百分点。

2016—2020 年，重要湖泊（水库）总体水质好转。优良水质湖泊（水库）比例先降后升；重度污染湖泊（水库）比例先升后降。与 2016 年相比，2020 年优良水质湖泊（水库）比例上升 10.8 个百分点，重度污染湖泊（水库）比例下降 2.6 个百分点，水质有所好转。

2016—2020 年，全国地级及以上城市集中式生活饮用水水源达标率呈上升趋势。与 2016 年相比，2020 年全国水源达标率上升 4.1 个百分点。其中，地表水水源达标率上升 4.1 个百分点，地下水水源达标率上升 3.2 个百分点。

第四章　海　洋

第一节　海洋环境质量

一、管辖海域

（一）总体情况

2020 年，夏季一类水质海域面积占管辖海域面积的 96.8%，与上年持平。劣四类水质海域面积为 30 070 km², 与上年相比增加 1 730 km², 主要超标指标为无机氮和活性磷酸盐。

图 2-4-1　2020 年夏季管辖海域海水水质类别分布示意

2016—2020 年，管辖海域夏季一类水质海域面积比例为 96.3%，海水水质总体呈改善趋势。与 2016 年相比，2020 年管辖海域夏季一类水质海域面积比例上升 1.3 个百分点，劣四类水质海域面积减少 7 350 km²。与 2015 年相比，2020 年管辖海域夏季一类水质海域面积比例上升 2.0 个百分点，劣四类水质海域面积减少 9 950 km²。

表 2-4-1 2015—2020 年夏季管辖海域未达到一类海水水质标准的各类海域面积

年度	二类水质海域面积/km²	三类水质海域面积/km²	四类水质海域面积/km²	劣四类水质海域面积/km²	合计/km²
2015	54 120	36 900	23 570	40 020	154 610
2016	49 310	31 020	17 770	37 420	135 520
2017	49 830	28 540	18 240	33 720	130 330
2018	38 070	22 320	16 130	33 270	109 790
2019	34 330	18 440	8 560	28 340	89 670
2020	30 730	20 650	13 480	30 070	94 930

（二）各海区状况

1. 渤海

2020 年，渤海未达到一类海水水质标准的海域面积为 13 490 km²，与上年同期相比增加 750 km²；劣四类水质海域面积为 1 000 km²，与上年同期相比减少 10 km²，主要分布在辽东湾和黄河口近岸海域。

2016—2020 年，渤海未达到一类海水水质标准的海域面积和劣四类水质海域面积总体呈下降趋势。与 2016 年相比，2020 年未达到一类海水水质标准的海域面积减少了 10 280 km²；劣四类水质海域面积减少了 4 000 km²，"十三五"期间持续出现劣四类水质海域主要分布在辽东湾和黄河口近岸海域。

表 2-4-2 2016—2020 年夏季渤海海域未达到一类海水水质标准的各类海域面积

年度	二类水质海域面积/km²	三类水质海域面积/km²	四类水质海域面积/km²	劣四类水质海域面积/km²	合计/km²
2016	9 950	5 690	3 130	5 000	23 770
2017	8 940	3 970	2 120	3 710	18 740
2018	10 830	4 470	2 930	3 330	21 560
2019	8 770	2 210	750	1 010	12 740
2020	9 170	2 300	1 020	1 000	13 490

2. 黄海

2020 年，黄海未达到一类海水水质标准的海域面积为 25 360 km²，与上年同期相比增加 13 810 km²；劣四类水质海域面积为 5 080 km²，与上年同期相比增加 4 320 km²，主要分布在江苏沿岸海域。

2016—2020 年，黄海未达到一类海水水质标准的海域面积和劣四类水质海域面积总体呈波动趋势；2016—2019 年黄海海域海水水质总体呈改善趋势，2020 年受长江和江淮流域洪水的影响，水质状况有所波动。与 2016 年相比，2020 年未达到一类海水水质标准的海域面积减少了 30 km²；劣四类水质海域面积增加了 2 550 km²，"十三五"期间持续出现劣四类水质的海域主要分布在鸭绿江口等近岸海域。

表 2-4-3　2016—2020 年夏季黄海海域未达到一类海水水质标准的各类海域面积

年度	二类水质海域面积/km²	三类水质海域面积/km²	四类水质海域面积/km²	劣四类水质海域面积/km²	合计/km²
2016	12 160	7 440	3 260	2 530	25 390
2017	17 280	7 090	2 610	1 240	28 220
2018	10 350	6 890	6 870	1 980	26 090
2019	4 890	5 410	490	760	11 550
2020	7 430	8 300	4 550	5 080	25 360

3. 东海

2020 年，东海未达到一类海水水质标准的海域面积为 48 000 km²，与上年同期相比减少 4 610 km²；劣四类水质海域面积为 21 480 km²，与上年同期相比减少 760 km²，主要分布在长江口、杭州湾、浙江沿岸等近岸海域。

2016—2020 年，东海未达到一类海水水质标准的海域面积和劣四类水质海域面积总体呈下降趋势。与 2016 年相比，2020 年未达到一类海水水质标准的海域面积减少了 12 820 km²；劣四类水质海域面积减少了 470 km²，"十三五"期间持续出现劣四类水质的海域主要分布在长江口和杭州湾等近岸海域。

表 2-4-4　2016—2020 年夏季东海海域未达到一类海水水质标准的各类海域面积

年度	二类水质海域面积/km²	三类水质海域面积/km²	四类水质海域面积/km²	劣四类水质海域面积/km²	合计/km²
2016	22 740	8 070	8 060	21 950	60 820
2017	17 610	9 260	11 400	22 210	60 480
2018	11 390	6 480	4 380	22 110	44 360

年度	二类水质 海域面积/km²	三类水质 海域面积/km²	四类水质 海域面积/km²	劣四类水质 海域面积/km²	合计/km²
2019	15 820	8 270	6 280	22 240	52 610
2020	10 800	8 910	6 810	21 480	48 000

4. 南海

2020 年，南海未达到一类海水水质标准的海域面积为 8 080 km²，与上年同期相比减少 4 690 km²；劣四类水质海域面积为 2 510 km²，与上年同期相比减少 1 820 km²，主要分布在珠江口等近岸海域。

2016—2020 年，南海未达到一类海水水质标准的海域面积和劣四类水质海域面积总体呈下降趋势。与 2016 年相比，2020 年未达到一类海水水质标准的海域面积减少了 17 460 km²；劣四类水质海域面积减少了 5 430 km²，"十三五"期间持续出现劣四类水质海域主要分布在珠江口等近岸海域。

表 2-4-5 2016—2020 年夏季南海海域未达到一类海水水质标准的各类海域面积

年度	二类水质 海域面积/km²	三类水质 海域面积/km²	四类水质 海域面积/km²	劣四类水质 海域面积/km²	合计/km²
2016	4 460	9 820	3 320	7 940	25 540
2017	6 000	8 220	2 110	6 560	22 890
2018	5 500	4 480	1 950	5 850	17 780
2019	4 850	2 550	1 040	4 330	12 770
2020	3 330	1 140	1 100	2 510	8 080

二、近岸海域

（一）总体情况

2020 年，全国近岸海域优良（一类、二类）水质比例为 77.4%，与上年相比上升 0.8 个百分点；劣四类水质比例为 9.4%，与上年相比下降 2.3 个百分点。劣四类海域主要分布在辽东湾、黄河口、江苏沿岸、长江口、杭州湾、浙江沿岸、珠江口等近岸海域。主要超标指标为无机氮和活性磷酸盐。

2016—2020 年，全国近岸海域优良水质比例为 73.8%，总体稳中有升。与 2016 年相比，2020 年全国近岸海域优良水质海域面积比例上升 4.5 个百分点，劣四类水质面积比例下降 1.9 个百分点。

与 2015 年相比，2020 年全国近岸海域优良水质海域面积比例上升 9.0 个百分点，劣四类水质面积比例下降 3.6 个百分点。

表 2-4-6 2015—2020 年近岸海域各类海水水质面积比例

年度	一类水质 面积比例/%	二类水质 面积比例/%	三类水质 面积比例/%	四类水质 面积比例/%	劣四类水质 面积比例/%	优良水质 面积比例/%
2015	53.3	15.1	11.0	7.6	13.0	68.4
2016	48.1	24.8	10.0	5.8	11.3	72.9
2017	48.5	22.2	9.9	6.8	12.6	70.7
2018	54.1	17.2	8.8	6.4	13.5	71.3
2019	46.6	30.0	7.0	4.7	11.7	76.6
2020	60.7	16.7	7.7	5.5	9.4	77.4

（二）沿海省份

2020 年，沿海 11 个省（区、市）中，辽宁、河北、山东、福建、广东、广西和海南优良水质比例年平均值高于全国优良水质比例，天津、江苏、上海和浙江优良水质比例年平均值低于全国优良水质比例；江苏、上海和浙江劣四类水质比例年平均值高于全国劣四类水质比例，其他省份劣四类水质比例年平均值低于全国劣四类水质比例。

2016—2020 年，沿海 11 个省（区、市）的优良水质比例总体稳中有升，多数省份优良水质比例呈上升趋势，天津优良水质比例显著上升，仅江苏和上海优良水质比例在 2020 年有所下降。

1. 辽宁省

2020 年，辽宁省海域优良水质比例为 92.3%，与上年相比，上升 1.5 个百分点，其中一类水质比例为 80.0%，与上年相比，上升 23.6 个百分点；劣四类水质比例为 3.0%，下降 0.5 个百分点。2016—2020 年，辽宁省优良水质比例总体稳中有升。

2. 河北省

2020 年，河北省海域优良水质比例为 99.0%，与上年相比，上升 1.7 个百分点，其中一类水质比例为 66.7%，与上年相比，下降 6.8 个百分点；劣四类水质比例为 0.0%，下降 0.1 个百分点。2016—2020 年，河北省自 2017 年后优良水质比例呈上升趋势。

3. 天津市

2020 年，天津市海域优良水质比例为 70.4%，与上年相比，上升 2.1 个百分点，其中一类水质比例为 14.0%，与上年相比，下降 16.2 个百分点；劣四类水质比例为 4.7%，下降 5.7 个百分点。2016—2020 年，天津市自 2017 年后优良水质比例呈显著上升趋势。

4. 山东省

2020 年，山东省海域优良水质比例为 91.5%，与上年相比，上升 3.4 个百分点，其中一类水质比例为 73.0%，与上年相比，上升 44.1 个百分点；劣四类水质比例为 1.0%，下降 2.2 个百分点。2016—2020 年，山东省优良水质比例总体稳定，2018 年后优良水质比例呈上升趋势。

5. 江苏省

2020 年，江苏省海域优良水质比例为 46.3%，与上年相比，下降 37.0 个百分点，其中一类水质比例为 22.2%，与上年相比，下降 29.0 个百分点；劣四类水质比例为 9.6%，上升 7.1 个百分点。2016—2020 年，江苏省优良水质比例总体呈波动态势。

6. 上海市

2020 年，上海市海域优良水质比例为 10.0%，与上年相比，下降 5.4 个百分点，其中一类水质比例为 3.7%，与上年相比，下降 3.5 个百分点；劣四类水质比例为 73%，上升 5.4 个百分点。2016—2020 年，上海市优良水质比例总体稳定。

7. 浙江省

2020 年，浙江省海域优良水质比例为 43.4%，与上年相比，上升 11.4 个百分点，其中一类水质比例为 22.2%，与上年相比，上升 10.1 个百分点；劣四类水质比例为 28.8%，下降 14.1 个百分点。2016—2020 年，浙江省优良水质比例总体呈显著上升趋势。

8. 福建省

2020 年，福建省海域优良水质比例为 85.2%，与上年相比，上升 5.9 个百分点，其中一类水质比例为 73.8%，与上年相比，上升 12.9 个百分点；劣四类水质比例为 3.1%，下降 2.6 个百分点。2016—2020 年，福建省优良水质比例总体呈上升趋势。

9. 广东省

2020 年，广东省海域优良水质比例为 89.5%，与上年相比，上升 7.0 个百分点，其中一类水质比例为 72.5%，与上年相比，上升 23.4 个百分点；劣四类水质比例为 5.7%，下降 1.9 个百分点。2016—2020 年，广东省优良水质比例总体呈上升趋势。

10. 广西壮族自治区

2020 年，广西壮族自治区海域优良水质比例为 95.2%，与上年相比，上升 2.0 个百分点，其中一类水质比例为 80.9%，与上年相比，下降 3.3 个百分点；劣四类水质比例为 0.4%，下降 1.4 个百分点。2016—2020 年，广西壮族自治区优良水质比例总体稳定，2018 年后优良水质比例呈上升趋势。

11. 海南省

2020 年，海南省海域优良水质比例为 99.6%，与上年相比，上升 0.7 个百分点，其中一类水质比例为 92.2%，与上年相比，下降 2.0 个百分点；劣四类水质比例为 0.1%，上升 0.1 个百分点。2016—2020 年，海南省优良水质比例总体稳定。

表 2-4-7 2016—2020 年沿海各省（区、市）各类海水水质状况

省份	年度	优良水质/%	一类水质/%	二类水质/%	三类水质/%	四类水质/%	劣四类水质/%
辽宁	2016	84.8	51.4	33.4	7.4	4.2	3.6
	2017	85.8	48.7	37.1	6.0	4.1	4.1
	2018	86.3	61.4	24.9	6.1	3.5	4.1
	2019	90.8	56.4	34.4	3.9	1.8	3.5
	2020	92.3	80.0	12.3	2.7	2.0	3.0
	"十三五"	88.0	59.6	28.4	5.2	3.1	3.7
河北	2016	85.2	38.5	46.7	9.2	1.9	3.7
	2017	78.1	24.1	54.0	6.9	10.4	4.6
	2018	90.4	70.0	20.4	4.6	2.4	2.6
	2019	97.3	73.5	23.8	2.3	0.3	0.1
	2020	99.0	66.7	32.3	0.7	0.3	0.0
	"十三五"	90.0	54.6	35.4	4.7	3.1	2.2
天津	2016	39.5	0.3	39.2	45.4	11.2	3.9
	2017	16.6	1.8	14.8	42.8	26.5	14.1
	2018	60.6	25.1	35.5	27.8	4.4	7.2
	2019	68.3	30.2	38.1	11.7	9.6	10.4
	2020	70.4	14.0	56.4	17.8	7.1	4.7
	"十三五"	51.1	14.3	36.8	29.1	11.8	8.1
山东	2016	91.6	58.6	33.0	5.9	1.5	1.0
	2017	84.8	59.2	25.6	8.9	4.0	2.3
	2018	80.7	59.4	21.3	7.1	6.2	6.0
	2019	88.1	28.9	59.2	5.0	3.7	3.2
	2020	91.5	73.0	18.5	6.3	1.2	1.0
	"十三五"	87.3	55.8	31.5	6.6	3.3	2.7
江苏	2016	60.1	31.6	28.5	16.3	12.0	11.6
	2017	55.4	25.5	29.9	21.3	16.2	7.1
	2018	45.5	22.2	23.3	19.8	20.9	13.8
	2019	83.3	51.2	32.1	11.9	2.3	2.5
	2020	46.3	22.2	24.1	29.0	15.1	9.6
	"十三五"	58.1	30.5	27.6	19.7	13.3	8.9
上海	2016	14.3	3.2	11.1	10.6	8.6	66.5
	2017	13.9	5.0	8.9	7.9	10.5	67.7

省份	年度	优良水质/%	一类水质/%	二类水质/%	三类水质/%	四类水质/%	劣四类水质/%
上海	2018	15.0	6.1	8.9	8.2	7.3	69.5
	2019	15.4	7.2	8.2	10.2	6.8	67.6
	2020	10.0	3.7	6.3	9.0	8.0	73.0
	"十三五"	13.7	5.0	8.7	9.2	8.2	68.9
浙江	2016	31.4	12.6	18.8	14.8	13.7	40.1
	2017	29.4	12.7	16.7	12.9	13.1	44.6
	2018	33.3	17.5	15.8	13.2	9.9	43.6
	2019	32.0	12.1	19.9	11.0	14.1	42.9
	2020	43.4	22.2	21.2	13.4	14.4	28.8
	"十三五"	33.9	15.4	18.5	13.1	13.0	40.0
福建	2016	78.3	53.9	24.4	9.7	7.0	5.0
	2017	84.5	67.3	17.2	5.9	5.2	4.4
	2018	86.4	71.5	14.9	5.4	4.3	3.9
	2019	79.3	60.9	18.4	7.7	7.3	5.7
	2020	85.2	73.8	11.4	5.8	5.9	3.1
	"十三五"	82.7	65.5	17.3	6.9	5.9	4.4
广东	2016	80.4	53.5	26.9	11.4	3.0	5.2
	2017	76.2	57.6	18.6	11.5	3.7	8.6
	2018	80.5	65.2	15.3	8.8	3.2	7.5
	2019	82.5	49.1	33.4	7.4	2.5	7.6
	2020	89.5	72.5	17.0	2.6	2.2	5.7
	"十三五"	81.8	59.6	22.2	8.3	2.9	6.9
广西	2016	88.9	69.9	19.0	8.3	2.1	0.7
	2017	88.3	73.4	14.9	6.7	1.1	3.9
	2018	84.3	75.1	9.2	6.2	3.4	6.1
	2019	93.2	84.2	9.0	2.8	2.2	1.8
	2020	95.2	80.9	14.3	1.6	2.8	0.4
	"十三五"	90.0	76.7	13.3	5.1	2.3	2.6
海南	2016	100.0	79.2	20.8	0.0	0.0	0.0
	2017	99.4	75.1	24.3	0.4	0.2	0.0
	2018	99.0	97.0	2.0	0.9	0.1	0.0
	2019	98.9	94.2	4.7	1.0	0.1	0.0
	2020	99.6	92.2	7.4	0.2	0.1	0.1
	"十三五"	99.4	87.5	11.8	0.5	0.1	0.0

（三）重点海湾水质状况

2020 年，面积大于 100 km² 的 44 个海湾中，8 个海湾春、夏、秋三期监测均出现劣四类水质，与上年相比减少 5 个，主要超标指标为无机氮和活性磷酸盐。

2016—2020 年，我国重点海湾水质总体呈现稳中向好态势，季节性波动较为明显；全国 44 个面积大于 100 km² 的海湾中，各年份不同季节出现过 1 次以上劣四类水质的海湾数量分别为 35 个、36 个、33 个、25 个和 27 个，分别占 79.5%、81.8%、75.0%、56.8% 和 61.4%。各季节均出现劣四类水质的海湾数量分别为 17 个、20 个、16 个、13 个和 8 个，分别占 38.6%、45.5%、36.4%、29.5% 和 18.2%。其中，辽东湾、杭州湾、象山港、三门湾、三沙湾、湛江港等 6 个海湾历次监测均出现劣四类水质。"十三五"期间，44 个重点海湾出现劣四类水质海湾的比例总体呈下降趋势，重点海湾海水水质有所改善。

（四）海水浴场水质状况

2020 年游泳季节和旅游时段，对全国 31 个海水浴场开展监测。水质等级为"优""良"和"差"的天数分别占 78.1%、18.6% 和 3.3%。葫芦岛绥中东戴河海水浴场、秦皇岛老虎石浴场、秦皇岛平水桥浴场、威海国际海水浴场、青岛第一海水浴场、日照海滨国家森林公园海水浴场、舟山朱家尖浴场、平潭龙王头海水浴场、阳江闸坡海水浴场、海口假日海滩海水浴场等 10 个海水浴场全年水质均为"优"。影响浴场水质的主要原因是粪大肠菌群数量超标，个别浴场出现少量漂浮物。

2016—2020 年，全国海水浴场游泳季节水质为"优"和"良"的平均天数比例为 64.4% 和 19.5%，水质为"差"的天数比例为 16.1%，水质为"优"的天数占比逐年升高，水质状况得到明显改善。水体中粪大肠菌群的 95 百分位数值年度平均值为 7 408 个/L，水质综合等级为"良"，水体中粪大肠菌群数量明显降低，年度水质状况改善显著。

三、海洋沉积物质量

2020 年，管辖海域沉积物质量[①]良好的监测点位比例为 96.5%。其中，渤海和黄海沉积物质量良好的点位比例均为 100%，东海和南海分别为 97.1% 和 91.7%。近岸海域沉积物中铜含量符合第一类海洋沉积物质量标准的点位比例为 89.2%，其余监测指标浓度符合第一类海洋沉积物质量标准的点位比例均在 95% 以上。与 2015 年相比，沉积物质量良好的点位比例基本持平。

2016—2020 年，管辖海域沉积物质量保持稳定。其中，渤海和黄海沉积物质量良好的

[①] 单个监测点位沉积物质量分为良好、一般和较差：

　　良好：最多一项指标超第一类海洋沉积物质量标准，且没有一项指标超第三类海洋沉积物质量标准。

　　一般：一项以上指标超第一类海洋沉积物质量标准，且没有一项指标超第三类海洋沉积物质量标准。

　　较差：一项或者多项指标超第三类海洋沉积物质量标准。

点位比例平均为 100%，东海平均为 96.7%，南海平均为 92.7%。

第二节　海洋生态状况

2020 年，全国开展监测的河口、海湾、滩涂湿地、珊瑚礁、红树林和海草床等 24 个海洋生态系统中，7 个呈健康状态[①]，16 个呈亚健康状态，1 个呈不健康状态。

河口生态系统　2020 年，鸭绿江口、双台子河口、滦河口—北戴河、黄河口、长江口、闽江口和珠江口等 7 个河口生态系统全部呈亚健康状态。部分河口海水呈富营养化状态，长江口海水富营养化严重。多数沉积物质量总体良好，部分河口贝类生物体内个别指标存在超标现象。多数河口浮游植物密度高于正常范围，浮游动物密度和生物量高于正常范围，大型底栖生物密度和生物量低于正常范围，其中辽河口、滦河口—北戴河大型底栖生物密度和生物量过低。2016—2020 年，监测的河口生态系统均呈亚健康状态。

海湾生态系统　2020 年，渤海湾、莱州湾、胶州湾、乐清湾、闽东沿岸、大亚湾和北部湾等 7 个海湾生态系统多数呈亚健康状态，杭州湾生态系统呈不健康状态。部分海湾海水呈富营养化状态，其中杭州湾海水富营养化严重。沉积物质量总体良好。部分海湾贝类生物体内个别指标存在超标现象。多数海湾浮游植物密度高于正常范围，浮游动物密度和生物量低于正常范围，其中乐清湾浮游动物密度和生物量过低。大型底栖生物密度和生物量低于正常范围，其中杭州湾大型底栖生物密度和生物量过低。

滩涂湿地生态系统　2020 年，苏北浅滩滩涂湿地生态系统呈亚健康状态。浮游植物密度、大型底栖生物密度和生物量低于正常范围。现有滩涂植被 236.9 km²，主要植被类型为互花米草、碱蓬和芦苇。2016—2020 年，苏北浅滩滩涂湿地生态系统保持稳定。

珊瑚礁生态系统　2020 年，广东雷州半岛、广西北海、海南东海岸和西沙等 4 个珊瑚礁生态系统均呈健康状态。受夏季异常高温影响，广西北海监测断面造礁珊瑚平均白化率为 31.7%。2016—2020 年，西沙珊瑚礁健康状况持续好转，活珊瑚种类数和盖度逐年增加。

红树林生态系统　2020 年，广西北海和北仑河口 2 个红树林生态系统均呈健康状态。2016—2020 年，红树林面积与群落类型保持稳定，北仑河口红树林平均密度和广西北海红树林大型底栖动物密度均显著增加。

海草床生态系统　2020 年，广西北海海草床生态系统呈健康状态，海草平均密度为 956 株/m²；海南东海岸海草床生态系统呈亚健康状态。2016—2020 年，广西北海海草平

[①] 海洋生态系统的健康状态分为健康、亚健康和不健康三个级别：

健　康：生态系统保持其自然属性。生物多样性及生态系统结构基本稳定，生态系统主要服务功能正常发挥。人为活动所产生的生态压力在生态系统的承载力范围之内。

亚健康：生态系统基本维持其自然属性。生物多样性及生态系统结构发生一定程度变化，但生态系统主要服务功能尚能正常发挥。环境污染、人为破坏、资源的不合理利用等生态压力超出生态系统的承载能力。

不健康：生态系统自然属性明显改变。生物多样性及生态系统结构发生较大程度变化，生态系统主要服务功能严重退化或丧失。环境污染、人为破坏、资源的不合理利用等生态压力超出生态系统的承载能力。

均密度显著增加，海南东海岸海草平均密度持续下降。

第三节 主要入海污染源状况

一、入海河流

（一）水质现状

1. 总体水质

2020 年，全国及四大海区监测的 193 个入海河流断面中，Ⅰ～Ⅲ类水质断面占 67.9%，Ⅳ类、Ⅴ类占 31.6%，劣Ⅴ类占 0.5%。与上年相比，Ⅰ～Ⅲ类水质断面比例上升 13.7 个百分点，Ⅳ类、Ⅴ类下降 9.9 个百分点，劣Ⅴ类下降 3.7 个百分点。

表 2-4-8 2020 年全国及四大海区入海河流断面水质状况

海区	断面数/个					
	Ⅰ类	Ⅱ类	Ⅲ类	Ⅳ类	Ⅴ类	劣Ⅴ类
渤海	0	3	17	16	10	0
黄海	0	8	27	16	1	0
东海	0	8	13	4	0	0
南海	0	24	31	12	2	1
全国	0	43	88	48	13	1

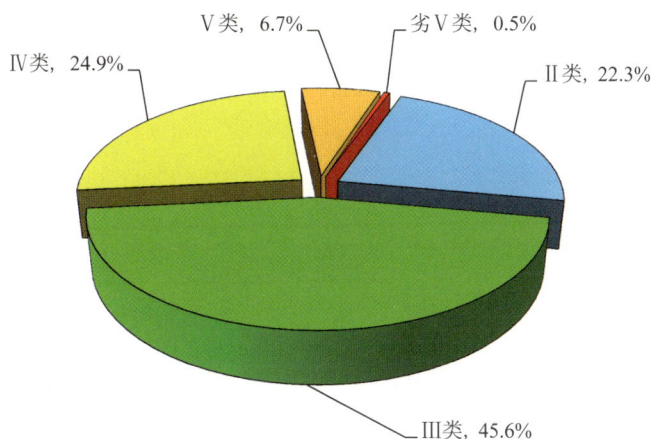

图 2-4-2 2020 年全国入海河流断面水质类别比例

2. 超标指标

2020 年，193 个入海河流断面主要超标指标是化学需氧量、高锰酸盐指数、五日生化需氧量、总磷和氨氮。

化学需氧量断面超标率最高为 23.8%，浓度范围为 0.2～54.0 mg/L，平均为 17.1 mg/L。高锰酸盐指数断面超标率为 18.7%，浓度范围为 0.4～31.2 mg/L，平均为 4.7 mg/L。五日生化需氧量断面超标率为 9.8%，浓度范围为 0.2～18.0 mg/L，平均为 2.5 mg/L。总磷断面超标率为 8.3%，浓度范围为 0.002～0.660 mg/L，平均为 0.122 mg/L。氨氮断面超标率为 4.1%，浓度范围为 0.02～6.7 9 mg/L，平均为 0.38 mg/L。

表 2-4-9　2020 年入海河流断面水质指标超标情况

海区	超标率＞30%	30%≥超标率≥10%	超标率＜10%
全国	—	化学需氧量（23.8%）、高锰酸盐指数（18.7%）	五日生化需氧量（9.8%）、总磷（8.3%）、氨氮（4.1%）、溶解氧（3.1%）、氟化物（1.6%）、石油类（0.5%）、砷（0.5%）
渤海	化学需氧量（47.8%）、高锰酸盐指数（45.7%）	五日生化需氧量（26.1%）	氟化物（6.5%）、总磷（4.3%）、石油类（2.2%）、砷（2.2%）
黄海	—	化学需氧量（26.9%）、高锰酸盐指数（17.3%）、总磷（13.5%）	五日生化需氧量（7.7%）、氨氮（1.9%）
东海	—	—	总磷（8.0%）、化学需氧量（8.0%）、五日生化需氧量（4.0%）、氨氮（4.0%）、溶解氧（4.0%）
南海	—	化学需氧量（11.4%）	氨氮（8.6%）、高锰酸盐指数（8.6%）、总磷（7.1%）、溶解氧（7.1%）、五日生化需氧量（2.9%）

（二）变化趋势

1. 总体水质

2016—2020 年，入海河流水质持续改善，Ⅰ～Ⅲ类水质断面比例呈上升趋势；劣Ⅴ类断面比例在 0.5%～21.0% 之间，先升后降，总体呈下降趋势。影响水质的主要污染指标为高锰酸盐指数和总磷。

与 2016 年相比，2020 年Ⅰ～Ⅲ类水质断面比例上升 21.1 个百分点，Ⅳ类、Ⅴ类下降 4.3 个百分点，劣Ⅴ类下降 16.7 个百分点。

表 2-4-10　2016—2020 年入海河流断面水质类别

年度	断面总数/个	Ⅰ类		Ⅱ类		Ⅲ类		Ⅳ类		Ⅴ类		劣Ⅴ类	
		断面数/个	比例/%	断面数/个	比例/%	断面数/个	比例/%	断面数/个	比例/%	断面数/个	比例/%	断面数/个	比例/%
2016	192	0	0	26	13.5	64	33.3	49	25.5	20	10.4	33	17.2
2017	195	0	0	27	13.8	66	33.8	48	24.6	13	6.7	41	21.0
2018	194	0	0	40	20.6	49	25.3	52	26.8	24	12.4	29	14.9
2019	190	0	0	37	19.5	66	34.7	62	32.6	17	8.9	8	4.2
2020	193	0	0	43	22.3	88	45.6	48	24.9	13	6.7	1	0.5

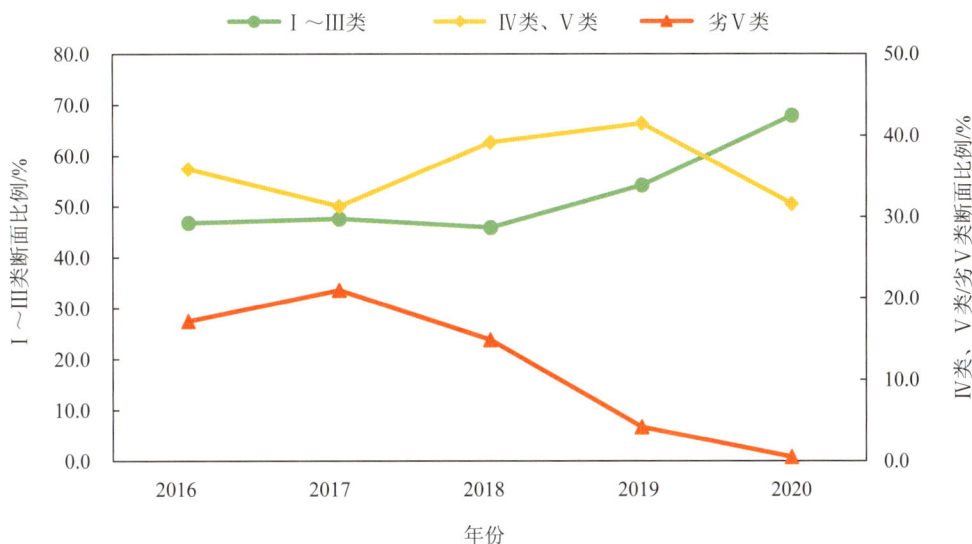

图 2-4-3　2016—2020 年入海河流水质类别年际变化

2016—2020 年，渤海入海河流水质明显改善，无Ⅰ类水质断面，劣Ⅴ类水质断面比例逐年下降，Ⅱ～Ⅲ类水质断面比例逐年提升。与 2016 年相比，2020 年渤海入海河流Ⅰ～Ⅲ类水质断面比例上升 30.5 个百分点，Ⅳ类、Ⅴ类上升 4.3 个百分点，劣Ⅴ类下降 34.8 个百分点。

2016—2020 年，黄海入海河流水质总体好转，Ⅰ～Ⅲ类水质断面比例呈上升趋势，劣Ⅴ类水质断面比例总体呈下降趋势。与 2016 年相比，2020 年黄海入海河流Ⅰ～Ⅲ类水质断面比例上升 30.0 个百分点，劣Ⅴ类下降 15.7 个百分点。

表 2-4-11　2016—2020 年渤海入海河流水质类别

年度	断面总数/个	I 类		II 类		III 类		IV 类		V 类		劣 V 类	
		断面数/个	比例/%	断面数/个	比例/%	断面数/个	比例/%	断面数/个	比例/%	断面数/个	比例/%	断面数/个	比例/%
2016	46	0	0	2	4.3	4	8.7	16	34.8	8	17.4	16	34.8
2017	47	0	0	3	6.4	5	10.6	11	23.4	7	14.9	21	44.7
2018	46	0	0	4	8.7	4	8.7	14	30.4	14	30.4	10	21.7
2019	46	0	0	5	10.9	5	10.9	24	52.2	10	21.7	2	4.3
2020	46	0	0	3	6.5	17	37.0	16	34.8	10	21.7	0	0

表 2-4-12　2016—2020 年黄海入海河流水质类别

年度	断面总数/个	I 类		II 类		III 类		IV 类		V 类		劣 V 类	
		断面数/个	比例/%	断面数/个	比例/%	断面数/个	比例/%	断面数/个	比例/%	断面数/个	比例/%	断面数/个	比例/%
2016	51	0	0	3	5.9	16	31.4	16	31.4	8	15.7	8	15.7
2017	53	0	0	1	1.9	19	35.8	19	35.8	5	9.4	9	17.0
2018	53	0	0	5	9.4	11	20.8	20	37.7	7	13.2	10	18.9
2019	49	0	0	4	8.2	18	36.7	23	46.9	3	6.1	1	2.0
2020	52	0	0	8	15.4	27	51.9	16	30.8	1	1.9	0	0

2016—2020 年，东海入海河流水质不断改善，无 I 类水质断面，II～III 类水质断面比例呈上升趋势，2018—2020 年无劣 V 类水质断面。与 2016 年相比，2020 年东海入海河流 I～III 类水质断面比例上升 16.0 个百分点，劣 V 类无明显变化。

表 2-4-13　2016—2020 年东海入海河流水质类别

年度	断面总数/个	I 类		II 类		III 类		IV 类		V 类		劣 V 类	
		断面数/个	比例/%	断面数/个	比例/%	断面数/个	比例/%	断面数/个	比例/%	断面数/个	比例/%	断面数/个	比例/%
2016	25	0	0	3	12.0	14	56.0	6	24.0	2	8.0	0	0
2017	25	0	0	2	8.0	17	68.0	4	16.0	1	4.0	1	4.0
2018	25	0	0	8	32.0	10	40.0	6	24.0	1	4.0	0	0
2019	25	0	0	7	28.0	14	56.0	3	12.0	1	4.0	0	0
2020	25	0	0	8	32.0	13	52.0	4	16.0	0	0	0	0

2016—2020 年，南海入海河流水质不断改善，无Ⅰ类水质断面，Ⅱ～Ⅲ类水质断面比例呈上升趋势，劣Ⅴ类水质断面比例总体呈下降趋势。与 2016 年相比，2020 年南海入海河流Ⅰ～Ⅲ类水质断面比例上升 10.0 个百分点，Ⅳ类、Ⅴ类上升 1.4 个百分点，劣Ⅴ类下降 11.5 个百分点。

表 2-4-14　2016—2020 年南海入海河流水质类别

年度	断面总数/个	Ⅰ类		Ⅱ类		Ⅲ类		Ⅳ类		Ⅴ类		劣Ⅴ类	
		断面数/个	比例/%	断面数/个	比例/%	断面数/个	比例/%	断面数/个	比例/%	断面数/个	比例/%	断面数/个	比例/%
2016	70	0	0	18	25.7	30	42.9	11	15.7	2	2.9	9	12.9
2017	70	0	0	21	30.0	25	35.7	14	20.0	0	0	10	14.3
2018	70	0	0	23	32.9	24	34.3	12	17.1	2	2.9	9	12.9
2019	70	0	0	21	30.0	29	41.4	12	17.1	3	2.8	5	7.1
2020	70	0	0	24	34.3	31	44.3	12	17.1	2	2.9	1	1.4

2. 超标指标

2016—2020 年，入海河流水质监测断面超标率呈下降趋势，水质超标指标断面超标率均明显下降。与 2016 年相比，2020 年入海河流水质断面超标率下降 20.5 个百分点，水质超标指标减少 2 项；主要污染指标化学需氧量、生化需氧量和总磷断面超标率分别下降 18.9 个、24.0 个和 20.9 个百分点，其他主要指标氨氮、石油类、高锰酸盐指数断面超标率分别下降 28.7 个、14.6 个和 12.6 个百分点。

表 2-4-15　2016—2020 年入海河流水质监测断面超标情况

	年度	2016	2017	2018	2019	2020
断面数/个	监测断面	192	194	194	190	193
	超标断面	101	101	105	87	62
	pH	0	0	0	0	0
	溶解氧	15	12	9	12	6
	高锰酸盐指数	60	61	62	48	36
	生化需氧量	65	59	40	24	19
	氨氮	63	58	49	27	8
	石油类	29	21	11	5	1
	挥发酚	6	10	11	1	0
	汞	1	2	1	2	0

年度		2016	2017	2018	2019	2020
断面数/个	铅	0	0	0	0	0
	化学需氧量	82	76	72	53	46
	总磷	56	66	59	33	16
	铜	0	0	0	0	0
	锌	0	0	0	0	0
	氟化物	16	14	12	7	3
	硒	0	0	0	0	0
	砷	0	0	0	0	1
	镉	0	0	0	0	0
	六价铬	0	0	0	0	0
	氰化物	0	0	0	0	0
	阴离子表面活性剂	5	6	5	1	0
	硫化物	0	0	0	0	0

二、直排海污染源

（一）现状

1. 直排海污染源

2020 年，442 个直排海污染源污水排放量约为 71.3 亿 t，不同类型污染源中，综合污染源污水排放量最大，其次为工业污染源，生活污染源排放量最少。各项主要污染物中，除铅外，综合污染源污染物排放量均最大。

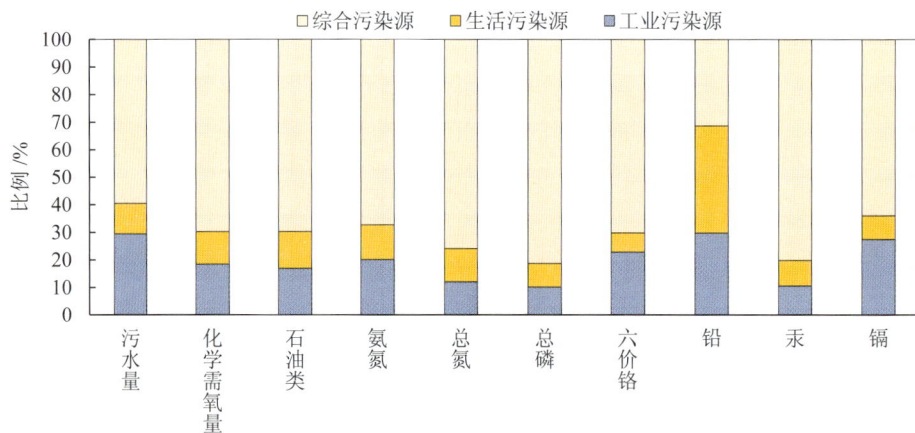

图 2-4-4　2020 年不同类型直排海污染源排放组成

表 2-4-16 2020 年不同类型直排海污染源排放情况

类型	排口数/个	污水/万 t	化学需氧量/t	石油类/t	氨氮/t	总氮/t	总磷/t	六价铬/kg	铅/kg	汞/kg	镉/kg
工业	189	209 665	27 413	109.7	852	5 592	146	489.9	4 176	40.1	162.1
生活	56	78 961	17 561	86.6	536	5 661	124	148.5	5 488.6	35.4	50.8
综合	197	424 367	103 927	453.5	2 868	35 611	1 183	1 514.7	4 436.3	306.7	379.6
合计	442	712 993	148 901	649.8	4 256	46 864	1 453	2 153.1	14 100.9	382.2	592.5

2. 四大海区纳污情况

2020 年，四大海区中，除总磷外，排入东海的污水量和各项污染物均最多。

表 2-4-17 2020 年四大海区纳污情况

海区	排口数/个	污水/万 t	化学需氧量/t	石油类/t	氨氮/t	总氮/t	总磷/t
渤海	57	82 897	9 551	76.0	209	2 185	75
黄海	77	117 566	27 647	185.2	618	9 564	194
东海	165	376 512	77 261	299.0	2 055	24 835	391
南海	143	136 019	34 441	89.7	1 373	10 281	794

3. 沿海省份排污情况

2020 年，沿海省份中，直排海污染源污水排放量最大的是浙江，其次是福建和山东；化学需氧量排放量最大的是浙江，其次是山东、广东和福建。

表 2-4-18 2020 年沿海省份直排海污染源排放情况

省份	排口数/个	污水/万 t	化学需氧量/t	石油类/t	氨氮/t	总氮/t	总磷/t
辽宁	25	41 691	6 400	85.1	144	2 978	64
河北	7	57 237	1 978	0.3	39	709	34
天津	14	4 918	949	1.5	21	255	5
山东	68	90 547	26 060	154.4	583	7 357	152
江苏	20	6 070	1 812	19.9	40	451	15
上海	10	28 245	6 573	24.9	122	1 782	33
浙江	100	209 630	55 927	198.9	1 291	17 898	238
福建	55	138 637	14 761	75.3	641	5 155	120

省份	排口数/个	污水/万 t	化学需氧量/t	石油类/t	氨氮/t	总氮/t	总磷/t
广东	72	81 563	19 401	61.2	616	5 359	181
广西	44	19 760	4 796	20.9	357	1 815	532
海南	27	34 696	10 245	7.5	400	3 106	80

（二）变化趋势

1. 直排海污染源

2016—2020 年，全国直排海污染源污水排放量大致呈先升后降趋势，化学需氧量、石油类、氨氮、总氮、总磷排放量总体上均呈波动下降趋势。与 2016 年相比，2020 年直排海污染源污水排放量上升 8.5%，化学需氧量、石油类、氨氮、总氮和总磷排放量分别下降 25.0%、7.6%、72.2%、27.3%、46.9%。

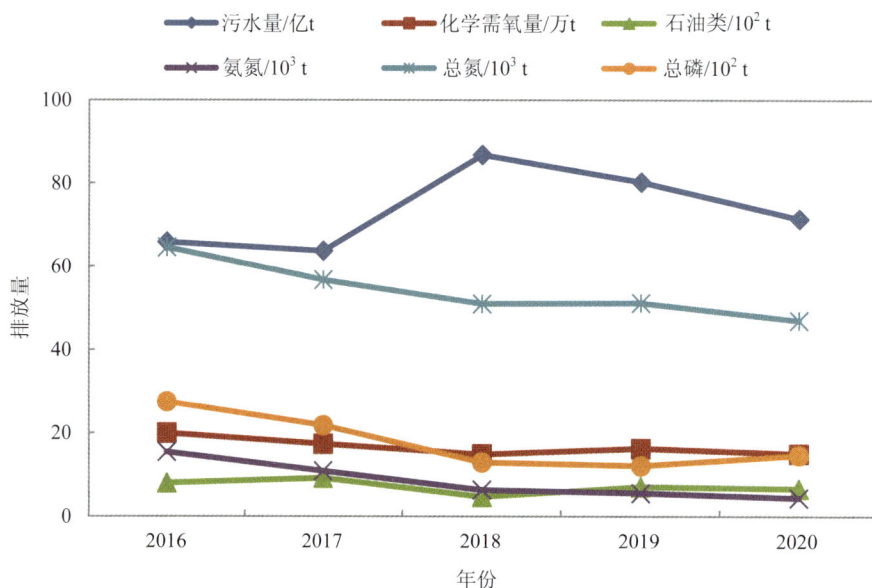

图 2-4-5　2016—2020 年直排海污染源排放情况年际变化

2016—2020 年，直排海工业污染源总氮、总磷排放量均大致呈上升趋势，污水量和化学需氧量、石油类、氨氮、总氮排放量均变化不大。与 2016 年相比，2020 年全国直排海工业污染源石油类、总氮、总磷排放量分别上升 6.0%、84.0%和 38.5%，污水量和化学需氧量、氨氮排放量分别下降 1.0%、8.6%和 10.0%。

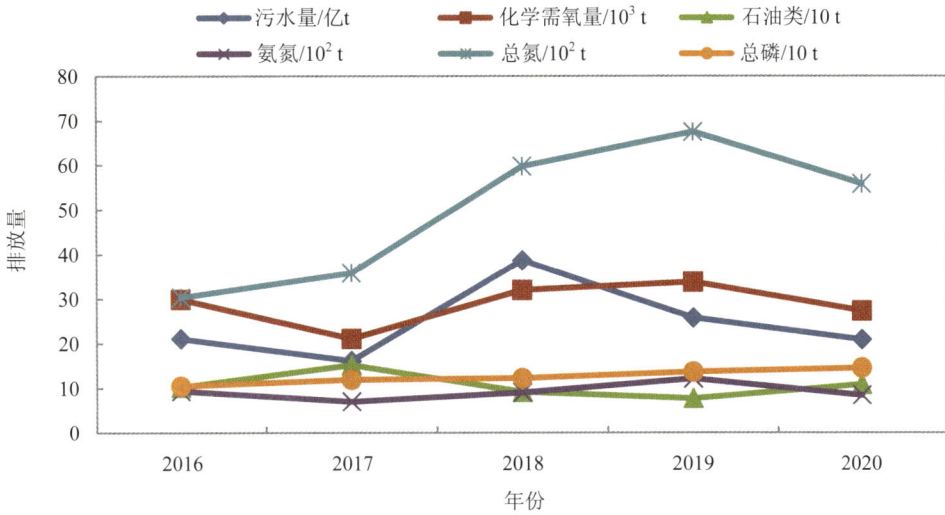

图 2-4-6 2016—2020 年全国直排海工业污染源排放情况年际变化

2016—2020 年,全国直排海生活污染源污水量呈波动上升趋势,化学需氧量、石油类、氨氮、总氮和总磷排放量均呈下降趋势。与 2016 年相比,2020 年全国直排海生活污染源污水量上升 4.3%,化学需氧量、石油类、氨氮、总氮和总磷排放量分别下降 50.3%、44.7%、89.8%、51.7%、78.9%。

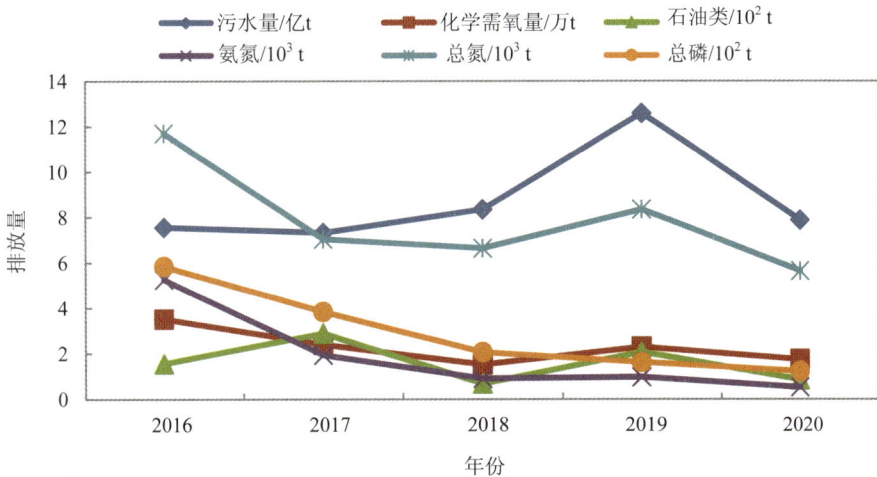

图 2-4-7 2016—2020 年直排海生活污染源排放情况年际变化

2016—2020 年,直排海综合污染源污水量呈波动上升趋势,化学需氧量、氨氮、总氮和总磷排放量均呈波动下降趋势,石油类排放量先降后升。与 2016 年相比,2020 年全国直排海综合污染源污水量增加 14.9%,化学需氧量、石油类、氨氮、总氮和总磷排放量分别下降 22.0%、14.1%、68.4%、28.4%、42.2%。

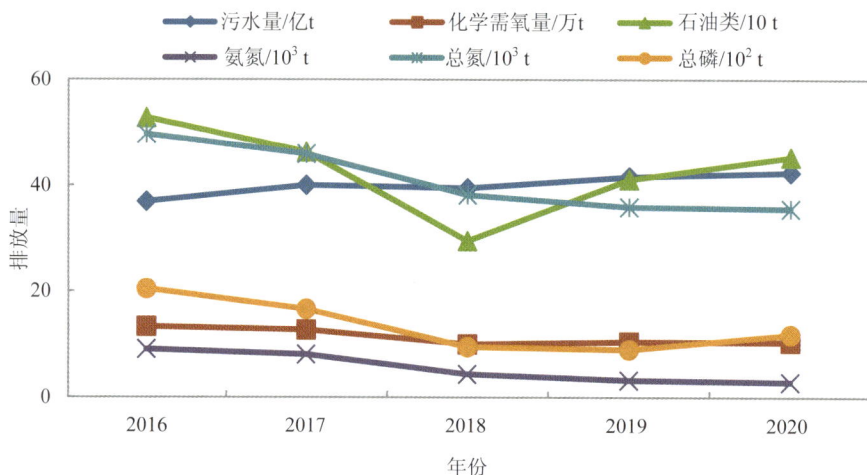

图 2-4-8 2016—2020 年直排海综合污染源排放情况年际变化

2. 四大海区纳污情况

2016—2020 年，渤海化学需氧量、氨氮、总氮和总磷纳污量均波动下降，污水量、石油类纳污量均有所上升，其他污染物变化不大；黄海化学需氧量、氨氮和总磷纳污量均有所下降，其他污染物波动变化；东海化学需氧量等主要污染物纳污量均有所下降，污水量变化不大；南海污水量波动上升，化学需氧量等主要污染物纳污量变化不大。

与 2016 年相比，2020 年渤海污水量、石油类纳污量显著上升，化学需氧量、氨氮、总氮和总磷纳污量分别下降 28.5%、92.7%、59.3% 和 76.4%；黄海化学需氧量、氨氮和总磷纳污量分别下降 53.8%、90.6% 和 70.2%；东海化学需氧量、石油类、氨氮、总氮和总磷纳污量分别下降 23.4%、31.3%、50.1%、25.7% 和 61.0%；南海污水量上升 28.9%；各海区其他污染物纳污量变化不大。

3. 沿海省份排污情况

2016—2020 年，沿海 11 个省份中河北、山东、江苏、上海、浙江、广西和海南污水量均有所上升，天津、辽宁污水量均有所下降；辽宁、天津、江苏、浙江和福建化学需氧量排放量均有所下降；辽宁、天津、山东、江苏、上海和浙江总氮排放量均有所下降，其余各省份总氮排放量变化不大；所有省份总磷排放量均有所下降。

与 2016 年相比，河北、山东、江苏、上海、浙江、广东和广西污水量有所上升，其余省份污水量有所下降；辽宁、浙江化学需氧量等主要污染物排放量均有所下降。

三、海洋大气污染沉降

（一）现状

2020 年，渤海大气气溶胶污染物含量监测结果显示，气溶胶中硝酸盐含量为 1.2～

2.8 μg/m³,最高值出现在东营监测站,最低值出现在营口监测站;铵盐含量为 1.1～3.3 μg/m³,最高值出现在东营监测站,最低值出现在营口监测站;气溶胶中铜含量为 12.9～93.0 ng/m³,最高值出现在秦皇岛监测站,最低值出现在北隍城岛监测站;铅含量为 20.7～38.6 ng/m³,最高值出现在东营监测站,最低值出现在蓬莱监测站;锌含量为 88.6～128.8 ng/m³,最高值出现在北隍城岛监测站,最低值出现在营口监测站。

2020 年,渤海大气污染物湿沉降监测结果显示,硝酸盐湿沉降通量为 0.4～1.0 t/(km²·a),最高值出现在北隍城岛和东营监测站,最低值出现在蓬莱监测站;铵盐湿沉降通量为 0.3～1.4 t/(km²·a),最高值出现在秦皇岛监测站,最低值出现在东营监测站;铜湿沉降通量为 0.6～1.5 kg/(km²·a),最高值出现在秦皇岛监测站,最低值出现在蓬莱和北隍城岛监测站;铅湿沉降通量为 0.2～0.8 kg/(km²·a),最高值出现在北隍城岛监测站,最低值出现在东营监测站和秦皇岛监测站;锌湿沉降通量为 6.9～35.8 kg/(km²·a),最高值出现在秦皇岛监测站,最低值出现在营口监测站。

(二)变化趋势

2016—2020 年,渤海大气气溶胶中污染物含量总体呈降低趋势。与 2015 年相比,2020 年渤海大气气溶胶中监测污染物含量均有所降低,铅、硝酸盐、铵盐和铜的含量降幅分别为 36.8%、45.5%、60.8% 和 2.9%。渤海大气污染物湿沉降通量总体呈降低趋势。与 2015 年相比,2020 年渤海大气污染物湿沉降通量整体有所降低,铜、铵盐和铅的湿沉降通量分别降低了 38.6%、27.1% 和 4.8%。

图 2-4-9 2020 年渤海各监测站硝酸盐和
铵盐湿沉降通量

图 2-4-10 2020 年渤海各监测站铜、铅和
锌湿沉降通量

四、海洋垃圾与微塑料

（一）现状

1. 海洋垃圾

（1）海面漂浮垃圾

2020 年，海上目测漂浮垃圾平均数量为 27 个/km^2；表层水体拖网漂浮垃圾平均数量为 5 363 个/km^2，平均密度为 9.6 kg/km^2。塑料类垃圾数量最多，占 85.7%，其次为木制品类，占 10.6%。塑料类垃圾主要为泡沫、塑料瓶和塑料碎片等。

（2）海滩垃圾

2020 年，海滩垃圾平均数量为 216 689 个/km^2，平均密度为 1 244 kg/km^2。塑料类垃圾数量最多，占 84.6%，其次为木制品类和纸制品类，均占 4.1%。塑料类垃圾主要为香烟过滤嘴、泡沫、塑料碎片、塑料袋、塑料绳和瓶盖等。

（3）海底垃圾

2020 年，海底垃圾平均数量为 7 348 个/km^2，平均密度为 12.6 kg/km^2。塑料类垃圾数量最多，占 83.1%，主要为塑料绳、塑料碎片和塑料袋等，其次为木制品类，占 6.8%。

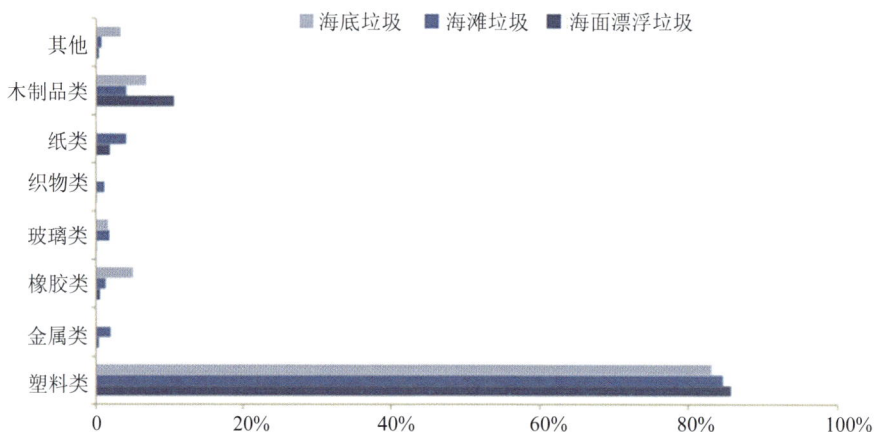

图 2-4-11　2020 年监测区域海洋垃圾主要类型

2. 海洋微塑料

监测断面海面漂浮微塑料平均丰度为 0.27 个/m^3，最高为南黄海区域，微塑料丰度为 1.41 个/m^3。黄海、东海和南海海面漂浮微塑料丰度分别为 0.44 个/m^3、0.32 个/m^3 和 0.15 个/m^3。漂浮微塑料主要为纤维、碎片、颗粒和线，成分主要为聚对苯二甲酸乙二醇酯、聚丙烯和聚乙烯。

（二）变化趋势

2016—2020 年，近岸海域海洋垃圾密度呈波动变化；微塑料平均丰度呈总体相对稳定，处于同一污染水平。与 2015 年相比，我国近岸海域海面漂浮垃圾、海滩垃圾和海底垃圾数量均有所升高。

第四节　海洋倾倒区和油气区环境状况

一、海洋倾倒区

2020 年，全国海洋倾倒量 26 157 万 m^3，与上年相比增加约 37%，倾倒物质主要为清洁疏浚物。开展监测的倾倒区及其周边海域海水水质和沉积物质量均满足海洋功能区环境保护要求。与上年相比，倾倒区水深、海水水质和沉积物质量基本保持稳定，倾倒活动未对周边海域生态环境及其他海上活动产生明显影响。

2016—2020 年，全国海洋倾倒量呈现波动上升趋势，倾倒活动主要分布在长江口邻近海域和广东近岸海域；倾倒区及其周边海域生态环境质量基本保持稳定。与 2015 年相比，2020 年全国海洋倾倒量增加近 1 倍。

二、海洋油气区

2020 年，全国海洋油气平台生产水、生活污水、钻井泥浆、钻屑排海量分别为 21 723 万 m^3、92.5 万 m^3、9.7 万 m^3、14.1 万 m^3，其中，生产水和生活污水排海量较上年略有增加，钻井泥浆排海量基本与上年持平，钻屑排海量较上年有所下降。

2016—2020 年，全国海洋油气区海洋环境质量总体保持稳定，基本符合海洋功能区环境保护要求。海洋油气平台的生产水、生活污水、钻井泥浆、钻屑年均排海量分别为 19 481 万 m^3、80.5 万 m^3、6.3 万 m^3、10.3 万 m^3。其中，生产水、生活污水、钻井泥浆排海量总体呈增加趋势，钻屑排海量 2019 年达最高值后有所下降。与 2015 年相比，2020 年全国海洋油气平台生产水和生活污水排海量分别增加 21.8% 和 73.7%，钻井泥浆和钻屑排海量分别增加 3.5 倍和 2.1 倍。

第五节　海洋渔业水域水质状况

2020 年，39 个海洋重要渔业水域水质监测面积为 548.8 万 km^2。其中，海洋重要渔业资源产卵场、索饵场、洄游通道以及水生生物自然保护区水体中，无机氮、活性磷酸盐、石油类、化学需氧量监测浓度优于评价标准的面积占所监测面积的比例分别为 23.2%、41.1%、95.2% 和 85.4%，主要超标指标为无机氮和活性磷酸盐。与上年相比，无机氮、活性磷酸盐和石油类的超标面积比例有所增大，化学需氧量的超标面积比例有所减小。

海水重点增养殖区水体中，无机氮、活性磷酸盐、石油类、化学需氧量监测浓度优于评价标准的面积占所监测面积的比例分别为 53.4%、66.8%、89.9% 和 99.4%，主要超标指标为无机氮。与上年相比，石油类超标面积比例有所增大，无机氮、活性磷酸盐和化学需氧量的超标面积比例均有所减小。

7 个国家级水产种质资源保护区（海洋）水体中主要超标指标为无机氮；26 个海洋重要渔业水域沉积物状况良好，石油类、铜、锌、铅、镉、汞、砷、铬监测结果优于评价标准的面积占所监测面积的比例分别为 99.8%、98.5%、99.6%、100%、98.4%、100%、100% 和 90.0%。

第六节　海岸线遥感监测

2020 年，滨海生态空间卫星遥感监测结果显示，全国大陆自然岸线长度稳中有增，与上年相比，2020 年沿海 11 个省份大陆自然岸线长度增加 13.99 km；近岸海域围填海活动基本稳定，共发现填海活动 118 处，新增占用海域面积略有增加。

2016—2020 年，海洋生态整治修复持续推进，部分岸线生态系统功能得到逐步恢复。

第七节　小　结

2020 年，全国夏季一类水质海域面积占管辖海域面积的 96.8%，劣四类水质海域面积为 30 070 km²，主要超标指标为无机氮和活性磷酸盐。全国近岸海域优良（一类、二类）水质比例为 77.4%，劣四类水质比例为 9.4%，污染海域主要分布在辽东湾、江苏沿岸、长江口、杭州湾、浙江沿岸、珠江口等近岸海域，主要超标指标为无机氮和活性磷酸盐。全国管辖海域沉积物质量良好的监测点位比例为 96.5%。全国近岸海域海水和海洋生物中天然放射性核素活度浓度处于本底水平，人工放射性核素活度浓度未见异常。

2020 年，全国监测的 193 个入海河流监测断面中，Ⅰ～Ⅲ类水质断面占 67.9%，劣Ⅴ类占 0.5%，主要超标指标是化学需氧量、高锰酸盐指数、五日生化需氧量、总磷和氨氮。监测的 24 个典型海洋生态系统中，7 个呈健康状态，16 个呈亚健康状态，1 个呈不健康状态。442 个直排海污染源污水排放量约为 71.3 亿 t，不同类型污染源中综合污染源污水排放量最大，除铅外，综合污染源各项污染物排放量均最大；四大海区中，排入东海的污水量及除总磷外的各项污染物均最多；沿海省份中，浙江的污水排放量最大，其次是福建和山东。

2020 年，全国海洋倾倒量 26 157 万 m³，倾倒物质主要为清洁疏浚物，开展监测的倾倒区及其周边海域海水水质与沉积物质量均满足海洋功能区环境保护要求；海洋油气平台生产废水、生活污水、钻井泥浆、钻屑排海量分别为 21 723 万 m³、92.5 万 m³、9.7 万 m³、14.1 万 m³；卫星遥感监测和统计结果显示，全国大陆自然岸线长度稳中有增，近岸海域围填海活动保持基本稳定，共计发现围填海活动 118 处。

2016—2020 年，全国海水水质总体改善，夏季一类海水水质海域面积占全国管辖海域面积的比例总体呈上升趋势，劣四类海水水质海域面积总体呈下降趋势。全国近岸海域水质总体稳中有升，优良水质比例五年平均为 73.8%。管辖海域沉积物质量保持良好。河口、海湾、滩涂湿地、珊瑚礁、红树林和海草床等典型海洋生态系统基本稳定。全国近岸海域和核电基地邻近海域海洋放射性水平总体安全。

2016—2020 年，全国入海河流水质明显改善，Ⅰ～Ⅲ类水质断面比例呈上升趋势，劣Ⅴ类断面比例呈下降趋势，影响水质的主要污染指标为高锰酸盐指数和总磷。直排海污染源污水排放量大致呈先升后降趋势，化学需氧量、石油类、氨氮、总氮和总磷排放量均呈波动下降趋势。环渤海入海河流由中度、重度污染好转为轻度污染，《渤海综合治理攻坚战行动计划》列出的 10 个劣Ⅴ类国控断面消劣任务全部完成。

2016—2020 年，全国海洋倾倒量呈现波动上升趋势，倾倒活动主要分布在长江口邻近海域和广东近岸海域；倾倒区水深及其周边海域生态环境质量基本稳定。海洋油气区海洋环境质量总体保持稳定，基本符合海洋功能区环境保护要求，生产废水、生活污水、钻井泥浆排海量总体呈增加趋势，钻屑排海量 2019 年达最高值后有所下降；海洋生态整治修复持续推进，部分岸线生态系统功能得到逐步恢复。

第五章　声环境

第一节　功能区声环境

一、现状

（一）全国

2020 年，311 个地级及以上城市[①]功能区声环境质量监测 23 546 点次（昼间、夜间各 11 773 点次），比上年增加 1 108 点次。其中，昼间 11 143 个监测点次达标，夜间 9 427 个监测点次达标，达标率分别为 94.6% 和 80.1%，与上年相比分别上升 2.2 个和 5.7 个百分点。

全国城市功能区声环境质量昼间点次达标率高于夜间。0 类功能区昼间、夜间点次达标率分别为 75.5%、57.4%；1 类功能区昼间、夜间点次达标率分别为 89.1%、75.3%；2 类功能区昼间、夜间点次达标率分别为 94.8%、88.1%；3 类功能区昼间、夜间点次达标率分别为 98.9%、91.9%；4a 类功能区昼间、夜间点次达标率分别为 97.3%、62.9%；4b 类功能区昼间、夜间点次达标率分别为 95.7%、81.2%。3 类功能区昼间点次达标率在各类功能区中最高；0 类功能区夜间点次达标率在各类功能区中最低。

表 2-5-1　2020 年全国城市功能区监测点次达标情况

功能区类别	0 类		1 类		2 类		3 类		4a 类		4b 类	
	昼	夜	昼	夜	昼	夜	昼	夜	昼	夜	昼	夜
监测点次	94	94	2 766	2 766	3 969	3 969	2 275	2 275	2 552	2 552	117	117
达标点次	71	54	2 465	2 084	3 763	3 498	2 250	2 090	2 482	1 606	112	95
达标率/%	75.5	57.4	89.1	75.3	94.8	88.1	98.9	91.9	97.3	62.9	95.7	81.2

与上年相比，2020 年全国城市 0 类功能区昼间、夜间点次达标率分别上升 1.5 个和 2.4 个百分点；1 类功能区昼间、夜间点次达标率分别上升 3.0 个和 3.9 个百分点；2 类功能区昼间、夜间点次达标率分别上升 2.3 个和 4.3 个百分点；3 类功能区昼间、夜间点次达标率

---

① 内蒙古自治区通辽、乌兰察布、锡林郭勒盟，广西壮族自治区梧州、防城港、钦州、玉林、百色、贺州、来宾、崇左，云南省临沧，西藏自治区昌都、山南、日喀则、那曲、阿里、林芝，青海省海东、海北、黄南、海南、果洛、玉树、海西，新疆生产建设兵团五家渠共 26 个城市未报送监测结果。

分别上升 1.8 个和 3.1 个百分点；4a 类功能区昼间、夜间点次达标率分别上升 2.0 个和 11.1 个百分点；4b 类功能区昼间、夜间点次达标率分别下降 0.1 个和 2.1 个百分点。总的来看，除 4b 类功能区昼间、夜间点次达标率下降外，其他各类功能区昼间、夜间点次达标率均呈上升趋势，昼间上升 1.5～3.0 个百分点，夜间上升 2.4～11.1 个百分点。

表 2-5-2　2019—2020 年全国城市功能区监测点次达标率

年度	各类功能区点次达标率/%，变幅/个百分点											
	0 类		1 类		2 类		3 类		4a 类		4b 类	
	昼	夜	昼	夜	昼	夜	昼	夜	昼	夜	昼	夜
2020	75.5	57.4	89.1	75.3	94.8	88.1	98.9	91.9	97.3	62.9	95.7	81.2
2019	74.0	55.0	86.1	71.4	92.5	83.8	97.1	88.8	95.3	51.8	95.8	83.3
变幅	1.5	2.4	3.0	3.9	2.3	4.3	1.8	3.1	2.0	11.1	−0.1	−2.1

（二）直辖市和省会城市

2020 年，31 个直辖市和省会城市各类功能区声环境质量监测 3 702 点次（昼间、夜间各 1 851 点次），比上年增加 264 点次。其中，昼间共有 1 714 个监测点次达标，夜间共有 1 331 个监测点次达标，达标率分别为 92.6% 和 71.9%，与上年相比分别上升 4.0 个和 11.8 个百分点。总的来看，直辖市和省会城市功能区昼间点次达标率劣于全国平均水平，昼间点次达标率高于夜间。

2020 年，0 类功能区昼间、夜间点次达标率分别为 72.7%、27.3%；1 类功能区昼间、夜间点次达标率分别为 86.4%、62.9%；2 类功能区昼间、夜间点次达标率分别为 93.4%、86.0%；3 类功能区昼间、夜间点次达标率分别为 99.4%、88.9%；4a 类功能区昼间、夜间点次达标率分别为 91.1%、38.4%；4b 类功能区昼间、夜间点次达标率分别为 100%、75.0%。

表 2-5-3　2020 年直辖市和省会城市功能区监测点次达标情况

功能区类别	0 类		1 类		2 类		3 类		4a 类		4b 类	
	昼	夜	昼	夜	昼	夜	昼	夜	昼	夜	昼	夜
监测点次	11	11	345	345	771	771	325	325	383	383	16	16
达标点次	8	3	298	217	720	663	323	289	349	147	16	12
达标率/%	72.7	27.3	86.4	62.9	93.4	86.0	99.4	88.9	91.1	38.4	100	75.0

与上年相比，2020 年直辖市和省会城市 0 类功能区点次达标率下降 2.3 个百分点，夜间上升 10.6 个百分点；1 类功能区昼间、夜间点次达标率分别上升 4.5 个、5.4 个百分点；2 类功能区昼间、夜间点次达标率分别上升 5.0 个和 10.6 个百分点；3 类功能区点次达标

率分别上升 3.4 个和 10.2 个百分点；4a 类功能区昼间、夜间点次达标率分别上升 2.1 个和 15.7 个百分点；4b 类功能区昼间、夜间点次达标率均与上年持平。总的来看，除 4b 类功能区昼间、夜间点次达标率均与往年持平、0 类功能区昼间点次达标率下降外，其他各类功能区昼夜点次达标率均有所上升，其中昼间上升 2.1～5.0 个百分点，夜间上升 5.4～15.7 个百分点。

表 2-5-4　2019—2020 年直辖市和省会城市功能区监测点次达标率

年度	各类功能区点次达标率/%，变幅/个百分点											
	0 类		1 类		2 类		3 类		4a 类		4b 类	
	昼	夜	昼	夜	昼	夜	昼	夜	昼	夜	昼	夜
2020	72.7	27.3	86.4	62.9	93.4	86.0	99.4	88.9	91.1	38.4	100	75.0
2019	75.0	16.7	81.9	57.5	88.4	75.4	96.0	78.7	89.0	22.7	100	75.0
变幅	−2.3	10.6	4.5	5.4	5.0	10.6	3.4	10.2	2.1	15.7	0.0	0.0

二、变化趋势

（一）全国

2016—2020 年，全国城市功能区声环境质量昼间、夜间点次达标率均呈上升趋势，五年平均值分别为 92.8% 和 75.2%。

与 2016 年相比，2020 年全国城市功能区声环境质量昼间、夜间点次达标率分别上升 2.4 个和 6.1 个百分点，可能与新冠肺炎疫情影响下社会生产生活活动减少有关。

表 2-5-5　2016—2020 年全国城市功能区声环境质量

年度	城市数	点位数	点次达标率/%	
			昼间	夜间
2016	309	2 703	92.2	74.0
2017	311	2 731	92.0	74.0
2018	311	2 738	92.6	73.5
2019	311	2 820	92.4	74.4
2020	311	2 974	94.6	80.1

2016—2020 年，从全国城市各类功能区声环境质量看，城市 0 类功能区昼间、夜间点次达标率五年平均分别为 75.3%、56.9%；1 类功能区昼间、夜间点次达标率分别为 87.3%、72.9%；2 类功能区昼间、夜间点次达标率分别为 92.9%、84.0%；3 类功能区昼间、夜间点次达标率分别为 97.5%、88.7%；4a 类功能区昼间、夜间点次达标率分别为 90.5%、53.7%；

4b 类功能区昼间、夜间点次达标率分别为 96.9%、77.3%。总的来看，昼间各类功能区点次达标率均高于夜间，3 类功能区昼间、夜间点次达标率最高且基本稳定，4a 类功能区夜间点次达标率最低。

与 2015 年相比，2020 年 0 类功能区昼间、夜间点次达标率分别下降 5.2 个和 7.5 个百分点；1 类功能区昼间、夜间点次达标率分别上升 1.8 个和 0.6 个百分点；2 类功能区昼间、夜间点次达标率分别上升 1.8 个和 4.8 个百分点；3 类功能区昼间、夜间点次达标率分别上升 1.6 个和 3.8 个百分点；4a 类功能区昼间、夜间点次达标率分别上升 4.0 个和 12.2 个百分点；4b 类功能区昼间、夜间点次达标率分别上升 1.9 个和 17.1 个百分点。

表 2-5-6 2015—2020 年全国城市功能区监测点次达标率

年度	类别	0 类		1 类		2 类		3 类		4a 类		4b 类	
		昼	夜	昼	夜	昼	夜	昼	夜	昼	夜	昼	夜
2015	达标点次	92	74	2 075	1 776	3 030	2 712	1 897	1 718	2 177	1 183	60	41
	达标率/%	80.7	64.9	87.3	74.7	93.0	83.3	97.3	88.1	93.3	50.7	93.8	64.1
2016	达标点次	81	59	2 192	1 825	3 273	2 950	2 035	1 849	2 301	1 254	82	62
	达标率/%	78.6	57.3	87.4	72.8	92.5	83.4	97.2	88.3	92.6	50.5	95.3	72.1
2017	达标点次	79	60	2 181	1 843	3 334	2 987	2 033	1 827	1 827	1 295	86	63
	达标率/%	76.7	58.3	86.7	73.3	92.1	82.5	96.7	86.9	73.3	52.0	97.7	71.6
2018	达标点次	74	58	2 192	1 797	3 395	3 008	2 050	1 842	2 341	1 280	88	69
	达标率/%	71.8	56.3	87.4	71.6	92.8	82.2	97.5	87.6	94.0	51.4	100	78.4
2019	达标点次	74	55	2 259	1 873	3 440	3 117	2 080	1 904	2 417	1 313	92	80
	达标率/%	74.0	55.0	86.1	71.4	92.5	83.8	97.1	88.8	95.3	51.8	95.8	83.3
2020	达标点次	71	54	2 465	2 084	3 763	3 498	2 250	2 090	2 482	1 606	112	95
	达标率/%	75.5	57.4	89.1	75.3	94.8	88.1	98.9	91.9	97.3	62.9	95.7	81.2
2016—2020 年平均达标率/%		75.3	56.9	87.3	72.9	92.9	84.0	97.5	88.7	90.5	53.7	96.9	77.3

（二）直辖市和省会城市

2016—2020 年，直辖市和省会城市功能区声环境昼间、夜间点次达标率均呈上升趋势。

与 2016 年相比，2020 年直辖市和省会城市功能区声环境昼间、夜间点次达标率分别上升 5.4 个和 12.2 个百分点，可能与新冠肺炎疫情影响，社会生产生活活动减少有关。

表 2-5-7 2016—2020 年直辖市和省会城市功能区声环境质量

年度		2016	2017	2018	2019	2020
点次达标率/%	昼间	87.2	87.6	87.8	88.6	92.6
	夜间	59.7	57.9	57.4	60.1	71.9

2016—2020 年，从直辖市和省会城市各类功能区声环境质量看，城市 0 类功能区昼间、夜间点次达标率五年平均值分别为 70.4%、25.6%；1 类功能区昼间、夜间点次达标率分别为 82.3%、58.1%；2 类功能区昼间、夜间点次达标率分别为 90.4%、76.3%；3 类功能区昼间、夜间点次达标率分别为 97.1%、80.4%；4a 类功能区昼间、夜间点次达标率分别为 85.0%、24.0%；4b 类功能区昼间、夜间点次达标率分别为 100%、67.0%。总的来看，3 类功能区昼间、夜间点次达标率最高且基本稳定，4a 类功能区夜间点次达标率最低。

与 2015 年相比，2020 年 0 类功能区昼间点次达标率上升 14.4 个百分点，夜间下降 14.4 个百分点；1 类功能区昼间点次达标率上升 0.4 个百分点，夜间下降 5.3 个百分点；2 类功能区昼间、夜间点次达标率分别上升 4.4 个、10.8 个百分点；3 类功能区昼间、夜间点次达标率分别上升 2.6 个、8.6 个百分点；4a 类功能区昼间、夜间点次达标率分别上升 10.3 个、17.0 个百分点；4b 类功能区昼间点次达标率均为 100%，夜间上升 8.3 个百分点。

表 2-5-8　2015—2020 年直辖市和省会城市功能区监测点次达标率

| 年度 | 各类功能区点次达标率/% | | | | | | | | | | | |
| | 0 类 | | 1 类 | | 2 类 | | 3 类 | | 4a 类 | | 4b 类 | |
	昼	夜	昼	夜	昼	夜	昼	夜	昼	夜	昼	夜
2015	58.3	41.7	86.0	68.2	89.0	75.2	96.8	80.3	80.8	21.4	100	66.7
2016	54.5	9.1	83.9	59.5	90.2	76.3	97.0	79.7	77.8	18.3	100	60.0
2017	83.3	50.0	78.9	55.9	89.3	71.5	96.7	78.7	84.3	20.5	100	50.0
2018	66.7	25.0	80.3	54.9	90.7	72.1	96.2	76.0	82.7	20.2	100	75.0
2019	75.0	16.7	81.9	57.5	88.4	75.4	96.0	78.7	89.0	22.7	100	75.0
2020	72.7	27.3	86.4	62.9	93.4	86.0	99.4	88.9	91.1	38.4	100	75.0
2016—2020 年平均达标率/%	70.4	25.6	82.3	58.1	90.4	76.3	97.1	80.4	85.0	24.0	100	67.0

第二节　区域声环境

一、现状

（一）全国

2020 年，324 个[①]地级及以上城市昼间区域声环境质量监测 55 916 个点位，覆盖城市区域面积 30 547.7 km²，昼间区域声环境等效声级平均值为 54.0 dB（A）。昼间区域声环境质

---

① 西藏自治区昌都、山南、日喀则、那曲、阿里、林芝，青海省海东、海北、黄南、海南、果洛、玉树，新疆生产建设兵团五家渠共 13 个城市未报送监测结果。

量为一级（好）的城市 14 个，占 4.3%；二级（较好）的城市 215 个，占 66.4%；三级（一般）的城市 93 个，占 28.7%；四级（较差）的城市 2 个，占 0.6%；无五级（差）的城市。

　　与上年相比，2020 年全国城市昼间区域声环境质量为一级（好）的城市比例上升 1.8个百分点；二级（较好）的城市比例下降 0.6 个百分点；三级（一般）的城市比例与上年持平；四级（较差）的城市比例下降 1.3 个百分点；两年均未出现五级（差）的城市。

表 2-5-9　2019—2020 年全国城市昼间区域声环境质量

年度	城市数/个	各评价等级城市比例/%，变幅/个百分点				
		一级（好）	二级（较好）	三级（一般）	四级（较差）	五级（差）
2020	324	4.3	66.4	28.7	0.6	0.0
2019	321	2.5	67.0	28.7	1.9	0.0
变幅	3	1.8	−0.6	0.0	−1.3	0.0

（二）直辖市和省会城市

　　2020 年，直辖市和省会城市昼间区域声环境质量监测 7 705 个点位，覆盖面积10 596.7 km²，昼间区域声环境等效声级平均值为 54.8 dB（A）。31 个城市中，17 个城市昼间区域声环境质量为二级（较好），占 54.8%；14 个城市为三级（一般），占 45.2%。

　　与上年相比，2020 年直辖市和省会城市昼间区域声环境质量为二级（较好）的城市比例下降 6.5 个百分点，三级（一般）的城市比例上升 6.5 个百分点；两年均无一级（好）、四级（较差）、五级（差）的城市。

表 2-5-10　2019—2020 年直辖市和省会城市昼间区域声环境质量

年度	城市数/个	各评价等级城市比例/%，变幅/个百分点				
		一级（好）	二级（较好）	三级（一般）	四级（较差）	五级（差）
2020	31	0	54.8	45.2	0	0
2019	31	0	61.3	38.7	0	0
变幅	—	0	−6.5	6.5	0	0

二、变化趋势

（一）全国

　　2016—2020 年，全国城市昼间区域声环境等效声级平均值范围为 53.9～54.4 dB（A），夜间（仅 2018 年开展监测）平均值为 46.0 dB（A）。昼间区域声环境质量总体处于二级（较好）水平，夜间处于三级（一般）水平。总的来看，全国城市昼间区域声环境质量基本稳定。

与 2015 年相比，2020 年城市昼间区域声环境质量等效声级平均值基本一致，二级（较好）及以上的城市比例下降 1.8 个百分点，评价为三级（一般）及以下的城市比例上升 1.8 个百分点。

表 2-5-11   2015—2020 年全国城市区域声环境质量

年度	一级（好）占比/%	二级（较好）占比/%	三级（一般）占比/%	四级（较差）占比/%	五级（差）占比/%	等效声级平均值/dB（A）
2015 年昼间	4.0	68.5	26.2	0.9	0.3	54.1
2016 年昼间	5.0	68.3	26.1	0.6	0.0	54.0
2017 年昼间	5.9	65.0	27.9	0.9	0.3	53.9
2018 年昼间	4.0	63.5	30.7	1.2	0.6	54.4
2018 年夜间	1.3	37.9	53.9	5.3	1.6	46.0
2019 年昼间	2.5	67.0	28.7	1.9	0.0	54.3
2020 年昼间	4.3	66.4	28.7	0.6	0.0	54.0

（二）直辖市和省会城市

2016—2020 年，直辖市和省会城市昼间区域声环境等效声级平均值范围为 54.5～55.0 dB（A），夜间（仅 2018 年）平均值为 47.7 dB（A），昼间声环境质量总体处于二级（较好）水平，夜间处于三级（一般）水平，夜间区域声环境质量相对较差。总的来看，直辖市和省会城市昼间区域声环境质量二级（较好）的城市比例呈下降趋势，三级（一般）的城市比例呈上升趋势。

与 2015 年相比，2020 年直辖市和省会城市昼间区域声环境质量等效声级平均值升高 0.5 dB（A），二级（较好）及以上的城市比例下降 19.4 个百分点，三级（一般）及以下的城市比例上升 19.4 个百分点。

表 2-5-12   2015—2020 年直辖市和省会城市区域声环境质量

年度	一级（好）占比/%	二级（较好）占比/%	三级（一般）占比/%	四级（较差）占比/%	五级（差）占比/%	等效声级平均值/dB（A）
2015 年昼间	3.2	71.0	25.8	0.0	0.0	54.3
2016 年昼间	3.2	64.5	32.3	0.0	0.0	54.5
2017 年昼间	3.2	58.1	38.7	0.0	0.0	54.7
2018 年昼间	3.2	48.4	48.4	0.0	0.0	55.0
2018 年夜间	3.2	3.2	83.9	6.5	3.2	47.7

年度	一级（好）占比/%	二级（较好）占比/%	三级（一般）占比/%	四级（较差）占比/%	五级（差）占比/%	等效声级平均值/dB（A）
2019 年昼间	0.0	61.3	38.7	0.0	0.0	54.9
2020 年昼间	0.0	54.8	45.2	0.0	0.0	54.8

第三节 道路交通声环境

一、现状

（一）全国

2020 年，全国 324 个地级及以上城市昼间道路交通声环境质量监测 21 327 个点位，共监测道路长度 38 949.8 km，昼间道路交通噪声等效声级平均值为 66.6 dB（A）。道路交通声环境质量一级（好）的城市 227 个，占 70.1%；二级（较好）城市 83 个，占 25.6%；三级（一般）城市 13 个，占 4.0%；四级（较差）城市 1 个，占 0.3%；无五级（差）的城市。

与上年相比，2020 年昼间道路交通声环境质量一级（好）的城市比例上升 1.5 个百分点；二级（较好）、三级（一般）、四级（较差）的城市比例分别下降 0.5 个、0.7 个和 0.3 个百分点；两年均未出现五级（差）的城市。

表 2-5-13 2019—2020 年全国城市昼间道路交通声环境质量

年度	城市数/个	各评价等级城市比例/%，变幅/个百分点				
		一级（好）	二级（较好）	三级（一般）	四级（较差）	五级（差）
2020	324	70.1	25.6	4.0	0.3	0.0
2019	322	68.6	26.1	4.7	0.6	0.0
变幅	2	1.5	−0.5	−0.7	−0.3	0.0

（二）直辖市和省会城市

2020 年，直辖市和省会城市昼间共监测道路长度 10 448.1 km，道路交通噪声昼间等效声级平均值为 68.0 dB（A）。道路交通声环境质量为一级（好）的城市 12 个，占 38.7%；二级（较好）城市 18 个，占 58.1%；三级（一般）城市 1 个，占 3.2%；未出现四级（较差）和五级（差）城市。

与上年相比，2020 年直辖市和省会城市昼间道路交通声环境质量为一级（好）的城市比例上升 6.4 个百分点；二级（较好）的城市比例下降 3.2 个百分点；三级（一般）的城市比例下降 3.3 个百分点；两年均未出现四级（较差）和五级（差）城市。

表 2-5-14　2019—2020 年直辖市和省会城市昼间道路交通声环境质量

年度	城市数/个	各评价等级城市比例/%，变幅/个百分点				
		一级（好）	二级（较好）	三级（一般）	四级（较差）	五级（差）
2020	31	38.7	58.1	3.2	0.0	0.0
2019	31	32.3	61.3	6.5	0.0	0.0
变幅	0	6.4	−3.2	−3.3	0.0	0.0

二、变化趋势

（一）全国

2016—2020 年，全国城市昼间道路交通噪声等效声级平均值范围为 66.6～67.1 dB（A），夜间（仅 2018 年）平均值为 58.1 dB（A），昼间声环境质量总体为一级（好）水平，夜间总体为二级（较好）水平。总的来看，昼间道路交通声环境质量无明显变化。从昼间、夜间道路交通声环境质量对比情况看，全国城市夜间道路声环境质量（仅 2018 年监测）为二级（较好）及以上的城市比例仅 64.4%，明显低于同年昼间的 95.1%。

与 2015 年相比，2020 年全国城市昼间道路交通噪声等效声级平均值降低 0.4 dB（A），道路交通声环境质量为二级（较好）及以上的城市比例上升 0.7 个百分点，三级（一般）及以下的城市比例下降 0.7 个百分点。

表 2-5-15　2015—2020 年全国城市道路交通声环境质量

年度	一级（好）占比/%	二级（较好）占比/%	三级（一般）占比/%	四级（较差）占比/%	五级（差）占比/%	等效声级平均值/dB（A）
2015 年昼间	65.4	29.6	2.8	2.2	0.0	67.0
2016 年昼间	68.8	26.3	3.4	1.6	0.0	66.8
2017 年昼间	65.7	27.8	5.9	0.3	0.3	67.1
2018 年昼间	66.4	28.7	4.0	0.9	0.0	67.0
2018 年夜间	47.0	17.4	11.5	13.7	10.3	58.1
2019 年昼间	68.6	26.1	4.7	0.6	0.0	66.8
2020 年昼间	70.1	25.6	4.0	0.3	0.0	66.6

（二）直辖市和省会城市

2016—2020 年，直辖市和省会城市昼间道路交通噪声等效声级平均值范围为 68.0～68.9 dB（A），夜间（仅 2018 年）为 62.5 dB（A），均劣于全国平均水平。

与 2015 年相比，2020 年直辖市和省会城市道路交通噪声昼间等效声级平均值降低 0.7 dB（A）；道路交通声环境质量一级（好）的城市比例上升 9.7 个百分点，二级（较好）下降 9.6 个百分点；三级（一般）上升 3.2 个百分点；四级（较差）下降 3.2 个百分点；两年均未出现五级（差）的城市。

表 2-5-16　2015—2020 年直辖市和省会城市道路交通声环境质量

年度	一级（好）占比/%	二级（较好）占比/%	三级（一般）占比/%	四级（较差）占比/%	五级（差）占比/%	等效声级平均值/dB（A）
2015 年昼间	29.0	67.7	0	3.2	0	68.7
2016 年昼间	45.2	45.2	6.5	3.2	0.0	68.5
2017 年昼间	35.5	51.6	9.7	3.2	0.0	68.9
2018 年昼间	35.5	58.1	3.2	3.2	0.0	68.7
2018 年夜间	16.1	9.7	12.9	22.6	38.7	62.5
2019 年昼间	32.3	61.3	6.5	0.0	0.0	68.5
2020 年昼间	38.7	58.1	3.2	0.0	0.0	68.0

第四节　小　结

2020 年，全国城市功能区声环境昼间和夜间点次达标率分别为 94.6%和 80.1%，与上年相比上升 2.2 个和 5.7 个百分点；直辖市和省会城市昼间和夜间达标率分别为 92.6%和 71.9%，与上年相比上升 4.0 个和 11.8 个百分点。功能区声环境质量昼间好于夜间，全国城市好于直辖市和省会城市。

2020 年，全国城市功能区昼间区域声环境等效声级平均值为 54.0 dB（A），声环境质量一级（好）和二级（较好）的城市比例分别为 4.3%和 66.4%；直辖市和省会城市昼间区域声环境等效声级平均值为 54.8 dB（A），无一级（好）城市，二级（较好）的城市比例为 54.8%，明显低于全国平均水平。

2020 年，全国城市昼间道路交通噪声等效声级平均值为 66.6 dB（A），声环境质量一级（好）和二级（较好）的城市比例分别为 70.1%和 25.6%；直辖市和省会城市昼间道路交通噪声等效声级平均值为 68.0 dB（A），高于全国平均水平。

2016—2020 年，全国城市功能区、区域和道路交通声环境质量共同特征为夜间劣于昼间，昼间区域和道路交通声环境质量总体稳定。全国城市功能区声环境昼间和夜间达标率均呈上升趋势，五年平均值分别为 92.8%和 75.2%；各类功能区中，3 类功能区昼间、夜间达标率最高且基本稳定，4a 类功能区夜间达标率最低。

2016—2020 年，全国城市、直辖市和省会城市昼间区域声环境等效声级平均值范围分别为 53.9～54.4 dB（A）和 54.5～55.0 dB（A），夜间（仅 2018 年开展监测）平均值分别为 46.0 dB（A）和 47.7 dB（A），昼间总体处于二级（较好）水平，夜间处于三级（一般）水平。

2016—2020 年，全国城市、直辖市和省会城市昼间道路交通噪声等效声级平均值范围分别为 66.6～67.1 dB（A）和 68.0～68.9 dB（A），夜间（仅 2018 年）平均值为 58.1 dB（A）和 62.5 dB（A），昼间总体处于一级（好）水平，夜间总体处于为二级（较好）水平。

第六章　生　态

第一节　生态质量

一、全国

2020 年，全国生态状况指数（EI）为 51.7，生态质量属于"一般"。与上年相比，EI值增加 0.4，无明显变化，生态质量保持稳定；主要生态类型均发生一定程度的变化，其中，城镇、农村居住地和其他建设用地有所增加，草地、水田、旱地和森林有所减少，说明开发性建设是生态类型发生变化的主导因素。

2016—2020 年，全国生态状况指数增加 1.0，总体呈上升趋势，生态质量"略微变好"，主要是由于全国植被覆盖增加，同时有全国污染负荷降低的因素。与 2015 年相比，全国生态环境状况指数增加 0.8，生态质量无明显变化。

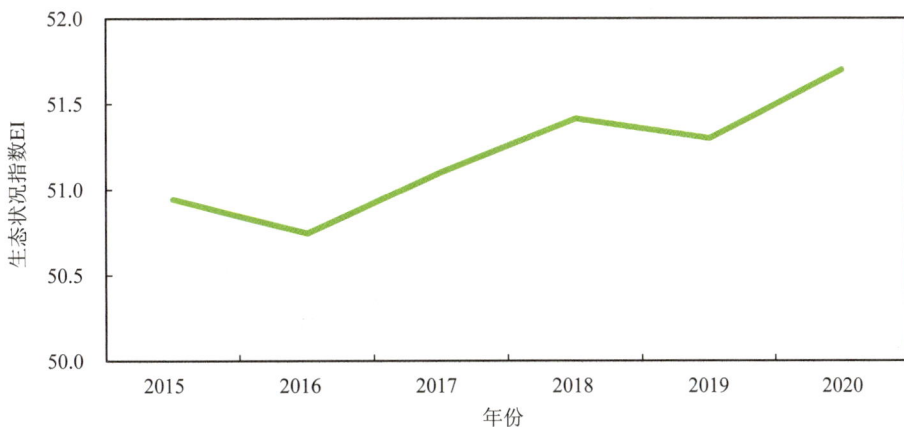

图 2-6-1　2015—2020 年全国生态状况指数变化情况

二、省域

2020 年，31 个省份中，生态质量"优"的省份有浙江、福建、江西、湖南和海南，占国土面积的 6.7%；"良"的省份有北京、河北、辽宁、吉林、黑龙江、上海、江苏、安徽、河南、湖北、广东、广西、重庆、四川、贵州、云南和陕西，占国土面积的 35.3%；"一般"的省份有天津、山西、内蒙古、山东、西藏、甘肃、青海和宁夏，占国土面积的

40.7%；"较差"的省份为新疆，占国土面积的 17.3%；无生态质量"差"的省份。

在空间上，生态质量"优"和"良"的省份主要位于东部地区和南部地区，"一般"和"较差"的省份主要位于中部地区和西部地区，与中国自然地理分布格局有较强的相关性。

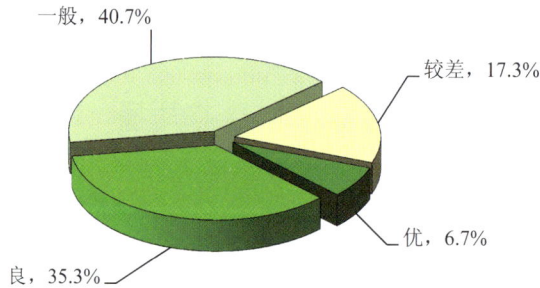

图 2-6-2　2020 年全国省域生态质量类型面积比例

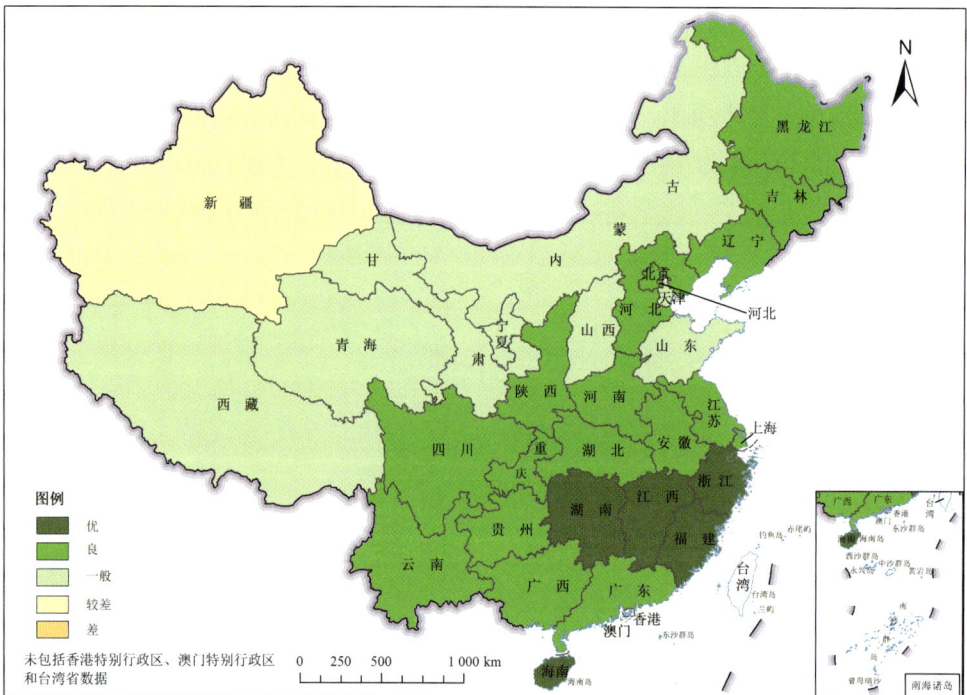

图 2-6-3　2020 年全国省域生态质量分布示意

2016—2020 年，各省域生态状况指数变化幅度（ΔEI）在−3.3～13.6。31 个省份中，北京和上海生态质量显著变好，生态质量类型均由"一般"变为"良"，占国土面积的 0.3%；天津、河北、辽宁、安徽、山东、河南、重庆、陕西和宁夏生态质量明显变好，占国土面积的 12.2%；山西、内蒙古、吉林、黑龙江、江苏和湖北生态质量略微变好，占国土面积

的 23.5%；广东生态质量变差，由"优"变为"良"，占国土面积的 1.9%；其余 13 个省份
生态质量类型保持不变，占国土面积的 62.2%。

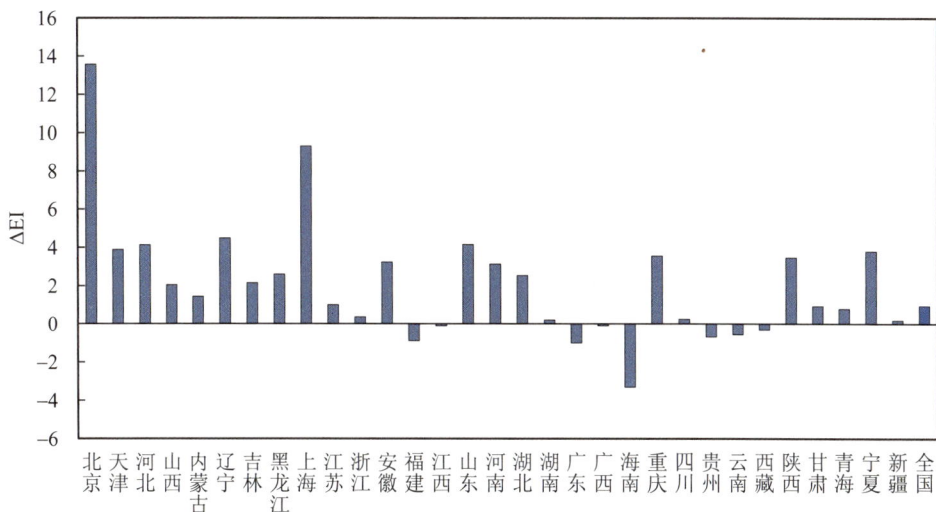

图 2-6-4　2016—2020 年省域生态状况指数变化幅度

与 2015 年相比，2020 年各省域生态状况指数变化幅度（ΔEI）在−4.0～13.8。31 个省
份中，北京生态质量显著变好，生态质量类型由"一般"变为"良"，占国土面积的 0.2%；
天津、河北、辽宁、吉林、上海和重庆生态质量明显变好，占国土面积的 6.5%；山西、黑
龙江、安徽、山东、河南和陕西生态质量略微变好，占国土面积的 13.5%；福建、江西和
云南生态质量略微变差，占国土面积的 7.1%；其余 15 个省份生态质量类型保持不变，占
国土面积的 72.7%。

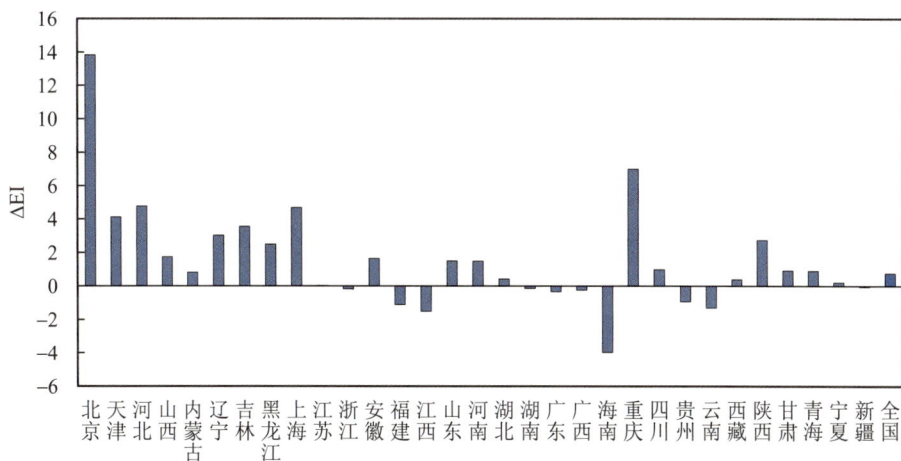

图 2-6-5　与 2015 年相比 2020 年省域生态状况指数变化幅度

三、县域

2020 年，全国 2 583 个县域行政单元中，生态质量"优"的县域有 533 个，占国土面积的 16.8%；"良"的有 1 146 个，占国土面积的 29.8%；"一般"的有 703 个，占国土面积的 22.2%；"较差"的有 189 个，占国土面积的 26.9%；"差"的有 12 个，占国土面积的 4.4%。生态质量"优"和"良"的县域面积占国土面积的 46.6%。

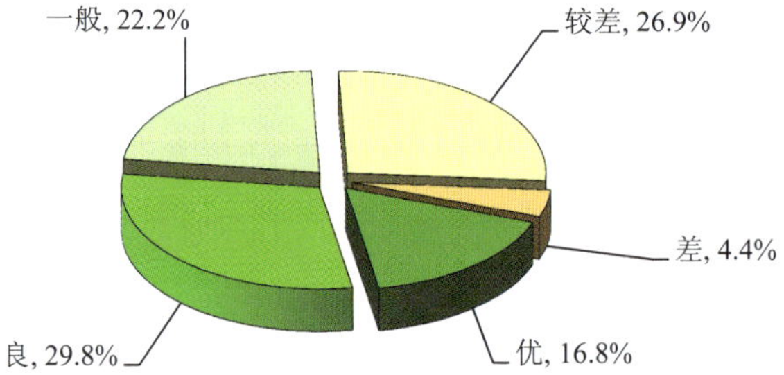

图 2-6-6　2020 年全国县域生态质量类型面积比例

在空间上，生态质量"优"和"良"的县域主要分布在青藏高原以东、秦岭—淮河以南以及东北的大小兴安岭地区和长白山地区；"一般"的县域主要分布在华北平原、黄淮海平原、东北平原中西部、内蒙古中部等；"较差"和"差"的县域分布在内蒙古西部、甘肃中西部、西藏西部以及新疆大部。

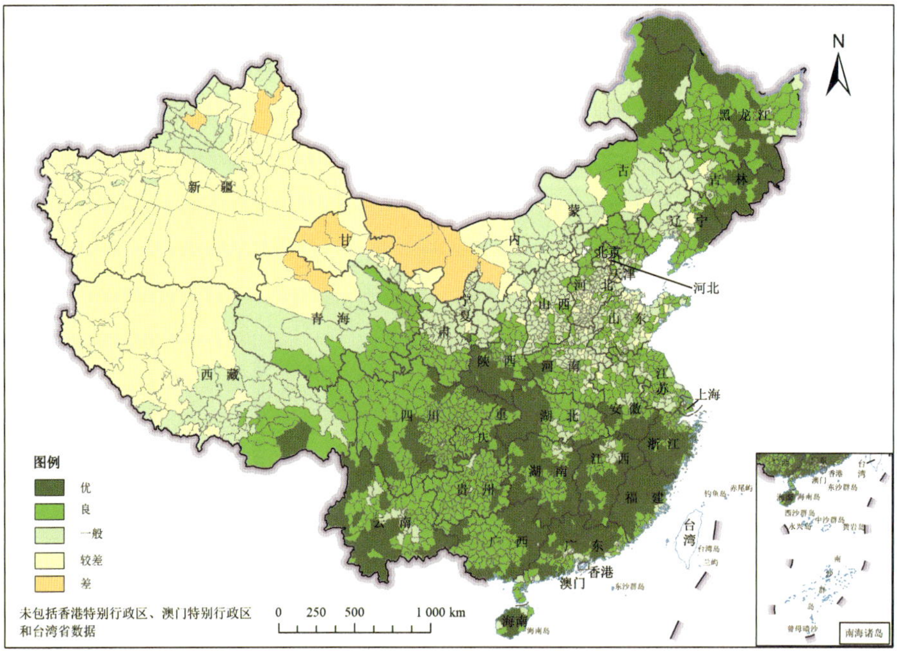

图 2-6-7　2020 年全国县域生态质量分布示意

2016—2020 年，全国生态质量"优"的县域数量保持稳定，"良"的县域数量呈上升趋势，"一般""较差"和"差"的县域数量均呈下降趋势。与 2016 年相比，2020 年"优"的县域数量仍为 533 个，"良"的县域增加 222 个，"一般""较差"和"差"的县域数量分别减少 60 个、147 个和 14 个。

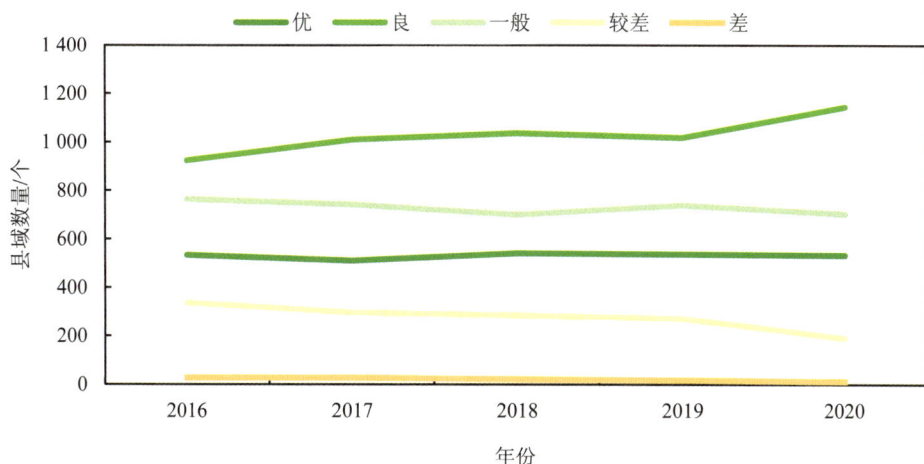

图 2-6-8 2016—2020 年全国各生态质量类型县域数量年际变化

2016—2020 年，全国生态质量"优"的县域面积占国土面积的比例略有上升，"良"的比例呈上升趋势，"一般""较差"和"差"的比例均呈下降趋势。与 2016 年相比，2020 年"优"和"良"的县域面积占国土面积的比例分别上升 0.5 个和 4.1 个百分点，"一般""较差"和"差"的比例分别下降 2.7 个、2.2 个和 0.3 个百分点。

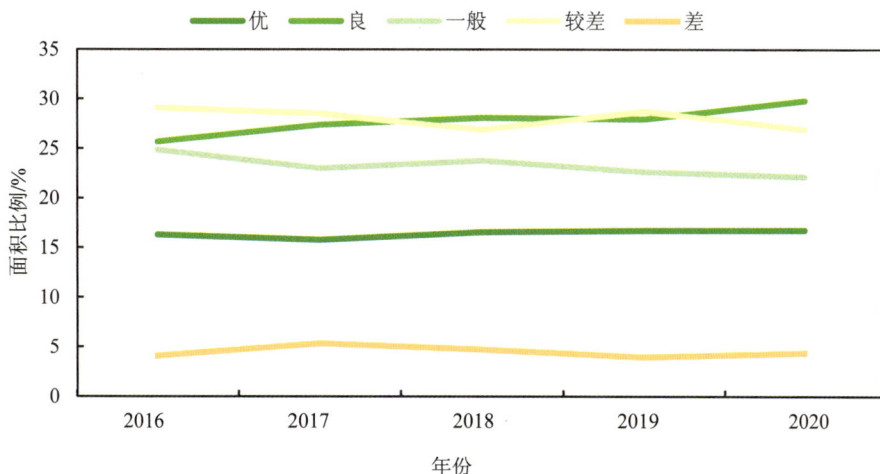

图 2-6-9 2016—2020 年全国县域生态质量类型面积比例年际变化

第二节 国家重点生态功能区县域生态环境质量

一、现状

2020 年，国家重点生态功能区县域生态功能指数（FEI）为 62.6，生态质量总体良好。其中，生态质量"优良"（"优"和"良"）县域占县域总数的 65.1%，"一般"县域占 28.1%，"较差"（包含"差"）县域占 6.8%。四类功能区中，水源涵养功能区优良县域比例最高（69.9%），水土保持功能区次之（64.6%），生物多样性维护功能区居第三位（63.2%），防风固沙功能区最低（50.0%）。较差县域比例在四类功能区中均低于 10%，其中防风固沙功能区最高（8.5%）。

防风固沙功能类型的 82 个县域中，"优良"县域 41 个，占县域数量的 50.0%；"一般"县域 34 个，占 41.5%；"较差"县域 7 个，占 8.5%。"较差"县域中，6 个属于新疆的塔里木河荒漠化防治生态功能区，其余 1 个为张家口市桥东区。

水土保持功能类型的 195 个县域中，"优良"县域 126 个，占县域数量的 64.6%；"一般"县域 60 个，占 30.8%；"较差"县域 9 个，占 4.6%。"较差"县域分布在鲁中山地、黄土高原丘陵沟壑以及太行山地水土保持生态功能区。生态地理条件对县域生态质量具有明显影响，大别山、桂滇黔喀斯特、三峡库区等功能区属于亚热带气候区，水热条件较好，优良县域比例较高；黄土高原、太行山地、鲁中山地等功能区属于温带气候区，加之区域开发强度较大，耕地和建设用地比例较高，严重占用自然生态空间，以鲁中山地尤为严重，导致优良县域比例较低。

水源涵养功能类型的 349 个县域中（其中甘肃省山丹马场县缺少数据），"优良"县域 244 个，占县域数量的 69.9%，"一般"县域 80 个，占 22.9%，"较差"县域 25 个，占 7.2%。"较差"县域主要分布在河北、西藏、甘肃、黑龙江等省份，表现为两种情况。一种情况是县域自然生态本底条件脆弱，导致生态质量较差，如西藏和甘肃的县域，特别是甘肃河西走廊县域，大部分国土面积处于荒漠气候区，林草植被覆盖度低，水源涵养功能主要依靠其境内祁连山山地草原和森林生态系统。另一种情况是县域自然生态条件相对较好，但是区域开发强度大，导致生态质量较差，如河北、黑龙江的县域，土地生态类型以耕地和建设用地占绝对优势，具备水源涵养功能的林地、草地、水域湿地等生态空间被严重压缩，同时，污染物排放量相对较高，水、空气环境质量相对较差。

生物多样性维护功能类型的 182 个县域中（其中海南省三沙市缺少数据），"优良"县域 115 个，占县域数量的 63.2%；"一般"县域 53 个，占 29.1%，"较差"县域 14 个，占 7.7%。"较差"县域主要分布在黑龙江和西藏等省份。与水源涵养生态功能类型相似，生物多样性维护功能类型较差县域也表现为两种情况。一种情况是县域自然生态地理条件差，如西藏的县域均属于高寒气候区，干旱、寒冷的高寒气候条件造成区域生态环境异常脆弱。另一种情况是县所处气候条件较好，但是区域开发强度非常大，生态空间被严重挤占，如黑龙江省三江平原湿地生态功能区的县市。

二、变化趋势

2016—2020 年，国家重点生态功能区县域生态功能指数在 60.8～62.6 之间，生态质量总体保持在良好水平。其中，生态质量"优良"县域比例五年平均值为 61.9%，"一般"县域为 29.1%，"较差"县域为 9.0%。四类功能区中，生态质量"优良"县比例五年平均值由高到低依次为水源涵养、水土保持、生物多样性维护和防风固沙功能区，分别为 67.5%、61.1%、59.6% 和 44.1%；防风固沙功能区"较差"县域比例最高，五年平均值为 14.8%，其余三类功能区均低于 10.0%。

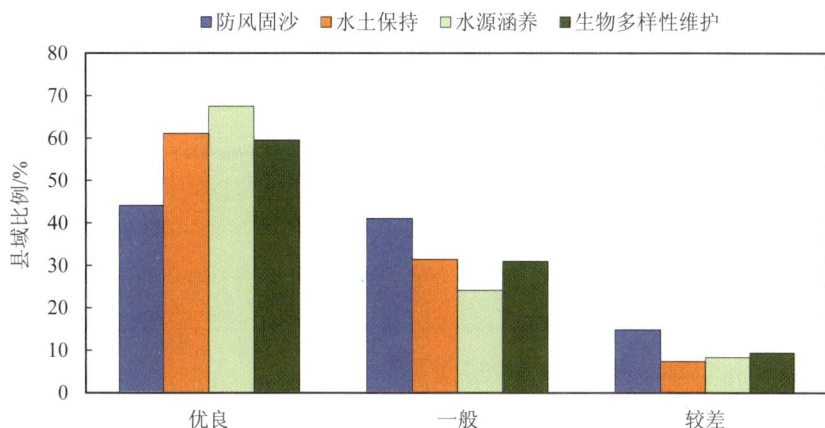

图 2-6-10　2016—2020 年国家重点生态功能区县域生态质量分布

2016—2020 年，国家重点生态功能区县域生态质量呈持续变好趋势，"优良"县域比例逐年上升，"一般""较差"县域比例逐年下降。与 2016 年相比，2020 年"优良"县域比例上升 8.5 个百分点，"一般""较差"县域比例分别下降 4.0 个和 4.5 个百分点。

图 2-6-11　2016—2020 年国家重点生态功能区县域生态质量年际变化

四类功能区中，"优良"县域比例均持续上升，"一般""较差"县域比例均持续降低。与 2016 年相比，2020 年"优良"县域比例在水源涵养、水土保持、防风固沙、生物多样性维护功能区分别上升 10.2 个、8.7 个、7.7 个和 4.9 个百分点；"一般"县域比例除水土保持区下降 4.0 个百分点外，其余三类功能区变化均不明显；"较差"县域比例以防风固沙功能区降幅最大，下降 11.2 个百分点，其余三类功能区降幅均在 5.0 个百分点之内。

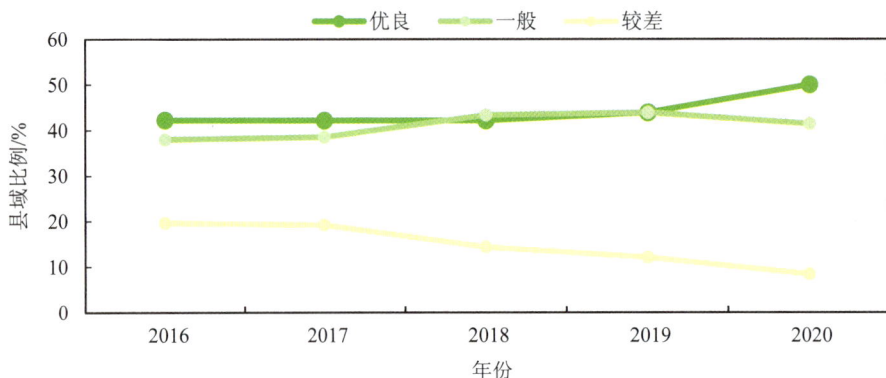

（a）防风固沙功能区

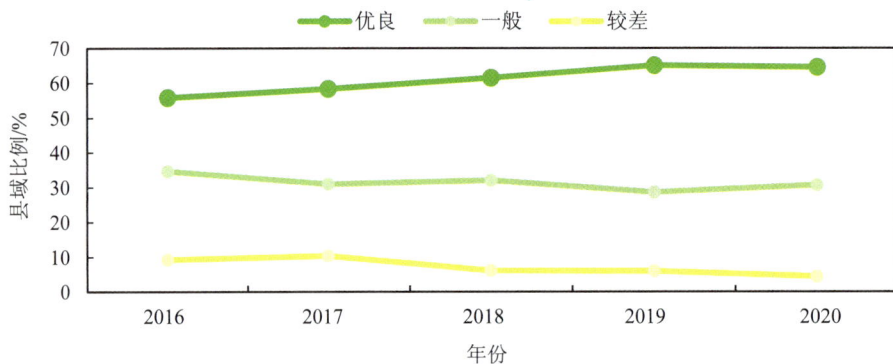

（b）水土保持功能区

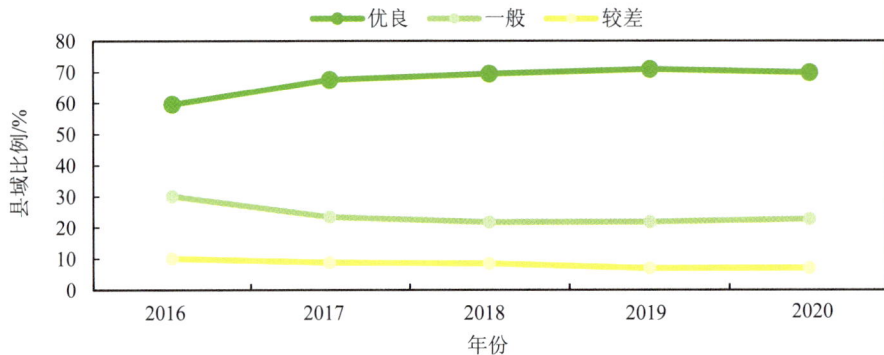

（c）水源涵养功能区

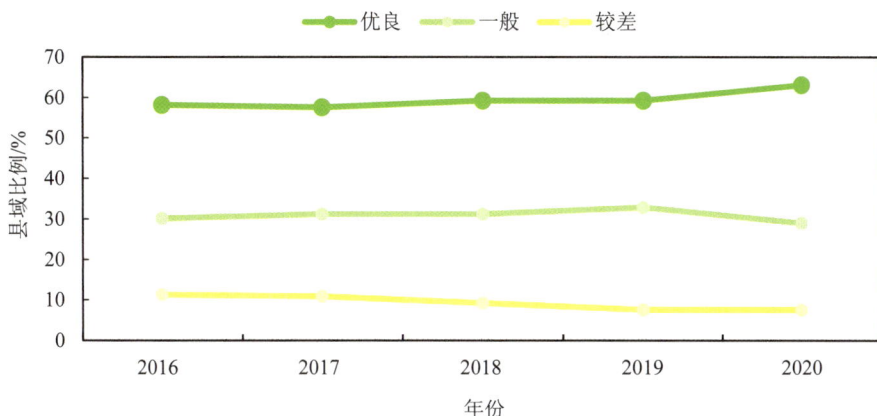

（d）生物多样性维护功能区

图 2-6-12 2016—2020 年四类功能区县域生态质量年际变化

第三节 典型生态系统

一、湿地生态系统

2020 年，在江苏太湖、安徽巢湖、湖北丹江口水库和湖南洞庭湖开展湖库湿地生态系统监测，在辽宁辽河流域和浙江浦阳江开展河流湿地生态系统监测。

太湖监测到底栖动物 55 种，生物多样性指数为 2.3，属"较丰富"水平；浮游植物 204 种，生物多样性指数为 1.8，属"一般"水平；浮游动物 74 种，生物多样性指数为 3.0，属"丰富"水平。经综合评价，太湖湿地生态环境健康指数为 3.0，属"健康"水平。

巢湖监测到底栖动物 16 种，生物多样性指数春季为 0.9，属"贫乏"水平；夏季为 1.2，属"一般"水平；浮游植物 108 种，生物多样性指数为 0.9，属"贫乏"水平；浮游动物 75 种，生物多样性指数为 1.7，属"一般"水平。经综合评价，巢湖湿地生态环境健康指数为 2.5，属"亚健康"水平。

丹江口水库监测到底栖动物 15 种，生物多样性指数为 1.0，属"贫乏"水平；浮游植物 93 种，生物多样性指数为 2.8，属"丰富"水平；浮游动物 34 种，生物多样性指数为 2.2，属"较丰富"水平。经综合评价，丹江口库区湿地生态环境健康指数为 3.8，属"健康"水平。

洞庭湖监测到底栖动物 55 种，生物多样性指数为 2.9，属"丰富"水平；浮游植物 8 门、74 属，生物多样性指数为 2.7，属"较丰富"水平；浮游动物 47 属，生物多样性指数为 2.4，属"一般"水平。经综合评价，洞庭湖湿地生态环境健康指数为 3.6，属"健康"水平。

辽河流域平水期监测到底栖动物 50 种，以敏感种类和中等耐污种类占优势；着生藻类 85 种，其中硅藻门种类最多（54 种）。水生态环境质量综合值为 2.8～4.8，属于"良好"～"较差"水平，其中太子河辽阳段下口子最优，辽河盘锦段曙光大桥最差。

浦阳江（浦江县段）监测到底栖动物 90 种，节肢动物门昆虫纲占比最大，其中蜉蝣目、襀翅目和毛翅目等环境敏感指示物种分类数占昆虫纲总分类数的 27.8%。底栖动物生物多样性指数在 1.4～2.5，属"一般"至"较丰富"水平，城区上游物种数量和环境敏感指示物种数量多于城区及下游。浦阳江水生态健康状况总体较好。12 个调查断面中，深坑和双溪口等 2 个断面的水生态健康等级为"优秀"，占 16.7%；其余 10 个断面为"良好"，占 83.3%。

二、草地及荒漠生态系统

2020 年，在河北、内蒙古、甘肃、青海和新疆等 5 个省份开展草地及荒漠生态系统监测。

河北沽源草原以典型草原和山地草原为主，多属于"西北针茅、羊草群落"和"羊草、糙隐子草、西北针茅群落"。样方监测到植物 60 种，植被盖度在 45.0%～58.0% 之间，植被高度在 30.0～60.0 cm 之间，生物量在 129.0～240.0 g/m^2 之间，生物多样性指数在 2.0～2.4 之间。

内蒙古草原监测区草原类型包括草甸草原、典型草原、荒漠草原、草原化荒漠和典型荒漠。样方监测到植物 3～26 种，植被盖度在 6.5%～66.9% 之间，植被高度在 5.7～20.1 cm 之间，生物量在 5.7～115.1 g/m^2 之间。

甘肃甘南草原监测区包括高寒草甸草原和山地草甸草原，样方监测到植物种类数分别为 38 种和 37 种，植被盖度分别为 81.0% 和 78.8%，植被高度分别为 18.6 cm 和 25.3 cm，生物量分别为 238.6 g/m^2 和 175.0 g/m^2。

青海三江源监测区包括高寒草甸、高寒草甸草原、高寒草原、温性草原、温性荒漠草原等。样方监测到植物种类数 15～43 种，植被盖度在 60.0%～92.0% 之间，植被高度在 3.9～19.9 cm 之间，生物量在 21.3～59.1 g/m^2 之间。

新疆五大山地草原监测区包括阿勒泰、库鲁斯台、伊犁、巴音布鲁克和巴里坤草原区。样方监测到植物种类数 19～41 种，植被盖度在 60.8%～99.4% 之间，植被高度在 3.0～73.0 cm 之间，生物量（鲜重）在 175.9～4 711.0 g/m^2 之间。

三、森林生态系统

2020 年，在吉林、安徽、海南、四川、广西、湖南和广东等 7 个省份开展森林生态系统监测。

吉林长白山区温带森林监测区植物群落主要为高山苔原、岳桦林、云冷杉林、长白落叶松林、红松针阔混交林、落叶阔叶混交林、白桦林、红皮云杉林共 8 种。样方监测到植物 63 科 252 种，其中乔木 39 种、灌木 46 种、藤本 5 种、草本 162 种；乔木层平均高度在 8.6～18.6 m 之间，优势种主要有岳桦、白桦、红松等；灌木层平均高度在 33.7～117.9 cm 之间，优势种主要有蓝靛果忍冬、库叶悬钩子、单花忍冬等；草本层以多年生草本植物为主，平均高度在 7.0～39.6 cm 之间，优势种主要有小叶章、苔草、东北羊角芹等。

安徽黄山亚热带森林监测区植被分布具有明显的垂直地带性。样方监测到乔木层植物种类数在 11～20 种，平均高度在 5.7～9.5 m 之间，叶面积指数在 1.7～2.6 之间；灌木层植物种类数在 11～29 种，平均盖度在 25.0%～70.0%之间；草本层植物种类数在 8～23 种，群落盖度在 18.0%～60.0%之间，凋落物平均厚度在 1.8～3.0 cm 之间，最大持水率在 236.9%～388.5%之间。

海南中部山区热带森林监测区样方监测到植物 112 科 203 属 455 种，其中乔木 294 种、灌木 86 种、草本 75 种；样地群落结构复杂，物种丰富多样，乔灌层优势种为线枝蒲桃、五指泡花树、陆均松等。

四川龙门山森林监测区海拔在 1 361～3 321 m，植被类型主要为亚热带森林中常绿阔叶林、常绿落叶阔叶混交林、落叶阔叶林、常绿针叶林和高山草甸。样方监测到植物 912 种，其中乔木层植物 4～36 种，植被高度在 1.5～40.5 m 之间，胸径在 2.60～77.0 cm 之间；灌木层植物 7～21 种，草本层植物 21～53 种，平均盖度在 12.0%～94.6%之间，生物量在 41.1～319.5 g/m^2 之间。

广西阳朔森林监测的植被类型为亚热带喀斯特非地带性植被，青冈栎群落为监测区常见的顶极群落类型。样方监测到植物 170 种，隶属于 78 科 138 属，其中蕨类植物 9 科 13 属 18 种，被子植物 69 科 125 属 152 种。森林群落以细小径级和小径级林木为主，其中胸径 1～5 cm 细小径级的林木占比最大，达 48.4%～72.5%，小径级林木占比为 10.3%～34.1%。

湖南八大公山森林监测区样方监测到乔木层植物 13 种（67 株），其中多脉青冈（18 株）数量最多，其次为亮叶水青冈（13 株）和小果南烛（12 株）；灌木层植物 37 种（79 株），其中黄丹木姜子、多脉青冈、齿缘吊钟花、吴茱萸五加、宜昌润楠各 5 株，数量相对较多；草本层植物 8 种，其中蕨类 5 种，禾本科、十字花科和兰科各 1 种。

广东南岭森林监测区样方监测到乔木 43 科 68 属 139 种，灌木 6 科 6 属 9 种，草本 23 科 26 属 26 种，平均郁闭度为 96.1%；凋落物层平均厚度约为 1.1 cm，平均自然含水率为 46.2%，最大持水量为 184.2 g/cm^2，平均蓄积量为 5.1 t/hm^2。

四、城市生态系统

2020 年，深圳市城市生态系统监测区位于建成区。在杨梅坑监测到植物 59 科 101 属 140 种，田心山站点 43 科 68 属 91 种，莲花山站点 66 科 137 属 169 种，羊台山站点 42 科 72 属 82 种，小南山站点 60 科 106 属 126 种，其中莲花山和小南山站点植被平均高度相对较高。深圳市河流生境总体状况处于"无干扰"～"中度干扰"等级；着生藻类分类数 270 个，其中硅藻门占 72.2%；大型底栖动物 136 种，其中节肢动物占 72.0%；大鹏湾和坪山河生物多样性最高。

第四节 生物多样性

一、生态系统多样性

中国具有地球陆地生态系统的各种类型，其中，森林 212 类、竹林 36 类、灌丛 113 类、草甸 77 类、草原 55 类、荒漠 52 类、自然湿地 30 类；有红树林、珊瑚礁、海草床、海岛、海湾、河口和上升流等多种类型的海洋生态系统；有农田、人工林、人工湿地、人工草地和城市等人工生态系统。

全国森林面积为 2.2 亿 hm^2，森林覆盖率为 23.0%，森林蓄积量为 175.6 亿 m^3，森林植被总生物量为 188.02 亿 t，总碳储量为 91.86 亿 t。其中，天然林面积 1.4 亿 hm^2，天然林蓄积 141.08 亿 m^3；人工林面积 8 003.1 万 hm^2，人工林蓄积 34.52 亿 m^3。

全国草原综合植被盖度为 56.1%，天然草原鲜草产量稳定在 11 亿 t 左右。

二、物种多样性

中国已知物种及种下单元数 122 280 种。其中，动物界 54 359 种，植物界 37 793 种，细菌界 463 种，色素界 1 970 种，真菌界 12 506 种，原生动物界 2 485 种，病毒 655 种。列入国家重点保护野生动物名录的珍稀濒危陆生野生动物 406 种，大熊猫、金丝猴、藏羚羊、褐马鸡、扬子鳄等数百种动物为中国所特有。列入国家重点保护野生植物名录的珍稀濒危植物 8 类 246 种，已查明大型真菌种类 9 302 种，列入国家重点保护野生动物名录的珍稀濒危水生野生动物 302 种（类），长江江豚、扬子鳄等为中国特有。

三、遗传多样性

中国有栽培作物 528 类 1 339 个栽培种，经济树种达 1 000 种以上，原产观赏植物种类达 7 000 种，家养动物 948 个品种。

第五节 小 结

2020 年，全国生态状况指数（EI）为 51.7，生态质量属于"一般"。省域生态质量"优"和"良"的省份占国土面积的 42.0%，主要位于东部地区和南部地区，"一般"和"较差"的省份主要位于中部和西部地区，与全国自然地理分布格局有较强的相关性。生态质量"优"和"良"的县域面积占国土面积的 46.6%，主要分布在青藏高原以东、秦岭—淮河以南以及东北的大小兴安岭地区和长白山地区；"一般"的县域主要分布在华北平原、黄淮海平原、东北平原中西部、内蒙古中部等；"较差"和"差"的县域分布在内蒙古西部、甘肃中西部、西藏西部以及新疆大部。

2020 年，国家重点生态功能区县域生态功能指数（FEI）为 62.6，生态质量处于良好水平。生态质量"优良"县域比例为 65.1%；"一般"县域比例为 28.1%，"较差"县域比例为 6.8%。四类功能区中，水源涵养功能区"优良"县域比例最高（69.9%），水土保持功能区次之（64.6%）。

2016—2020 年，全国生态状况指数总体呈上升趋势，生态质量"略微变好"，主要原因是植被覆盖增加，污染负荷降低也是部分因素；省域生态质量总体稳定，"优良"县域面积比例逐年上升。

2016—2020 年，国家重点生态功能区县域生态质量持续向好，"优良"县域比例逐年升高，"一般"和"较差"县域比例均有所下降。与 2016 年相比，2020 年"优良"县域比例上升 8.5 个百分点，"一般"和"较差"县域比例分别下降 4.0 个百分点和 4.5 个百分点。

第七章 农　村

第一节　农村环境空气

一、现状

2020 年，农村环境空气质量监测村庄 3 565 个。其中，3 426 个村庄环境空气质量无超标情况，占 96.1%，与上年相比上升 2.1 个百分点；139 个村庄存在超标情况，占 3.9%，与上年相比下降 2.1 个百分点，主要超标指标为 $PM_{2.5}$、PM_{10} 和 O_3。空气质量监测天数累计 66 470 天，其中达标天数为 62 711 天，占 94.3%，与上年相比上升 4.8 个百分点。从各监测指标来看，SO_2 达标比例为 100.0%，最大超标倍数为 0.2；NO_2 达标比例为 99.8%，最大超标倍数为 2.7；CO 达标比例为 99.8%，最大超标倍数为 1.3；O_3 达标比例为 98.4%，最大超标倍数为 1.0；PM_{10} 达标比例为 96.7%，最大超标倍数为 6.7；$PM_{2.5}$ 达标比例为 96.3%，最大超标倍数为 12.3。

表 2-7-1　2020 年监测村庄环境空气质量监测结果

监测指标	监测天数/d	达标比例/%	监测值范围	单位	最大超标倍数
SO_2	66 346	100.0	未检出～187	$\mu g/m^3$	0.2
NO_2	66 331	99.8	未检出～294	$\mu g/m^3$	2.7
CO	53 836	99.8	未检出～9.1	mg/m^3	1.3
O_3	54 295	98.4	未检出～312	$\mu g/m^3$	1.0
PM_{10}	66 252	96.7	未检出～1 154	$\mu g/m^3$	6.7
$PM_{2.5}$	56 644	96.3	未检出～994	$\mu g/m^3$	12.3

从各季度来看，监测村庄的空气质量优良天数比例分别为第一季度 93.1%，第二季度 93.6%，第三季度 95.5%，第四季度 94.9%。

从各省份来看，黑龙江、福建、海南和西藏等 4 个省份监测村庄空气质量优良天数比例均为 100.0%，北京、天津、山西、山东、新疆等 5 个省份及兵团监测村庄空气质量优良天数比例相对较低，为 66.3%～87.5%，主要超标指标为 PM_{10}、NO_2 和 $PM_{2.5}$。

从空间分布来看，空气质量超标的村庄多分布在西北地区和华北地区。华北地区主要受周边区域性空气污染的影响，西北地区主要与当地植被覆盖率低、耕作方式粗放及局部干旱少雨的自然气候条件密切相关。

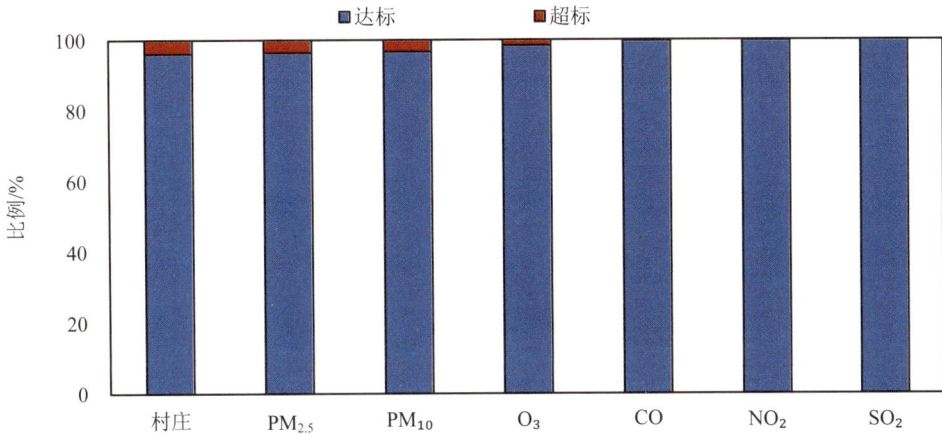

图 2-7-1　2020 年监测村庄环境空气质量状况

二、变化趋势

2016—2020 年，农村环境空气质量达标村庄比例和优良天数比例总体呈上升趋势。与 2016 年相比，2020 年达标村庄比例和优良天数比例分别上升 2.3 个和 3.1 个百分点。

表 2-7-2　2015—2020 年监测村庄环境空气质量状况

年度	监测村庄/个	达标村庄/个	达标村庄比例/%	监测天数/d	达标天数/d	优良天数比例/%
2015	2 174	2 022	93.0	39 081	36 048	92.2
2016	2 048	1 921	93.8	38 692	35 298	91.2
2017	2 150	2020	94.0	40 940	37 963	92.7
2018	2 146	1 986	92.5	42 363	38 631	91.2
2019	3 507	3 298	94.0	79 478	71 124	89.5
2020	3 565	3 426	96.1	66 470	62 711	94.3

自 2016 年起，农村环境空气质量监测指标由原来的三项指标 PM_{10}、SO_2 和 NO_2，调整为六项指标 $PM_{2.5}$、PM_{10}、SO_2、NO_2、O_3 和 CO，首要污染物一直为 $PM_{2.5}$。2016—2020 年，$PM_{2.5}$、PM_{10} 和 SO_2 超标天数比例均呈下降趋势，NO_2 和 O_3 超标天数比例波动变化，CO 超标天数比例略有上升。

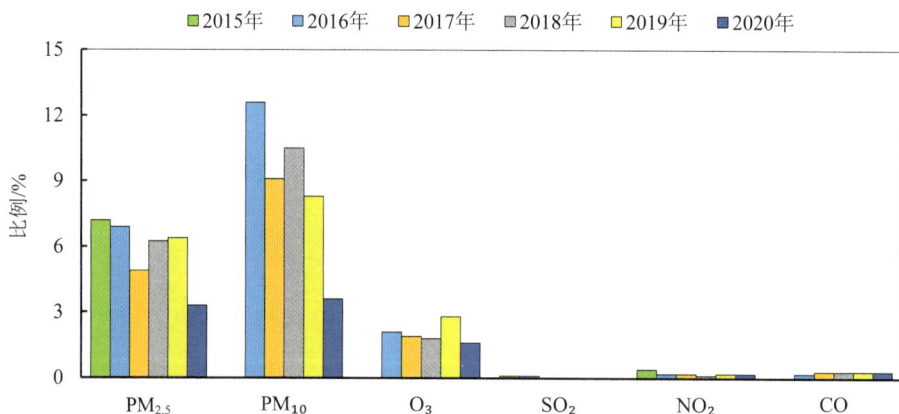

图 2-7-2　2015—2020 年监测村庄环境空气指标超标天数比例年际变化

第二节　农村地表水

一、现状

2020 年，农村地表水水质监测断面 3 081 个。其中，Ⅰ～Ⅲ类水质断面 2 524 个，占断面总数的 81.9%，与上年相比上升 2.4 个百分点；Ⅳ类、Ⅴ类 490 个，占 15.9%，下降 0.3 个百分点；劣Ⅴ类 67 个，占 2.2%，下降 2.1 个百分点。主要超标指标为化学需氧量、高锰酸盐指数和总磷。

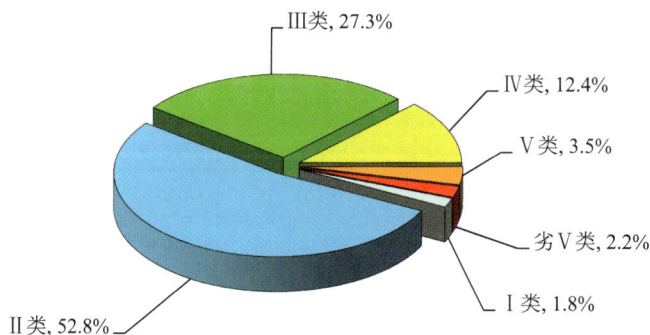

图 2-7-3　2020 年监测县域农村地表水水质类别比例

从各省份来看，除北京和西藏的县域农村地表水监测指标未出现超标外，其他省份都存在超标现象。其中，天津、山东、河南等 3 个省份及兵团水质超标断面比例超过 50%，天津劣Ⅴ类水质断面比例超过 10%。

从各季度来看，第一至第四季度 I～III 类水质断面比例分别为 82.1%、82.4%、79.2% 和 84.6%，劣 V 类分别为 4.0%、2.6%、3.1% 和 1.9%，其中第三季度水质最差，可能与汛期面源污染的影响相对较大有关。

第一季度地表水水质监测断面 2 699 个， I～III 类水质断面占 82.1%，与上年相比上升 2.0 个百分点；IV 类、V 类占 13.9%，下降 1.5 个百分点；劣 V 类占 4.0%，下降 0.5 个百分点，主要超标指标为高锰酸盐指数、化学需氧量和总磷。

第二季度监测断面 2 950 个， I～III 类水质断面占 82.4%，与上年相比上升 2.4 个百分点；IV 类、V 类占 15.0%，下降 1.1 个百分点；劣 V 类占 2.6%，下降 1.3 个百分点，主要超标指标为化学需氧量、五日生化需氧量和总磷。

第三季度监测断面 2 993 个， I～III 类水质断面占 79.2%，与上年相比上升 2.4 个百分点；IV 类、V 类占 17.7%，下降 0.6 个百分点；劣 V 类占 3.1%，下降 1.8 个百分点，主要超标指标为化学需氧量、总磷和高锰酸盐指数。

第四季度监测断面 3 006 个， I～III 类水质断面占 84.6%，与上年比上升 4.4 个百分点；IV 类、V 类占 13.5%，下降 2.2 个百分点；劣 V 类占 1.9%，下降 2.1 个百分点，主要超标指标为化学需氧量、总磷和五日生化需氧量。

二、变化趋势

2016—2020 年，农村地表水水质监测断面数量不断增加，总体水质有所改善。与 2016 年相比，2020 年监测断面增加 1 349 个， I～III 类水质断面比例上升 5.9 个百分点，劣 V 类下降 6.1 个百分点。

与 2015 年相比，2020 年 I～III 类水质断面比例上升 3.9 个百分点，劣 V 类下降 4.6 个百分点。

图 2-7-4　2015—2020 年县域农村地表水水质类别比例年际变化

第三节　农村饮用水水源地

一、现状

（一）农村饮用水水源地水质

2020 年，农村饮用水水源地水质监测村庄 3 544 个。开展水质监测的断面（点位）3 785 个，水质达标比例为 81.1%，与上年相比上升 0.5 个百分点。其中，地表水饮用水水源地水质监测断面 2 068 个，水质达标比例为 95.3%，与上年持平；地下水饮用水水源地水质监测点位 1 717 个，水质达标比例为 64.0%，与上年相比下降 0.9 个百分点。地表水饮用水水源地主要超标指标为总磷、汞和硫酸盐，地下水饮用水水源地主要超标指标为总大肠菌群、总硬度和氟化物。

从各省份来看，所有省份饮用水水源地水质均存在超标现象。其中，天津、内蒙古、上海、广西、海南和宁夏等 6 个省份水质达标比例均低于 60.0%。

从各季度来看，监测村庄地表水饮用水水源地水质达标比例在 95.4%～96.4%之间，主要超标指标为总磷、硫酸盐、汞，硒、铁和锰，其中总磷和硫酸盐出现在所有季度；地下水饮用水水源地水质达标比例在 68.2%～70.7%之间，各季度主要超标指标均为总大肠菌群、总硬度和氟化物。

表 2-7-3　2020 年农村监测村庄地表水饮用水水源地水质状况

季度	监测断面/个	达标比例/%	同比变幅/个百分点	主要超标指标
第一季度	1 657	95.7	−1.1	总磷、硫酸盐、硒
第二季度	1 906	96.4	−0.2	总磷、硫酸盐、汞
第三季度	1 919	95.4	−0.4	总磷、硫酸盐、铁、锰
第四季度	1 939	95.9	−1.0	总磷、硫酸盐、汞

表 2-7-4　2020 年农村监测村庄地下水饮用水水源地水质状况

季度	监测点位/个	达标比例/%	同比变幅/个百分点	主要超标指标
第一季度	1 271	70.7	−1.0	
第二季度	1 543	68.2	−3.2	总大肠菌群、总硬度、
第三季度	1 553	69.1	1.2	氟化物
第四季度	1 586	69.9	−1.1	

（二）农村千吨万人饮用水水源地水质

2020 年，农村千吨万人饮用水水源地水质监测范围覆盖 29 个省份[①]10 866 个水源地，水质达标比例为 76.8%，与上年相比上升 2.1 个百分点。其中，地表水饮用水水源地监测断面 6 836 个，水质达标比例为 94.4%，与上年相比上升 3.8 个百分点；地下水饮用水水源地监测点位 5 979 个，水质达标比例为 56.7%，与上年相比上升 2.9 个百分点。地表水饮用水水源地主要超标指标为总磷、高锰酸盐指数、锰、铁、汞和五日生化需氧量，地下水饮用水水源地水质主要超标指标为氟化物、钠和总大肠菌群。

从各省份来看，所有省份饮用水水源地水质均存在超标现象。其中，天津、黑龙江、安徽、山东、河南和宁夏等 6 个省份水质达标比例均低于 60.0%。

从各季度来看，地表水饮用水水源地水质达标比例基本稳定，在 94.4%～95.2% 之间，主要超标指标为总磷、高锰酸盐指数、硫酸盐、铁、五日生化需氧量和汞，其中总磷和高锰酸盐指数出现在所有季度；地下水饮用水水源地水质达标比例在 58.7%～63.9% 之间，主要超标指标为氟化物、钠和总大肠菌群。

表 2-7-5　2020 年农村千吨万人地表水饮用水水源地水质状况

季度	监测断面/个	达标比例/%	同比变幅/个百分点	主要超标指标
第一季度	4 546	95.1	3.2	总磷、高锰酸盐指数、硫酸盐、铁、五日生化需氧量
第二季度	5 167	95.2	2.9	总磷、高锰酸盐指数、铁
第三季度	5 268	94.4	2.7	总磷、高锰酸盐指数、五日生化需氧量
第四季度	5 349	94.8	4.0	总磷、汞、高锰酸盐指数

表 2-7-6　2020 年农村千吨万人地下水饮用水水源地水质状况

季度	监测点位/个	达标比例/%	同比变幅/个百分点	主要超标指标
第一季度	3 831	60.7	23.8	氟化物、钠、总大肠菌群
第二季度	4 369	58.7	0.6	氟化物、钠、碘化物
第三季度	4 345	62.1	5.3	氟化物、钠、总大肠菌群
第四季度	4 319	63.9	8.5	氟化物、钠、总大肠菌群

---

① 西藏自治区限于能力未开展监测，上海市和新疆生产建设兵团无千吨万人饮用水水源地。

二、变化趋势

2016—2020 年，农村饮用水水源地水质达标比例总体呈上升趋势，其中地表水水质达标比例有所上升，地下水水质达标比例略有下降。因《地下水质量标准》（GB/T 14848）水质指标增加从而影响水质类别。与 2015 年相比，2020 年农村饮用水水源地水质达标比例上升 6.0 个百分点，其中地表水水质达标比例上升 2.5 个百分点，地下水水质达标比例上升 2.2 个百分点。

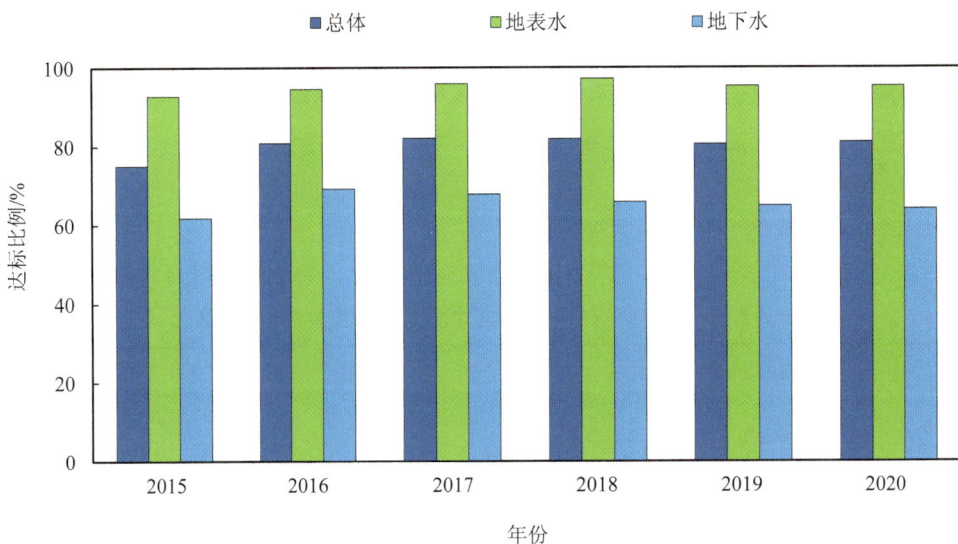

图 2-7-5　2015—2020 年农村饮用水水源地水质达标比例年际变化

第四节　农业面源污染

2020 年，全国农业面源污染遥感监测结果显示，总氮面源污染排放负荷为 336.5 kg/km²，入河负荷为 154.1 kg/km²；总磷面源污染排放负荷为 14.9 kg/km²，入河负荷为 6.4 kg/km²。农业面源污染严重区域主要分布在长江流域中下游、淮河流域和海河流域，总氮和总磷排放负荷相对突出。

2016—2020 年，全国农业面源污染负荷总体呈下降趋势。其中，2016—2019 年污染负荷逐年下降，受降水因素影响，2020 年污染负荷有所上升。与 2016 年相比，2020 年总氮排放负荷和入河负荷分别下降 32.2% 和 38.0%，总磷排放负荷和入河负荷分别下降 16.2% 和 21.0%。

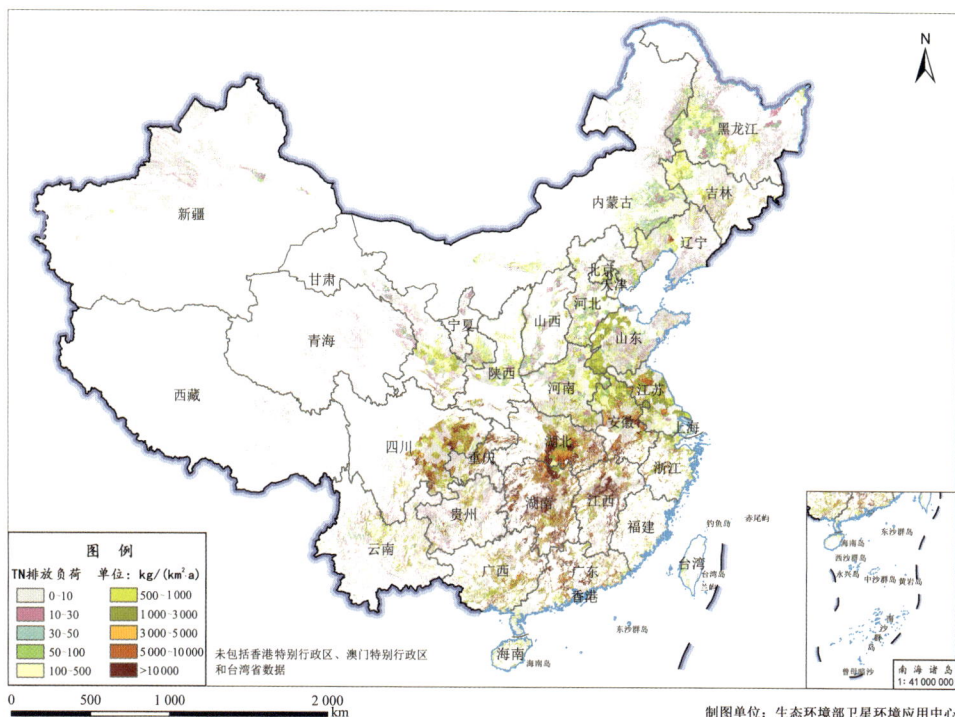

（a）总氮

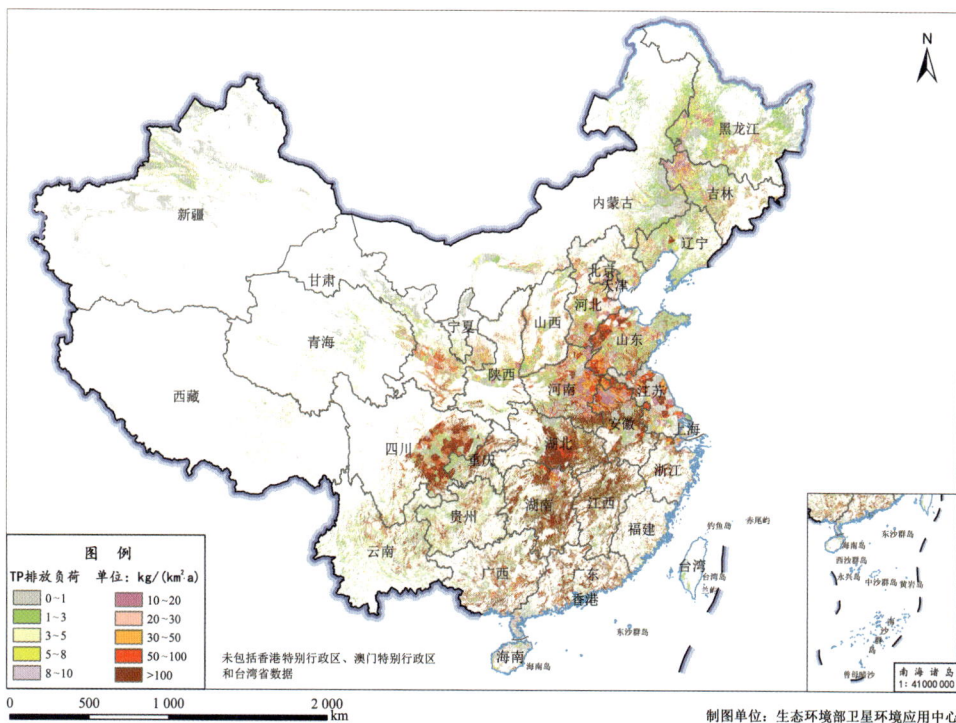

（b）总磷

图 2-7-6　2020 年全国农业面源污染排放负荷空间分布示意

（a）排放负荷

（b）入河负荷

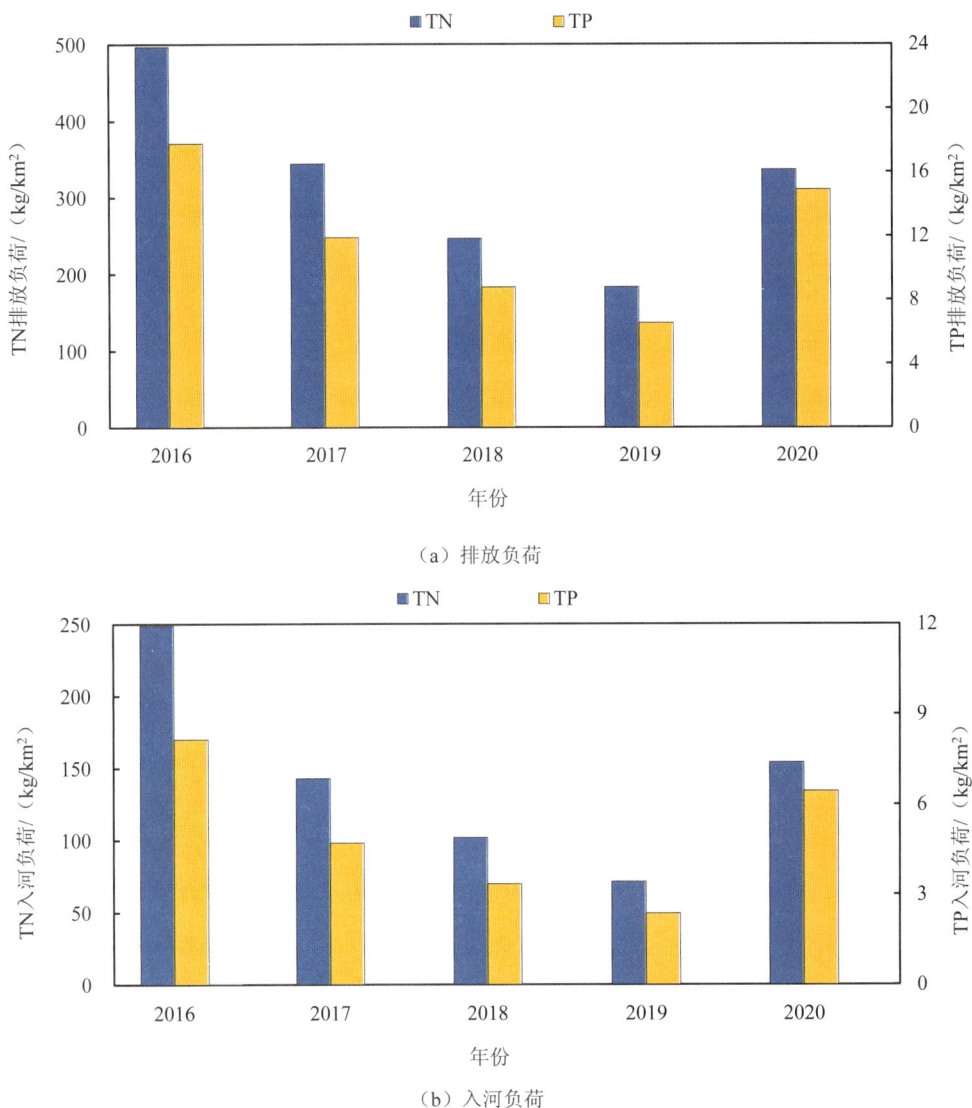

图 2-7-7　2016—2020 年全国农业面源总氮和总磷污染负荷年际变化

第五节　小　结

2020 年，农村监测村庄环境空气质量达标比例为 96.1%，比上年上升 2.1 个百分点；超标村庄比例为 3.9%，多分布在西北地区和华北地区，主要超标指标为 $PM_{2.5}$、PM_{10} 和 O_3。

2020 年，农村地表水 I～III 类水质比例为 81.9%，IV 类、V 类为 15.9%，劣 V 类为 2.2%，主要超标指标为化学需氧量、高锰酸盐指数和总磷。与上年相比，I～III 类水质比例上升

2.4 个百分点，劣Ⅴ类下降 2.1 个百分点。农村饮用水水源地水质达标比例为 81.1%，农村千吨万人饮用水水源地水质达标比例为 76.8%，分别比上年上升 0.5 个和 2.1 个百分点。

2020 年，遥感监测结果显示，全国农业面源污染严重区域主要分布在长江流域中下游、淮河流域和海河流域，总氮和总磷排放负荷相对突出。

2016—2020 年，农村环境空气质量总体改善，达标村庄比例和优良天数比例总体呈上升趋势。与 2016 年相比，2020 年达标村庄比例和优良天数比例分别上升 2.3 个和 3.1 个百分点。

2016—2020 年，农村地表水总体水质有所改善。与 2016 年相比，2020 年监测断面增加 1 349 个，Ⅰ～Ⅲ类水质断面比例上升 5.9 个百分点，劣Ⅴ类下降 6.1 个百分点。农村饮用水水源地水质呈总体改善趋势。与 2016 年相比，2020 年农村饮用水水源地水质达标比例上升 0.2 个百分点。

2016—2020 年，全国农业面源污染负荷总体呈下降趋势，受降水因素影响，2020 年污染负荷有所上升。与 2016 年相比，2020 年总氮排放负荷和入河负荷分别下降 32.2% 和 38.0%，总磷排放负荷和入河负荷分别下降 16.3% 和 22.0%。

第八章　土　壤

2020 年，全国土壤 pH 平均为 6.72，呈南酸北碱的分布特征。土壤重金属含量高值点在四川、贵州和云南交界处集中连片分布，在湖南和广西分散分布；有机污染物检出率较低，含量高值点主要分布在湖南。

2020 年，全国农用地土壤环境状况总体稳定，农用地 16 647 个土壤监测点位中，主要污染物是重金属，镉为首要污染物。完成《土壤污染防治行动计划》确定的受污染耕地安全利用率达到 90%左右和污染地块安全利用率达到 90%以上的目标。

第九章　辐射环境质量

第一节　环境电离辐射

一、现状

（一）空气吸收剂量率

2020 年，辐射环境自动监测站实时连续空气吸收剂量率处于当地天然本底涨落范围内。250 个自动站的年均值范围为 49.8～194.4 nGy/h。

累积剂量测得的空气吸收剂量率（未扣除宇宙射线响应值）处于当地天然本底涨落范围内，319 个监测点的年均值范围为 42.1～265 nGy/h，主要分布区间为 73.2～130 nGy/h。

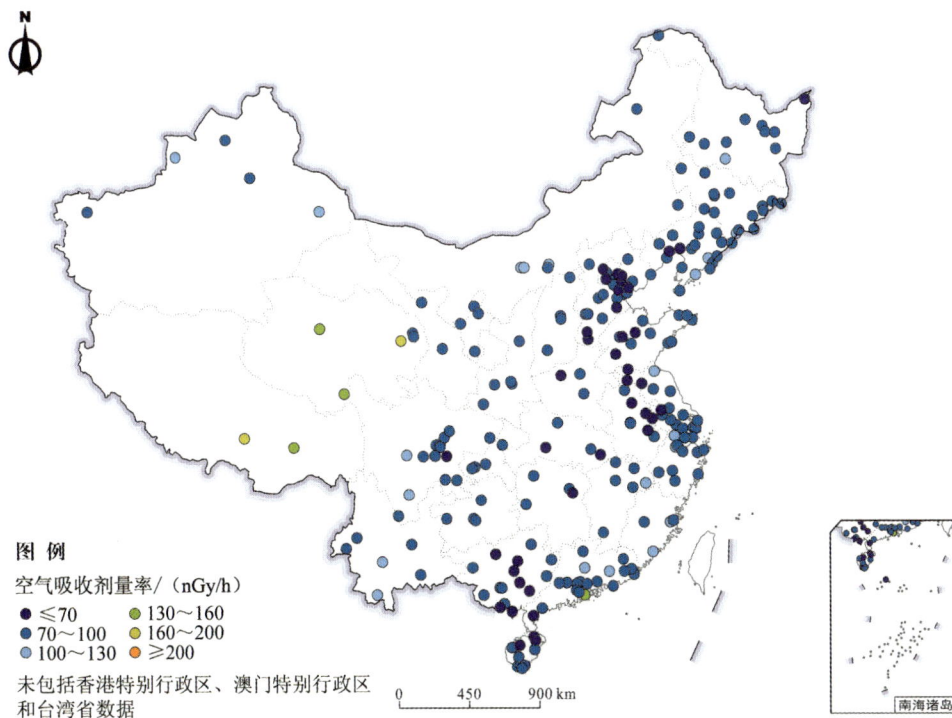

图 2-9-1　2020 年辐射环境自动监测站实时连续空气吸收剂量率年均值分布示意

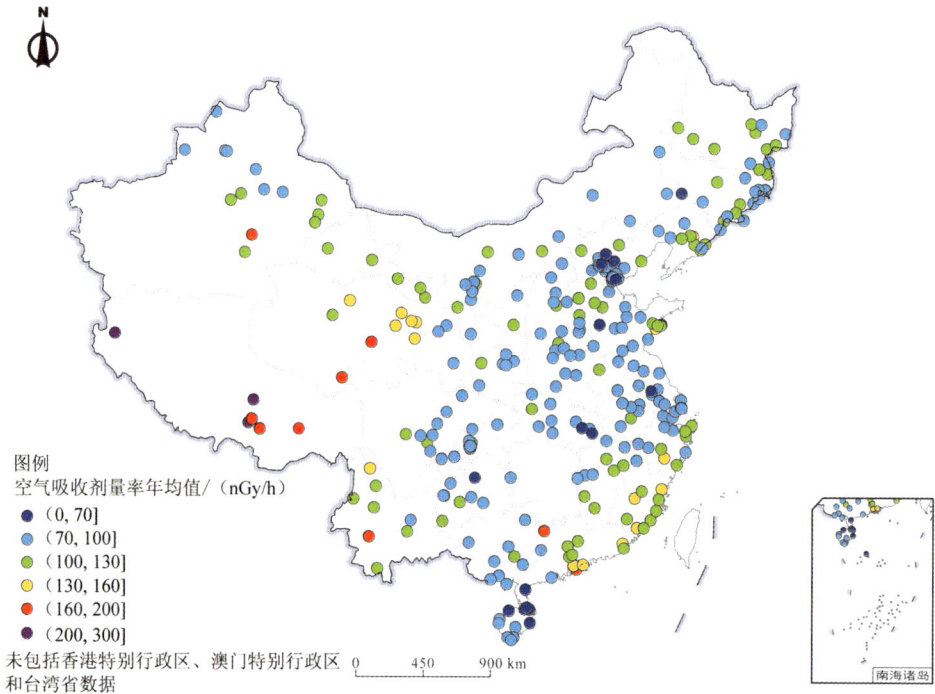

图例
空气吸收剂量率年均值/（nGy/h）
- （0，70]
- （70，100]
- （100，130]
- （130，160]
- （160，200]
- （200，300]

未包括香港特别行政区、澳门特别行政区
和台湾省数据

0   450   900 km

南海诸岛

图 2-9-2　2020 年累积剂量测得的空气吸收剂量率年均值分布示意

（二）空气

2020 年，气溶胶中天然放射性核素活度浓度处于本底涨落范围内，人工放射性核素活度浓度未见异常。

沉降物中天然放射性核素日沉降量处于本底涨落范围内，人工放射性核素日沉降量未见异常。降水中氚活度浓度未见异常。

空气（水蒸气）中氚活度浓度未见异常，空气中气态放射性核素碘-131 活度浓度未见异常。

表 2-9-1　2020 年气溶胶监测结果

监测项目	单位	n/m[①]	范围[②]
铍-7	mBq/m³	1 667/1 667	0.04～21
钾-40	mBq/m³	768/1 665	0.01～1.1
铅-210	mBq/m³	375/375	0.11～8.4
钋-210	mBq/m³	374/374	0.02～1.4
碘-131	μBq/m³	0/1 666	—
铯-134	μBq/m³	0/1 667	—

监测项目	单位	n/m①	范围②
铯-137（γ能谱分析）	μBq/m³	19/1 667	0.32～7.5
铯-137（放化分析）	μBq/m³	194/211	0.07～3.3
锶-90	μBq/m³	179/193	0.06～16

注：①表中符号说明："n"表示 2020 年高于探测下限测值数，"m"表示 2020 年测值总数，"—"表示不适用（下表同）。
②"范围"表示高于探测下限测值范围（下表同）。

表 2-9-2　2020 年沉降物（总沉降）监测结果

监测项目	单位	n/m	范围
铍-7	Bq/（m²·d）	471/471	0.01～8.7
钾-40	Bq/（m²·d）	422/476	0.04～1.5
碘-131	mBq/（m²·d）	0/476	—
铯-134	mBq/（m²·d）	0/477	—
铯-137（γ能谱分析）	mBq/（m²·d）	12/476	0.64～6.6
铯-137（放化分析）	mBq/（m²·d）	116/148	0.07～4.5
锶-90	mBq/（m²·d）	129/142	0.06～10

表 2-9-3　2020 年降水和空气（水蒸气）监测结果

监测项目	单位	n/m	范围
降水中氚	Bq/L	32/115	0.79～3.8
空气（水蒸气）中氚	mBq/m³-空气	7/29	8.2～37

（三）水体

2020 年，长江、黄河、珠江、松花江、淮河、海河、辽河、浙闽片河流、西南诸河、西北诸河和重要湖泊（水库）的地表水中总 α 和总 β 活度浓度、天然放射性核素铀和钍浓度、镭-226 活度浓度处于本底涨落范围内；人工放射性核素锶-90 和铯-137 活度浓度未见异常。江河水高于探测下限的测值中，天然放射性核素铀浓度的主要分布区间为 0.20～4.4 μg/L，钍浓度的主要分布区间为 0.06～0.44 μg/L，镭-226 活度浓度的主要分布区间为 2.4～15 mBq/L；人工放射性核素锶-90 活度浓度的主要分布区间为 1.1～5.0 mBq/L，铯-137 活度浓度的主要分布区间为 0.2～1.0 mBq/L。

地下水中总 α 和总 β 活度浓度，天然放射性核素铀和钍浓度、镭-226 活度浓度处于本底涨落范围内。其中，地下饮用水中总 α 和总 β 活度浓度低于《生活饮用水卫生标准》（GB 5749—2006）规定的放射性指标指导值。

集中式饮用水水源地水中总 α 和总 β 活度浓度，天然放射性核素铀和钍浓度、镭-226 活度浓度处于本底涨落范围内；人工放射性核素锶-90 和铯-137 活度浓度未见异常。其中，总 α

和总 β 活度浓度低于《生活饮用水卫生标准》（GB 5749—2006）规定的放射性指标指导值。

全国近岸海域海水中天然放射性核素铀和钍浓度、镭-226 活度浓度处于本底涨落范围内；人工放射性核素锶-90 和铯-137 活度浓度未见异常，且低于《海水水质标准》（GB 3097—1997）规定的限值。海洋生物中人工放射性核素锶-90 和铯-137 活度浓度未见异常。浙江三门、山东海阳、广东阳江、广东台山、广西防城港和海南昌江核电基地邻近海域海水、沉积物、潮间带土壤、海洋生物中人工放射性核素活度浓度未见异常。辽宁红沿河、江苏田湾、浙江秦山、福建宁德、福建福清和广东大亚湾核电基地邻近海域部分海水样品中氚活度浓度与本底相比有所升高。评估结果显示，上述基地核电运行对公众造成的辐射剂量均远低于国家规定的剂量限值。日本福岛以东及东南方向的西太平洋海域海水中铯-137 活度浓度超出核事故前该海域背景水平，福岛核事故特征核素铯-134 在部分海水样品中检出。西太平洋海域仍受到日本福岛核事故的影响。海洋生物和海洋沉积物放射性活度水平未见异常。

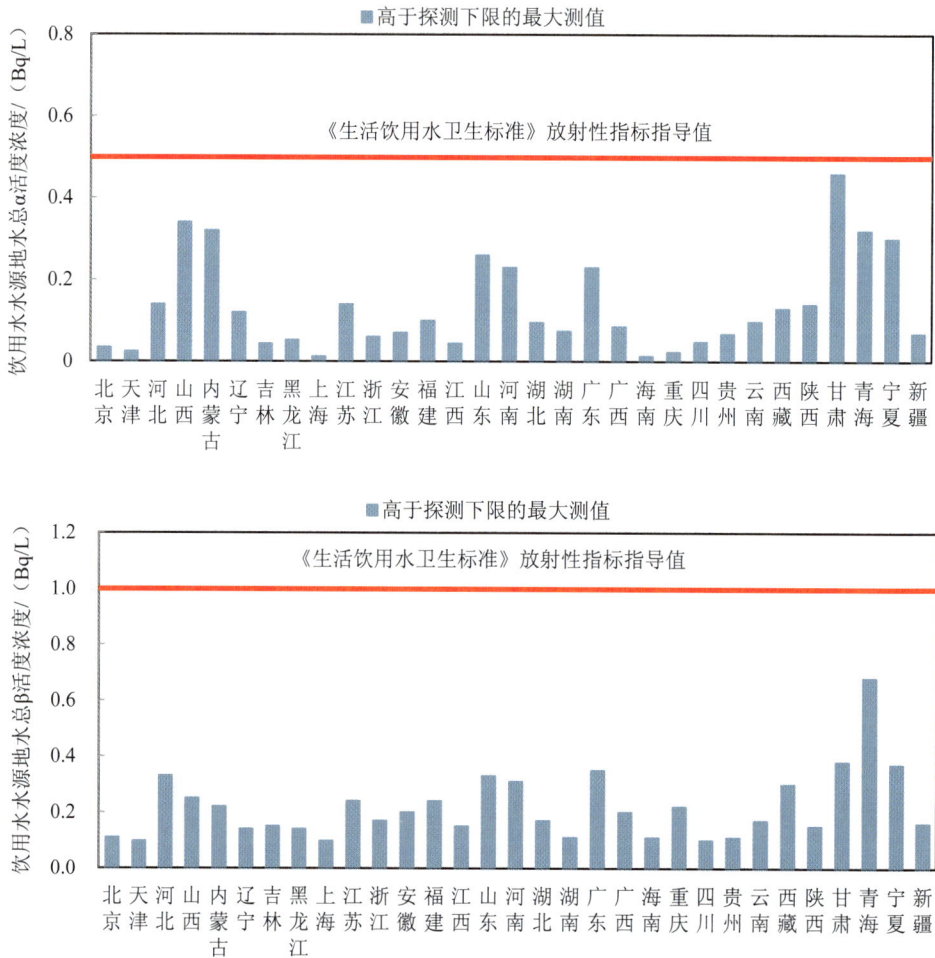

图 2-9-3　2020 年集中式饮用水水源地水中总 α 和总 β 活度浓度

表 2-9-4　2020 年水体监测结果

监测项目		水类型				
		江河水	湖库水	饮用水水源地水	地下水	海水
铀/（μg/L）	n/m	162/162	42/42	93/96	31/31	48/48
	范围	0.05～8.4	0.02～9.0	0.02～7.8	0.02～25	1.0～4.9
钍/（μg/L）	n/m	157/162	40/41	90/94	30/31	48/48
	范围	0.02～1.0	0.04～0.47	0.02～0.63	0.01～0.31	0.04～1.3
镭-226/（mBq/L）	n/m	154/159	41/41	88/92	28/30	46/46
	范围	1.3～24	0.98～16	0.91～24	1.9～26	1.3～16
锶-90/（mBq/L）	n/m	162/162	42/42	95/96	—	48/48
	范围	0.52～8.7	0.68～10	0.29～5.6	—	0.57～5.8
铯-137/（mBq/L）	n/m	96/160	18/40	50/94	—	48/48
	范围	0.1～1.5	0.2～1.4	0.1～1.2	—	0.2～2.4

注："—"表示监测方案未要求开展监测。

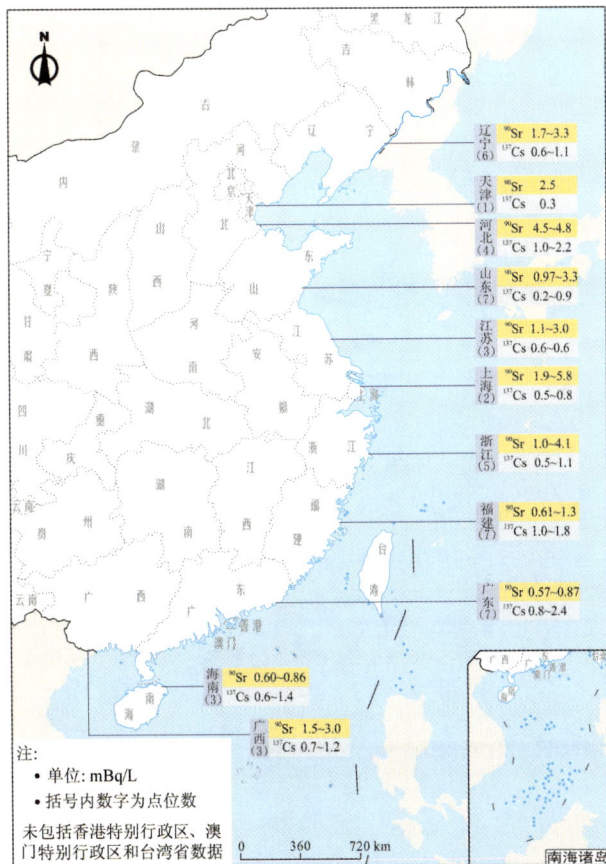

图 2-9-4　2020 年近岸海域海水中锶-90 和铯-137 活度浓度分布示意

（四）土壤

2020 年，土壤中天然放射性核素铀-238、钍-232 和镭-226 活度浓度处于本底涨落范围内，人工放射性核素铯-137 活度浓度未见异常。

土壤高于探测下限的测值中，天然放射性核素铀-238 活度浓度的主要分布区间为 23～68 Bq/kg，钍-232 活度浓度的主要分布区间为 32～81 Bq/kg，镭-226 活度浓度的主要分布区间为 22～59 Bq/kg；人工放射性核素铯-137 活度浓度的主要分布区间为 0.6～3.1 Bq/kg。

表 2-9-5　2020 年土壤监测结果

监测项目	单位	n/m	范围
铀-238	Bq/kg·干	343/359	5～306
钍-232	Bq/kg·干	360/360	9～468
镭-226	Bq/kg·干	360/360	6～226
铯-137	Bq/kg·干	180/360	0.2～11

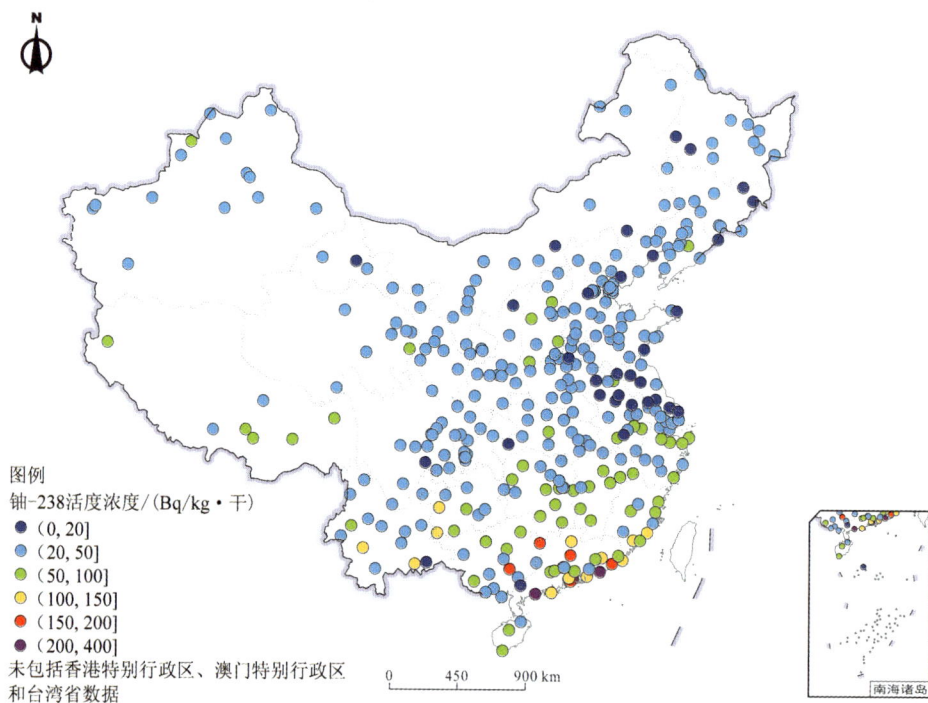

图例
铀-238活度浓度/(Bq/kg·干)
- (0, 20]
- (20, 50]
- (50, 100]
- (100, 150]
- (150, 200]
- (200, 400]

未包括香港特别行政区、澳门特别行政区和台湾省数据

（a）铀-238

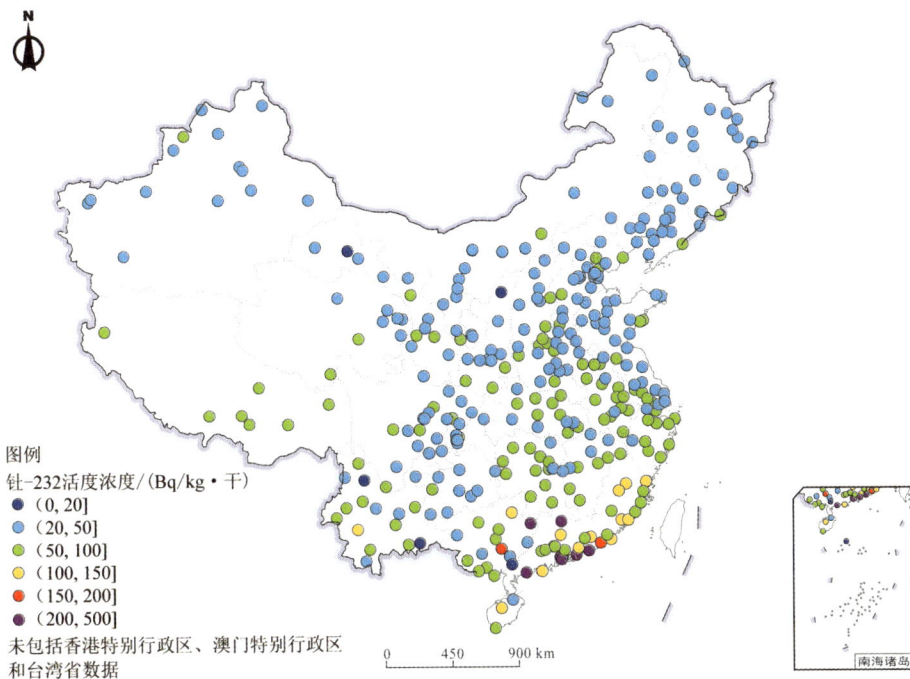

图例
钍-232活度浓度/(Bq/kg·干)

- （0, 20]
- （20, 50]
- （50, 100]
- （100, 150]
- （150, 200]
- （200, 500]

未包括香港特别行政区、澳门特别行政区
和台湾省数据

（b）钍-232

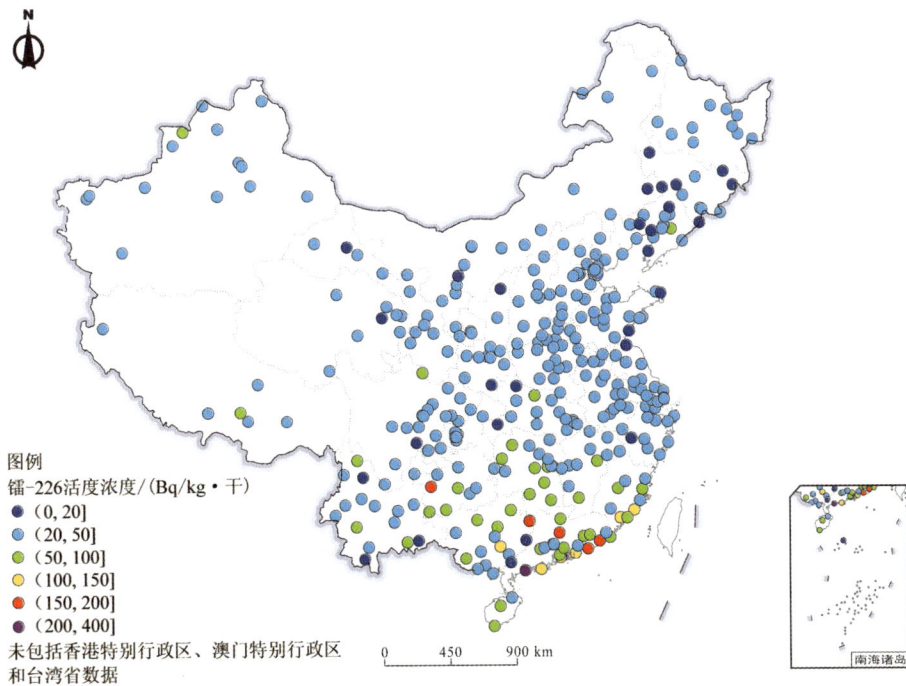

图例
镭-226活度浓度/(Bq/kg·干)

- （0, 20]
- （20, 50]
- （50, 100]
- （100, 150]
- （150, 200]
- （200, 400]

未包括香港特别行政区、澳门特别行政区
和台湾省数据

（c）镭-226

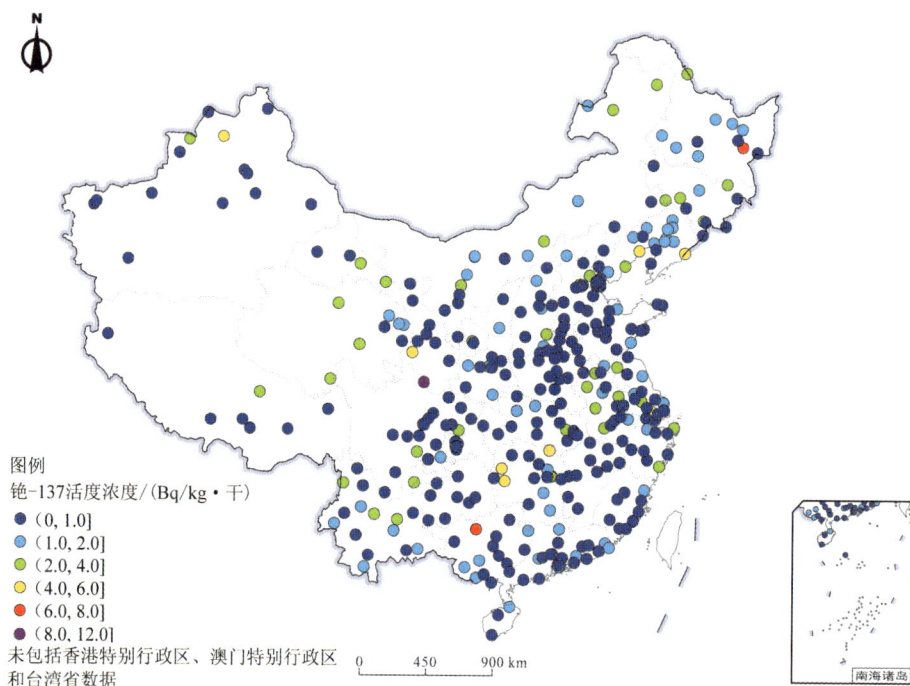

图例
铯-137活度浓度/(Bq/kg·干)
- （0, 1.0]
- （1.0, 2.0]
- （2.0, 4.0]
- （4.0, 6.0]
- （6.0, 8.0]
- （8.0, 12.0]
未包括香港特别行政区、澳门特别行政区
和台湾省数据

（d）铯-137

图 2-9-5　2020 年土壤中放射性核素活度浓度分布示意

二、变化趋势

（一）空气吸收剂量率

2016—2020 年，辐射环境自动监测站实时连续空气吸收剂量率、地级及以上城市累积剂量测得的空气吸收剂量率（未扣除宇宙射线响应值）未见明显变化，均处于当地天然本底涨落范围内。

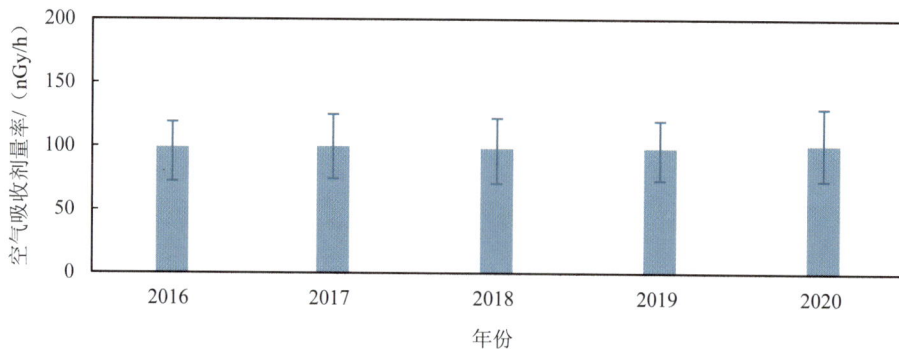

图 2-9-6　2016—2020 年累积剂量测得的空气吸收剂量率分布区间年际变化

（二）空气

2016—2020 年，空气中放射性核素活度浓度未见明显变化，其中，气溶胶中天然放射性核素活度浓度处于本底涨落范围内，人工放射性核素活度浓度未见异常。沉降物中天然放射性核素日沉降量处于本底涨落范围内，人工放射性核素日沉降量未见异常。空气（水蒸气）和降水中氚活度浓度未见异常。空气中气态放射性核素碘-131 活度浓度未见异常。

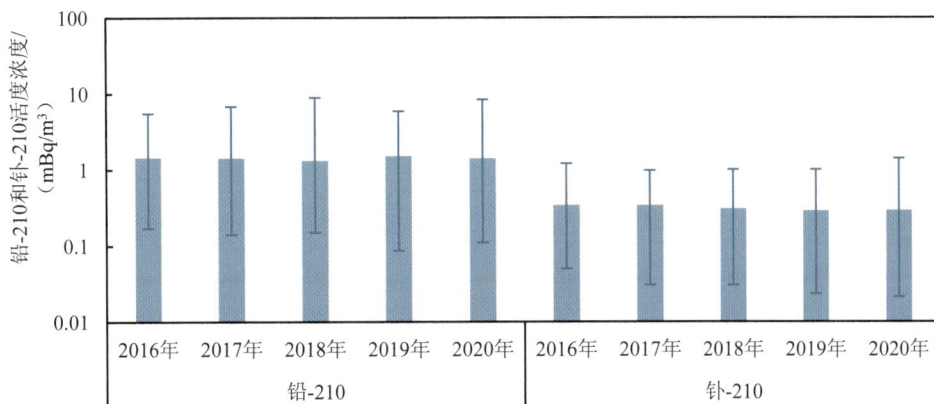

图 2-9-7　2016—2020 年气溶胶中铅-210 和钋-210 活度浓度年际变化

（三）水体

2016—2020 年，水和海洋生物中放射性核素活度浓度未见明显变化，其中，长江、黄河、珠江、松花江、淮河、海河、辽河、浙闽片河流、西南诸河、西北诸河和重点湖泊（水库）的地表水中总 α 和总 β 活度浓度，天然放射性核素铀和钍浓度、镭-226 活度浓度处于本底涨落范围内，且天然放射性核素活度浓度与 1983—1990 年全国环境天然放射性水平调查结果处于同一水平；人工放射性核素锶-90 和铯-137 活度浓度未见异常。

地下水中总 α 和总 β 活度浓度，天然放射性核素铀和钍浓度、镭-226 活度浓度处于本底涨落范围内。其中，地下饮用水中总 α 和总 β 活度浓度低于《生活饮用水卫生标准》（GB 5749—2006）规定的放射性指标指导值。

集中式饮用水水源地水中总 α 和总 β 活度浓度，天然放射性核素铀和钍浓度、镭-226 活度浓度处于本底涨落范围内；人工放射性核素锶-90 和铯-137 活度浓度未见异常。其中，总 α 和总 β 活度浓度低于《生活饮用水卫生标准》（GB 5749—2006）规定的放射性指标指导值。

全国近岸海域和核电基地邻近海域海洋放射性水平总体稳定。近岸海域海水中天然放射性核素铀和钍浓度、镭-226 活度浓度处于本底涨落范围内，且与 1983—1990 年全国环境天然放射性水平调查结果处于同一水平；人工放射性核素锶-90 和铯-137 活度浓度未见异常，且低于《海水水质标准》（GB 3097—1997）规定的限值。海洋生物中人工放射性核素锶-90 和铯-137 活度浓度未见异常。

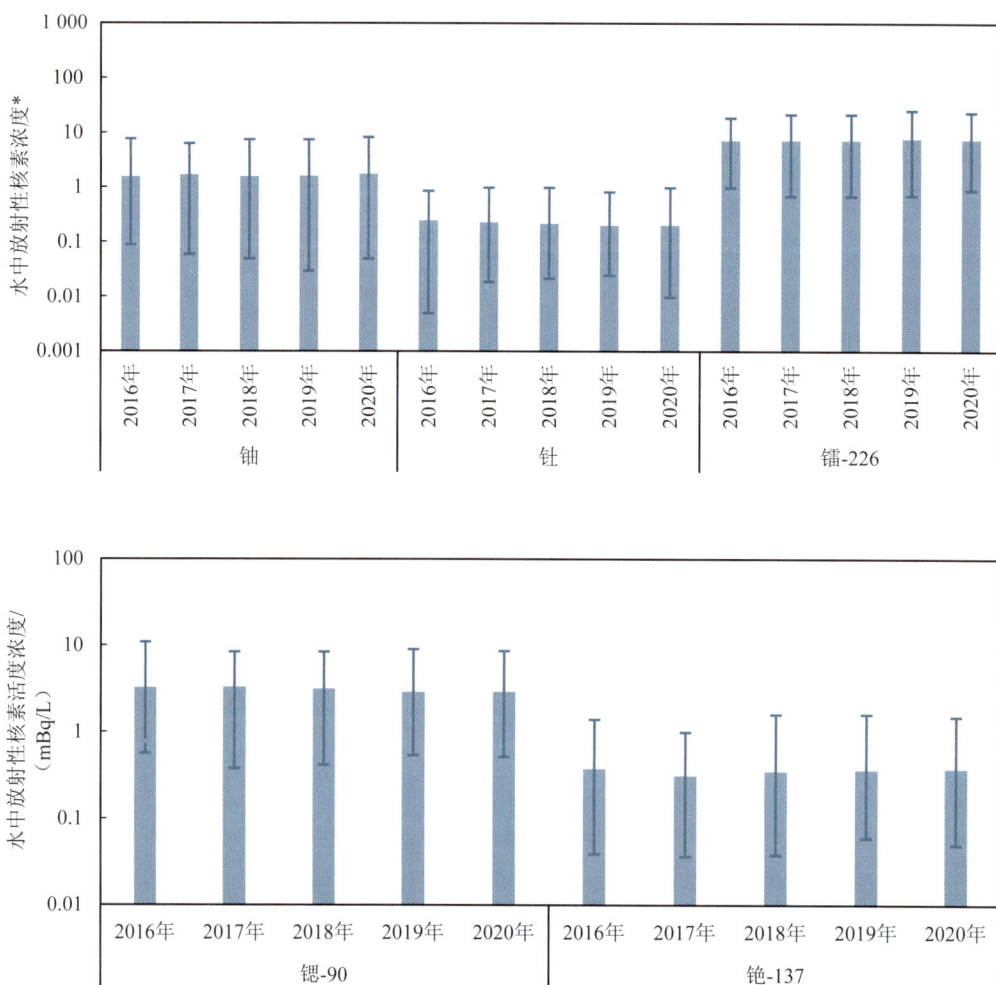

图 2-9-8　2016—2020 年主要江河流域水中放射性核素浓度年际变化

注：*水中放射性核素铀和钍的浓度单位为μg/L，镭-226 活度浓度的单位为 mBq/L。

（四）土壤

2016—2020 年，土壤中放射性核素活度浓度未见明显变化，其中，天然放射性核素铀-238、钍-232 和镭-226 活度浓度处于本底涨落范围内，且与 1983—1990 年全国环境天然放射性水平调查结果处于同一水平；人工放射性核素锶-90 和铯-137 活度浓度未见异常。

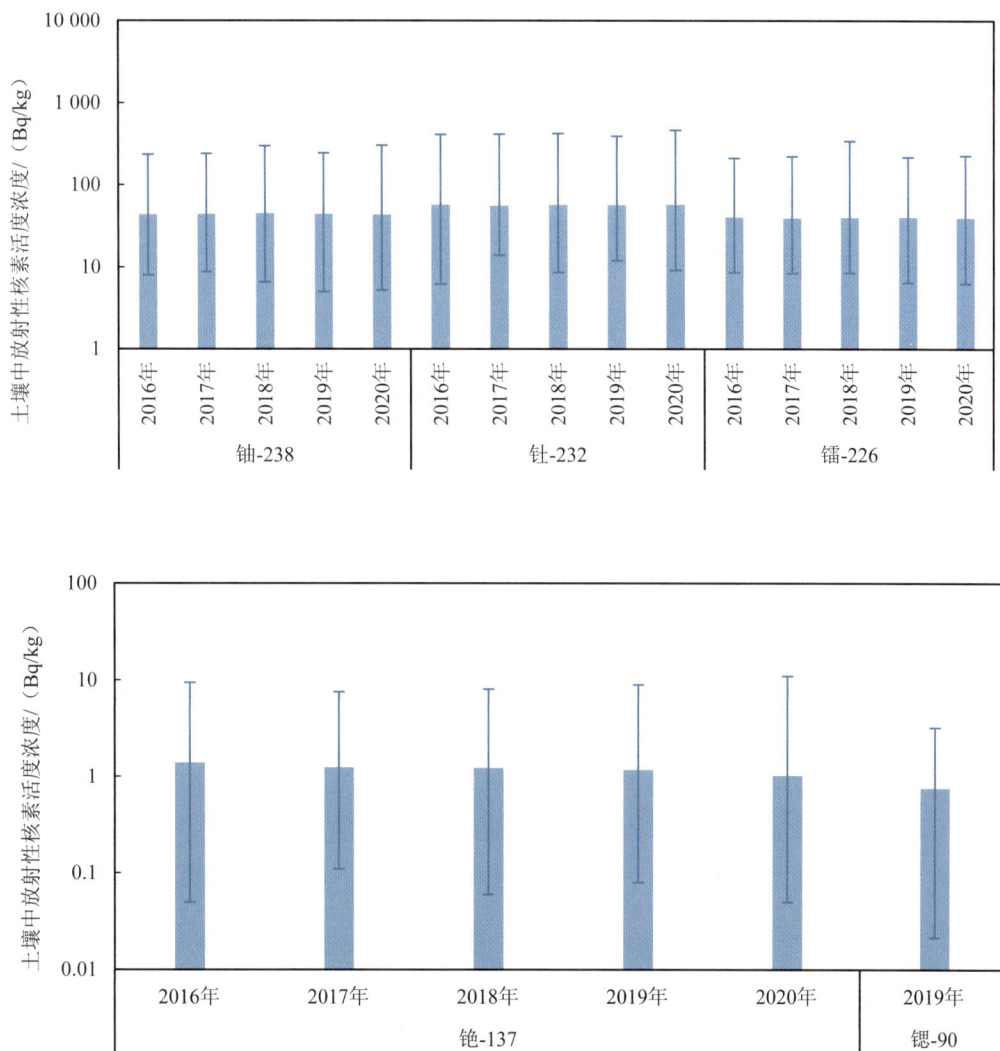

图 2-9-9 2016—2020 年土壤中放射性核素活度浓度年际变化

注：自 2019 年起，土壤中新增锶-90 分析，监测频次为 1 次/3 a。

第二节 环境电磁辐射

一、现状

2020 年，直辖市和省会城市环境综合电场强度的测值范围为 0.13～2.6 V/m，低于《电磁环境控制限值》（GB 8702—2014）中规定的公众曝露控制限值。

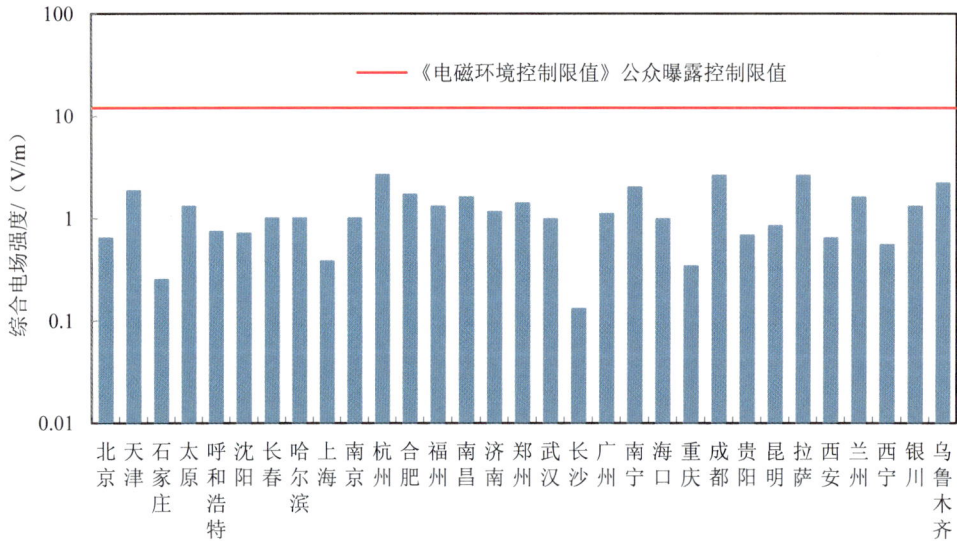

图 2-9-10　2020 年直辖市和省会城市环境电磁辐射水平

二、变化趋势

2016—2020 年，直辖市和省会城市环境电磁辐射水平未见明显变化，均低于《电磁环境控制限值》（GB 8702—2014）中规定的公众曝露控制限值。

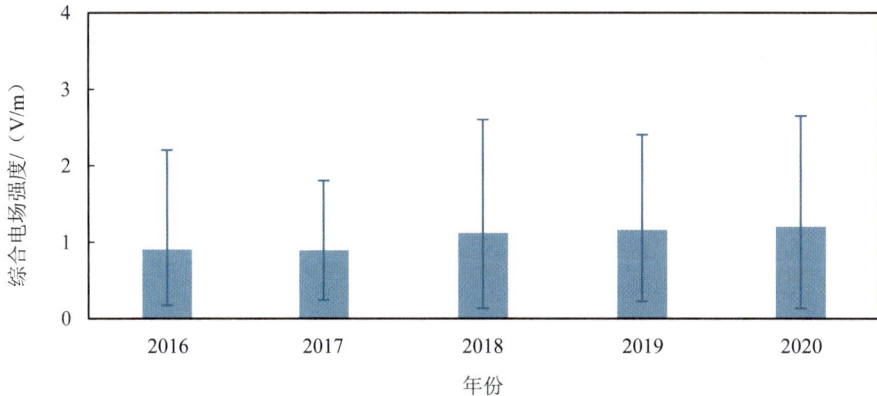

图 2-9-11　2016—2020 年环境电磁辐射水平年际变化

第三节　小　结

2020 年，全国辐射环境质量总体良好。空气吸收剂量率处于当地天然本底涨落范围内；环境介质中的天然放射性核素活度浓度处于本底涨落范围内，人工放射性核素活度浓度未见异常。环境电磁辐射水平低于国家规定的电磁环境控制限值。

2016—2020 年，全国辐射环境质量总体良好。

空气吸收剂量率未见明显变化，均处于当地天然本底涨落范围内。空气中放射性核素活度浓度未见明显变化，其中，天然放射性核素活度浓度处于本底涨落范围内，人工放射性核素活度浓度未见异常。

水体中放射性核素活度浓度未见明显变化，其中，天然放射性核素活度浓度处于本底涨落范围内，且与 1983—1990 年全国环境天然放射性水平调查结果处于同一水平；人工放射性核素活度浓度未见异常。

集中式饮用水水源地水和地下饮用水中总 α 和总 β 活度浓度低于《生活饮用水卫生标准》（GB 5749—2006）规定的放射性指标指导值；海水中人工放射性核素锶-90 和铯-137 活度浓度低于《海水水质标准》（GB 3097—1997）规定的限值。

土壤中放射性核素活度浓度未见明显变化，其中，天然放射性核素活度浓度处于本底涨落范围内，且与 1983—1990 年全国环境天然放射性水平调查结果处于同一水平；人工放射性核素活度浓度未见异常。

2016—2020 年，直辖市和省会城市环境电磁综合电场强度未见明显变化，均低于《电磁环境控制限值》（GB 8702—2014）规定的公众曝露控制限值。

第三篇

污染源排放状况

　　污染源排放数据①统计调查范围包括全国排放污染物的工业污染源（简称工业源）、农业污染源（简称农业源）、生活污染源（简称生活源）、集中式污染治理设施和移动源。

　　工业源包括《国民经济行业分类》（GB/T 4754—2017）中行业代码为 05—46 的 42 个大类行业。农业源 2016—2019 年数据范围包括畜禽养殖业中的大型畜禽养殖场（生猪设计年出栏量≥5 000 头、奶牛设计年存栏量≥500 头、肉牛设计年出栏量≥1 000 头、蛋鸡年设计存栏量≥15 万羽、肉鸡年设计出栏量≥30 万羽），2020 年数据范围包括畜禽养殖业、种植业和水产养殖业。生活源废水污染物 2016—2019 年统计范围为《国民经济行业分类》（GB/T 4754—2017）中的第三产业以及城镇生活源，2020 年增加农村生活源；生活及其他废气污染物 2016—2019 年统计范围为居民（城镇和农村）生活源、第一产业和第三产业，2020 年增加工业源非重点调查单位。集中式污染治理设施包括污水处理厂、生活垃圾处理场（厂）、危险废物（医疗废物）集中处理（置）厂。移动源包括机动车。

---

① 本篇中污染源排放数据来源于《"十三五"环境统计报表制度》数据库、《中国生态环境统计年报》（2016—2019）和 2020 年度《排放源统计调查制度》数据库。

第一章　废气污染物

第一节　二氧化硫

一、全国二氧化硫排放情况

2020 年，全国二氧化硫排放量为 318.2 万 t。其中，工业源二氧化硫排放量为 253.2 万 t，占全国二氧化硫排放量的 79.6%；生活源二氧化硫排放量为 64.8 万 t，占 20.4%；集中式污染治理设施二氧化硫排放量为 0.3 万 t。

2016—2020 年，全国二氧化硫排放量呈下降趋势。与 2016 年相比，2020 年全国二氧化硫排放量下降 62.8%，其中工业源和生活源二氧化硫排放量分别下降 67.1% 和 22.9%。

表 3-1-1　2016—2020 年全国二氧化硫排放量

单位：万 t

年度	全国	工业源	生活源	集中式污染治理设施
2016	854.9	770.5	84.0	0.4
2017	610.8	529.9	80.5	0.4
2018	516.1	446.7	68.7	0.7
2019	457.3	395.4	61.3	0.6
2020	318.2	253.2	64.8	0.3

注：①集中式污染治理设施废气污染物包括生活垃圾处理厂（场）和危险废物（医疗废物）集中处理（置）厂焚烧废气中排放的污染物；②本篇中所有分项加和与占比数据由于单位取舍不同或修约而产生的计算误差，均未做机械调整。特此说明，下同。

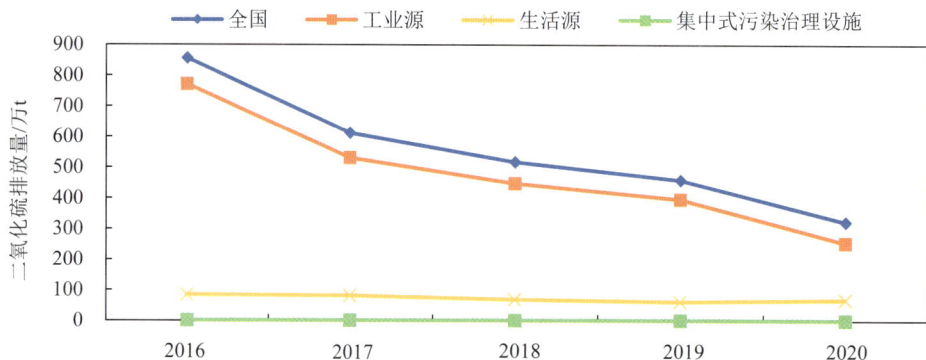

图 3-1-1　2016—2020 年全国及各源二氧化硫排放量年际变化

二、各省份二氧化硫排放情况

2020 年，二氧化硫排放量由高到低排名前五的省份依次为内蒙古、辽宁、山东、贵州和云南，5 个省份的二氧化硫排放量之和占全国排放量的 32.3%。工业源二氧化硫排放量最大的是内蒙古，生活源二氧化硫排放量最大的是辽宁。

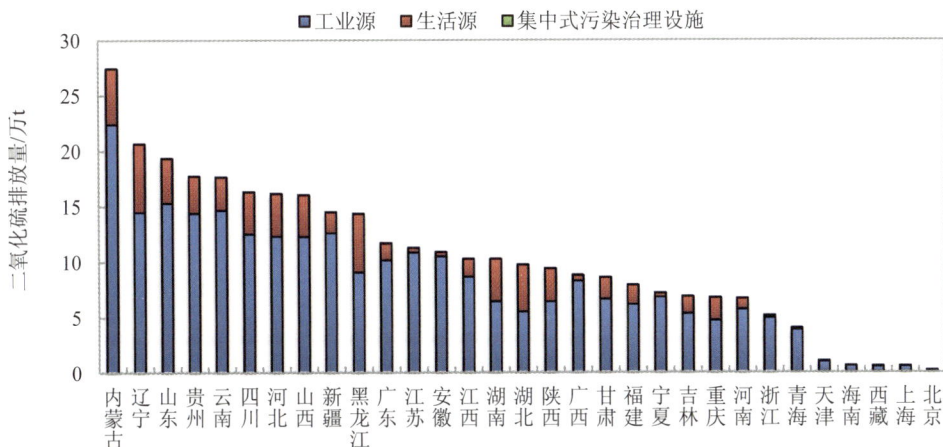

图 3-1-2　2020 年各省份二氧化硫排放情况

三、工业行业二氧化硫排放情况

2020 年，在调查统计的 42 个工业行业中，二氧化硫排放量由高到低排名前三的行业依次为电力、热力生产和供应业，非金属矿物制品业以及黑色金属冶炼和压延加工业。3 个行业二氧化硫排放量合计为 173.0 万 t，占工业企业二氧化硫排放量的 68.3%。

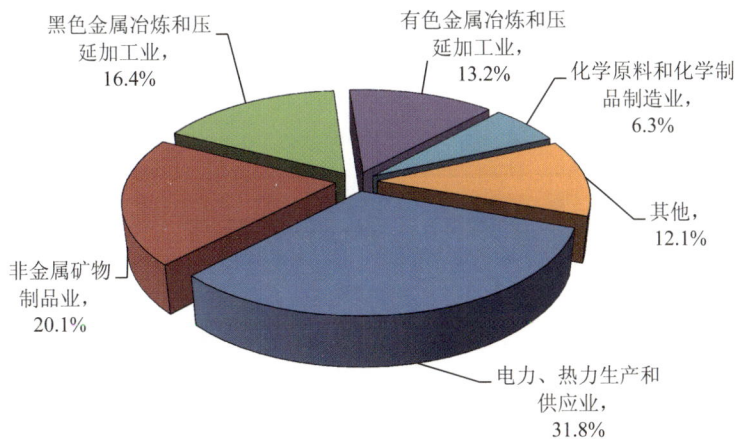

图 3-1-3　2020 年工业行业二氧化硫排放分布

第二节 氮氧化物

一、全国氮氧化物排放情况

2020 年，全国氮氧化物排放量为 1 019.7 万 t。其中，工业源氮氧化物排放量为 417.5 万 t，占全国氮氧化物排放量的 40.9%；生活源氮氧化物排放量为 33.4 万 t，占 3.3%；移动源氮氧化物排放量为 566.9 万 t，占 55.6%；集中式污染治理设施氮氧化物排放量为 1.9 万 t，占 0.2%。

2016—2020 年，全国氮氧化物排放量呈逐年下降趋势。与 2016 年相比，2020 年全国氮氧化物排放量下降 32.2%，其中工业源、生活源和移动源氮氧化物排放量分别下降 48.4%、45.8% 和 10.2%。

表 3-1-2　2016—2020 年全国氮氧化物排放量

单位：万 t

年度	全国	工业源	生活源	移动源	集中式污染治理设施
2016	1 503.3	809.1	61.6	631.6	1.0
2017	1 348.4	646.5	59.2	641.2	1.5
2018	1 288.4	588.7	53.1	644.6	2.0
2019	1 233.9	548.1	49.7	633.6	2.4
2020	1 019.7	417.5	33.4	566.9	1.9

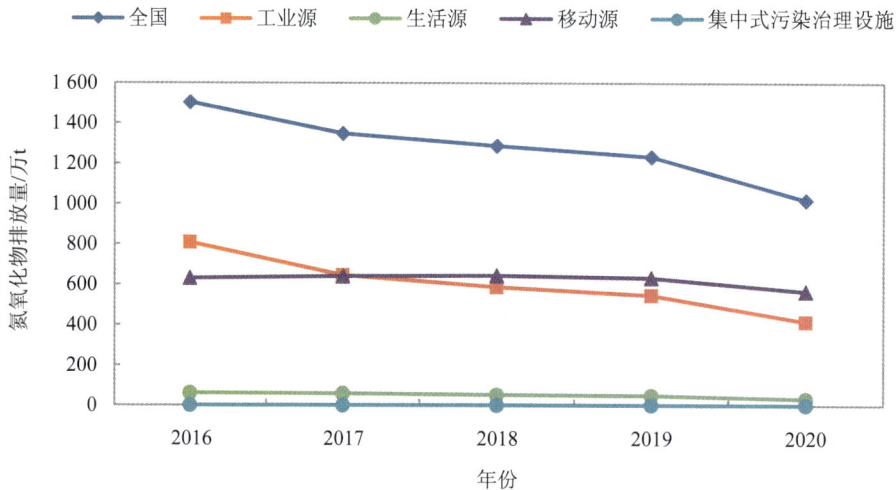

图 3-1-4　2016—2020 年全国及各源氮氧化物排放量年际变化

二、各省份氮氧化物排放情况

2020 年，氮氧化物排放量由高到低排名前五的省份依次为河北、山东、广东、辽宁和山西，5 个省份的氮氧化物排放量之和占全国排放的 30.8%。工业源氮氧化物排放量最大的是山西，生活源和移动源氮氧化物排放量最大的都是河北。

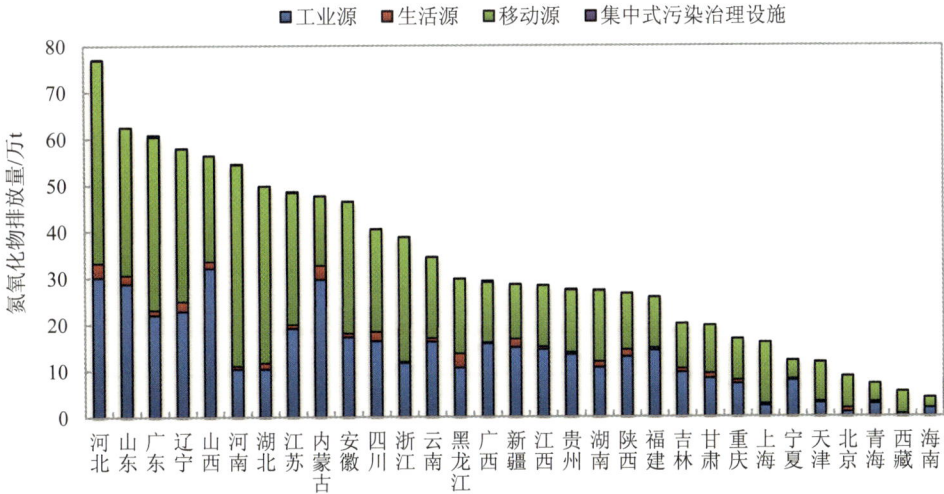

图 3-1-5　2020 年各省份氮氧化物排放情况

三、工业行业氮氧化物排放情况

2020 年，氮氧化物排放量由高到低排名前三的工业行业依次为电力、热力生产和供应业，非金属矿物制品业，黑色金属冶炼和压延加工业。3 个行业氮氧化物排放量合计为 328.8 万 t，占工业企业氮氧化物排放量的 78.8%。

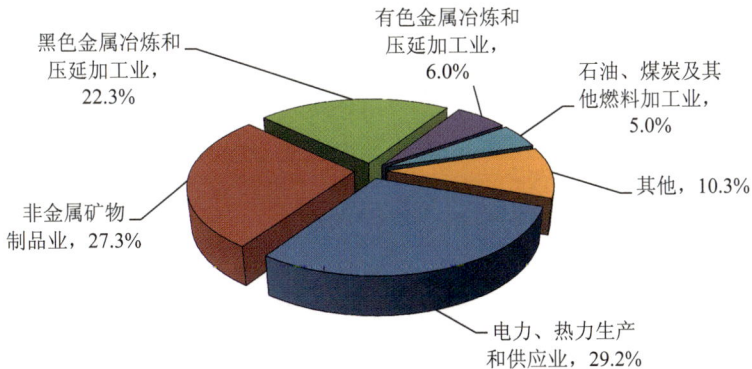

图 3-1-6　2020 年工业行业氮氧化物排放分布

第三节　颗粒物

一、全国颗粒物排放情况

2020 年，全国颗粒物排放量为 611.4 万 t。其中，工业源颗粒物排放量为 400.9 万 t，占全国颗粒物排放量的 65.6%；生活源颗粒物排放量为 201.6 万 t，占 33.0%；移动源颗粒物排放量为 8.5 万 t，占 1.4%；集中式污染治理设施颗粒物排放量为 0.3 万 t，占 0.1%。

2016—2020 年，全国颗粒物排放量呈逐年下降趋势。与 2016 年相比，2020 年全国颗粒物排放量下降 62.0%，其中工业源、生活源和移动源颗粒物排放量分别下降 70.9%、8.0% 和 30.9%。

表 3-1-3　2016—2020 年全国颗粒物排放量

单位：万 t

年度	全国	工业源	生活源	移动源	集中式污染治理设施
2016	1 608.0	1 376.2	219.2	12.3	0.4
2017	1 284.9	1 067.0	206.1	11.4	0.4
2018	1 132.3	948.9	173.1	9.9	0.3
2019	1 088.5	925.9	154.9	7.4	0.3
2020	611.4	400.9	201.6	8.5	0.3

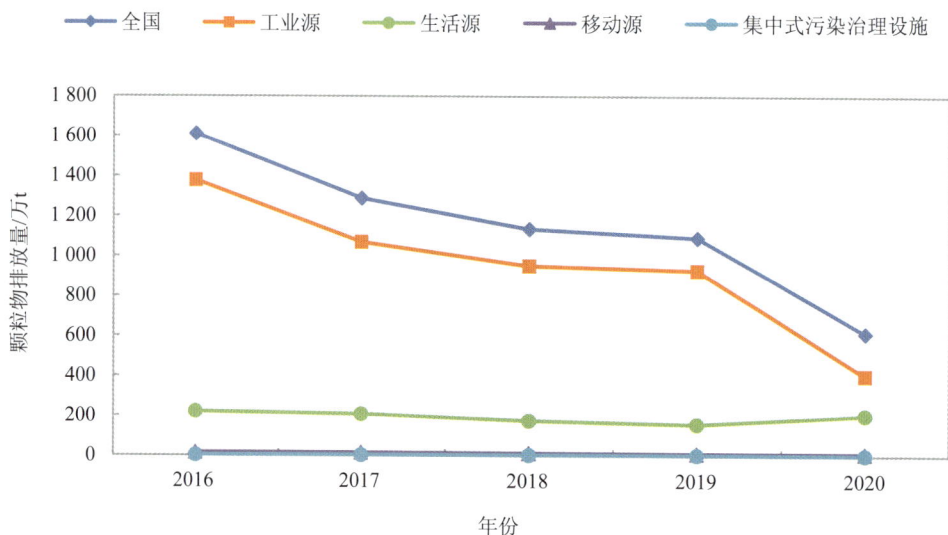

图 3-1-7　2016—2020 年全国及各源颗粒物排放量年际变化

二、各省份颗粒物排放情况

2020 年，颗粒物排放量由高到低排名前五的省份依次为内蒙古、新疆、山西、黑龙江和河北，5 个省份的颗粒物排放量之和占全国排放量的 40.5%。工业源颗粒物排放量最大的是内蒙古，生活源颗粒物排放量最大的是黑龙江，移动源颗粒物排放量最大的是湖北。

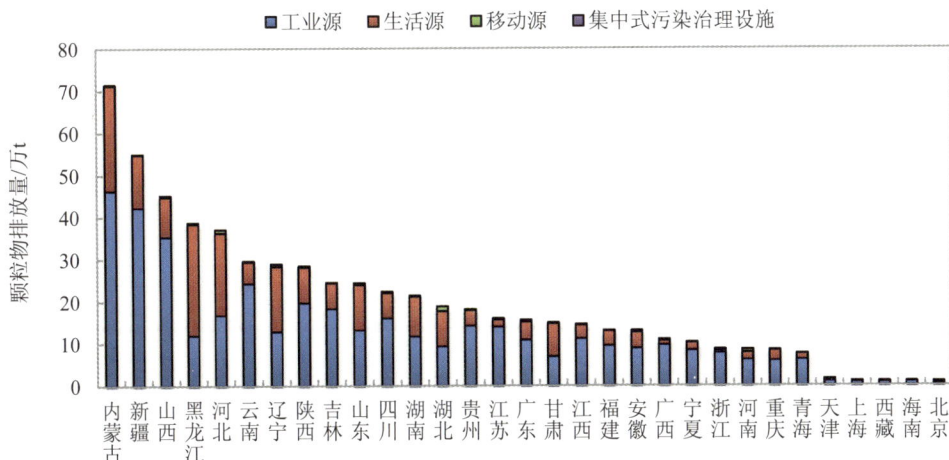

图 3-1-8　2020 年各省份颗粒物排放情况

三、工业行业颗粒物排放情况

2020 年，颗粒物排放量排名前三的工业行业依次为非金属矿物制品业，煤炭开采和洗选业，电力、热力生产和供应业。3 个行业共排放颗粒物 235.3 万 t，占工业企业颗粒物排放量的 58.7%。

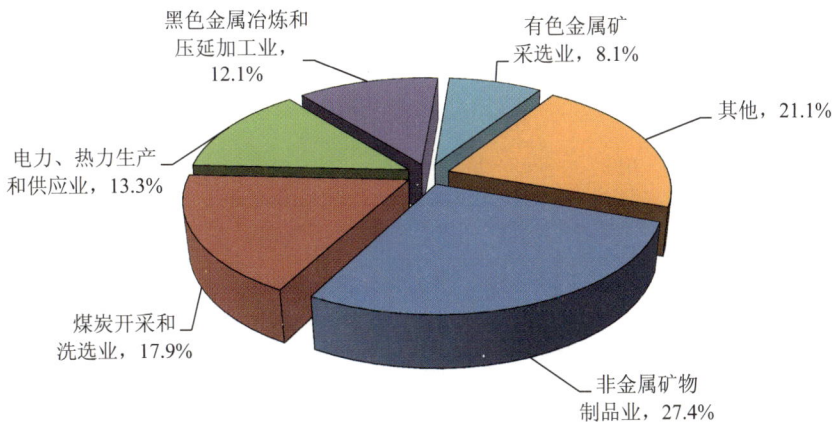

图 3-1-9　2020 年工业行业颗粒物排放分布

第四节　重点行业

一、电力、热力生产和供应业

2016—2020 年，电力、热力生产和供应业二氧化硫、氮氧化物和颗粒物排放量分别下降 61.5%、47.1% 和 54.2%。

表 3-1-4　2016—2020 年电力、热力生产和供应业废气污染物排放量

单位：t

年度	二氧化硫	氮氧化物	颗粒物
2016	2 094 122.9	2 301 513.4	1 165 644.1
2017	1 470 644.1	1 698 240.1	904 158.7
2018	1 193 153.6	1 424 000.3	744 125.8
2019	941 383.2	1 287 247.8	565 235.1
2020	805 407.3	1 218 576.4	534 428.2

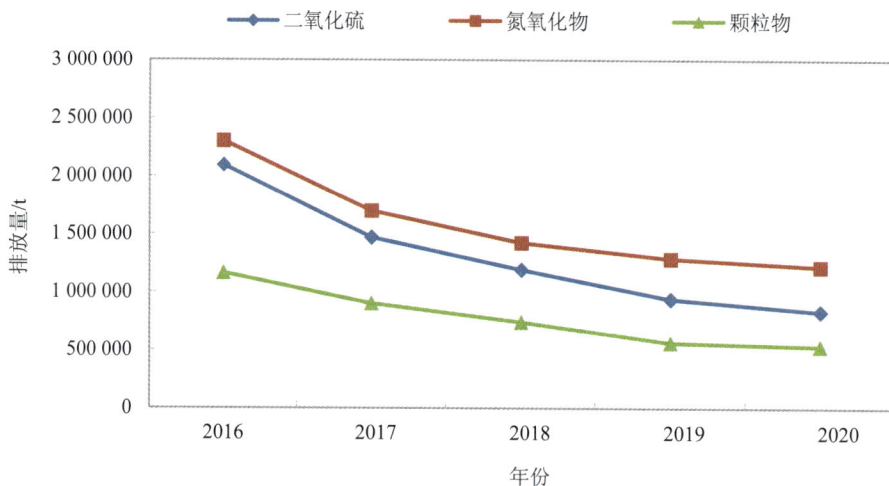

图 3-1-10　2016—2020 年电力、热力生产和供应业废气污染物排放量年际变化

二、黑色金属冶炼和压延加工业

2016—2020 年，黑色金属冶炼和压延加工业二氧化硫、氮氧化物和颗粒物排放量分别下降 60.3%、31.7% 和 72.8%。

表 3-1-5　2016—2020 年黑色金属冶炼和压延加工业废气污染物排放量

单位：t

年度	二氧化硫	氮氧化物	颗粒物
2016	1 045 943.2	1 359 979.6	1 785 728.8
2017	823 072.7	1 434 217.7	1 300 584.0
2018	726 801.1	1 346 352.8	1 166 124.2
2019	641 515.4	1 152 171.2	999 814.8
2020	415 058.5	929 331.2	486 284.3

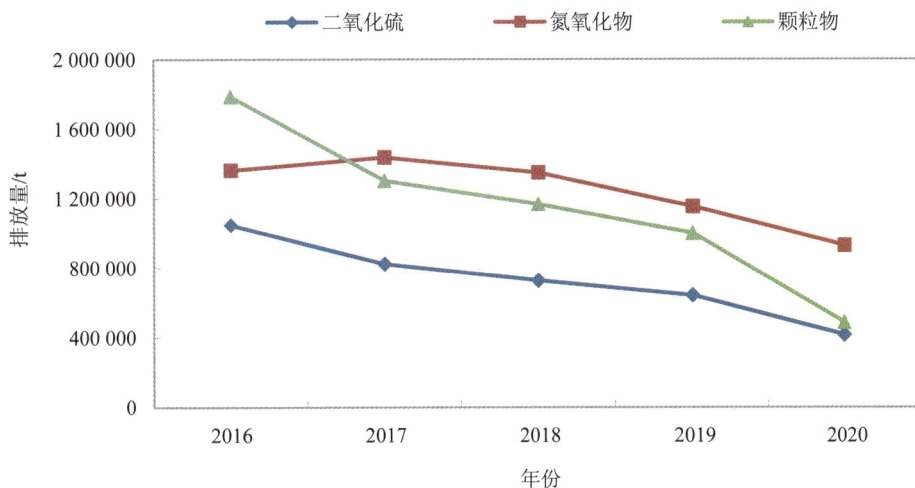

图 3-1-11　2016—2020 年黑色金属冶炼和压延加工业废气污染物排放量年际变化

三、水泥行业

2016—2020 年水泥行业氮氧化物和颗粒物排放量分别下降 28.2% 和 62.6%。

表 3-1-6　2016—2020 年水泥行业废气污染物排放量

单位：t

年度	氮氧化物	颗粒物
2016	1 005 058.7	2 240 285.4
2017	834 486.6	1 960 620.0
2018	779 984.1	1 888 648.5
2019	723 410.0	1 833 104.3
2020	721 837.7	837 525.9

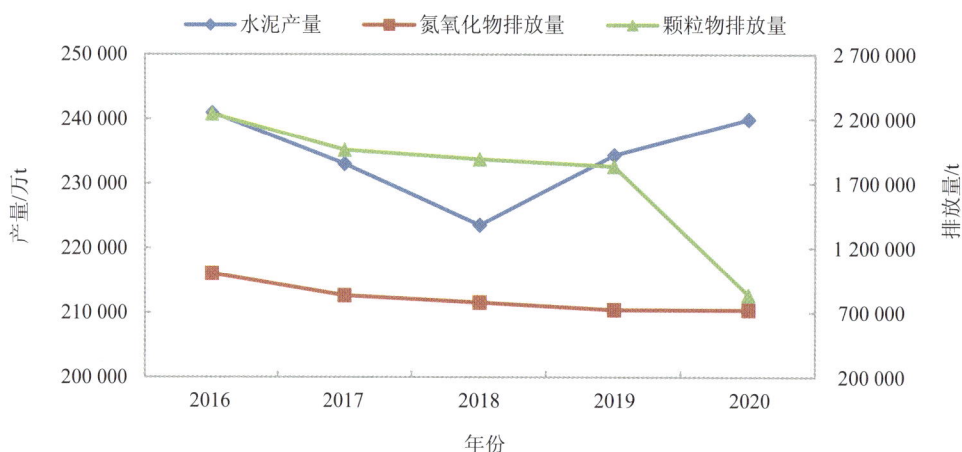

图 3-1-12　2016—2020 年水泥行业水泥产量和废气污染物排放量年际变化

第五节　废气治理

一、全国废气治理

2020 年,全国环境统计重点调查的 153 818 家涉气企业中,废气治理设施 372 962 套。其中,脱硫设施 37 026 套,平均脱硫效率 95.4%;脱硝设施 22 663 套,平均脱硝效率 74.1%;除尘设施 174 806 套,平均除尘效率 99.6%。

2016—2020 年,全国重点调查工业企业数量和废气治理设施污染物去除率总体均呈上升趋势。与 2016 年相比,2020 年涉气企业数上升 43.3%,废气污染物二氧化硫、氮氧化物和颗粒物去除率分别上升 7.3 个、15.9 个和 0.5 个百分点。

表 3-1-7　2016—2020 年全国废气治理情况

年度	全国重点调查工业企业数/家	其中涉气企业数/家	废气治理设施数/套				污染物去除率/%		
			设施总数	脱硫设施	脱硝设施	除尘设施	二氧化硫	氮氧化物	颗粒物
2016	145 144	107 312	158 682	30 700	10 124	101 427	88.1	58.2	99.1
2017	138 481	113 442	229 618	43 070	18 859	125 630	92.5	67.9	99.5
2018	135 787	112 559	246 558	41 741	21 815	129 907	94.3	72.5	99.4
2019	173 650	146 844	315 586	46 269	27 699	162 799	95.9	79.1	99.5
2020	170 619	153 818	372 962	37 026	22 663	174 806	95.4	74.1	99.6

注:涉气企业指统计的废气污染物指标中任意一指标有产生或排放量的企业。

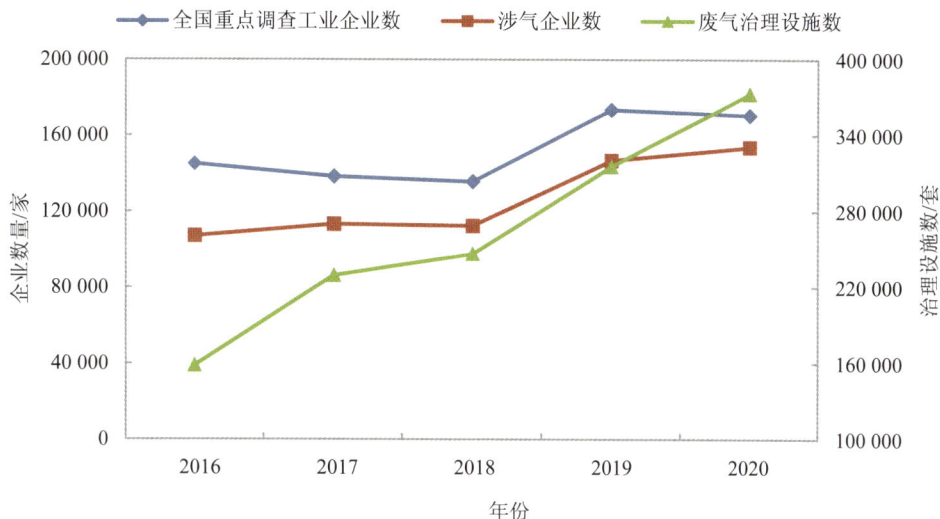

图 3-1-13　2016—2020 年全国废气治理情况年际变化

图 3-1-14　2016—2020 年全国废气治理设施污染物去除率年际变化

二、各省份废气治理

2020 年，工业企业废气治理设施数由高到低排名前五的省份依次为山东、广东、河北、浙江和江苏，5 个省份的工业企业废气治理设施数之和占全国总数的 47.7%。

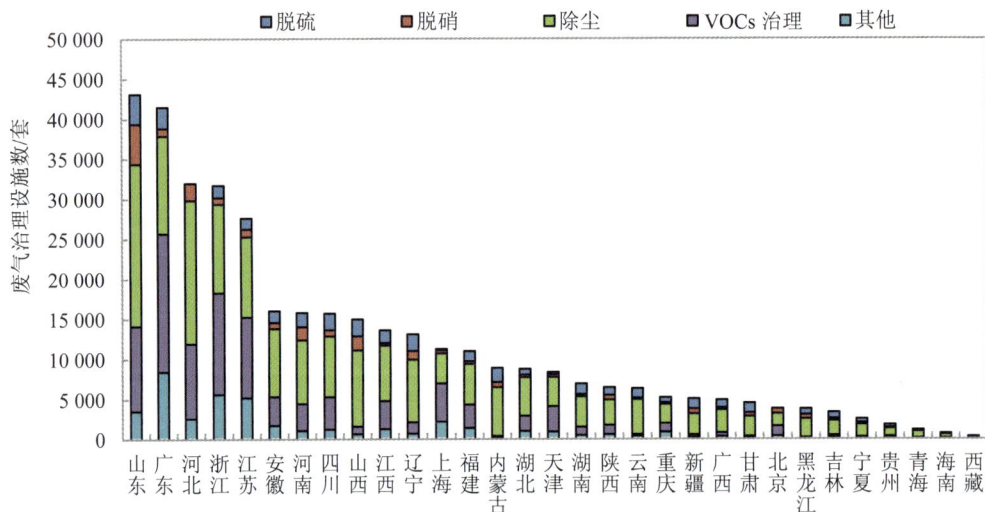

图 3-1-15　2020 年各省份工业企业废气治理设施数

三、各行业废气治理

2020 年，工业企业废气治理设施数由高到低排名前三的工业行业依次为非金属矿物制品业，金属制品业以及化学原料和化学制品制造业。3 个行业废气治理设施合计 150 384 套，占工业企业废气治理设施总数的 40.3%。

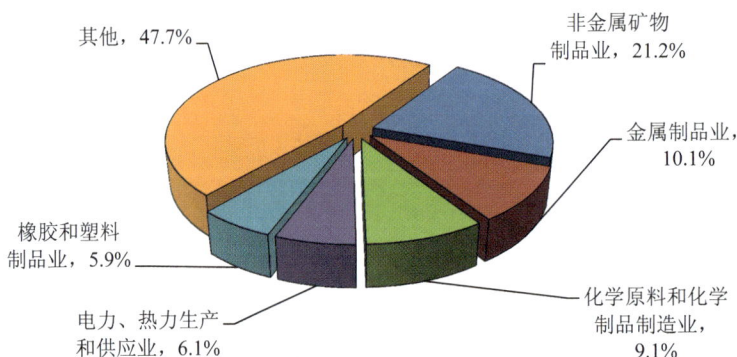

图 3-1-16　2020 年重点调查工业企业废气治理设施数行业分布

第六节　小　结

2016—2020 年，全国重点调查工业企业数量和废气治理设施污染物去除率总体均呈上升趋势，与 2016 年相比，2020 年涉气企业数上升 43.3%，废气污染物二氧化硫、氮氧化物和颗粒物去除率分别上升 7.3 个、15.9 个和 0.5 个百分点。

2020 年，全国二氧化硫排放量为 318.2 万 t，与 2016 年相比，2020 年全国二氧化硫排放量下降 62.8%。二氧化硫排放量排名前五的省份依次为内蒙古、辽宁、山东、贵州和云南，5 个省份的二氧化硫排放量占全国排放量的 32.3%。二氧化硫排放量排名前三的行业依次为电力、热力生产和供应业，非金属矿物制品业以及黑色金属冶炼和压延加工业，3 个行业二氧化硫排放量占工业企业二氧化硫排放量的 68.3%。

2020 年，全国氮氧化物排放量 1 019.7 万 t，与 2016 年相比，2020 年全国氮氧化物排放量下降 32.2%。氮氧化物排放量排名前五的省份依次为河北、山东、广东、辽宁和山西，5 个省份的氮氧化物排放量占全国排放量的 30.8%。氮氧化物排放量排名前三的工业行业依次为电力、热力生产和供应业，非金属矿物制品业，黑色金属冶炼和压延加工业，3 个行业氮氧化物排放量占工业企业氮氧化物排放量的 78.8%。

2020 年，全国颗粒物排放量 611.4 万 t，与 2016 年相比，2020 年全国颗粒物排放量下降 62.0%。颗粒物排放量排名前五的省份依次为内蒙古、新疆、山西、黑龙江和河北，5 个省份的颗粒物排放量占全国排放量的 40.5%。颗粒物排放量排名前三的工业行业依次为非金属矿物制品业，煤炭开采和洗选业以及电力、热力生产和供应业，3 个行业颗粒物排放量占工业企业颗粒物排放量的 58.7%。

第二章 废水污染物

第一节 化学需氧量

一、全国化学需氧量排放情况

2020 年，全国化学需氧量排放量为 2 564.8 万 t。其中，工业源化学需氧量排放量为 49.7 万 t，占全国化学需氧量排放量的 1.9%；农业源化学需氧量排放量为 1 593.2 万 t，占 62.1%；生活源化学需氧量排放量为 918.9 万 t，占 35.8%；集中式污染治理设施化学需氧量排放量为 2.9 万 t，占 0.1%。

2016—2019 年，全国化学需氧量排放量逐年下降（因 2020 年农业源统计调查口径发生变化，故未将其纳入废水污染物变化趋势分析，下同）。其中，工业源、农业源、集中式污染治理设施化学需氧量排放量均逐年下降，农业源化学需氧量排放量降幅最大，生活源化学需氧量排放量总体持平。与 2016 年相比，2019 年全国化学需氧量排放量下降 13.8%，其中工业源、农业源和生活源化学需氧量排放量分别下降 37.2%、67.4%和 0.8%。

表 3-2-1 2016—2020 年全国化学需氧量排放量

单位：万 t

年度	全国	工业源	农业源	生活源	集中式污染治理设施
2016	658.1	122.8	57.1	473.5	4.6
2017	608.9	91.0	31.8	483.8	2.3
2018	584.2	81.4	24.5	476.8	1.5
2019	567.1	77.1	18.6	469.9	1.4
2020	2 564.8	49.7	1 593.2	918.9	2.9

注：①2016—2019 年农业源统计口径为大型畜禽养殖场，2020 年农业源统计口径为种植业、畜禽养殖业和水产养殖业；②2016—2019 年生活源废水统计口径为城镇，2020 年生活源废水统计口径为城镇和农村；③集中式污染治理设施排放量指生活垃圾处理场（厂）和危险废物（医疗废物）集中处理（置）厂废水（含渗滤液）及其污染物的排放量。下同。

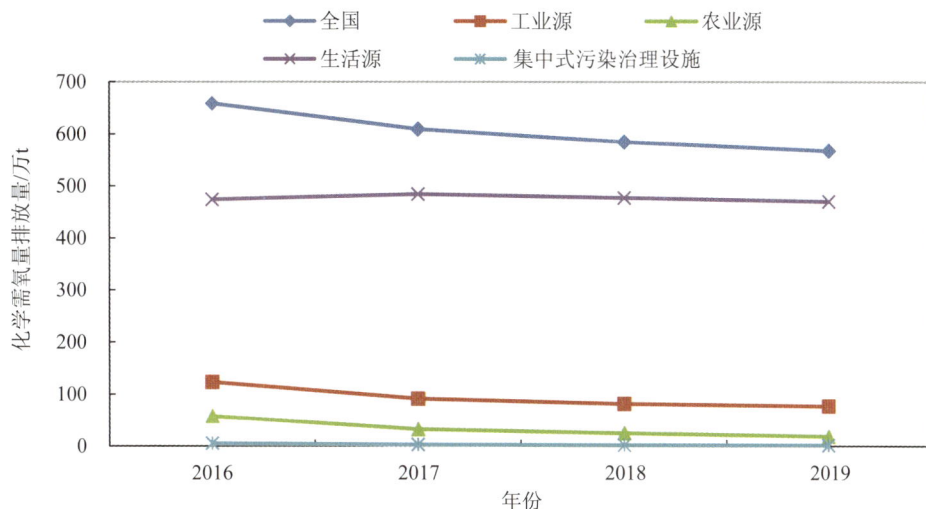

图 3-2-1　2016—2019 年全国及各源化学需氧量排放量年际变化

二、各省份化学需氧量排放情况

2020 年，化学需氧量排放量由高到低排名前五的省份依次为广东、山东、湖北、黑龙江和湖南。5 个省份的化学需氧量排放量合计为 764.6 万 t，占全国化学需氧量排放量的 29.8%。工业源化学需氧量排放量最大的省份为江苏，农业源化学需氧量排放量最大的省份为黑龙江。生活源化学需氧量排放量最大的省份为广东。

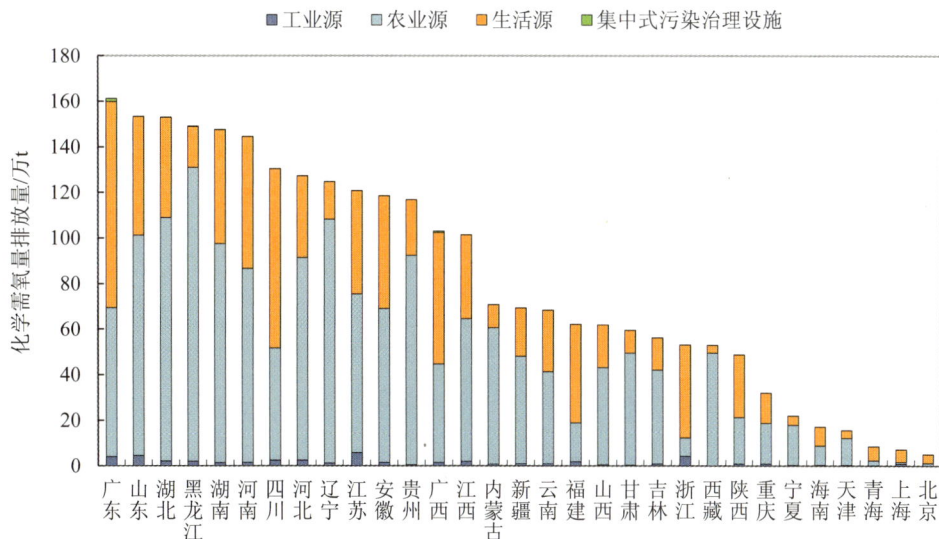

图 3-2-2　2020 年各省份化学需氧量排放情况

三、工业行业化学需氧量排放情况

2020 年，在调查统计的 42 个大类工业行业中，化学需氧量排放量由高到低排名前三的工业行业依次为纺织业、化学原料和化学制品制造业、农副食品加工业，3 个行业的化学需氧量排放量合计为 17.2 万 t，占重点调查工业企业化学需氧量排放量的 39.7%。

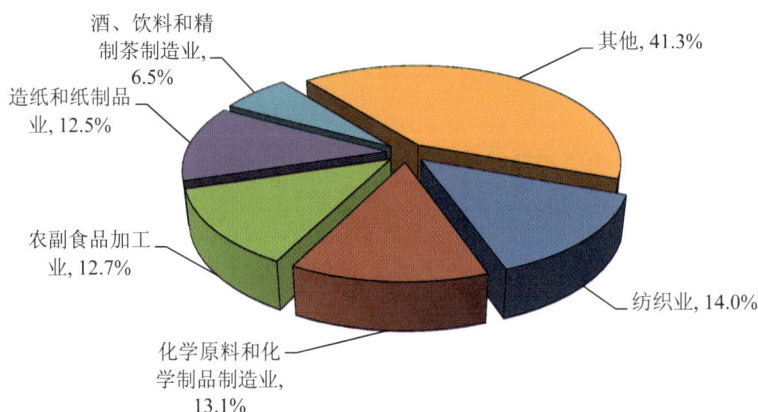

图 3-2-3　2020 年工业行业化学需氧量排放量分布

第二节　氨　氮

一、全国氨氮排放情况

2020 年，全国氨氮排放量为 98.4 万 t。其中，工业源氨氮排放量为 2.1 万 t，占全国氨氮排放量的 2.2%；农业源氨氮排放量为 25.4 万 t，占 25.8%；生活源氨氮排放量为 70.7 万 t，占 71.8%；集中式污染治理设施氨氮排放量为 0.2 万 t，占 0.2%。

2016—2019 年，全国氨氮排放量呈逐年下降趋势。与 2016 年相比，2019 年全国氨氮排放量下降 18.5%，其中工业源、农业源、生活源氨氮排放量分别下降 46.2%、69.2% 和 13.0%。

表 3-2-2　2016—2020 年全国氨氮排放量

单位：万 t

年度	全国	工业源	农业源	生活源	集中式污染治理设施
2016	56.8	6.5	1.3	48.4	0.7
2017	50.9	4.5	0.7	45.4	0.3
2018	49.4	4.0	0.5	44.7	0.2

年度	全国	工业源	农业源	生活源	集中式污染治理设施
2019	46.3	3.5	0.4	42.1	0.3
2020	98.4	2.1	25.4	70.7	0.2

图 3-2-4　2016—2019 年全国及各源氨氮排放量年际变化

二、各省份氨氮排放情况

2020 年，氨氮排放量由高到低排名前五的省份依次为广东、四川、广西、湖南和湖北，5 个省份的氨氮排放量合计为 37.9 万 t，占全国氨氮排放量的 38.5%。工业源氨氮排放量排最大的省份为江苏，农业源氨氮排放量最大的省份为湖南，生活源氨氮排放量最大的省份为广东。

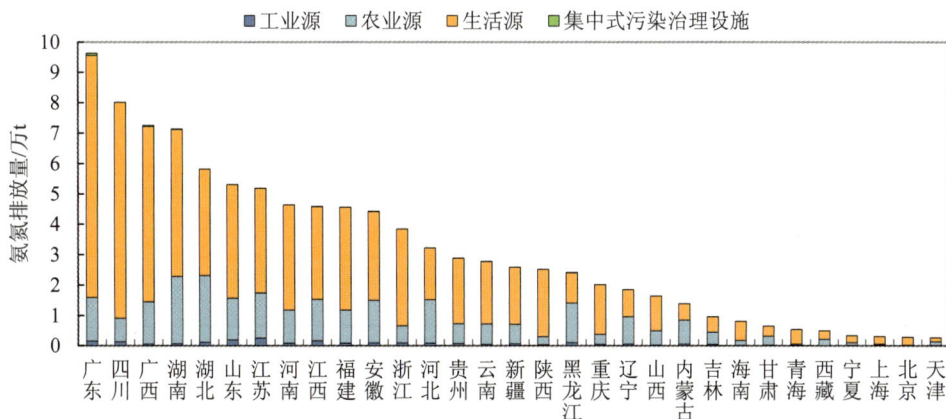

图 3-2-5　2020 年各省份氨氮排放情况

三、工业行业氨氮排放情况

2020 年，在调查统计的 42 个大类工业行业中，氨氮排放量由高到低排名前三的工业行业依次为化学原料和化学制品制造业、农副食品加工业、纺织业，3 个行业的氨氮排放量合计为 0.8 万 t，占重点调查工业企业氨氮排放量的 42.9%。

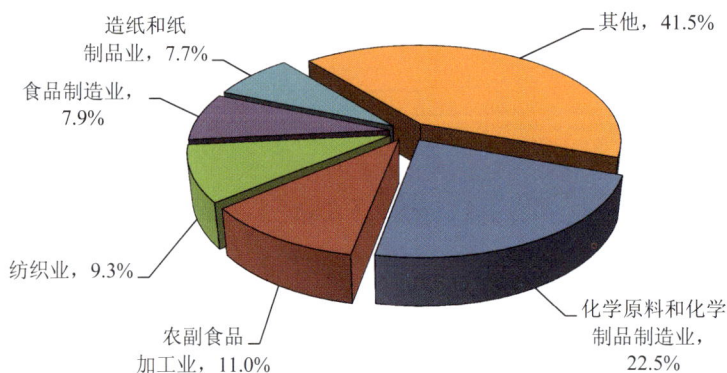

图 3-2-6　2020 年工业行业氨氮排放量分布

第三节　总　氮

一、全国总氮排放情况

2020 年，全国总氮排放量为 322.3 万 t。其中，工业源总氮排放量为 11.4 万 t，占全国总氮排放量的 3.5%；农业源总氮排放量为 158.9 万 t，占 49.3%；生活源总氮排放量为 151.6 万 t，占 47.0%；集中式污染治理设施总氮排放量为 0.4 万 t，占 0.1%。

2016—2019 年，全国总氮排放量呈逐年下降趋势。与 2016 年相比，2019 年全国总氮排放量下降 4.9%，其中工业源和农业源总氮排放量分别下降 27.2% 和 68.3%，生活源总氮排放量上升 2.2%。

表 3-2-3　2016—2020 年全国总氮排放量

单位：万 t

年度	全国	工业源	农业源	生活源	集中式污染治理设施
2016	123.6	18.4	4.1	100.2	0.8
2017	120.3	15.6	2.3	101.9	0.5
2018	120.2	14.4	1.8	103.6	0.4

年度	全国	工业源	农业源	生活源	集中式污染治理设施
2019	117.6	13.4	1.3	102.4	0.4
2020	322.3	11.4	158.9	151.6	0.4

图 3-2-7　2016—2019 年全国及各源总氮排放量年际变化

二、各省份总氮排放情况

2020 年，总氮排放量由高到低排名前五的省份依次为广东、广西、湖南、四川和湖北，5 个省份总氮排放量合计为 111.4 万 t，占全国总氮排放量的 34.5%。工业源总氮排放量最大的省为江苏，农业源总氮排放量最大的省份为广西，生活源总氮排放量最大的省份为广东。

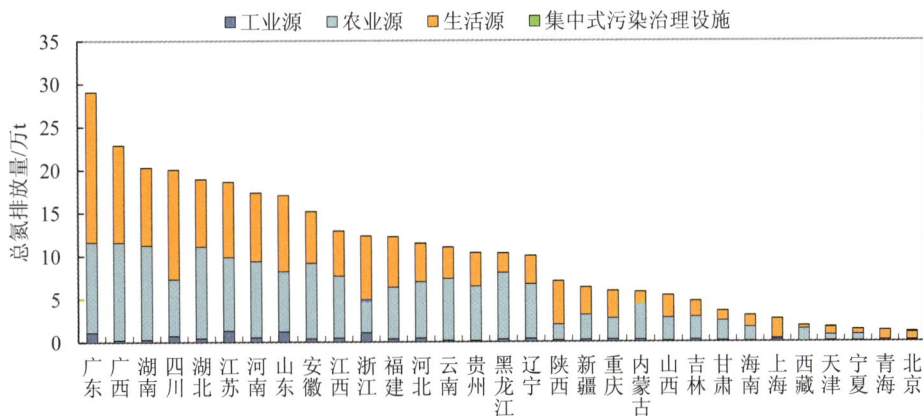

图 3-2-8　2020 年各省份总氮排放情况

三、工业行业总氮排放情况

2020 年，在调查统计的 42 个大类工业行业中，总氮排放量由高到低排名前三的工业行业依次为化学原料和化学制品制造业、纺织业、农副食品加工业，3 个行业的总氮排放量合计为 3.8 万 t，占重点调查工业企业总氮排放量的 43.7%。

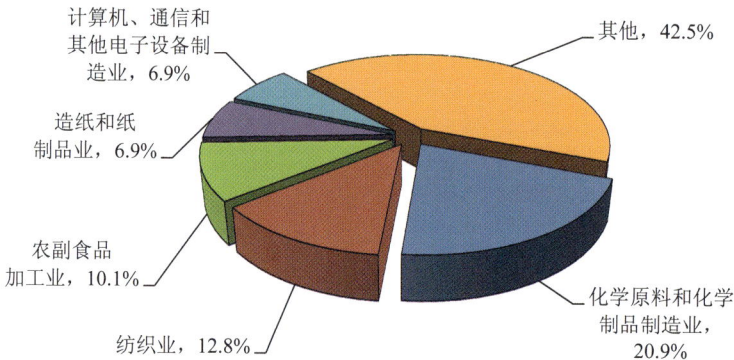

图 3-2-9　2020 年工业行业总氮排放量分布

第四节　总　磷

一、全国总磷排放情况

2020 年，全国总磷排放量为 33.7 万 t。其中，工业源总磷排放量为 0.4 万 t，占全国总磷排放量的 1.1%；农业源总磷排放量为 24.6 万 t，占 73.2%；生活源总磷排放量为 8.7 万 t，占 25.7%；集中式污染治理设施总磷排放量为 0.01 万 t，占 0.03%。

2016—2019 年，全国总磷排放量呈逐年下降趋势。与 2016 年相比，2019 年全国总磷排放量下降 34.4%，其中工业源、农业源、生活源总磷排放量分别下降 52.9%、66.7% 和 25.4%。

表 3-2-4　2016—2020 年全国总磷排放量

单位：万 t

年度	全国	工业源	农业源	生活源	集中式污染治理设施
2016	9.0	1.7	0.6	6.7	0.0
2017	7.0	0.8	0.3	5.8	0.0
2018	6.4	0.7	0.2	5.4	0.0
2019	5.9	0.8	0.2	5.0	0.0
2020	33.7	0.4	24.6	8.7	0.01

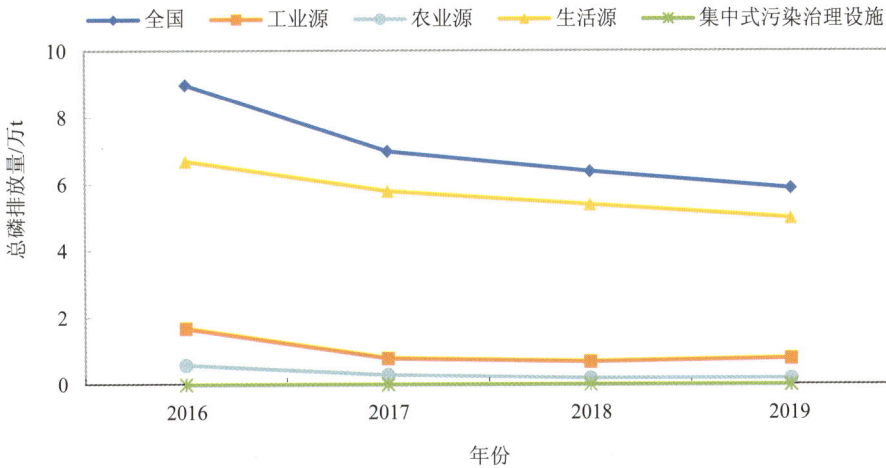

图 3-2-10 2016—2019 年全国及各源总磷排放量年际变化

二、各省份总磷排放情况

2020 年, 总磷排放量由高到低排名前五的省份依次为广东、湖北、湖南、广西和江苏, 5 个省份的总磷排放量合计为 12.0 万 t, 占全国总磷排放量的 35.7%。工业源总磷排放量最大的省份为江苏, 农业源和生活源总磷排放量最大的省份均为广东。

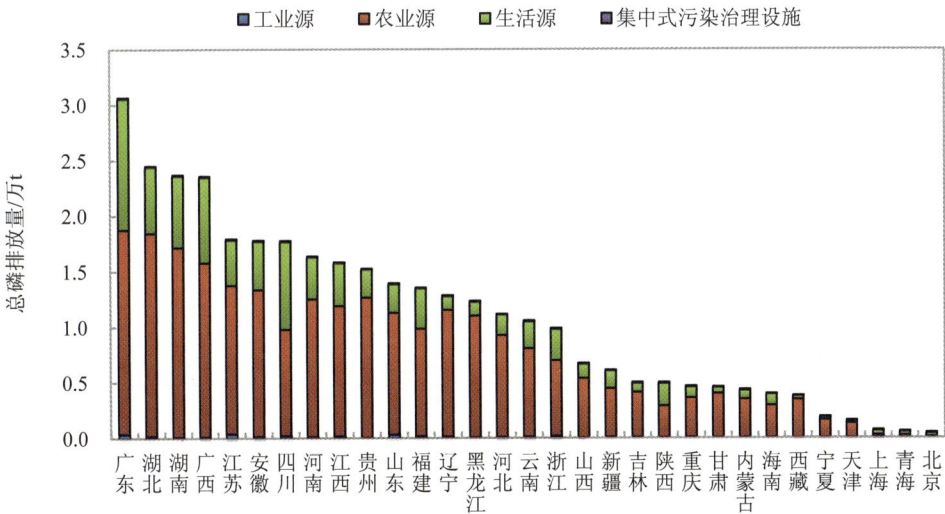

图 3-2-11 2020 年各省份总磷排放情况

三、工业行业总磷排放情况

2020 年，在调查统计的 42 个大类工业行业中，总磷排放量由高到低排名前三的工业行业依次为农副食品加工业、化学原料和化学制品制造业、纺织业，3 个行业的总磷排放量合计为 0.1 万 t，占重点调查工业企业总磷排放量的 46.5%。

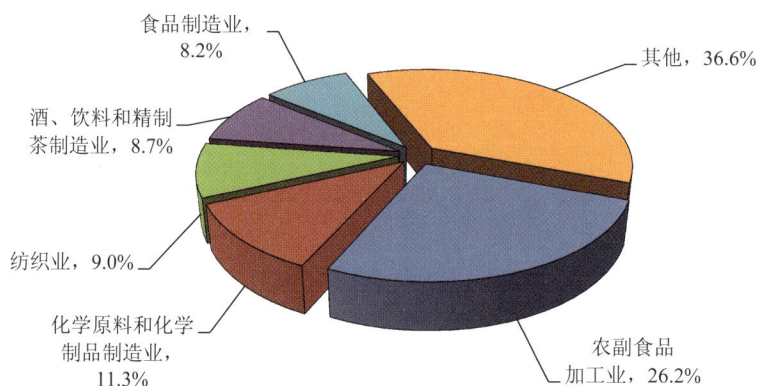

图 3-2-12　2020 年工业行业总磷排放量分布

第五节　重金属

一、全国废水重金属排放情况

2020 年，全国废水重金属排放量为 73.1 t。其中，工业源废水重金属排放量为 67.5 t，占全国废水重金属排放量的 92.3%；集中式污染治理设施废水重金属排放量为 5.6 t，占 7.7%。

2016—2020 年，全国废水中重金属排放量总体呈下降趋势。与 2016 年相比，2020 年全国废水中重金属排放量下降 56.4%，其中，工业源废水重金属排放量下降 58.5%。

表 3-2-5　2016—2020 年全国废水重金属排放量

单位：t

年度	全国	工业源	集中式污染治理设施
2016	167.8	162.6	5.1
2017	182.6	176.4	6.2
2018	128.8	125.4	3.4
2019	120.7	117.6	3.1
2020	73.1	67.5	5.6

图 3-2-13　2016—2020 年全国及各源废水重金属排放量年际变化

二、各省份废水重金属排放情况

2020 年，废水重金属排放量排名前五的省份依次为湖南、江西、广东、湖北和山东，5 个省份的废水重金属排放量合计为 42.4 t，占全国废水重金属排放量的 58.0%。工业源废水重金属排放量最大的省份为湖南。

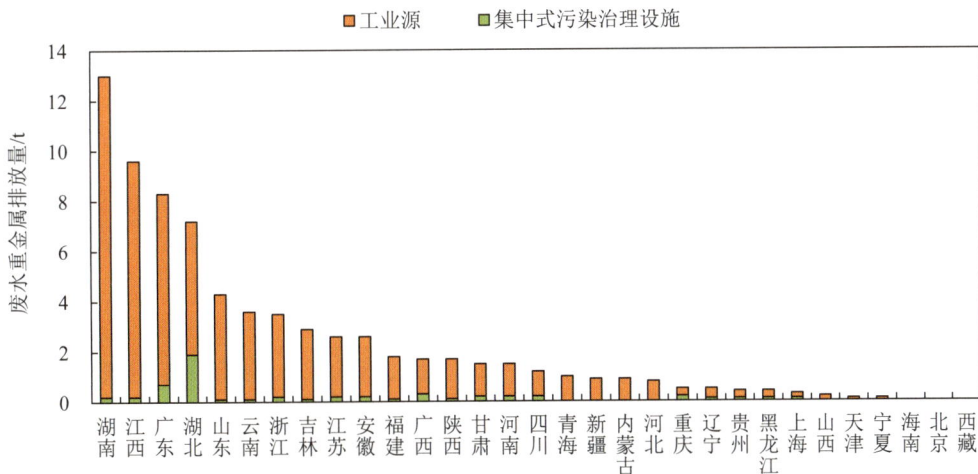

图 3-2-14　2020 年各省份废水重金属排放情况

三、工业行业废水重金属排放情况

2020 年，在调查统计的 42 个大类工业行业中，废水重金属排放量由高到低排名前三的工业行业依次为有色金属矿采选业、金属制品业、有色金属冶炼和压延加工业，3 个行业的废水重金属排放量合计为 39.2 t，占工业企业废水重金属排放量的 58.1%。

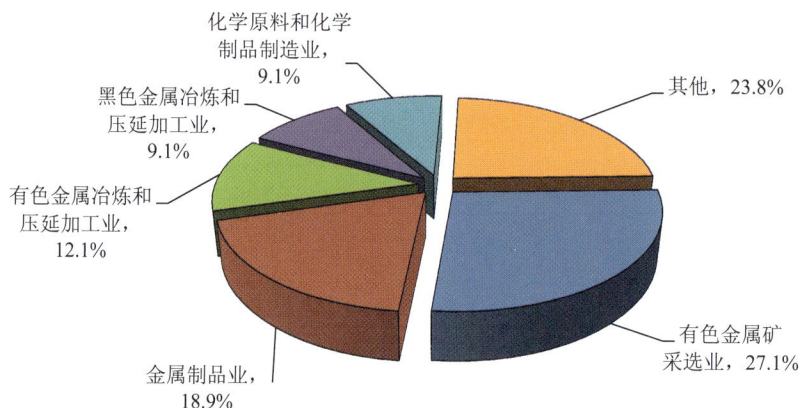

图 3-2-15　2020 年工业行业重金属排放量分布

第六节　废水治理

一、工业企业废水治理

（一）全国废水治理

2020 年，全国环境统计重点调查的 73 152 家涉水企业中，安装水治理设施 68 150 套，废水治理设施处理能力 16 281.5 万 t/d，化学需氧量、氨氮、总氮和总磷去除率分别为 97.3%、98.3%、94.7% 和 96.3%。

2016—2020 年，全国重点调查工业企业废水化学需氧量、氨氮去除率逐年上升，总氮、总磷去除率先升后降。与 2016 年相比，2020 年全国重点调查工业企业数增加 17.6%，化学需氧量、氨氮、总氮和总磷去除率分别上升 4.5 个、8.4 个、8.6 个和 17.3 个百分点。

表 3-2-6　2016—2020 年全国工业企业废水治理情况

年度	重点调查工业企业数/家		废水治理设施	
	企业总数	涉水企业数	设施总数/套	处理能力/（万 t/d）
2016	145 144	86 005	63 477	20 010.4
2017	138 481	73 376	62 125	18 330.6
2018	135 787	71 323	63 412	16 317.0
2019	173 650	78 447	69 200	17 195.3
2020	170 619	73 152	68 150	16 281.5

表 3-2-7　2016—2020 年全国工业企业废水污染物去除率

单位：%

年度	COD 去除率	氨氮去除率	总氮去除率	总磷去除率
2016	92.8	89.9	86.1	79.0
2017	95.6	95.7	94.9	93.0
2018	96.0	95.4	94.4	93.2
2019	97.1	98.2	97.2	99.3
2020	97.3	98.3	94.7	96.3

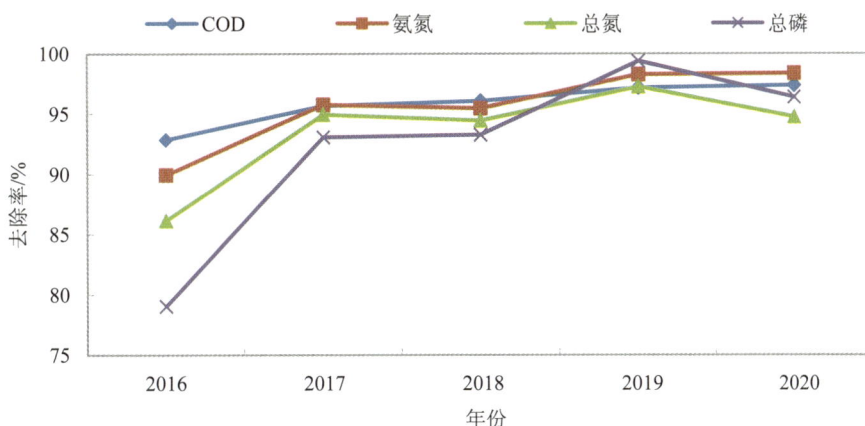

图 3-2-16　2016—2020 年全国工业企业废水污染物去除率年际变化

（二）各省份废水治理

2020 年，工业企业废水治理设施数由高到低排名前五的省份依次为浙江、广东、江苏、山东和四川，5 个省份的工业企业废水治理设施数占全国总数的 46.4%。

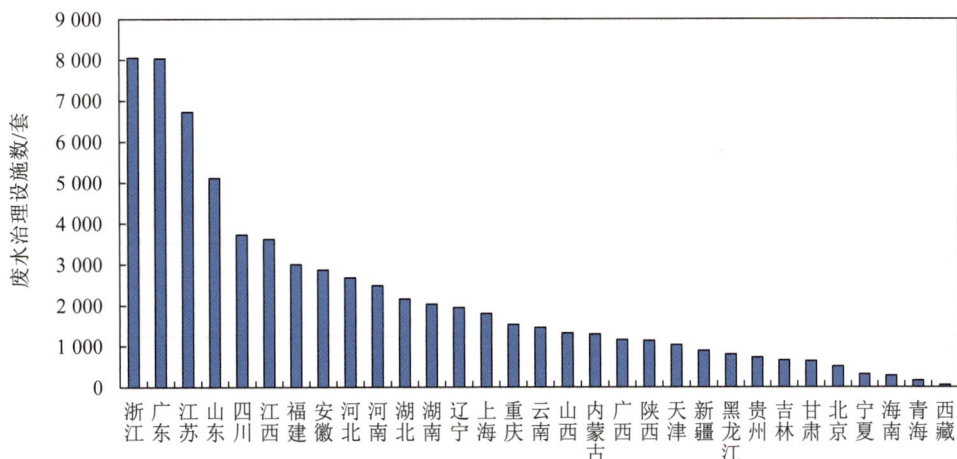

图 3-2-17　2020 年全国各省份废水治理设施数

（三）工业行业废水治理

2020 年，工业行业废水治理设施数由高到低排名前三的依次为农副食品加工业、化学原料和化学制品制造业以及金属制品业，3 个行业废水治理设施共 23 009 套，占工业企业废水治理设施总数的 33.8%。

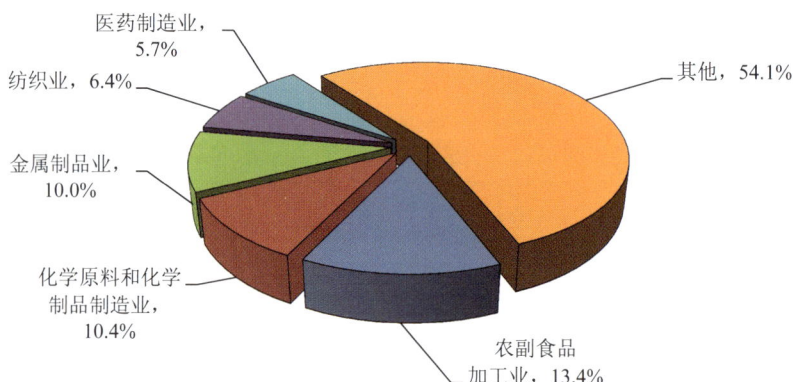

图 3-2-18　2020 年重点调查工业企业废水治理设施数行业分布

二、污水处理厂

2020 年，全国纳入调查的污水处理厂共有 11 055 座。污水处理厂设计处理能力为 27 269.8 万 t/d，污水实际处理量为 811.3 亿 t。

2016—2020 年，全国污水处理厂数、污水实际处理量均呈上升趋势。与 2016 年相比，2020 年污水处理厂数量增长 55.6%，污水实际处理量提升 38.5%。

表 3-2-8　2016—2020 年全国污水处理情况

年度	污水处理厂数/座	污水处理能力/（万 t/d）	污水实际处理量/万 t
2016	7 103	20 780.4	5 858 211.3
2017	7 536	22 011.5	6 271 983.1
2018	8 200	23 536.8	6 798 240.9
2019	9 322	25 450.2	7 426 828.8
2020	11 055	27 269.8	8 112 695.2

注：2020 年污水处理厂调查范围新增农村集中式污水处理设施。

2020 年，污水处理厂数由高到低排名前五的省份依次为四川、广东、江苏、重庆和山东，5 个省份的污水处理厂共 4 676 座，占全国总数的 42.3%；污水处理量由高到低排名前五的省份依次为广东、江苏、山东、浙江和河南，5 个省份的污水处理量为 321.2 亿 t，占全国污水处理量的 39.6%。

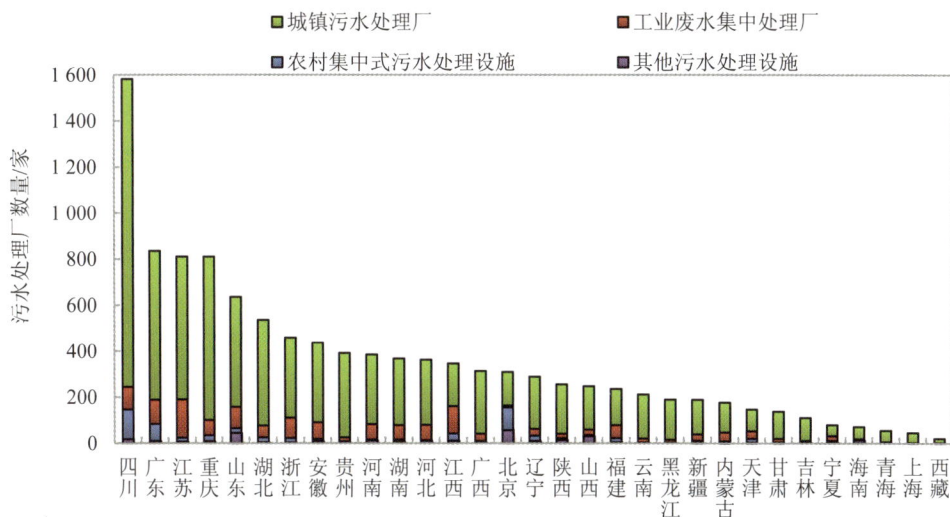

图 3-2-19　2020 年全国各省份污水处理厂数量

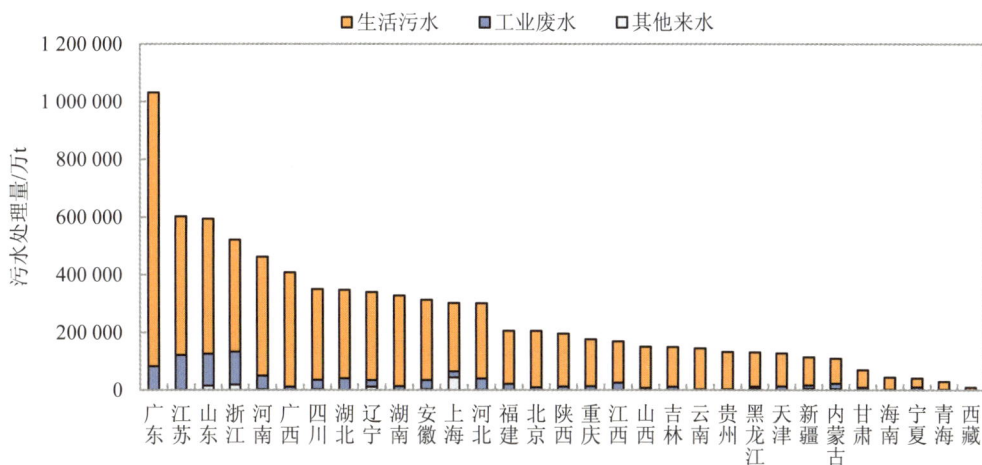

图 3-2-20　2020 年全国各省份污水处理量

第七节　小　结

2016—2020 年，全国重点调查工业企业数、化学需氧量、氨氮、总氮和总磷去除率均呈上升趋势，与 2016 年相比，2020 年全国重点调查工业企业数增加 17.6%，化学需氧量、氨氮、总氮和总磷去除率分别上升 4.5 个、8.4 个、8.6 个和 17.3 个百分点。

2020 年，全国化学需氧量排放量 2 564.8 万 t。2016—2019 年，全国化学需氧量排放量逐年下降，与 2016 年相比，2019 年全国化学需氧量排放量下降 13.8%。化学需氧量排放量排名前五的省份依次为广东、山东、湖北、黑龙江和湖南，5 个省份的化学需氧量排放量占全国化学需氧量排放量的 29.8%。化学需氧量排放量排名前三的行业依次为纺织业、化学原料和化学制品制造业、农副食品加工业，3 个行业的化学需氧量排放量占重点调查工业企业化学需氧量排放量的 39.7%。

2020 年，全国氨氮排放量 98.4 万 t。2016—2019 年，全国氨氮排放量呈逐年下降趋势，与 2016 年相比，2019 年全国氨氮排放量下降 18.5%。氨氮排放量排名前五的省份依次为广东、四川、广西、湖南和湖北，5 个省份的氨氮排放量占全国氨氮排放量的 38.5%。氨氮排放量排名前三的行业依次为化学原料和化学制品制造业、农副食品加工业、纺织业，3 个行业的氨氮排放量占重点调查工业企业氨氮排放量的 42.9%。

2020 年，全国总氮排放量 322.3 万 t。2016—2019 年，全国总氮排放量呈逐年下降趋势，与 2016 年相比，2019 年全国总氮排放量下降 4.9%。总氮排放量排名前五的省份依次为广东、广西、湖南、四川和湖北，5 个省份总氮排放量占全国总氮排放量的 34.5%。总氮排放量排名前三的行业依次为化学原料和化学制品制造业、纺织业、农副食品加工业，3 个行业的总氮排放量占重点调查工业企业总氮排放量的 43.7%。

2020 年，全国总磷排放量 33.7 万 t。2016—2019 年，全国总磷排放量呈逐年下降趋势，与 2016 年相比，2019 年全国总磷排放量下降 34.4%。总磷排放量排名前五的省份依次为广东、湖北、湖南、广西和江苏，5 个省份的总磷排放量占全国总磷排放量的 35.7%。总磷排放量排名前三的行业依次为农副食品加工业、化学原料和化学制品制造业、纺织业，3 个行业的总磷排放量占工业企业总磷排放量的 46.5%。

2020 年，全国废水重金属排放量 73.1 t，与 2016 年相比，2020 年全国废水重金属排放量下降 56.4%。废水重金属排放量排名前五的省份依次为湖南、江西、广东、湖北和山东，5 个省份的废水重金属排放量占全国废水重金属排放量的 58.0%。废水重金属排放量排名前三的行业依次为有色金属矿采选业、金属制品业、有色金属冶炼和压延加工业，3 个行业的废水重金属排放量占工业企业废水重金属排放量的 58.1%。

第三章　工业固体废物

第一节　一般工业固体废物

一、全国一般工业固体废物产生及处理情况

2020 年，全国一般工业固体废物产生量为 36.8 亿 t，综合利用量为 20.4 亿 t，处置量为 9.2 亿 t。

2016—2020 年，全国一般工业固体废物产生量和处置量先升后降，综合利用量波动变化。与 2016 年相比，2020 年全国一般工业固体废物产生量和综合利用量分别下降 0.8%和 3.3%，处置量上升 8.2%。

表 3-3-1　2016—2020 年全国一般工业固体废物产生、利用及处置量

单位：亿 t

年度	产生量	综合利用量	处置量
2016	37.1	21.1	8.5
2017	38.7	20.6	9.4
2018	40.8	21.7	10.3
2019	44.1	23.2	11.0
2020	36.8	20.4	9.2

图 3-3-1　2016—2020 年全国一般工业固体废物产生、利用及处置量年际变化

二、各省份一般工业固体废物产生及处理情况

2020 年，一般工业固体废物产生量由高到低排名前五的省份依次为山西、内蒙古、河北、辽宁和山东，5 个省份一般工业固体废物产生量占全国产生量的 44.2%。综合利用量排名前五的省份依次为山东、河北、山西、内蒙古和安徽，5 个省份一般工业固体废物综合利用量占全国综合利用量的 39.3%。处置量排名前五的省份依次为山西、内蒙古、河北、辽宁和陕西，5 个省份一般工业固体废物处置量占全国处置量的 62.6%。

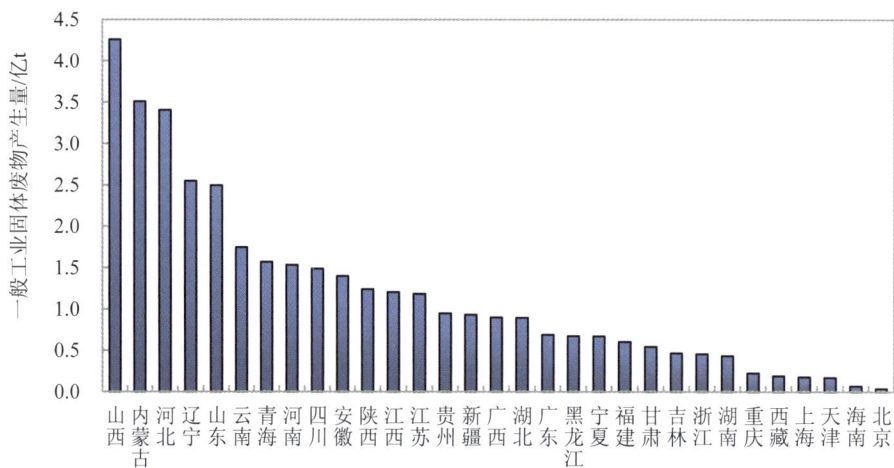

图 3-3-2　2020 年各省份一般工业固体废物产生量

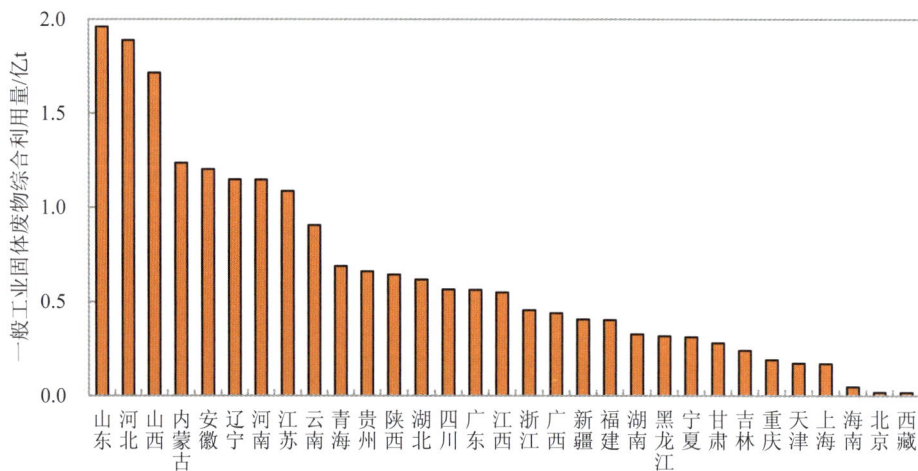

图 3-3-3　2020 年各省份一般工业固体废物综合利用量

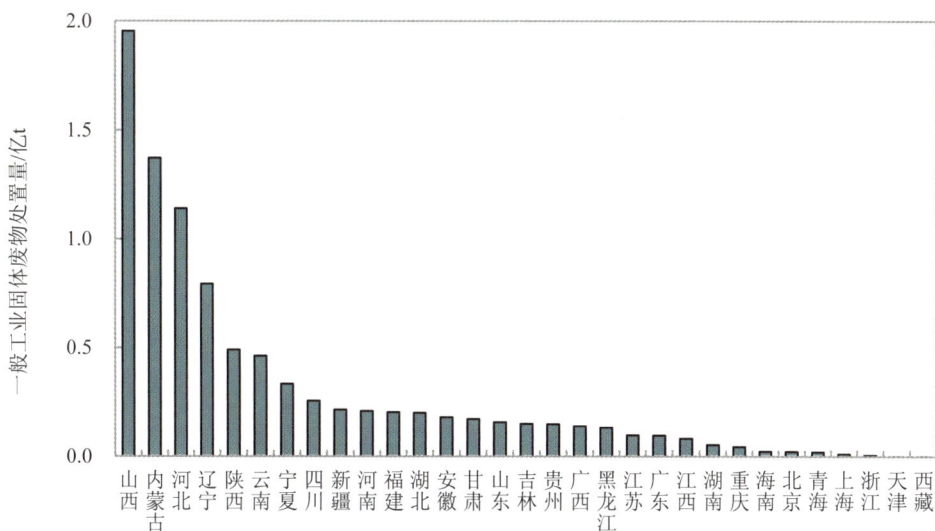

图 3-3-4 2020 年各省份一般工业固体废物处置量

三、各行业一般工业固体废物产生及处理情况

2020 年，在调查统计的 42 个大类工业行业中，一般工业固体废物产生量由高到低排名前五的行业依次为电力、热力生产和供应业，黑色金属冶炼和压延加工业，黑色金属矿采选业，煤炭开采和洗选业以及有色金属矿采选业，5 个行业一般工业固体废物产生量占工业企业产生量的 76.4%。

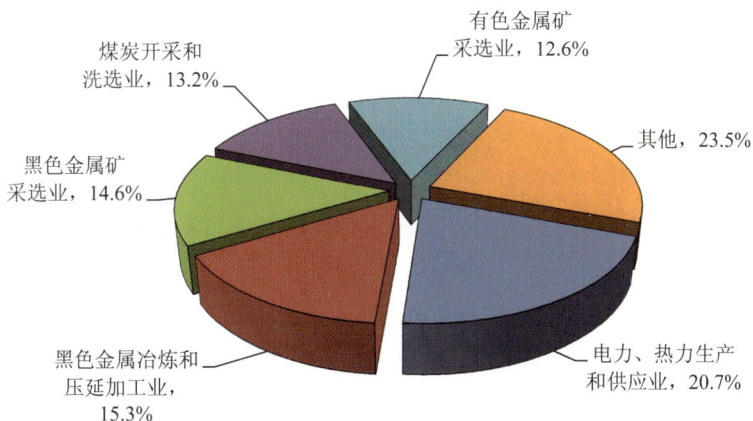

图 3-3-5 2020 年一般工业固体废物产生量行业分布

2020 年，在调查统计的 42 个大类工业行业中，一般工业固体废物综合利用量由高到低排名前五的行业依次为电力、热力生产和供应业，黑色金属冶炼和压延加工业，煤炭开

采和洗选业，化学原料和化学制品制造业以及黑色金属矿采选业，5 个行业一般工业固体废物综合利用量占工业企业综合利用量的 81.1%。

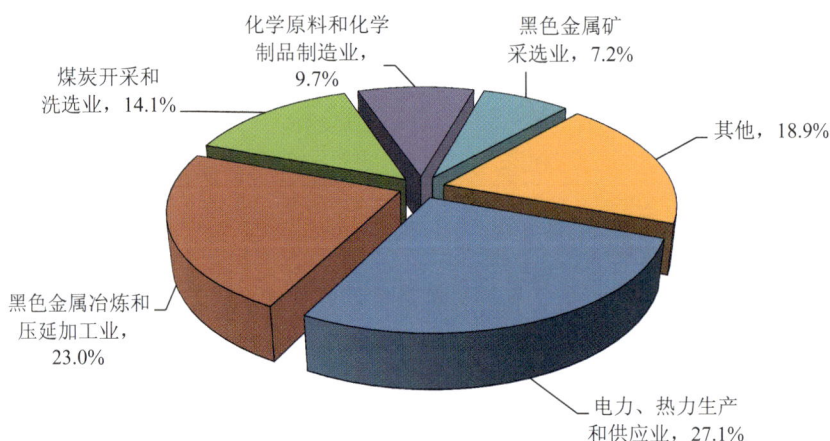

图 3-3-6　2020 年一般工业固体废物综合利用量行业分布

2020 年，在调查统计的 42 个大类工业行业中，一般工业固体废物处置量由高到低排名前五的行业依次为黑色金属矿采选业，煤炭开采和洗选业，电力、热力生产和供应业，有色金属矿采选业以及化学原料和化学制品制造业，5 个行业的一般工业固体废物处置量占工业企业处置的 78.9%。

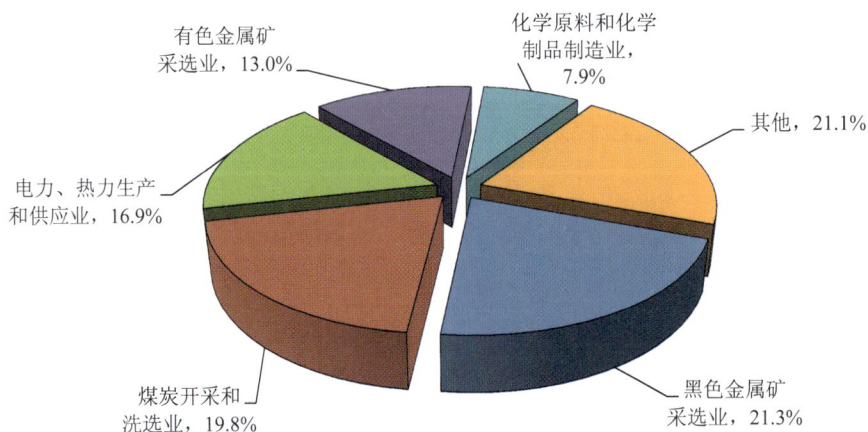

图 3-3-7　2020 年一般工业固体废物处置量行业分布

第二节　工业危险废物

一、全国工业危险废物产生及利用处置情况

2020 年，全国工业危险废物产生量为 7 281.8 万 t，利用处置量为 7 630.5 万 t。

2016—2020 年，全国工业危险废物产生量先升后降，利用处置量逐年上升。与 2016 年相比，2020 年全国工业危险废物产生量增长 39.5%，危险废物利用处置量增长 76.7%。

表 3-3-2　2016—2020 年全国工业危险废物产生及利用处置量

单位：万 t

年度	产生量	利用处置量
2016	5 219.5	4 317.2
2017	6 581.3	5 972.7
2018	7 470.0	6 788.5
2019	8 126.0	7 539.3
2020	7 281.8	7 630.5

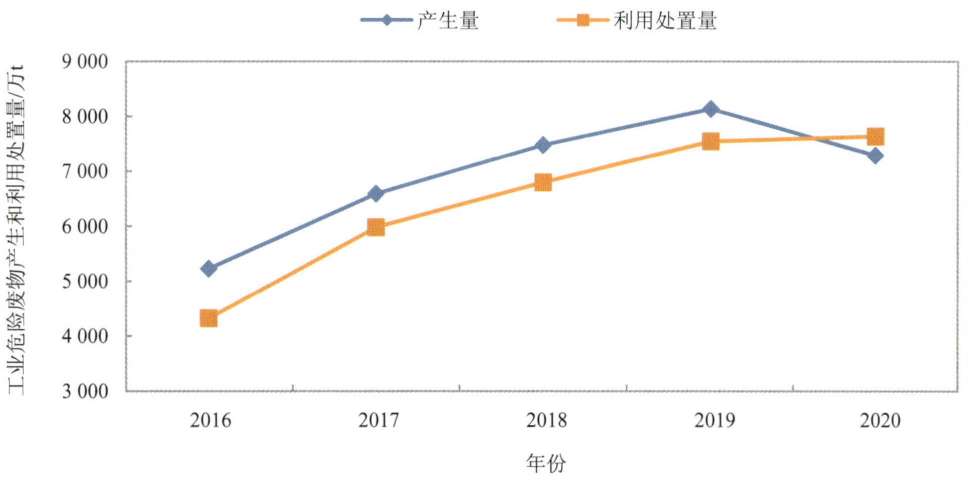

图 3-3-8　2016—2020 年全国工业危险废物产生及利用处置量年际变化

二、各省份工业危险废物产生及利用处置情况

2020 年，工业危险废物产生量由高到低排名前五的省份依次是山东、内蒙古、江苏、四川和浙江，5 个省份工业危险废物产生量占全国工业危险废物产生量的 39.8%。工业危

险废物利用处置量排名前五的省份依次为山东、云南、江苏、内蒙古和浙江，5 个省份工业危险废物利用处置量占全国利用处置量的 44.1%。

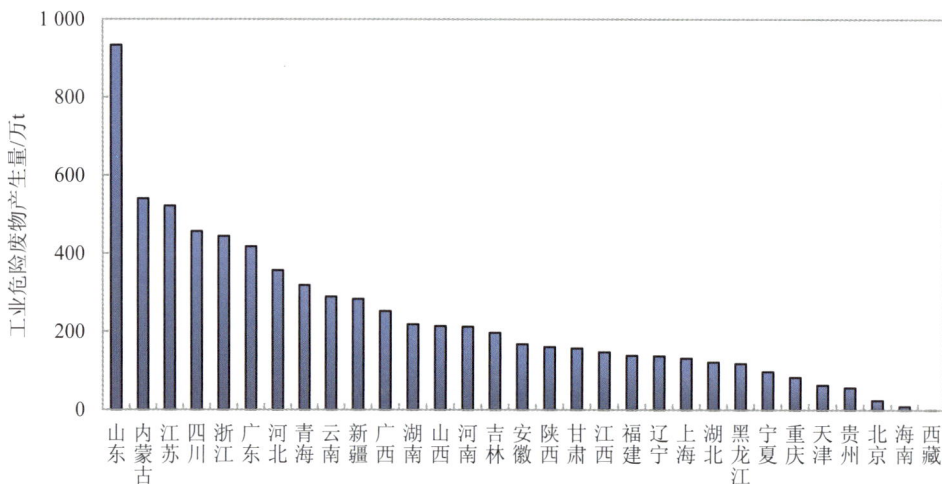

图 3-3-9　2020 年各省份工业危险废物产生量

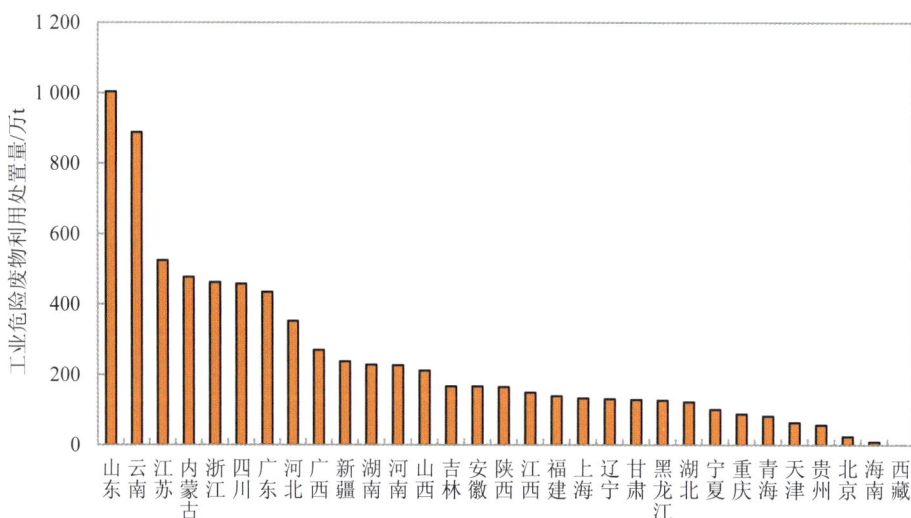

图 3-3-10　2020 年各省份工业危险废物利用处置量

三、各行业工业危险废物产生、利用处置情况

2020 年，工业危险废物产生量由高到低排名前三的行业依次为化学原料和化学制品制造业，有色金属冶炼和压延加工业，石油、煤炭及其他燃料加工业，3 个行业工业危险废物产生量占工业危险废物产生量的 51.6%。

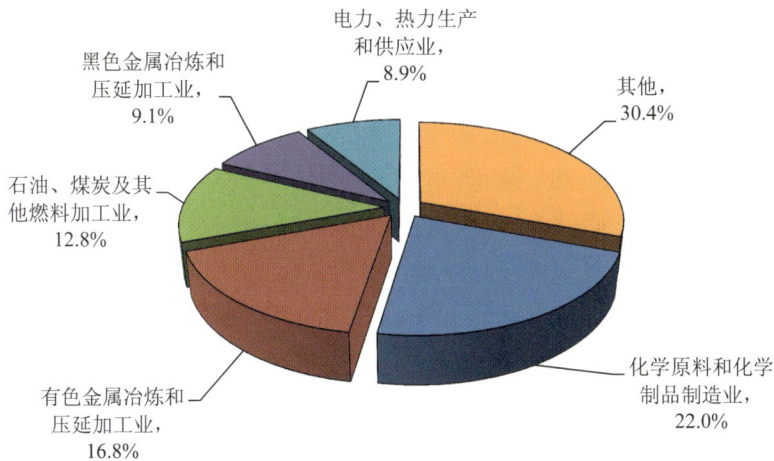

图 3-3-11　2020 年工业危险废物产生量行业分布

工业危险废物利用处置量由高到低排名前三的行业依次为有色金属冶炼和压延加工业，化学原料和化学制品制造业，石油、煤炭及其他燃料加工业，3 个行业工业危险废物利用处置量占工业危险废物利用处置的 58.1%。

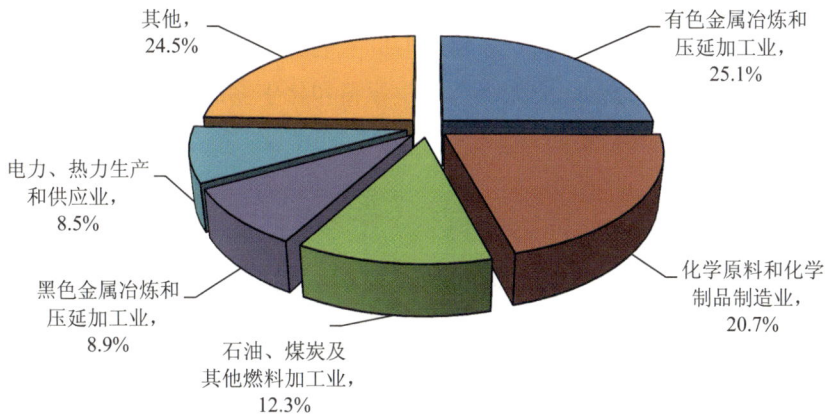

图 3-3-12　2020 年工业危险废物利用处置量行业分布

第三节　小　结

2020 年，全国一般工业固体废物产生量为 36.8 亿 t，与 2016 年相比，2020 年全国一般工业固体废物产生量下降 0.8%。一般工业固体废物产生量排名前五的省份依次为山西、内蒙古、河北、辽宁和山东，5 个省份一般工业固体废物产生量占全国产生量的 44.2%。一般工业固体废物产生量排名前五的行业依次为电力、热力生产和供应业，黑色金属冶炼和压延加工业，黑色金属矿采选业，煤炭开采和洗选业以及有色金属矿采选业，5 个行业一般工业固体废物产生量占工业企业产生量的 76.4%。

2020 年，全国一般工业固体废物综合利用量为 20.4 亿 t，与 2016 年相比，2020 年全国一般工业固体废物综合利用量下降 3.3%。一般工业固体废物综合利用量排名前五的省份依次为山东、河北、山西、内蒙古和安徽，5 个省份一般工业固体废物综合利用量占全国综合利用量的 39.3%。一般工业固体废物综合利用量排名前五的行业依次为电力、热力生产和供应业，黑色金属冶炼和压延加工业，煤炭开采和洗选业，化学原料和化学制品制造业以及黑色金属矿采选业，5 个行业一般工业固体废物综合利用量占工业企业综合利用量的 81.1%。

2020 年，全国一般工业固体废物处置量为 9.2 亿 t，与 2016 年相比，2020 年全国一般工业固体废物处置量上升 8.2%。一般工业固体废物处置量排名前五的省份依次为山西、内蒙古、河北、辽宁和陕西，5 个省份一般工业固体废物处置量占全国处置量的 62.6%。一般工业固体废物处置量排名前五的行业依次为黑色金属矿采选业，煤炭开采和洗选业，电力、热力生产和供应业，有色金属矿采选业以及化学原料和化学制品制造业，5 个行业的一般工业固体废物处置量占工业企业处置量的 78.9%。

2020 年，全国工业危险废物产生量为 7 281.8 万 t，与 2016 年相比，2020 年全国工业危险废物产生量增长 39.5%。工业危险废物产生量排名前五的省份依次是山东、内蒙古、江苏、四川和浙江，5 个省份工业危险废物产生量占全国工业危险废物产生量的 39.8%。工业危险废物产生量排名前三的行业依次为化学原料和化学制品制造业，有色金属冶炼和压延加工业，石油、煤炭及其他燃料加工业，3 个行业工业危险废物产生量占工业危险废物产生量的 51.6%。

2020 年，全国工业危险废物利用处置量为 7 630.5 万 t，与 2016 年相比，2020 年全国工业危险废物利用处置量增长 76.7%。工业危险废物利用处置量排名前五的省份依次为山东、云南、江苏、内蒙古和浙江，5 个省份工业危险废物利用处置量占全国利用处置量的 44.1%。工业危险废物利用处置量排名前三的行业依次为有色金属冶炼和压延加工业，化学原料和化学制品制造业，石油、煤炭及其他燃料加工业，3 个行业工业危险废物利用处置量占工业危险废物利用处置量的 58.1%。

第四章 污染源监测

第一节 重点排污单位监督性监测

一、废水

（一）总体情况

2020 年，除西藏外，30 个省份及兵团废水排放监督性监测重点排污单位 16 677 家。其中，837 家废水重点排污单位超标，超标比例为 5.0%。除湖北、山东达标外，其他 28 个省份及兵团均存在超标情况。超标的排污单位主要集中在纺织业，金属制品业，通信、电子设备制造业，农副食品加工业，黑色金属冶炼和压延加工业，造纸业，分别为 172 家、95 家、74 家、57 家、28 家、23 家，合计数占超标排污单位总数的 53.6%。

监测指标共 150 余项，其中 47 项存在超标情况，总氮、总磷、化学需氧量、氨氮、五日生化需氧量和悬浮物为主要超标污染物，监测的排污单位数分别为 8 014 家、10 268 家、15 698 家、13 823 家、7 666 家和 12 927 家，超标的排污单位数分别为 154 家、162 家、233 家、178 家、94 家和 104 家，超标比例分别为 1.9%、1.6%、1.5%、1.3%、1.2% 和 0.8%。

2016—2020 年，监测的废水排污单位数逐年上升，超标比例逐年下降。与 2016 年相比，2020 年监测的废水排污单位数增加 12 572 家，超标数增加 178 家，超标比例下降 11.1 个百分点。

（二）污水处理厂

2020 年，30 个省份及兵团污水处理厂废水排放监测污水处理厂 4 349 家。其中，283 家污水处理厂超标，超标比例为 6.5%。除北京、天津、重庆、山东及兵团达标外，其他 26 个省份均存在超标情况。

监测指标共 80 余项，其中 23 项存在超标情况，粪大肠菌群数、悬浮物、总磷、总氮、氨氮和五日生化需氧量为主要超标污染物，监测的污水处理厂数分别为 3 497 家、3 941 家、4 019 家、3 910 家、4 167 家和 3 804 家，超标污水处理厂数分别为 117 家、74 家、60 家、49 家、31 家和 25 家，超标比例分别为 3.3%、1.9%、1.5%、1.3%、0.7% 和 0.7%。

2016—2020 年，监测的污水处理厂数基本持平，超标比例逐年下降。与 2016 年相比，

2020 年监测的污水处理厂数增加 485 家，超标污水处理厂数减少 674 家，超标比例下降 18.3 个百分点。

二、废气

2020 年，30 个省份及兵团废气排放监督性监测重点排污单位 19 222 家。其中，521 家废气重点排污单位超标，超标比例为 2.7%。除北京、天津、湖北外，其他 27 个省份及兵团均存在超标。超标的排污单位主要集中在纺织业，金属制品业，通信、电子设备制造业，农副食品加工业，黑色金属冶炼和压延加工业，造纸业，分别为 172 家、95 家、74 家、57 家、28 家、23 家，合计数占超标排污单位数的 86.2%。

监测指标共 190 余项，其中 43 项存在超标情况，颗粒物、非甲烷总烃、氮氧化物、二氧化硫为主要超标污染物，监测的排污单位数分别为 13 932 家、4 932 家、11 228 家、11 282 家，超标的排污单位数分别为 268 家、55 家、111 家、98 家，超标比例分别为 1.9%、1.1%、1.0%、0.9%。

2016—2020 年，监测的废气排污单位数逐年上升，超标比例逐年下降。与 2016 年相比，2020 年监测的废气排污单位数增加 14 968 家，超标数增加 15 家，超标比例下降 9.2 个百分点。

第二节　固定污染源废气 VOCs 监测

2020 年，29 个省份及兵团开展固定污染源废气 VOCs 监督监测。与上年相比，VOCs 有组织监测企业数增加 53%，无组织监测企业数增加 67%。2020 年，有组织监测企业共 2 856 家，纳入评价的 2 760 家（因少数企业的监测指标无管控要求，故不评价）。其中，达标排放的企业 2 693 家，达标比例为 97.6%；出现超标排放现象的企业 67 家，主要分布在化学原料和化学制品制造业（20 家），医药制造业（8 家），石油、煤炭及其他燃料加工业（7 家），橡胶和塑料制品业（5 家）等行业。无组织监测企业共 1 334 家，全部纳入评价。其中，达标排放的企业有 1 328 家，达标比例为 99.6%；出现超标排放现象的企业 6 家。

第三节　排污单位自行监测质量专项检查评估与抽测

2020 年，对黄河流域 8 个省份（未包含四川）的 364 家废水排污单位、6 个省份（天津、河北、山西、江苏、山东、河南）的 120 家涉挥发性有机物排放的废气排污单位开展现场抽测。364 家废水排污单位中，38 家排放超标，超标比例为 10.4%；通过验收的 1 132 套废水自动监测设备质控样测试相对误差超过 10% 的设备占 27.1%。120 家废气排污单位中，9 家排放超标，超标比例为 7.5%。

2016—2020 年，排污单位专项抽测数持续增加。其中，现场抽测的废气排污单位分别

有 130 家（炉窑废气污染源）、111 家（排放源）、141 家、120 家、120 家；废水排污单位
废气排污单位分别有 374 家、230 家、260 家、240 家、311 家。

2016—2019 年，开展质控样考核和手工同步比对监测的自动监测设备分别有 610 台
（套）、461 台（套）、390 台（套）、535 台（套）；2020 年，开展质控样测试的自动监测设
备有 1 132 台（套）。

第四篇

总结和对策建议

第一章　基本结论

2016—2020 年,《中华人民共和国国民经济和社会发展第十三个五年(2016—2020 年)规划纲要》确定的 9 项生态环境约束性指标和污染防治攻坚战的阶段性目标全面圆满超额完成,生态环境质量总体改善,人民群众身边的蓝天白云、清水绿岸明显增多,生态环境"颜值"普遍提升,美丽中国建设迈出了坚实步伐,厚植了全面建成小康社会的绿色底色和质量成色。

一、坚决打赢蓝天保卫战,大气环境质量明显改善

城市环境空气质量持续改善。2016—2020 年,全国城市环境空气质量达标城市数量和优良天数比例不断上升,主要污染物浓度大幅下降,重污染天气明显减少,环境空气质量持续改善,重点区域改善尤为明显。

2020 年,全国 337 个城市中,202 个环境空气质量达标,占 59.9%,比上年增加 45 个,比 2015 年增加 103 个;优良天数比例平均为 87.0%,与上年相比上升 5.0 个百分点,与 2015 年相比上升 5.8 个百分点,超过"十三五"目标 2.5 个百分点;重污染天数比例平均为 1.2%,与上年相比下降 0.5 个百分点,与 2015 年相比下降 1.6 个百分点。$PM_{2.5}$ 和 PM_{10} 浓度分别为 33 $\mu g/m^3$ 和 56 $\mu g/m^3$,比上年分别下降 8.3% 和 11.1%,与 2015 年比分别下降 28.3% 和 27.3%。$PM_{2.5}$ 未达标地级及以上城市平均浓度为 37 $\mu g/m^3$,比 2015 年下降 28.8%,超过"十三五"目标 10.8 个百分点。

重点区域环境空气质量改善尤为明显。2020 年,"2+26"城市、长三角地区和汾渭平原优良天数比例分别为 63.5%、85.2% 和 70.6%,比上年分别上升 10.4 个、8.7 个和 8.9 个百分点;$PM_{2.5}$ 浓度分别为 51 $\mu g/m^3$、35 $\mu g/m^3$ 和 48 $\mu g/m^3$,比上年分别下降 10.5%、14.6% 和 12.7%,与 2015 年相比,分别下降 36.2%、31.4% 和 14.3%;PM_{10} 浓度分别为 87 $\mu g/m^3$、56 $\mu g/m^3$ 和 83 $\mu g/m^3$,比上年分别下降 13.0%、13.8% 和 11.7%,与 2015 年相比,分别下降 35.1%、28.2% 和 16.2%;O_3 日最大 8 h 平均值第 90 百分位数浓度平均为 180 $\mu g/m^3$、152 $\mu g/m^3$ 和 161 $\mu g/m^3$,比上年分别下降 8.2%、7.3% 和 5.8%,与 2015 年相比,分别上升 24.1%、17.8% 和 32.0%。

2020 年,全国 31 个省份中,$PM_{2.5}$、PM_{10} 和 O_3 达标省份分别为 19 个、26 个和 24 个,所有省份 SO_2、NO_2、CO 均达标。与 2015 年相比,2020 年 $PM_{2.5}$、PM_{10}、NO_2 达标省份数量分别增加 11 个、13 个和 4 个,O_3 达标省份数量减少 6 个,所有省份 SO_2 和 CO 均持续达标。

酸雨污染逐年减轻,酸雨发生面积逐年减少,酸雨发生频率总体呈下降趋势。2001—

2020 年，全国酸雨发生面积比例为 4.8%～15.6%，总体呈下降趋势，其中较重酸雨、重酸雨发生面积比例先升后降。2020 年，酸雨发生面积比例为 4.8%，酸雨城市比例为 15.7%，比上年分别下降 0.2 个和 1.1 个百分点，酸雨分布区域集中在长江以南—云贵高原以东地区。与 2015 年相比，2020 年酸雨发生面积下降 2.8 个百分点。

二、着力打好碧水保卫战，水环境质量持续改善

地表水环境质量明显改善。2016—2020 年，全国地表水优良水质断面比例稳步提高，劣 V 类水质断面显著减少，主要水质指标浓度大幅下降，总体水质由轻度污染变为良好，水环境质量持续改善。

2020 年，全国地表水总体水质良好，Ⅰ～Ⅲ类水质断面比例为 83.4%，比上年和 2016 年分别上升 8.5 个和 15.6 个百分点，超过"十三五"目标（70%）13.4 个百分点；劣 V 类水质断面比例为 0.6%，比上年和 2016 年分别下降 2.8 个和 8.0 个百分点，超过"十三五"目标（5%）4.4 个百分点。与 2016 年相比，氨氮、总磷、五日生化需氧量、化学需氧量和高锰酸盐指数平均浓度分别下降 68.6%、43.5%、34.6%、16.0% 和 11.1%。2020 年，长江流域和渤海入海河流劣 V 类国控断面全部消劣，长江干流历史性实现全Ⅱ类及以上水体；地级及以上城市建成区黑臭水体消除比例达到 98.2%，城市黑臭水体基本消除。

饮用水安全进一步得到保障。2016—2020 年，全国地级及以上城市集中式生活饮用水水源达标率呈上升趋势。

2020 年，集中式生活饮用水水源达标率为 94.5%，比 2016 年上升 4.1 个百分点。其中，地表水和地下水饮用水水源达标率分别为 97.7% 和 88.2%，比 2016 年分别上升 4.1 个和 3.2 个百分点。

海洋生态环境状况稳中向好。2016—2020 年，全国海水水质总体呈改善趋势，管辖海域一类水质和近岸海域优良水质海域面积比例总体呈上升趋势，劣四类海域面积总体减少。

2020 年，全国夏季一类水质海域面积占管辖海域面积的 96.8%，与上年基本持平，比 2016 年上升 1.3 个百分点，劣四类水质海域面积比 2016 年减少 7 350 km^2。近岸海域优良水质面积比例为 77.4%，比上年和 2016 年分别上升 0.8 个和 4.5 个百分点；劣四类水质面积比例为 9.4%，比上年和 2016 年分别下降 2.3 个和 1.9 个百分点。与 2015 年相比，管辖海域夏季一类水质海域面积比例上升 2.0 个百分点，劣四类水质海域面积减少 9 950 km^2；全国近岸海域优良水质海域面积比例上升 9.0 个百分点，劣四类水质面积比例下降 3.6 个百分点。

海洋生态状况保持稳定。管辖海域沉积物质量保持良好，渤海和黄海沉积物质量良好的点位比例平均为 100%，东海平均为 96.7%，南海平均为 92.7%。河口、海湾、滩涂湿地、珊瑚礁、红树林和海草床等典型海洋生态系统基本稳定。近岸海域和核电基地邻近海域海洋放射性水平总体稳定。

三、扎实推进净土保卫战，土壤污染风险得到基本管控

土壤环境质量总体安全。2016—2020 年，全国农用地土壤污染状况详查完成，基本摸清农用地土壤污染状况的底数；完成 31 个省（区、市）和新疆生产建设兵团的企业用地调查，按计划完成受污染耕地安全利用率和分类管控任务，土壤污染风险得到基本管控，初步遏制住土壤污染加重的趋势。

2020 年，全国受污染耕地安全利用率和污染地块安全利用率双双超过 90%，顺利实现"十三五"目标。全国土壤 pH 平均为 6.72，呈南酸北碱的分布特征，有机污染物检出率较低。农用地土壤主要污染物是重金属，镉为首要污染物。

四、加大环境噪声污染防治力度，城市声环境质量基本稳定

城市声环境质量总体保持稳定。2016—2020 年，全国城市声环境质量总体稳定，全国城市功能区声环境质量昼间、夜间点次达标率均呈上升趋势，区域声环境质量基本稳定，昼间道路交通声环境质量有所改善；城市功能区、区域、道路交通声环境质量共同特征为夜间劣于昼间。

2020 年，全国城市功能区声环境质量昼间和夜间点次达标率分别为 94.6% 和 80.1%，比上年分别上升 2.2 个和 5.7 个百分点，比 2016 年分别上升 2.3 个和 6.1 个百分点。各类功能区昼间、夜间点次达标率，除 0 类区下降外，其他类功能区均上升。

2020 年，区域声环境昼间等效声级平均值为 54.0 dB（A），与 2016 年基本一致。昼间区域声环境质量为一级（好）、二级（较好）、三级（一般）、四级（较差）的城市比例分别为 4.3%、66.4%、28.7% 和 0.6%，无五级（差）的城市。与 2016 年相比，一级、二级城市比例分别下降 0.7 个和 1.9 个百分点，三级上升 2.6 个百分点，四级没有变化，两年均无五级城市，其中一级、二级城市比例合计下降 2.6 个百分点。

2020 年，道路交通噪声昼间等效声级平均值为 66.6 dB（A），比 2016 年下降 0.2 dB（A），其中一级（好）、二级（较好）、三级（一般）、四级（较差）的城市比例分别为 70.1%、25.6%、4.0% 和 0.3%，无五级（差）的城市。与 2016 年相比，一级、三级城市比例分别上升 1.3 个和 0.6 个百分点，二级、四级城市比例分别下降 0.7 个和 1.3 个百分点，其中一级、二级城市比例合计上升 0.6 个百分点。

五、大力推进生态保护和修复，生态系统质量和稳定性提升

全国生态状况总体稳定。2016—2020 年，全国生态状况保持稳定，生态状况指数总体呈上升趋势，生态质量略微变好，"优良"县域面积比例逐年上升，"较差"和"差"县域面积比例均呈下降趋势。

2020 年，全国生态状况指数为 51.7，生态质量"一般"，比上年增加 0.4，无明显变化，比 2016 年增加 1.0，略微变好。与 2015 年相比，全国生态环境状况指数增加 0.8，生态质

量无明显变化。生态质量"优"和"良"县域面积比例分别为 16.8%和 29.8%，"一般"比例为 22.2%，"较差"和"差"比例分别为 26.9%和 4.4%。与 2016 年相比，"优"和"良"县域面积比例上升 4.6 个百分点。

国家重点生态功能区生态功能持续向好。2016—2020 年，国家重点生态功能区县域生态质量呈变好趋势，"优良"县域比例逐年上升，"一般"和"较差"县域比例均有所下降。

2020 年，国家重点生态功能区县域生态功能指数为 62.6，生态质量处于良好水平，"优良"、"一般"和"较差"县域面积比例分别为 65.1%、28.1%和 6.8%。与 2016 年相比，"优良"县域比例上升 8.5 个百分点，"一般"和"较差"分别下降 4.0 个和 4.5 个百分点。

六、全面开展农村环境治理，人居环境整治成效明显

农村环境空气质量总体改善。2016—2020 年，全国农村环境空气质量达标村庄比例和优良天数比例总体呈上升趋势。

2020 年，农村监测村庄环境空气质量达标村庄比例和优良天数比例分别为 96.1%和 94.3%，比上年分别上升 2.1 个和 4.8 个百分点，比 2016 年分别上升 2.3 个和 3.1 个百分点。

农村地表水水质明显改善。2016—2020 年，全国农村地表水水质监测断面数量不断增加，总体水质有所改善。

2020 年，农村地表水Ⅰ～Ⅲ类水质比例为 81.9%，比上年和 2016 年分别上升 2.4 个和 5.9 个百分点；劣Ⅴ类水质比例为 2.2%，比上年和 2016 年分别下降 2.1 个和 6.1 个百分点。与 2015 年相比，2020 年Ⅰ～Ⅲ类水质断面比例上升 3.9 个百分点，劣Ⅴ类下降 4.6 个百分点。

农村饮用水水源地水质总体上升。2016—2020 年，全国农村饮用水水源地水质总体呈上升趋势。

2020 年，农村饮用水水源地水质达标比例为 81.1%，比上年和 2016 年分别上升 0.5 个和 0.2 个百分点。与 2015 年相比，2020 年农村饮用水水源地水质达标比例上升 6.0 个百分点，其中地表水水质达标比例上升 2.5 个百分点，地下水水质达标比例上升 2.2 个百分点。

七、高度重视安全监管，核与辐射安全得到有效保障

2016—2020 年，我国高度重视核与辐射安全监管，高效运转国家核安全工作协调机制和风险防范机制，大力推进核与辐射安全监管规范化建设，全国核与辐射安全得到有效保障。

环境电离辐射水平总体良好。全国环境电离辐射水平处于本底涨落范围内。空气、地表水、近岸海域海水和海洋生物、土壤中天然放射性核素活度浓度处于本底水平，人工放射性核素活度浓度未见异常。

环境电磁辐射水平保持稳定。直辖市和省会城市环境电磁辐射水平未见明显变化，均低于控制限值。

第二章　主要生态环境问题

在取得历史性成就的同时，也要看到现阶段生态环境质量改善总体上还属于中低水平的提升，从量变到质变的拐点还没有到来，与人民群众对美好生活的新期待、与美丽中国建设目标仍有不小差距。

一、空气质量继续改善难度越来越大

超四成的地级及以上城市环境空气质量超标。2020 年，337 个城市中，135 个城市环境空气质量超标，占 40.1%；从污染物超标城市看，125 个城市 $PM_{2.5}$ 超标，78 个城市 PM_{10} 超标，56 个城市 O_3 超标，6 个城市 NO_2 超标；从污染物超标项数看，20 个城市 4 项污染物超标，61 个城市 3 项污染物超标，42 个城市 2 项污染物超标，57 个城市 1 项污染物超标。

超两成的地级及以上城市环境空气质量优良天数比例不足 80%。2020 年，337 个城市中，77 个城市环境空气质量优良天数比例低于 80%，主要分布在京津冀及周边、长三角地区、汾渭平原、苏皖鲁豫等重点区域和新疆。

秋冬季颗粒物重污染过程相对多发。2020 年，全国共出现重度及以上污染 1 497 天次，重污染天数比例为 1.2%，发生过日重污染的城市 172 个，其中 $PM_{2.5}$ 和沙尘重污染天分别为 1 151 天和 323 天，分别占 76.8% 和 21.6%，$PM_{2.5}$ 重污染天主要发生在 1 月和 12 月，沙尘重污染天主要发生在 2—5 月。

夏季和秋季高温期臭氧超标天较为多见。2017—2020 年，337 个城市中，以 O_3 为首要污染物的超标天数占总超标天数的比例分别为 27.1%、31.7%、41.7% 和 37.1%，O_3 超标主要集中在气温相对较高的 5—9 月。2020 年 5—9 月，337 个城市 O_3 超标天数分别为 1 295 天、1 387 天、953 天、671 天和 746 天，O_3 重污染天发生在 6 月。

区域性、复合型环境空气污染日益显现。全国范围内区域性空气污染问题仍较突出，同时，以 $PM_{2.5}$ 和 O_3 双重污染为特征的复合型大气污染日益显现。京津冀及周边、长三角地区、汾渭平原、苏皖鲁豫等重点区域 $PM_{2.5}$ 和 O_3 浓度均较高，超标城市较多，表现为明显的区域性大气复合污染问题。

仍有部分地区发生酸雨。2020 年，全国酸雨发生面积占国土面积的 4.8%，集中分布在长江以南—云贵高原以东地区，主要包括浙江、上海的大部分地区、福建北部、江西中部、湖南中东部、广东中部和重庆南部。

二、水环境质量根本改善挑战依然不小

仍有 16.6% 的地表水水质国考断面存在超标情况。2020 年，全国地表水仍有 16.6% 的断面水质超过III类，0.6% 的断面水质为劣 V 类，个别断面存在个别月份重金属超标现象。主要污染指标为化学需氧量、总磷和高锰酸盐指数，断面超标率分别为 9.4%、7.5% 和 5.8%。

少数流域总体水质仍为轻度污染，部分支流污染相对较重。2020 年，辽河流域和海河流域干支流均为轻度污染，部分支流污染仍较重。

部分湖泊（水库）富营养化较为突出。2020 年，60 个重要湖泊中，近半数处于富营养状态。2016 年以来，有 3 个湖泊一直处于中度富营养状态，12 个湖泊（水库）一直处于轻度富营养状态，4 个湖泊在中度富营养～轻度富营养状态变动。

水生态环境不平衡、不协调的问题较为普遍。水生态破坏及河湖断流干涸现象相对突出，大量河湖缺少应有的水生植被和生态缓冲带。少数湖泊水华问题经多年治理虽有减轻但依然存在。黑臭水体还未完全消除。

地下水环境质量形势严峻。2020 年，国家级地下水水质监测点 I ～III类水质占 13.6%，IV类占 68.8%，V类占 17.6%；北方平原区浅层地下水水质监测点 I ～III类水质占 22.7%，IV类占 33.7%，V类占 43.6%，主要超标指标为锰、总硬度和溶解性总固体。

部分入海河口和海湾水质仍待改善。2020 年，全国近岸海域优良水质海域面积占 77.4%，三类、四类占 13.2%，劣四类占 9.4%，部分海湾污染较重，主要超标指标为无机氮和活性磷酸盐。劣四类水质主要分布在辽东湾、黄河口、江苏沿岸、长江口、杭州湾、浙江沿岸、珠江口等近岸海域。

三、城市声环境质量有待进一步提高

城市夜间功能区声环境质量较差，直辖市和省会城市尤为突出。2016 年以来，全国城市功能区声环境质量夜间达标率整体偏低，0 类功能区（康复疗养区）、4a 类功能区（道路交通干线两侧区域）和 1 类功能区（居住文教区）夜间达标率持续偏低。其中，0 类和 4a 类功能区夜间达标率基本低于 60%，直辖市和省会城市 2020 年夜间达标率分别只有 27.3% 和 38.4%。

仍有三成左右的城市昼间区域声环境质量不高。2016 年以来，全国城市昼间区域声环境质量一级、二级城市比例在 67.5%～73.3%，直辖市和省会城市在 51.6%～67.7%，个别城市仍处在四级、五级水平。

四、农村生态环境保护仍需继续加强

农村水环境质量与全国平均水平还有差距。2020 年，农村地表水和饮用水水源地存在不同程度污染。其中，农村地表水 I ～III类水质比例为 81.9%，比全国平均水平低 1.5 个百分点；农村饮用水水源地水质达标比例为 81.1%，农村千吨万人饮用水水源地水质达标

比例为 76.8%，分别比全国地级及以上城市集中式生活饮用水水源地水质达标率低 13.4 个和 17.7 个百分点。

局地生态问题和环境污染仍然存在。2020 年，农村地区经济社会发展过程中还面临着秸秆焚烧、水土流失、化肥农药过量施用、农业农村面源污染、养殖业点源污染、废旧农膜随意丢弃、生活垃圾堆积等生态环境问题。

五、经济社会活动带来一定压力

人民群众对更好生态环境质量的需求日益提高。2016 年以来，全国居民人均可支配收入由 23 821 元升至 32 088 元，经济水平的提升促使人民群众对生态环境质量有了更高期待与更多需求，生态文明建设已进入提供更多优质生态产品以满足人民日益增长的优美生态环境需要的攻坚期。

以第二产业为主的产业结构短期内难以改变。2016 年以来，全国产业结构中第二产业比重在 37.8%～39.9%，对 GDP 的贡献率为 34.2%～41.6%。

逐年上升的能源消费和交通总量给环境容量和环境质量改善带来压力。2015 年以来，能源消费总量逐年上升，由 43.4 亿 t 标准煤升至 49.8 亿 t 标准煤，主要能源煤炭、石油消费总量持续攀升；民用车辆拥有量直线上升，由 16 284.45 万辆增至 27 338.6 万辆。持续上升的能源消费和交通源必然带来排放量的增加，给生态环境质量继续改善带来一定压力。

控制污染的边际成本增大。近年来，生态环境质量持续改善，重要原因是多措并举、减污降耗，污染综合治理、防控和生态保护修复力度之大前所未有。当前，生态环境污染治理已进入攻坚深水期，控制污染增量的边际成本将大幅增加，生态环境质量进一步改善的难度也将越来越大。

第三章　对策建议

　　"十四五"时期，我国进入新发展阶段，贯彻新发展理念、构建新发展格局、推动高质量发展、创造高品质生活，对加强生态文明建设、加快推动绿色低碳发展提出了新的更高要求。但当前我国生态文明建设仍处于压力叠加、负重前行的关键期，保护与发展长期矛盾和短期问题交织，生态环境保护结构性、根源性、趋势性压力总体上尚未根本缓解。最突出的是"三个没有根本改变"，即以重化工为主的产业结构、以煤为主的能源结构和以公路货运为主的运输结构没有根本改变，污染排放和生态破坏的严峻形势没有根本改变，生态环境事件多发频发的高风险态势没有根本改变。

　　"十四五"时期，持续改善生态环境质量，推动生态文明建设实现新进步，必须以习近平生态文明思想为指引，坚持环境就是民生、青山就是美丽、蓝天也是幸福，扎实推进生态环境领域国家治理体系和治理能力现代化，更加突出综合治理、系统治理、源头治理，更加突出精准治污、科学治污、依法治污，做到问题、时间、区域、对象、措施"五个精准"，深入打好污染防治攻坚战，集中攻克老百姓身边突出生态环境问题，让老百姓实实在在感受到生态环境质量改善，努力实现生态保护、绿色发展、民生改善相统一，推动建设人与自然和谐共生的美丽中国。

一、立足高质量发展，系统谋划"十四五"生态环境保护

　　"十四五"时期，我国生态文明建设进入了以降碳为重点战略方向、推动减污降碳协同增效、促进经济社会发展全面绿色转型、实现生态环境质量改善由量变到质变的关键时期。要完整、准确、全面贯彻新发展理念，以经济社会发展全面绿色转型为引领，以减污降碳为主抓手，深入打好污染防治攻坚战，加快形成节约资源和保护环境的产业结构、生产方式、生活方式、空间格局，系统谋划生态环境保护。

　　编制实施"十四五"生态环境保护规划及"十四五"空气质量改善等重点领域专项规划。研究制定美丽中国生态环境保护目标指标，推动编制建设美丽中国长期规划。服务"六稳"工作、落实"六保"任务，精准有效做好常态化疫情防控相关生态环境保护，加强医疗废物、医疗废水等处理处置环境监管。深化"放管服"改革，严格落实新修订的环评分类管理名录，进一步减少审批数量，推进监督执法正面清单制度化。加快"三线一单"生态环境分区管控落地应用，加强规划环评质量和效力监管工作。严控高耗能、高排放项目，持续推动环保产业发展，推进国家生态工业示范园区建设。推进固定污染源排污许可"一证式"监管。支持服务重大国家战略生态环境保护，强化京津冀协同发展生态环境联建联防联治，加强长江大保护，加快建设粤港澳美丽大湾区，强化长三角区域生态环境一体化

保护，制定实施黄河流域生态环境保护规划。深入推进白洋淀流域生态环境综合治理。推进海南自由贸易港建设生态环境保护。持续推进绿色"一带一路"建设。

二、积极应对气候变化，推动实现减污降碳协同管理

进一步降低碳排放强度，积极有效应对气候变化。对标我国力争 2030 年前实现碳达峰和 2060 年前实现碳中和的目标，制定 2030 年前碳达峰行动方案。加快建立国家自主贡献项目库，支持国家自主贡献重点项目建设。加快推进全国碳排放权交易市场建设。完善温室气体自愿减排交易机制。加强非二氧化碳温室气体排放控制。将温室气体排放和应对气候变化纳入环境影响评价，从源头实现减污降碳协同作用，完善全国排污许可证管理信息平台，统一采集污染物和碳排放数据，实现相互补充、交叉校核。深化低碳省市试点，推进零碳排放示范工程建设，启动气候投融资地方试点。研究编制《国家适应气候变化战略 2035》。深化气候适应型城市试点建设工作。完善省级应对气候变化工作领导小组工作机制。强化应对气候变化能力建设。坚持共同但有区别的责任等原则，积极参与气候多边进程，促进《巴黎协定》全面有效实施，推动构建完善公平合理、合作共赢的全球气候治理体系。扎实推进气候变化南南合作。

三、继续开展污染防治行动，深入打好污染防治攻坚战

突出精准治污、科学治污、依法治污，推动出台深入打好污染防治攻坚战的意见，开展污染防治攻坚战成效考核和评估。

持续推进空气质量提升行动，进一步提升环境空气质量，做好多污染物的协同减排。加强 $PM_{2.5}$ 和 O_3 协同控制，深入开展 VOCs 综合治理。继续推动北方地区冬季清洁取暖、钢铁行业超低排放改造、锅炉与炉窑综合治理，推进水泥、焦化、玻璃、陶瓷等行业深度治理。强化新生产车辆达标排放监管，加速老旧车辆淘汰，加大对超标机动车和非道路移动机械的执法监管力度。积极推动铁路专用线建设，提高铁路货运比例。加强区域大气污染防治协作。强化秸秆禁烧管控。做好北京冬奥会和冬残奥会空气质量保障。

继续实施水污染防治行动和海洋污染综合治理行动，增加好水，增加生态水，改善水生态，做好"三水"统筹。研究出台关于加强河湖生态环境保护修复的指导意见。大力推进"美丽河湖""美丽海湾"保护与建设。持续推动城市黑臭水体治理。加强入河（海）排污口监督管理。推进乡镇级集中式饮用水水源保护区划定，保障南水北调等重大输水工程水质安全。加强城镇（园区）污水处理环境管理，协同推动区域再生水循环利用试点。统筹水资源、水生态、水环境治理，推动重点流域、湖泊生态保护修复，试点开展通量监测。继续开展渤海入海排污口溯源整治，制定加强海水养殖污染生态环境监管的指导意见。加强海洋垃圾污染防治监管。强化海洋工程的智慧监管，出台海洋倾废管理办法。加强海上突发环境事件应急体系建设，启动第三次海洋污染基线调查。

深入开展土壤污染防治行动，巩固和拓展土壤污染防治攻坚战成果，让老百姓吃得放

心、住得安心。完成重点行业企业用地土壤污染状况调查成果集成与上报。持续推进农用地分类管理。严格建设用地准入管理和风险管控。加强土壤污染重点监管单位环境监管，持续推进耕地周边涉镉等重金属行业企业污染源排查整治。推进重点地区开展化工园区地下水环境状况调查评估，持续开展地下水污染防治试点。深入开展农村环境整治。继续推进"无废城市"建设，持续开展"白色垃圾"综合治理。加强有毒有害化学物质环境风险防控，重视新污染物治理。持续开展全国危险废物专项整治三年行动，推进铅蓄电池集中收集和跨区域转运制度试点。开展黄河流域"清废行动"。严格废弃电器电子产品处理拆解审核，强化重点行业重点区域重金属污染防治。

加强环境噪声污染治理。进一步强化各类噪声源监督管理，推进声环境质量改善。持续规范声环境监测点位管理。研究制定声环境监测点位管理办法或相关管理规定，加强声环境监测点位管理与核查，保障点位的规范性和代表性。结合《中华人民共和国环境噪声污染防治法》修订声环境质量监测与评价方法。加快推进声环境监测自动化，推动声环境自动监测数据实时联网，建立全国统一的声环境监测信息化平台，实现地方自动监测数据实时上传。组织开展声环境功能区划评估，加强对声环境功能区划分规范性的检查和指导，夯实声环境质量管理的基础。

四、强化生态监管和保护修复，守住自然生态安全边界

进一步强化生态保护监管，坚决守住自然生态安全的边界。筹备并办好《生物多样性公约》第十五次缔约方大会（COP15），推动"2020 年后全球生物多样性框架"各项谈判进程，确保办成一届具有里程碑意义的大会。编制关于进一步加强生物多样性保护的指导意见，实施生物多样性保护重大工程，建立全国生物多样性监测网络，开展生物多样性关键区保护示范工作，推动生物多样性保护立法。完善生态监测评估体系和生态监测网络。强化国家级自然保护地和生态红线监管，制定生态保护红线生态环境监管办法，开展红线监测评估。深化开展"绿盾"自然保护地强化监督。持续推进生态文明示范建设。

五、打好农业农村污染治理攻坚战，继续改善农村人居环境

加强农业面源污染治理的监督指导，联合农业农村部推动化肥农药减量增效和畜禽养殖的污染防治，以降低氮、磷负荷为着力点加强农业源污染控制。深入推进农村环境整治，以农村生活污水治理、黑臭水体整治、饮用水水源地保护为重点，推动各地政府的责任落实，加快补齐农村环境基础设施短板。因地制宜推进农村改厕、生活垃圾处理和污水治理，实施河湖水系综合整治，继续改善农村人居环境。加强农村生态系统保护与恢复，促进生态产品价值的转化，推动农村生产生活方式绿色转型和乡村生态振兴。

六、有效防范化解各类风险，进一步守牢环境安全底线

继续提升生态环境风险防范化解能力，进一步守牢环境安全底线。遏制重点区域突发

环境事件高发频发态势。完善国家环境应急指挥平台建设，加强环境应急信息化决策支持能力。开展环境应急管理条例研究，建立健全环境风险信息披露交流机制。加强环境应急准备能力。完善应急物资装备储备体系，深化上下游联防联控机制建设。协调推进涉环保项目"邻避"问题防范与化解。积极推进信访投诉工作机制改革，统一使用全国生态环境信访投诉举报管理平台。

继续强化加强核与辐射安全监管，确保核与辐射安全。高效运转国家核安全工作协调机制，推动省级核安全工作协调机制建设，完善核与辐射安全法规标准体系和管理体系。强化核电、研究堆核安全监管。协助推进核电废物处置，推动历史遗留核设施退役治理。加快推进放射性污染防治，持续开展核与辐射安全隐患排查三年行动，强化高风险移动放射源安全监管。组织开展《放射性物品运输安全管理条例》实施十年评价。加强国家辐射环境监测网络运行管理，强化核安全预警监测信息化平台建设。

七、依法推进生态环境保护督察执法，发挥督察利剑作用

继续开展第二轮中央生态环境保护例行督察，组织开展专项督察。完善中央和省两级督察体制。组织制作 2021 年黄河流域生态环境警示片和长江经济带生态环境警示片。围绕夏季 O_3 污染防治、冬季 $PM_{2.5}$ 治理和北京冬奥会空气质量保障等重点专项任务，开展监督帮扶。完成渤海长江入海（河）排污口监测、溯源工作。推进赤水河和黄河入河排污口排查。深化生活垃圾焚烧达标排放专项整治，加强飞灰整治的执法监管。加强与最高法、最高检、公安部配合，持续提升"两法"衔接工作成效。推动落实《关于优化生态环境保护执法方式提高执法效能的指导意见》。深入推进综合行政执法改革，推动 2021 年年底前全面完成生态环境保护综合行政执法队伍组建工作，全面落实统一着装。

八、做强各项基础支撑保障，服务减污降碳协同增效

持续深化生态环境领域改革。制定实施构建现代环境治理体系三年工作方案。健全区域流域海域生态环境管理体制，建立地上地下、陆海统筹的生态环境治理制度。推动省以下生态环境机构监测监察执法垂直管理制度改革落实落地，切实按照新体制运行，做到真垂改，释放改革红利。鼓励地方探索开展区域环境综合治理托管服务模式和生态环境导向的开发模式试点。推动建立完善生态产品价值实现机制和重点流域生态补偿机制。

增强科技支撑保障能力。组织实施 $PM_{2.5}$ 和 O_3 复合污染协同防控科技攻关，继续推进长江生态环境保护修复研究，做好水专项收官攻坚。进一步完善生态环境科技成果转化综合服务平台。立足支撑美丽中国和健康中国建设，加强生态环境质量综合评价、环境与健康、政策措施与改善成效等专项研究。加强国家重点实验室、工程技术中心、科学观测研究站等基础研究保障能力建设。

健全生态环境监测监管体系。组织做好"十四五"生态环境质量监测与评价，继续推进空气、地表水、污染源等监测站点和数据全国联网，推进生态环境监测大数据平台建设。

加强 $PM_{2.5}$ 和 O_3 协同控制相关监测，组织开展地级及以上城市光化学和颗粒物组分监测。完善生态质量评价办法并开展试评价。深入开展国家重点生态功能区县域生态环境质量监测与评价。

完善法规制度体系。推动制定生态环境损害赔偿办法。制修订噪声污染防治、海洋环境保护、黄河生态保护和高质量发展、自然保护地保护、环境监测、碳排放交易、应对气候变化、有毒有害化学物质环境风险管理等重点领域法律法规，开展环境法法典化研究论证。稳步推进生态环境标准制修订。

加强宣传教育引导，提升全社会生态文明意识。借助"六五"环境日、全国低碳日、国际生物多样性日等时间节点，开展形式多样的宣传活动，大力宣传习近平生态文明思想和绿色发展理念，继续鼓励全社会参与生态环境保护监督。进一步引导公众践行绿色低碳生活方式，倡导人人爱绿、植绿、护绿的文明风尚，促进全社会形成自觉行动，共同建设人与自然和谐共生的现代化。